Plasmaphysik und Fusionsforschung

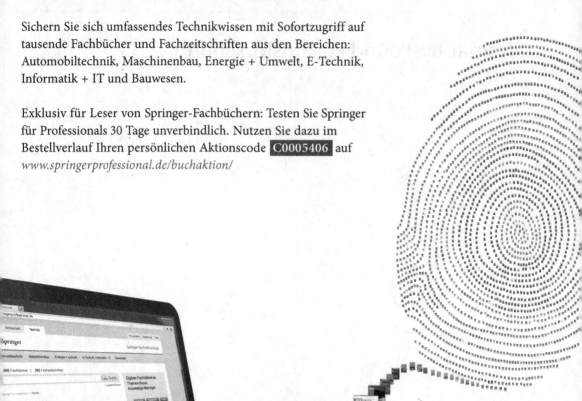

Michael Kaufmann

Plasmaphysik und Fusionsforschung

2., überarbeitete Auflage

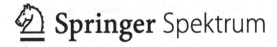 Springer Spektrum

Michael Kaufmann
Max-Planck-Institut für Plasmaphysik
Garching bei München, Deutschland

ISBN 978-3-658-03238-8   ISBN 978-3-658-03239-5 (eBook)
DOI 10.1007/978-3-658-03239-5

Die Deutsche Nationalbibliothek verzeichnet diese Publikation in der Deutschen Nationalbibliografie; detaillierte bibliografische Daten sind im Internet über http://dnb.d-nb.de abrufbar.

Springer Spektrum
© Springer Fachmedien Wiesbaden 2003, 2013

Springer Spektrum ist eine Marke von Springer DE. Springer DE ist Teil der Fachverlagsgruppe Springer Science+Business Media
www.springer-spektrum.de

Zuletzt lasset uns der Einbildungskraft
ein so wunderseltsames Objekt, als eine
brennende Sonne ist, gleichsam von nahen
vorstellen. Man sieht in einem Anblicke
weite Feuerseen, die ihre Flammen gen
Himmel erheben, ...

Immanuel Kant
Gedanken von der wahren Schätzung der
Sonnenkräfte

Vorwort

Plasmaphysik spielt heute zunehmend eine wichtige Rolle, beispielsweise in dem weiten Feld der Astrophysik und zahlreichen modernen Technologien. Dieses Buch führt zunächst in die Grundlagen des Themas ein und erschließt den Zugang zu dem breiten Spektrum der Anwendungen.

Plasmaphysik beschäftigt sich mit der Physik heißer, ionisierter Gase. Fast das gesamte Universum besteht aus Plasma. Vor allem in den letzten Jahrzehnten ist es gelungen, heiße Plasmen auch auf der Erde herzustellen und ihre Eigenschaften zu untersuchen. Die physikalischen Phänomene in einem Plasma sind gegenüber dem neutralen Gas deutlich verschieden, sodass es berechtigt ist, von einem 4. Aggregatszustand zu sprechen.

In einem heißen Plasma kann durch die Fusion leichter Elemente Energie gewonnen werden. Die Fusionsforschung und hier vor allem der magnetische Einschluss von Plasmen bildet neben den Grundlagen einen Schwerpunkt dieses Buches. In diesem Zusammenhang werden Probleme der Energieversorgung, die physikalischen Grundlagen und technische Komponenten eines Fusionsreaktors angesprochen. Daneben werden spezielle Fragen der Astrophysik, technischer Plasmen sowie im begrenzten Umfang Eigenschaften von Festkörperplasmen behandelt.

Dieses Buch ist aus Vorlesungen an der Universität Bayreuth hervorgegangen und wendet sich vor allem an Studierende der Physik nach dem Vordiplom. Es setzt im Wesentlichen die Kenntnis der Elektrodynamik und Grundkenntnisse der statistischen Mechanik und Quantenmechanik voraus. Die Rechnungen sind meist soweit ausgeführt, dass sie mit maßvollem Aufwand nachvollzogen werden können. Sie lassen sich auch leicht zu Übungsaufgaben variieren. Das Buch soll aber auch Doktoranden, Postdocs und jedem, der sich in die Plasmaphysik einarbeiten will, zur Einführung dienen, wobei sich die theoretisch-mathematischen Darstellungen auf das zum Verständnis der Phänomene Notwendige beschränken. Einige Abschnitte[1] des Buchs gehen über eine Einführung hinaus. Sie sollen für Interessierte eine Brücke zu aktuellen Themen der Forschung bilden. Auch längere Ableitungen können bei einem ersten Studium des Buchs übergangen werden[2].

Diagnostik- und Heizverfahren sind nicht in speziellen Kapiteln zusammengefasst, sondern nach ihrem physikalischen Zusammenhang eingeordnet. Zitate wurden über das übliche Maß hinaus aufgenommen, um längere Ableitungen zu vermeiden, aber auch um dem Leser Zugang sowohl zu einigen historischen Quellen als auch zu Beispielen aktueller Forschung zu geben. Einige Angaben zu den verwendeten Einheiten und Bezeichnungen und eine Zusammenstellung der Naturkonstanten findet sich im Anschluss an Kapitel 12.

Viele Kollegen im Max-Planck-Institut für Plasmaphysik und an anderen Einrichtungen haben mir bei der Erarbeitung dieses Buchs geholfen. Sie haben mir mit ihrem breiten Wissen Quellen genannt, Informationen verschafft und mich inhaltlich unterstützt. In Diskussionen wurden Zusammenhänge geklärt. Da es unmöglich ist, hier vollständig ihre Namen aufzuführen, möchte ich allen gemeinsam herzlich danken. Besonders hervorheben möchte ich die Hilfe von Roland Chodura. Er hat das Manuskript mit großem Engagement überprüft und konnte mir dabei viele wichtige Anregungen geben. Als wichtige Diskussionspartner möchte ich weiter Gerd Fußmann, Werner Gulden, Thomas Hamacher, Karl Lackner, Josef Neuhauser, Jürgen Nührenberg, Arthur Peeters, Rolf Wilhelm und Klaus Witte ausdrücklich nennen. Die Abbildungen wurden überwiegend von Manfred Troppmann angefertigt und beim Zitieren und Redigieren stand mir Wolfgang Sandmann zur Seite. Ihnen allen gilt mein Dank. Besonders danken möchte ich an dieser Stelle auch Anja Wischke, die überwiegend die Schreibarbeit erledigt und engagiert zur Fertigstellung des Buchs beigetragen hat. Dank ihrer Unterstützung konnten die Formeln in einer ansprechenden Form dargestellt werden.

---

[1]Dieses sind insbesondere die Abschnitte 1.4, 2.6, 3.5.4, 3.6, 4.2.3, 4.2.4, 4.3.3, 5.3.5, 6.7, 7.2.4, 8.1.2, 8.2, 9.7, 10.5, 10.7., 11.4 und 12.3.3.
[2]Dies trifft auf die Abschnitte 4.3.1, 7.2.2, 7.2.5, 9.4.1 zu.

Vorwort zur 2. verbesserten Auflage

Vor allem die neuen Entwicklungen der letzten zehn Jahre haben eine Überarbeitung dieses Buchs über Plasmaphysik und die Fusionsforschung nötig gemacht. Sowohl auf der experimentellen Seite als auch beim theoretischen Verständnis der Plasmaphysik hat es erhebliche Fortschritte gegeben. Ich nenne als Beispiele hier nur das Verständnis des Energietransports im eingeschlossenen Plasma, die Optimierung des Plasmadrucks und das Operieren mit dem Hoch-Z Material Wolfram.

Ganz wesentlich für den weiteren Weg zum Fusionsreaktor war die Entscheidung der Staaten China, Europäische Union, Japan, Indien, Russland, Südkorea und USA den Experimentalreaktor ITER zu realisieren. Diese Anlage mit einer Fusionsleistung im GW-Bereich soll in Cadarache in Südfrankreich in den nächsten Jahren gebaut werden.

Bei der Behandlung von Energie- und Klimafragen war ebenfalls eine Aktualisierung notwendig. Beispielsweise ist einerseits der jährliche Zuwachs des weltweiten Energieverbrauches nahezu konstant geblieben ist, andererseits hat sich die Reichweite der Erdölreserven trotz des gestiegenen Verbrauchs erheblich vergrößert.

Wie schon bei der 1. Auflage war ich - vor allem wegen der Themenvielfalt - auf die Hilfe vieler Kollegen angewiesen. Ganz herausragend und an erster Stelle möchte ich Hans-Peter Zehrfeld nennen. Er hat mir auf der ganzen Breite, angefangen vom theoretischen Verständnis bis hin zur praktischen Übertragung in LATEX mit großem Einsatz geholfen. Dafür möchte ich meinen besonderen Dank aussprechen. Ich möchte mich weiter für wichtige Hilfe bedanken bei Sibylle Günter, Clemente Angioni, Ralph Dux, Günter Eich, Christoph Fuchs, Karl Lackner, Fritz Leuterer, Arthur Peeters, Harold Weitzner, Marco Wischmeier, Klaus Witte und Hartmut Zohm. Schreibarbeiten in LATEX wurden dankbarer Weise von Anja Bauer ausgeführt.

Inhalt

1 Einleitung

1.1 Charakterisierung von Plasmen

Erhitzt man ein Gas, so werden bei Temperaturen oberhalb von etwa $0{,}1eV$ entsprechend $1000K$ mehr und mehr Moleküle dissoziiert und Atome ionisiert. Dies ändert grundlegend die physikalischen Eigenschaften. Die Ionisation führt vor allem dazu, dass das Gas elektrisch leitfähig wird. Langmuir hat 1929 für diesen 4. Aggregatzustand der Materie den Namen "Plasma" eingeführt, wobei Plasma griechisch "das Geformte" oder "das Gebildete" heißt[1].

Im Folgenden werden verschiedene Plasmen kurz charakterisiert und in ein Diagramm als Funktion von Temperatur und Dichte eingetragen. Anschließend werden dann in dem selben Diagramm in vereinfachender Form Grenzen bestimmt, an denen sich die physikalischen Eigenschaften der Plasmen jeweils grundlegend ändern. Dies wird zu einer Definition des "idealen Plasmas" führen. Die folgenden Kapitel des Buches werden sich auf diese idealen Plasmen konzentrieren.

Die Flamme einer Kerze mit $T<0{,}1eV$ ist nur sehr schwach ionisiert, sie kann aber bereits einen Luftkondensator kurzschließen. Höhere Temperaturen werden bei chemischen Prozessen z. B. in der Schweißflamme erzielt, wenn ein Gemisch aus Brenngas und Sauerstoff verbrennt. Die höchste Verbrennungstemperatur von etwa $0{,}3eV$ wird bei der Verbrennung eines Sauerstoff-Acetylen-Gemisches erreicht. Die Temperatur ist bei diesen chemischen Prozessen durch die molekulare Bindungsenergie begrenzt. Bei höherer Temperatur dissoziieren die Moleküle, sodass die Verbrennung gewisse Temperaturen nicht überschreiten kann.

Höhere Temperaturen wurden bereits im 18. Jahrhundert in so genannten Drahtexplosionen erzeugt, ohne dass es allerdings ein Temperaturmessverfahren gab (siehe. z. B. [167]). Dabei wurden Leidener Flaschen über dünne Drähte entladen.

---

[1]Neben dem Begriff Plasma in der Physik wird die Bezeichnung Plasma in der Biologie für das Blutplasma und das Zellplasma und in der Mineralogie für einen Halbedelstein, eine Jaspisart, benutzt.

In vielfältigen Formen kann zwischen zwei Elektroden ein elektrischer Strom durch ein teilionisiertes Gas fließen. Je nach Druckbereich, Gasart, Elektroden-material und Stromdichte bilden sich verschiedene Entladungsformen aus [42]. Hier sollen einige Grundtypen dieser "Gasentladungsplasmen", die sich vor al-lem durch die Erzeugung der Ladungsträger unterscheiden, aufgeführt werden.

Liegt an einer Gasstrecke eine elektrische Spannung und werden durch äuße-re Einflüsse wie z. B. γ-Strahlen Ladungsträger im Gas erzeugt, so werden diese im elektrischen Feld beschleunigt. Ist der Energiegewinn von Elektronen zwischen zwei Stößen ausreichend groß, so erzeugen sie durch Ionisationsstöße weitere Ladungsträger. In Zählrohren wird dieser Effekt zur Messung ausge-nutzt: es können pro Primärionisation bis zu 10^6 Sekundärionisationen erfol-gen, sodass die primäre Ionisation leicht nachgewiesen werden kann. Solange die Spannung unterhalb eines Grenzwertes bleibt, ist die Ladung der durch Se-kundärprozesse entstehenden Elektronenlawine ein bestimmtes Vielfaches der Primärladung und ohne Primärionisation erlischt die Entladung. Man nennt dies deshalb eine "unselbstständige Entladung".

Bei ausreichend hoher Spannung werden genug Ladungsträger erzeugt, die wie-der als Primärteilchen eines Lawinenprozesses dienen können, sodass die Ent-ladung auch ohne Fremdionisation aufrechterhalten bleibt. Es ist eine "selbst-ständige Entladung" oder "Glimmentladung" entstanden [242]. Der Druck liegt typisch bei einigen $100 Pa$, der Strom bei einigen mA, und die Span-nung bei $100V$. Die Elektroden bleiben kalt. Die primären Elektronen werden vor allem durch Ionen an der Kathode erzeugt. Die Elektronen tragen überwie-gend den Strom und haben eine höhere Energie als Ionen und Neutralteilchen, die wegen gleicher Masse nahezu auf gleicher Temperatur sind.

Bei hohen Dichten ist die "Funkenentladung" gegenüber der Glimmentladung favorisiert. Sie bildet einen schmalen, nicht unbedingt geraden Kanal, wobei die Ladungsträger durch das inhomogene elektrische Feld und durch Lichtquanten kurzer Reichweite im Kopf des Funkens erzeugt werden. Der atmosphärische Blitz ist eine Sonderform dieser Funkenentladung. Die Entladung ist im All-gemeinen transient.

Bei höheren Strömen im Bereich von einigen Ampere kann eine "Bogenentla-dung" entstehen [156, 76], bei der die Elektronen durch Thermoemission an der Kathode nachgeliefert werden. Die Spannung liegt bei dieser Bogenentladung typisch im Bereich von $10V$. Bei nicht zu hohen Strömen ist die Stromspan-nungskurve fallend. Beispiele sind der schon 1812 eingeführte Kohlebogen und der moderne Hochstrombogen. Beim letzteren erreicht der Strom Werte von $80A$ mit positiver Strom-Spannungs-Charakteristik. Der Stromkanal schnürt sich beim Bogen gegenüber der Glimmentladung ein, da heißere Teile eine höhere Leitfähigkeit haben. Es werden Temperaturen von etwa $1eV$ erreicht.

Die Temperatur in Gasentladungsplasmen wird durch Strahlung, Wärmeleitung und Konvektion auf den Bereich einiger eV begrenzt. Der Druck des Plasmas ist meistens gleich dem Druck des umgebenden Gases, der in "Hochdruckentladungen" über den Atmosphärendruck hinausgeht.

Trotz der Temperaturbegrenzung haben diese Plasmen eine große technische Bedeutung, von denen einige hier genannt sein sollen. Glimmentladungen dienen z. B. zum Pumpen von Lasermedien. Kunststoffteile werden durch Behandlung in einer Glimmentladung oberflächlich so geändert, dass Lacke auf ihnen haften. Eine moderne und überaus wichtige Rolle spielen Glimmentladungen in Kombination mit chemischen Prozessen beim Ätzen von Oberflächen für die Halbleiterherstellung [150].

Bogenentladungen dienen im Niedrigdruckbereich als Leuchtstofflampen und im Hochdruckbereich als Bogenlampen zu Beleuchtungszwecken. Im "Plasmabrenner" wird Gas durch eine Bogenentladung geblasen. Er kann zum Schneiden, Schweißen und Schmelzen benutzt werden, aber auch, um Sintermaterialien herzustellen und Oberflächenschichten aufzutragen. So wird z. B. einem Argonstrahl eines Plasmabrenners Al_2O_3-Pulver zugesetzt, das dann als Tröpfchen eine Oberfläche benetzt und vergütet. Viele chemische Prozesse laufen in Plasmen ab. So wird Acetylen hergestellt, indem ein Gasgemisch durch einen Bogen geblasen wird. Dabei ist es wichtig, dass sich das Gas hinter dem Bogen schnell wieder abkühlt. Plasmabögen spielen bei Schaltern häufig eine unerwünschte Rolle, indem sie das Unterbrechen des Strompfades erschweren. Deshalb werden sie in der Schaltertechnik intensiv untersucht. Moderne Vakuumschalter und mit SF_6-Gas gefüllte Schalter gestatten das Abschalten von hohen Spannungen bis zu $760kV$ [77].

Eine große technische Rolle spielen heute Plasmen, die durch Mikrowellen erzeugt werden [150]. Sie lösen im hohen Maße Glimmentladungen ab. Es lassen sich in modernen Anlagen sehr homogene Plasmen von einer Ausdehnung mehrerer Quadratmeter erzeugen. Hier wird vor allem die Frequenz von $\nu{=}2{,}45GHz$ gewählt, da es hier durch den Massenbedarf im Haushalt preiswerte Röhren, so genannte "Magnetrons" gibt. Überlagert man ein Magnetfeld, kann man den Ort der Aufheizung der Elektronen durch die Elektrongyroresonanz bei $B{=}87{,}5mT$ festlegen.

In der Abbildung 1.1 sind die Bereiche der bisher aufgeführten Plasmen als Funktion der Teilchendichte $n{=}$Teilchenzahl/Volumen und der Temperatur T eingezeichnet, wobei die entsprechenden Bereiche immer nur grob markiert sind. Für die Dichte in diesem Diagramm wird im Allgemeinen die Summe aus neutralen und ionisierten Atomen gezählt.

Plasmen können auch durch Laserlicht erzeugt werden, wenn es z. B. fokussiert auf einen Festkörper trifft. Bei kleinen Kügelchen kann durch den Rückstoß

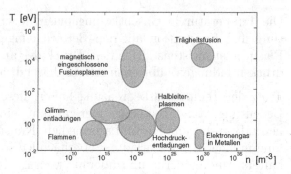

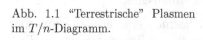

Abb. 1.1 "Terrestrische" Plasmen
im T/n-Diagramm.

der abdampfenden Materie der Rest soweit komprimiert und erhitzt werden,
dass Kernfusion stattfindet. In der letzten Zeit wurden Laser mit sehr kurzer
Pulsdauer ($<10^{-12}s$) und extrem hohen Leistungen bis zu $1,5 \cdot 10^{15}W$ entwickelt [181]. Die Leistungsdichte erreicht $10^{25}W/m^2$. Dies entspricht einem
elektrischen Feld von etwa $5 \cdot 10^{13}V/m$ verglichen mit einem Feld von ungefähr
$5 \cdot 10^{11}V/m$ eines Protons im Abstand des Bohrschen Atomradius. Beim Beschuss von Materie werden die Atome folglich direkt ionisiert und es werden
durch nicht lineare Prozesse Elektronen bis in den $100MeV$-Bereich erzeugt.

Bis zur Mitte des 20. Jahrhunderts kamen wirklich heiße Plasmen oberhalb von
$1eV$ nur außerhalb der Erde vor. Plasmen hoher Dichte und hoher Temperatur
treten im Sterninneren, Plasmen geringerer Dichte in den Sternatmosphären
und bis weit in den Weltraum hinein auf.

Die Sterne lassen sich danach klassifizieren, wie der Gravitationskraft das
Gleichgewicht gehalten wird. Bei der Kontraktion der im Weltraum verteilten
Materie, erzeugt zunächst der thermische Druck, der durch die Umwandlung
von potenzieller in kinetische Energie entsteht, die Gegenkraft zur Gravitation.
Durch Abstrahlung geht diese Energie jedoch schnell verloren und der Stern
kollabiert weiter. Jetzt zünden die Fusionsprozesse, sodass Energie durch die
Fusion von Wasserstoff zu Helium frei wird. Ist auch diese Energie verbraucht,
steigen durch Kontraktion Dichte und Temperatur weiter an, sodass durch
Fusion schwere Elemente wie Kohlenstoff, Schwefel und schließlich Eisen entstehen können.

Man erkennt in der Tabelle 1.1, dass sich die Nukleonenmasse $m_n = A_r/N_n$
(A_r: relative Atommasse, N_n: Nukleonenzahl) mit wachsender Nukleonenzahl
zunächst stark, dann aber in Richtung zum Eisen hin nur noch wenig verringert. Der letzte Teil der Periode, in der der Energieverlust eines Sternes
durch Fusion gedeckt wird, läuft daher wegen des geringen Energiegewinnes
explosionsartig auf der Sekundenzeitskala ab. Der Fusionsprozess beschränkt
sich in dieser Phase auf das Innere des Sterns, während die nicht ausgebrannte
Hülle als Super-Nova abgesprengt wird. Nach dem Erlöschen der Fusionspro-

Element	A_r	m_n	$\Delta m_n / \Delta N_n$
n	1,00866	1,00866	
^{1}H	1,00783	1,00783	
			0,00239
^{4}He	4,00260	1,00065	
			0,000081
^{12}C	12,00000	1,00000	
			0,000044
^{32}S	31,97207	0,99913	
			0,000012
^{56}Fe	55,93493	0,99884	

Tab. 1.1 Die Abnahme des Nukleonengewichtes $m_n = A_r/N_n$ geht mit wachsender Nukleonenzahl N_n stark zurück. (A_r: relative Atommasse bezogen auf die Masse von ^{12}C).

zesse in dem verbleibenden Kern gibt es je nach Größe drei Möglichkeiten: kleine Sterne kollabieren, bis der Druck des entarteten Elektronengases der Gravitation die Waage hält. Es entsteht ein so genannter "Weißer Zwerg". In Weißen Zwergen liegen extrem hohe Dichten von bis zu $10^{36}m^{-3}$ vor. Diese entarteten Plasmen weichen in ihren physikalischen Eigenschaften deutlich von den dünneren, nicht entarteten Plasmen ab. Massereichere Sterne komprimieren weiter bis zum "Neutronenstern", bei denen die Dichte größer als die Kerndichte werden kann [25]. Bei noch größerer Masse entsteht ein schwarzes Loch.

Plasmen mit extrem hohen Temperaturen treten an den Polen von Pulsaren mit besonders großen Magnetfeldern auf. Hier stürzt im Bereich des Magnetpols Masse, die vom Partner des Doppelsternes stammt, mit Geschwindigkeiten, die sich der Lichtgeschwindigkeit nähern, auf die Oberfläche und führt nach Thermalisierung zu Temperaturen mit $T \approx m_e c_0^2$.

Abb. 1.2 Astrophysikalische Plasmen im T/n-Diagramm (R: Sonnenradius). (Die Daten im Sonneninneren wurden freundlicherweise von Herrn Helmut Schlattl zur Verfügung gestellt.)

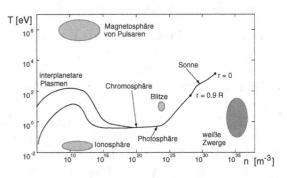

Im T/n-Diagramm Abbildung 1.2 sind verschiedene astrophysikalische Plasmen eingetragen:

- Die Temperatur und Dichte der Sonne als Funktion des Radius r
- Der Bereich interplanetarer und interstellarer Plasmen
- Der Bereich der entarteten Plasmen in weißen Zwergen
- Die Magnetosphäre der Pulsare

Nachdem Einstein die spezielle Relativitätstheorie entwickelt hatte, wurde die Fusion von Wasserstoff zu Helium als Energiequelle der Sterne angenommen (siehe z. B. [69]) und anschließend bald in Hinblick einer möglichen Energiegewinnung für den Menschen diskutiert [198]. In der Sonne läuft in zwei Reaktionsketten netto folgende Reaktion ab (siehe Kap. 12.2.1):

$$4H \rightarrow {}^4He + 2e^+ + 2\nu + 26,7 MeV.$$

Entsprechend den kleinen Wirkungsquerschnitten verläuft der Prozess sehr langsam. Um die Fusion auf der Erde nutzbar machen zu können, muss man eine Reaktion mit größerem Wirkungsquerschnitt aussuchen. Den größten Wirkungsquerschnitt von allen Fusionsprozessen hat die Reaktion:

$$D + T \rightarrow n + {}^4He + 17,6 MeV.$$

Aber auch dieser Wirkungsquerschnitt ist noch sehr viel kleiner als der Querschnitt für elastische Coulomb-Stöße. Daher kann man Energie nur gewinnen, wenn der Fusionsprozess in einem nahezu thermischen Plasma abläuft. Bei den notwendigen hohen Temperaturen gibt es für den Einschluss des Plasmas grundsätzlich nur drei Wege:

- Gravitation: der Einschluss der Sterne.

- Einschluss durch Magnetfelder.

- Trägheit: der Prozess läuft als Explosion ab.

Bei dem magnetischen Einschluss sind Plasmaparameter von $T=(10\ldots20)keV$ und $n=(1\ldots2)\cdot10^{20}m^{-3}$ für die Energiegewinnung notwendig (siehe Kap. 12.2.2 und 12.3.2). Dabei muss die "Energieeinschlusszeit" τ_E, definiert als Energieinhalt geteilt durch die Heizleistung, etwa $5s$ sein. Sie ist ein Maß für die Güte der Wärmeisolation des Plasmas. Bei der Trägheitsfusion ist die Dichte sehr viel höher und die Einschlusszeit sehr viel kürzer (siehe Kap. 12.4). Die Temperaturen und Dichten für Fusionsplasmen sind im T/n-Diagramm Abbildung 1.1 mit eingezeichnet.

Die freibeweglichen Elektronen in Metallen und die Elektron/Loch-Paare in Halbleitern zeigen gewisse physikalische Ähnlichkeiten zu den "freien Plasmen". Das entartete Elektronengas in Metallen ist deshalb mit in das T/n-Diagramm (Abb. 1.1) aufgenommen worden.

1.2 Zustandsgrenzen

1.2.1 Charakteristische Energien

Die im vorangehenden Kapitel charakterisierten Plasmen überdecken im T/n-Diagramm sowohl in der Dichte als auch in der Temperatur viele Größenordnungen. Es sollen nun im Folgenden die wichtigsten physikalischen Grenzen angegeben werden, die Bereiche mit unterschiedlichen Eigenschaften abgrenzen. Dazu werden 5 charakteristische Energien und zwar die thermische Energie $E_{th}=3T/2$, die nicht relativistische Fermi-Energie E_F, die elektrostatische Wechselwirkungsenergie E_{el}, die Energie des Bohrschen Grundzustands E_{B0} und die relativistische Energie des Elektrons E_{rel} betrachtet. Die Gleichsetzung zunächst der thermischen Energie mit je einer der 4 anderen Energien definiert Grenzen im T/n-Diagramm, an der sich die physikalischen Eigenschaften wesentlich ändern. Die thermische Energie dominiert gegenüber der anderen Energie jeweils oberhalb dieser Grenzen. Die Überlegungen werden auf Wasserstoff (Ladungszahl $Z=1$, eZ: Ionenladung) begrenzt.

Zunächst bestimmt man durch Gleichsetzen der thermischen Energie mit dem ersten Bohrschen Zustand näherungsweise die Ionisationstemperatur T_{ion}:

$$T_{ion} = \frac{2}{3e} \frac{m_e e^4}{8\varepsilon_0^2 h^2} = 9eV.$$

Oberhalb dieser Temperatur sind Plasmen mehr oder weniger vollionisiert. Eine genauere Betrachtung zeigt (siehe Kap. 2.3.1), dass die Ionisationsgrenze auch von der Dichte abhängt und ein hoher Ionisationsgradient schon bei $T \approx T_{ion}/10$ erreicht wird.

Als nächstes soll die Grenze zwischen entarteten und nicht entarteten Plasmen betrachtet werden. Die bei hoher Dichte einsetzende Entartung des Elektronengases bedeutet ja, dass die Verteilung der Energie nicht mehr der Maxwellverteilung folgt, sondern zunehmend alle Phasenzellen bis zu einer Grenzenergie E_F, der Fermi-Energie, besetzt sind (zur Ableitung der Fermi-Energie siehe 1.4.1). Bei höheren Energien fällt die Besetzung schnell ab. Dieser Zustand tritt immer dann auf, wenn die thermische Energie $E_{th} \lesssim E_F$ ist. Die Grenztemperatur T_F erhält man wieder durch Gleichsetzen der Energien:

$$E_{th} = E_F = \frac{\hbar^2}{2m_e}(3\pi^2 n)^{2/3} \qquad \rightarrow \qquad T_F[\text{eV}] = 2,4 \cdot 10^{-19} n[\text{m}^{-3}]^{2/3}.$$

Nun wird die thermische Energie E_{th} mit der mittleren elektrostatischen Wechselwirkungsenergie E_{el} gleichgesetzt (ℓ: mittlerer Abstand der Teilchen):

$$E_{el} \approx \frac{e^2}{4\pi\varepsilon_0\ell} \approx \frac{e^2 n^{1/3}}{4\pi\varepsilon_0},$$

$$T_{el}[eV] = 10^{-9}n[m^{-3}]^{1/3}.$$

Unterhalb dieser Grenztemperatur überwiegt die elektrostatische Wechselwirkung. Oberhalb wird das Plasma "ideal", da die kinetische Energie die potenzielle Energie überwiegt.

Schließlich entsteht eine Grenztemperatur T_{rel}, wenn man E_{th} gleich der Ruheenergie des Elektrons $E_{rel}=m_e c_0^2$ setzt:

$$T_{rel}[eV] = 3,4 \cdot 10^5.$$

In relativistischen Plasmen mit $T > T_{rel}$ nehmen Streuprozesse der Photonen an den Elektronen die Form der Comptonstreuung an, und das Gleichgewichtsstrahlungsfeld ist so energiereich, dass Elektron-Positron-Paarbildung erfolgen kann.

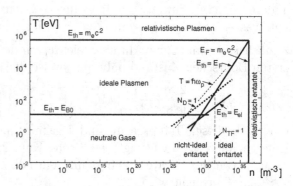

Abb. 1.3 Die Zustandsgrenzen im Temperatur/Dichte-Diagramm sind im Text beschrieben. Zur Erläuterung der Kurve $T=\hbar\omega_p$ siehe Kapitel 9.3.2.

Im T/n-Diagramm Abbildung 1.3 sind die Bereichsgrenzen T_{ion}, T_F, T_{el} und T_{rel} eingetragen. Man erkennt, dass T_{el} immer unter T_{ion} bzw. T_F liegt[2]. Im Rahmen dieser groben Betrachtung gibt es also keinen Bereich nicht idealer Plasmen, der nicht auch zugleich von Rekombination und/oder Fermi-Entartung beherrscht wird. Der Bereich der idealen Plasmen, in dem die kinetische Energie wesentlich größer als die potenzielle Energie ist, grenzt zu niederen Temperaturen an den Bereich des Neutralgases bzw. des Festkörpers an, während bei hohen Dichten die Fermi-Energie dominiert und zur Entartung der Elektronen führt. Tief im Bereich der entarteten Plasmen ist natürlich die Temperatur keine sinnvolle Zustandsgröße mehr. Die innere Energie ist die Fermi-Energie, die nur von der Dichte abhängt.

---

[2]Man kann sogar vereinfachend sagen, dass sich T_{ion}, T_F und T_{el} in einem Punkt schneiden. Diese Aussage ist von der Größe der Naturkonstanten unabhängig.

1.3 Elektrische Wechselwirkung in idealen Plasmen

1.3.1 Quasineutralität und Plasmaschwingung

Im Bereich der idealen Plasmen ist die elektrostatische Wechselwirkungsenergie klein gegen die thermische Energie. Trotzdem bestimmt die elektrostatische Wechselwirkung wesentliche Eigenschaften dieser Plasmen.

Es zeigt sich, dass bei ausreichend hoher Dichte das Plasma immer näherungsweise neutral ist, also $n_e \approx Z n_i$ gilt (n_e: Elektronendichte, n_i: Ionendichte). Um diese Eigenschaft abzuleiten, wird als Gedankenexperiment angenommen, es gäbe eine Kugel mit dem Radius $r = 10^{-2} m$ nur aus Elektronen der Dichte $n_e = 10^{20} m^{-3}$. Die elektrische Ladung q_e dieser Kugel und das elektrische Feld E an der Oberfläche sind:

$$q_e = -\frac{4\pi}{3} r^3 e n_e \qquad |E| = \frac{|q_e|}{\varepsilon_0 4\pi r^2} \approx 10^{10} \frac{V}{m}.$$

Da sich derartig große elektrische Felder in Plasmen nicht realisieren lassen, sind Plasmen, ausgenommen die Dichte ist sehr niedrig, nahezu elektrisch neutral. Dies bezeichnet man als "Quasineutralität". In der Realität stellen sich in technischen Plasmen elektrische Feldstärken von 100 bis $1000 V/m$ und in Fusionsplasmen entlang der Feldlinien von etwa $0{,}1 V/m$ ein.

Um eine weitere grundlegende Eigenschaft von Plasmen zu erkennen, wird eine Störung der Quasineutralität angenommen, wobei das Magnetfeld als null angenommen wird. Bei einer geringen Verschiebung der Elektronen gegen die Ionen schwingen die Elektronen in die neutrale Lage zurück und über diese hinaus, während die Ionen wegen der höheren Masse nahezu ortsfest bleiben. Wird das Elektronengas eine Strecke x gegen das Ionengas verschoben (siehe Abb. 1.4), so beschreibt die Rückstellkraft K, die an den Elektronen der Masse m_e angreift, einen harmonischen Oszillator. Der Ansatz: $x = x_0 e^{i\omega t}$ führt zur Plasmafrequenz [228]:

$$E = \frac{e n_e F x}{F \varepsilon_0} \qquad K = -eE = -\frac{e^2 n_e}{\varepsilon_0} x = m_e \ddot{x},$$

$$\omega_p = \sqrt{\frac{e^2 n_e}{\varepsilon_0 m_e}} \qquad \omega_p[s^{-1}] = 56{,}4 \, n_e[m^{-3}]^{1/2}.$$

Die Elektronen oszillieren also mit einer Frequenz, die unabhängig von Wellenlänge und Amplitude der Störung ist. Berücksichtigt man auch den Druck als rücktreibende Kraft, so breitet sich diese Schwingung mit $\omega > \omega_p$ im Plasma als Longitudinalwelle aus (siehe Kap. 9.3.2).

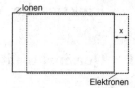

Abb. 1.4 Die Elektronen schwingen um die Ionen mit
der Plasmafrequenz ω_p.

Die Plasmafrequenz hat auch Bedeutung für die Ausbreitung von transversalen elektromagnetischen Wellen im Plasma (siehe Kap. 9.3). Ist die Frequenz des Lichtes kleiner als die jeweilige Plasmafrequenz (siehe n/T-Diagramm Abb. 1.5), so schließen die Elektronen durch ihre Bewegung das elektrische Feld der Lichtwelle kurz. Die Lichtwelle kann nicht eindringen, sondern wird am Plasma reflektiert. Bestimmt man durch interferometrische Verfahren den Ort der Reflektion, so kennt man dort die Plasmadichte [148]. Für höhere Frequenzen $\omega>\omega_p$ können die Elektronen der Lichtwelle nicht folgen, das Licht kann eindringen. Wichtig ist es, hier anzumerken, dass ein Plasma ohne Magnetfeld betrachtet wurde. Im Kapitel 9 werden Wellenvorgänge auch für den Fall eines endlichen Magnetfeldes behandelt werden, die wesentlich komplexer sind. In diesem Fall können sich auch elektromagnetische Wellen mit Frequenzen $\omega<\omega_p$ im Plasma ausbreiten.

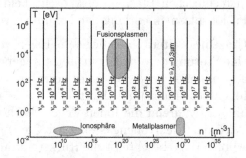

Abb. 1.5 Plasmafrequenzen im T/n-Diagramm.

1.3.2 Reichweite von Potenzialen

Verglichen mit neutralen Gasen sind die Wechselwirkungspotenziale bei Stößen geladener Teilchen von extrem langer Reichweite. Stöße zwischen Neutralen werden im Allgemeinen von den anziehenden van-der-Waals-Kräften und der Abstoßung der Elektronenhüllen beherrscht. Obwohl die Wechselwirkung quantenmechanisch behandelt werden muss, gibt eine klassische Behandlung eine gute Näherung [133]. Das van-der-Waals-Potenzial U_{vW} entsteht durch wechselweise Induktion von Dipolen $\vec{d_1}$ und $\vec{d_2}$ der beiden betreffenden Atome 1 und 2, (vgl. Abb. 1.6). Das Dipolmoment $d_1(t)$ des Atomes 1 sei ungleich null (aber im zeitlichen Mittel null); es erzeugt am Ort des Atomes 2 ein elektrisches Feld $E_{2,1} \propto d_1 r^{-3}$. Dieses induziert wiederum im Atom 2 ein Dipolmoment $d_2 \propto E_{2,1}$, welches zu einer Anziehung beider Atome mit einem Potenzial $U_{vW} \propto d_1 d_2 r^{-3} \propto d_1 r^{-6}$ führt.

Abb. 1.6 Das Dipolmoment d_1 eines Atoms induziert im benachbarten Atom ein Dipolmoment d_2. Dadurch entsteht die anziehende van-der-Waals-Kraft.

Die Überlappung der Elektronenhüllen führt zu einer Abstoßung, da das Pauli-Prinzip die Elektronen bei Annäherung in höhere, energiereichere Zustände zwingt. Empirisch kann das abstoßende Potenzial mit $U_a \propto r^{-12}$ angenähert werden [247]. Die Überlagerung der beiden Effekte führt bei Annäherung zu einem extrem steil ansteigenden Potenzial U_n. Daher sind in vielen Fällen harte Kugeln eine gute Näherung, um Stoßprozesse zwischen neutralen Atomen und Molekülen zu beschreiben[3]. Bei Ionen und Elektronen treten dagegen sehr langreichweitige Coulomb-Potenziale $U_{ei,ee,ii} \propto 1/r$ auf. Dies erschwert die Behandlung von Stoßprozessen in Plasmen.

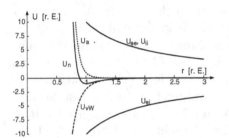

Abb. 1.7 Potenziale zwischen neutralen Atomen oder Molekülen und geladenen Teilchen im Vergleich.

1.3.3 Debye-Abschirmung

Auch in idealen Plasmen sind Ionen und Elektronen nicht homogen verteilt. Im Mittel halten sich mehr Elektronen als Ionen in der Nähe eines Ions auf und umgekehrt. Das führt zu einer Abschirmung des Coulomb-Potenzials und einer reduzierten Reichweite. Eine einfache Beschreibung, deren Selbstkonsistenz allerdings noch zu diskutieren ist, ist im Rahmen der klassischen Statistik möglich. Das mittlere elektrische Potenzial $\Phi(r)$ wird durch die Poisson-Gleichung beschrieben ($Z=1$ angenommen):

$$\Delta \Phi = e(n_e - n_i)/\varepsilon_0.$$

---

[3]Die entstehende Potenzialmulde ist typisch nur einige meV tief und darf nicht mit der im eV-Bereich liegenden Potenzialtiefe bei der Molekülbildung verwechselt werden (siehe Kap. 2.4).

Ionen und Elektronen folgen im Potenzial $U=e_\pm\Phi$ einer Boltzmann-Verteilung $n=n_0 e^{-U/T}$. Die Boltzmann-Verteilung lässt sich entwickeln, da man $|n_e-n_i|\ll n_e$ annehmen darf:

$$n_e = n_{e,0} e^{e\Phi/T} \approx n_{e,0}\left(1 + e\Phi/T\right) \qquad n_i \approx n_{e,0}\left(1 - e\Phi/T\right) \qquad (1.1)$$

$$\rightarrow \qquad n_e - n_i = ae n_{e,0}\Phi/T \qquad a = 2.$$

Einsetzen in die Poisson-Gleichung ergibt in Kugelsymmetrie eine Differenzialgleichung, die durch den Ansatz $\Phi(r)=g(r)/r$ gelöst wird (siehe Abb. 1.8):

$$\Delta\Phi = \frac{d^2\Phi}{dr^2} + \frac{2}{r}\frac{d\Phi}{dr} = e\frac{n_e - n_i}{\varepsilon_0} = \frac{ae^2 n_{e,0}}{\varepsilon_0 T}\Phi,$$

$$\Phi_D(r) = -\frac{e_\pm}{4\pi\varepsilon_0 r}e^{-\sqrt{a}r/\lambda_D} \qquad \lambda_D \equiv \sqrt{\frac{\varepsilon_0 T}{n_{e,0}e^2}}.$$

Der Vorfaktor von Φ_D wurde so gewählt, dass für $r\ll\lambda_D$ das Potenzial $\Phi_D(r)$ gegen das Potenzial einer Punktladung im Vakuum geht. Für Abstände $r>\lambda_D$ fällt das Debye-Potenzial Φ_D verglichen damit schneller ab. Die Abschirmlänge λ_D wurde zum ersten Mal 1923 von Debye für Elektrolyte abgeleitet [62] und wird als "Debye-Länge" bezeichnet. Die Annahme einer Boltzmann-Verteilung setzt ein statisches Potenzial voraus. Da sich aber Elektronen und Ionen mit thermischer Geschwindigkeit bewegen, werden die Ionen den Elektronen gar nicht folgen können um sie abzuschirmen, während sie sich selbst in abgeschwächter Form abschirmen. Die Elektronen schirmen andererseits die Ionen perfekt und andere Elektronen wieder abgeschwächt ab. Daher ist $a\approx1$ eine gute Näherung [193].

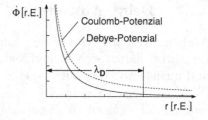

Abb. 1.8 Das Potenzial einer Ladung als Funktion des Radius mit und ohne Debye-Abschirmung.

Definiert man die thermische Geschwindigkeit v_{th} durch $mv_{th}^2/2=3T/2$, so ist die typische Zeit τ_D, während der ein Teilchen beim Vorbeiflug eine Kraft erfährt von der Größenordnung ω_p^{-1}:

$$\tau_D = \frac{\lambda_D}{v_{th}} = \sqrt{\frac{\varepsilon_0 m}{3n_e e^2}} \approx \frac{1}{\omega_p}.$$

Es ist hilfreich, die Anzahl der Teilchen N_D in der Debye-Kugel mit dem Volumen $V_D = 4\pi\lambda_D^3/3$ zu berechnen (weiterhin $Z=1$):

$$N_D = n_e V_D = \frac{4}{3}\pi \left(\frac{\varepsilon_0 T}{e^2}\right)^{3/2} n_e^{-1/2} = 1,7\cdot 10^{12}\frac{T[\text{eV}]^{3/2}}{n_e[m^{-3}]^{1/2}}.$$

Für ein typisches Fusionsplasma mit $n_e = 10^{20}$ und $T = 10^4 eV$ ergibt sich $N_D \approx 10^8$. Falls die Temperatur hoch und die Dichte niedrig sind, sind also viele Teilchen in der Debye-Kugel, wobei jedes Teilchen seine eigene Debye-Wolke mit sich trägt. Sind dagegen T niedrig und n hoch, so sind nur wenige Teilchen im Debye-Volumen. Ein Teilchen im Debye-Volumen bedeutet:

$$T_{D1}[\text{eV}] = 7\cdot 10^{-9} n[m^{-3}]^{1/3}.$$

Diese Grenze im T/n-Diagramm (siehe Abb. 1.3) läuft parallel zur Grenze, an der elektrostatische und kinetische Energie der Teilchen vergleichbar werden und fällt im Rahmen dieser Abschätzung mit ihr praktisch zusammen. Für Temperaturen deutlich oberhalb der Grenztemperatur T_{D1}, also für $N_D \gg 1$, ist die elektrostatische Wechselwirkung klein und es gilt die Zustandsgleichung für ideale Gase in guter Näherung.

Die ein geladenes Teilchen umgebende Debye-Kugel entspricht einer negativen potenziellen Energie E_D ($Z=1$, $a\approx 1$; n_i, n_e: siehe Gleichung 1.1):

$$\begin{aligned}
E_D &= 4\pi \int_0^\infty r^2 \Phi_D(r) e\,(n_i - n_e)\,dr, \\
&= -\frac{e^4 n_{e,0}}{4\pi\varepsilon_0^2 T}\int_0^\infty e^{-2r/\lambda_D}dr = -\frac{e^2}{8\pi\varepsilon_0\lambda_D}.
\end{aligned}$$

Die potenzielle Energie bezogen auf die kinetische Energie E_D/T ist proportional zu $1/N_D$. Zum kinetischen Anteil der inneren Energiedichte $u_0 = 2n_e T$ kommt eine Dichte $u_1 = 2n_e E_D = -e^2 n_e/(4\pi\varepsilon_0\lambda_D)$ hinzu. Die negative potenzielle Energie bedeutet zugleich, dass die Ionisationsenergie im Plasma gesenkt wird. Wird z. B. ein Wasserstoffatom außerhalb des Plasmas mit dem Energieaufwand E_{ion}^0 ionisiert, und werden Elektron und Proton ins Plasma gebracht, so wird die Energie $-2E_D$ frei. Rekombinieren die Teile anschließend im Plasma zum neutralen Wasserstoff und wird dieser aus dem Plasma gebracht, so verlangt die Energiebilanz des geschlossenen Zyklus, dass Ionisationsenergie im Plasma E_{ion}^p um δE_{ion} vermindert ist:

$$\delta E_{ion} = E_{ion}^0 - E_{ion}^p = -2E_D = \frac{e^2}{4\pi\varepsilon_0\lambda_D}.$$

Die Verminderung der Ionisationsenergie bedeutet, dass die höheren Energieniveaus abgeschnitten sind (siehe auch Kap. 2.3.1).

Die Debye-Länge λ_D hat eine Bedeutung für die Ausbreitung der Elektronenschwingung als Welle (siehe 1.3.1). Falls die Wellenlänge vergleichbar oder kürzer als die Debye-Länge ist, erfolgt eine starke Dämpfung (siehe Kap. 9.3.3). Deshalb wird λ_D auch als "Kohärenzlänge" bezeichnet. Die Debye-Abschirmung spielt auch eine Rolle in der Astrophysik, indem sie das Durchtunneln des abstoßenden Potenzials zweier Ionen bei der Fusion erleichtert (siehe Kap. 12.2.1)

Diskutiert werden soll noch die Berechtigung der bei der Ableitung der Debye-Abschirmung gemachten Annahmen. Voraussetzung ist, dass die Boltzmann-Statistik gültig ist. Es ist ja bereits auf die Frage eingegangen worden, in wieweit dies zutrifft, wenn sich die Referenzladung bewegt. Zusätzlich muss angenommen werden, dass eine große Zahl von Teilchen in der Debye-Kugel ist, sodass das Potenzial, in dem sich ein Teilchen nach der Boltzmann-Statistik verteilt, vom Aufenthaltsort dieses Teilchens unabhängig ist. Daraus folgt, dass die Ableitung der Debye-Abschirmung nur für $N_D \gg 1$, also im Bereich der idealen Plasmen richtig ist und für $N_D \Rightarrow 1$ korrigiert werden muss. Für $N_D \lesssim 1$ ist das Potenzial nicht mehr kugelsymmetrisch, die elektrostatische Wechselwirkung ist groß, und das Plasma kann unter Umständen kristallisieren.

Aber auch im Bereich idealer Plasmen gibt es ein Problem, das bei der oben skizzierten Ableitung ausgelassen wurde. Rein klassisch ginge nämlich das Gewicht der Zustände mit stark negativer Energie, wenn sich Elektron und Ion beliebig nahe kommen, nach der Boltzmann-Statistik gegen unendlich. Abgesehen vom Zusammenbruch der Näherung $|n_e - n_i| \ll n_e$ bei der Ableitung des Debye-Potenzials würde das Problem im Rahmen der klassischen Physik divergieren. Es gibt in diesem Sinne kein klassisches Plasma. Die Quantenmechanik führt jedoch durch die Unschärferelation bzw. durch die Begrenzung der gebundenen Zustände zu kleinen Energien hin zu einem ausreichend kleinen Gewicht der Zustände stark negativer Energie, sodass die Ableitung für $N_D \gg 1$ und $T \gtrsim 10 eV$ richtig bleibt. Interessanterweise beseitigt die Quantenmechanik die Divergenz ohne direkt in die Zustandsgleichung der idealen Plasmen einzugehen.

1.4   Entartete Plasmen

1.4.1   Fermi-Energie und Festkörperplasmen

Zum Abschluss dieser Einleitung sollen noch einige Aspekte entarteter Plasmen betrachtet werden. Für Elektronen als Fermionen gilt die Fermi-Statistik (siehe z. B. [144]). Dies bedeutet, dass sich in einem Quantenzustand maximal 1

Elektron aufhalten kann. Im Grenzfall niedriger Dichte und hoher Temperatur wirkt sich dies nicht aus und die Elektronen haben eine Maxwell-Verteilung. Im umgekehrten Fall hoher Dichte und niedriger Temperatur ist der Phasenraum bis zu einem Grenzimpuls, dem so genannten "Fermi-Impuls" p_F, vollständig besetzt und darüber leer.

Die Zahl der Quantenzustände pro Volumen dN_e/dV bis zu dieser Grenze ist dann gleich der Dichte der Elektronen n_e. Unter Berücksichtigung der zwei Spinorientierungen ist in einem Volumenelement dV_6 des Phasenraumes der Orts- und Impulskoordinaten die Zahl der Zustände $dN_e=2dV_6/h^3$. Integriert man über den Impulsraum bis zum Fermi-Impuls, so ergibt sich ein Zusammenhang mit der Elektronendichte ($h=2\pi\hbar$; zur Integration vgl. Abb. 1.9):

$$dN_e = 2dV\,dp_x dp_y dp_z/h^3 \qquad\qquad dp_x dp_y dp_z = 4\pi p^2 dp,$$

$$n_e = 8\pi/h^3 \int_0^{p_F} p^2 dp \qquad\qquad p_F = (3\pi^2 n_e)^{1/3}\hbar.$$

Abb. 1.9 Zur Erläuterung der Integration über den Impulsraum.

Der Ausdruck für die dazugehörige "Fermi-Energie" E_F der Elektronen an der oberen Grenze des "Fermi-Sees" wurde bereits in Abschnitt 1.2.1 zur Abgrenzung im Zustandsdiagramm benutzt:

$$E_F = p_F^2/(2m_e) = \hbar^2(3\pi^2 n_e)^{2/3}/(2m_e).$$

Die elektrostatische Wechselwirkung wird auch in einem entarteten Plasma zu einer Abschirmung des Potenzials einer Ladung führen. Bei ortsfesten Ionen in einem Festkörper wird dies allein durch eine Ungleichverteilung des Elektronengases bewirkt. Die Ableitung erfolgt analog zur Ableitung der Debye-Abschirmung. Die Energie der Elektronen an der Oberkante des Fermi-Sees als Summe aus lokaler Fermi-Energie und potenzieller Energie $E_{F,0}=E_F(r)-e\Phi(r)$ muss konstant sein. Dies ergibt folgenden Zusammenhang zwischen Dichte und Potenzial:

$$n_e(r) = \frac{1}{3\pi^2} \left(\frac{2m_e}{\hbar^2}\right)^{3/2} [E_{F,0} + e\Phi(r)]^{3/2}.$$

Das negative Potenzial in der Umgebung eines Elektrons führt dort zu einer verminderten Elektronendichte analog zur Debye-Abschirmung. Wegen $n_e(r)\approx n_{e,0}$ kann man entwickeln, in die Poisson-Gleichung einsetzen, $E_{F,0}$ durch die mittlere Elektronendichte ersetzen und erhält analog zur Debye-Abschirmung eine Lösung für das abgeschirmte Potenzial:

$$n_e(r) \approx n_{e,0}\left(1 + \frac{3e\Phi(r)}{2E_{F,0}}\right) \qquad \Delta\Phi(r) = \frac{e(n_e - n_{i,0})}{\varepsilon_0} = \frac{3e^2 n_{e,0}}{2\varepsilon_0 E_{F,0}}\Phi(r),$$

$$\Phi_{TF}(r) = -\frac{e}{4\pi\varepsilon_0 r}e^{-r/\lambda_{TF}} \qquad \lambda_{TF} \equiv \sqrt{\frac{2\varepsilon_0 E_{F,0}}{3e^2 n_{e,0}}} = \frac{\pi^{2/3}\varepsilon_0^{1/2}\hbar}{3^{1/6}em_e^{1/2}}n_{e,0}^{-1/6}.$$

Diese Abschirmlänge wird als "Thomas-Fermi-Länge" bezeichnet. In Festkörpern ist ε_0 durch $\varepsilon\varepsilon_0$ und m_e durch die effektive Elektronenmasse m_e^{eff} zu ersetzen. Weiter analog zur Debye-Abschirmung kann man die Anzahl der Teilchen in der Thomas-Fermi-Kugel N_{TF} ausrechnen. Sie ist proportional zu $n_{e,0}^{1/2}$. Setzt man wieder $N_{TF}=1$, so ergibt sich eine kritische Dichte $n_{TF1}=2,3\cdot10^{31}m^{-3}$, die ebenfalls in Abbildung 1.3 eingetragen ist. Oberhalb dieser Dichte ist $N_{TF}>1$ und zugleich ist die Fermi-Energie groß gegen die elektronische Wechselwirkung. Das Elektronengas ist dort "ideal entartet".

Festkörperplasmen sind unterschiedlichen Bereichen im Zustandsdiagramm zuzuordnen. Sie können allerdings nicht in die gezeigten n/T-Diagramme eingetragen werden, da im Allgemeinen $\varepsilon\neq1$ und die effektive Masse des Elektrons m_e^{eff} von der Ruhemasse m_e^0 abweichen kann. Drei Beispiele sollen hier angeführt werden. Kupfer mit einer Elektronendichte von $n_e=8,5\cdot10^{28}m^{-3}$ ($\varepsilon=1$, $m_e^{eff}/m_e^0=1,3$) hat mit einer Thomas-Fermi-Länge $\lambda_{TF}=5\cdot10^{-11}m$ nur etwa $N_{TF}=0,04$ Teilchen im Thomas-Fermi-Volumen, sodass wie für andere typische Metalle kein ideal-entartetes Gas angenommen werden kann und die elektrostatische Wechselwirkung groß ist.

Halbleiter hängen von der sehr unterschiedlichen Dotierung ab. So ist z. B. für InSb bei $77K$ und einer Elektronendichte von $4\cdot10^{24}m^{-3}$ $\varepsilon=18,6$ und $m_e^{eff}/m_e^0=0,03$. Dies führt zu $N_{TF}=22$, sodass die Elektronen als ideal entartet angesehen werden können. Dagegen sind im Germanium bei z. B. einer Elektronendichte von $n_e=2\cdot10^{-19}m^{-3}$ ($\varepsilon=16$) viele Teilchen in der Debye-Kugel ($N_D=130$) und die Elektronen sind ideal nicht entartet.

1.4.2 Chandrasekhar-Grenze

Eine weitere charakteristische Grenze tritt in den entarteten Plasmen Weißer Zwerge auf. Elektronen an der Oberfläche des Fermi-Sees haben, solange ihre Geschwindigkeit klein gegen die Lichtgeschwindigkeit ist, also $E_F\ll m_e c_0^2$ gilt, einen Fermi-Impuls $p_F=\sqrt{2m_e E_F}$, während für stark relativistische Geschwindigkeiten $p_F=E_F/c_0$ gilt. Da in jedem Fall die Beziehung $p_F=\hbar(3\pi^2 n_e)^{1/3}$ zwischen Fermi-Impuls und Dichte bestehen bleibt, ändert sich beim Übergang zum relativistischen Bereich das Verhältnis zwischen E_F und n_e:

$$E_{F,nr} \propto n_e^{2/3} \quad \text{für} \quad E_F \ll m_e c_0^2 \qquad E_{F,r} \propto n_e^{1/3} \quad \text{für} \quad E_F \gg m_e c_0^2.$$

Die kritische Dichte $n_{e,c}$, bei der sich die Verhältnisse ändern, also $E_{F,c}=m_e c_0^2$ ist, ergibt sich zu:

$$n_{e,c} = 2^{3/2}/(3\pi^2)\,(m_e c/\hbar)^3 \approx 1,7 \cdot 10^{36} m^{-3}.$$

Diese Grenze (siehe ebenfalls Abb. 1.3) wirkt sich entscheidend auf das Druck-gleichgewicht der Weißen Zwerge aus. Die in Abschnitt 1.1 diskutierte Kon-traktion eines Sterns führt zur Verminderung des Sternvolumens $V \propto R^3$ und damit zur Erhöhung der mittleren Dichte $\bar{n}_e=N/V$ (N: Gesamt-Teilchenzahl im Stern). Die Kontraktion führt in ein stabiles Gleichgewicht, solange die Fermi-Energie stärker anwächst als die potenzielle Energie abnimmt.

Die folgende Ableitung einer Stabilitätsgrenze ist insoweit vereinfachend, als die Dichte über den Stern konstant gesetzt wird und die gesamte Energie aller entarteten Elektronen mit der der Elektronen an der Oberkante des Fermi-Sees gleichgesetzt wird. Da die Abstrahlung und die Fusionsheizung bei Weißen Zwergen zu vernachlässigen ist, da im Gleichgewicht die kinetische Energie null ist, und da die Gesamtenergie in guter Näherung ebenfalls null ist, gilt im Weißen Zwerg näherungsweise ($M \propto N$: Gesamtmasse):

$$E_F = -E_{pot} \propto M^2/R \qquad E_{F,nr} \propto N(N/V)^{2/3} \propto M^{5/3}/R^2,$$

$$E_{F,r} \propto N(N/V)^{1/3} \propto M^{4/3}/R.$$

Für das Gleichgewicht im nicht relativistischen Fall gibt es immer eine Lösung:

$$C_1 M^2/R = M^{5/3}/R^2 \qquad \rightarrow \qquad R = 1/(M^{1/3} C_1).$$

Dagegen existiert im relativistischen Fall eine Lösung nur für eine bestimmte kritische Masse M_k:

$$C_2 M_k^2/R = M_k^{4/3}/R \qquad \rightarrow \qquad M_k = C_2^{3/2}.$$

Die genaue Rechnung ergibt als kritische Masse $M_k=1{,}4 \cdot M_{Sonne}$[4]. Ist die Masse eines Weißen Zwerges kleiner als M_k, ergibt sich R aus der nicht relativistischen Lösung. Ist dagegen $M \gtrsim M_k$, gibt es keine Gleichgewichtslösung mehr. Der Stern fällt durch das Überwiegen der Gravitationskraft zum Neutronenstern zusammen. Es existieren also keine relativistisch entarteten Plasmen.

Dieser kleine Exkurs über entartete Plasmen schließt die Einleitung ab. Die fol-genden Teile des Buchs werden sich überwiegend mit idealen, nicht entarteten Plasmen beschäftigen. In den nächsten vier Kapiteln werden die Grundlagen einer physikalischen Beschreibung dieser Plasmen dargestellt.

---

[4]Die ursprüngliche Masse ist wesentlich größer, da in der Super-Nova-Phase ein großer Teil der Masse abgesprengt wird.

2 Atomare Prozesse

2.1 Coulomb-Stoßprozesse

2.1.1 Der Coulomb-Stoß

In diesem Kapitel sollen Stoßprozesse zwischen einzelnen Elektronen, Ionen, Atomen und Molekülen und auch die Wechselwirkung mit Photonen behandelt werden. Als erstes werden Coulomb-Stoßprozesse untersucht, bei denen, wie bereits in Kapitel 1.3.3 diskutiert, die Reichweite des Potenzials größer ist als der mittlere Abstand der Teilchen im Plasma, und deshalb die Abschirmung des Potenzials berücksichtigt werden muss.

Zunächst wird allerdings die Bewegung eines Teilchens t mit der Ladung e_t im ungestörten Coulomb-Potenzial Φ_c mit der potenziellen Energie $U_t=e_t\Phi_c$ in nicht relativistischer und nicht quantenmechanischer Näherung betrachtet. Die Wirkung eines eventuell vorhandenen Magnetfeldes wird vernachlässigt[1]. Das Teilchen t mit der Geschwindigkeit v_t und der Masse m_t, das auf ein ortsfestes Teilchen b mit der Ladung e_b mit dem Stoßparameter s trifft, wird um den Winkel χ abgelenkt (siehe Abb. 2.1). Dieser Fall eines ortsfesten Potenzials wird z. B. gut angenähert, wenn ein Elektron auf ein Ion trifft. Für χ gilt (siehe z. B. [142]):

$$U_t = \frac{\alpha}{r} \qquad \alpha = \frac{e_t e_b}{4\pi\varepsilon_0} \qquad tg\frac{\chi}{2} = \frac{s_\perp}{s} \qquad s_\perp = \frac{|\alpha|}{m_t v_t^2}.$$

Es ist $s_\perp$ der Stoßparameter, der zu einer 90°-Ablenkung führt. Der kleinste Abstand r_{min} folgt aus der Erhaltung von Drehimpuls und Energie (v_{min}: Geschwindigkeit bei $r=r_{min}$; $r_{min}^\perp$: minimaler Abstand bei einem 90°-Stoß, $U_c(r_{min}^\perp)$: dazugehörige potenzielle Energie):

$$m_t v_t s = m_t v_{min} r_{min} \qquad m_t v_t^2/2 = m_t v_{min}^2/2 + U_c(r_{min}),$$

$$\rightarrow \quad r_{min} = \left(\alpha + \sqrt{\alpha^2 + m_t^2 s^2 v_t^4}\right) / \left(m v_t^2\right).$$

---

[1]In Kapitel 3.5.4 wird der Fall diskutiert, dass der Einfluss des Magnetfeldes nicht vernachlässigt werden kann.

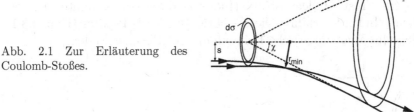

Abb. 2.1 Zur Erläuterung des
Coulomb-Stoßes.

$$\alpha > 0: \quad r_{min}^{\perp} = (\sqrt{2}+1)s_{\perp} \qquad U_c(r_{min}^{\perp}) = m_t v_t^2/(\sqrt{2}+1),$$
$$\alpha < 0: \quad r_{min}^{\perp} = (\sqrt{2}-1)s_{\perp} \qquad U_c(r_{min}^{\perp}) = -m_t v_t^2/(\sqrt{2}-1).$$

Setzt man die thermische Energie T gleich der potenziellen Energie $U(r_{min}^{\perp})$, so folgt als typischer kleinster Abstand von geladenen Teilchen in einem Plasma $\lambda_{min} = e_t e_b/(4\pi\varepsilon_0 T)$, wobei in idealen Plasmen stets $\lambda_{min} \ll n^{-1/3} \ll \lambda_D$ gilt[2].

Unter dem Stoßquerschnitt σ versteht man die mit dem Stoßparameter s als Radius gebildete Kreisfläche. Der differenzielle Stoßquerschnitt $d\sigma$ bezieht sich auf den Ablenkwinkel $d\chi$ bzw. den dazugehörigen Raumwinkel $d\Omega$. Eine geometrische Umformung ergibt aus obiger Formel für χ den differenziellen Stoßquerschnitt für den Coulomb-Stoß, die so genannte Rutherford-Streuformel:

$$\frac{d\sigma}{d\Omega} = \alpha^2 \left[\frac{1}{2m_t v_t^2 \, sin^2(\chi/2)} \right]^2 \qquad d\Omega = 2\pi sin\chi d\chi \qquad (2.1)$$

Die Ausdrücke für Ablenkwinkel und Stoßquerschnitt gelten unabhängig davon, ob das Vorzeichen der Ladung der Stoßpartner gleich oder verschieden ist. Die Hyperbel als Bahnkurve kehrt sich zwar um, der Ablenkwinkel χ bleibt jedoch gleich. Man erkennt, dass beim unabgeschirmten Coulomb-Potenzial der differenzielle Wirkungsquerschnitt für große Stoßparameter s, also kleine Ablenkwinkel χ, mit χ^{-4} divergiert und auch der totale Stoßquerschnitt unendlich wird:

$$\sigma_{tot} = \int_0^{4\pi} \frac{d\sigma}{d\Omega} d\Omega = \infty.$$

2.1.2 Die Abbremskraft zwischen Teilchen

Allein die Aussage, dass der totale Stoßquerschnitt unendlich ist, hat noch keine physikalisch sinnvolle Bedeutung. Der Effekt eines großen Stoßquerschnittes kann unbedeutend sein, wenn dabei der Streuwinkel sehr klein ist. Um die

---

[2]Aus $\lambda_{min} = \lambda_D$ folgt ($Z = 1$) als kritische Temperatur $T_k = 3{,}3 \cdot 10^{-9} n^{1/3}$. Diese Grenze fällt praktisch mit der Grenze für ideale Plasmen zusammen (siehe Kap. 1.2.1).

physikalische Relevanz beurteilen zu können, soll die Kraft $\vec{R}_t$ ausgerechnet werden, die ein "Test"-Teilchenstrahl (Index t) durch so genannte "Hintergrundteilchen" (Index b) erfährt. Diese Abbremskraft wird später (Kap. 4.3.1) die Grundlage für eine statistische Behandlung des Plasmas bilden.

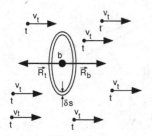

Abb. 2.2 Testteilchen t erfahren durch Stöße an einem Hintergrundteilchen b eine Reibungskraft $\vec{R}_t$.

Zunächst wird nur ein einziges, unendlich schweres und ruhendes Hintergrundteilchen angenommen. Der Testteilchenstrahl habe die Teilchendichte n_t und die Geschwindigkeit $\vec{v}_t$, die Teilchen die Masse m_t und die Ladung e_t. Aus Symmetriegründen kann im Mittel nur eine Kraft in Richtung $\vec{v}_t$ übertragen werden. Da elastische Stöße an einem ortsfesten Streuzentrum den Betrag der Gesamtgeschwindigkeit ungeändert lassen, gilt für die Geschwindigkeitsänderung $\delta\vec{v}_t$ (siehe Abb. 2.3, $\vec{v}_t = v_t \vec{e}_z$):

$$|\delta\vec{v}_t| = 2v_t sin(\chi/2) \qquad |\delta\vec{v}_{t,\perp}| = 2v_t sin(\chi/2)cos(\chi/2),$$

$$\delta v_{t,z} = -2v_t sin^2(\chi/2) = -2v_t \frac{tg^2(\chi/2)}{tg^2(\chi/2)+1} = -2v_t \frac{s_\perp^2}{s_\perp^2 + s^2} \qquad (2.2)$$

$$\delta v_{t,x} = 2v_t \frac{ss_\perp}{s_\perp^2 + s^2} cos\varphi \qquad \delta v_{t,y} = 2v_t \frac{ss_\perp}{s_\perp^2 + s^2} sin\varphi \qquad (2.3)$$

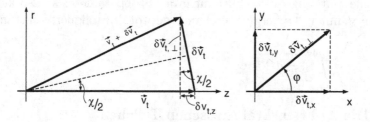

Abb. 2.3 Diagramm zur Berechnung der Geschwindigkeitsänderung beim Coulomb-Stoß.

Durch einen Ring mit der Fläche $d\sigma$ um das Hintergrundteilchen strömen pro Zeitintervall dt $dN_t = n_t v_t d\sigma dt$ Testteilchen. Aus der Impulsänderung in z-Richtung pro Zeit ergibt sich die Gesamtkraft $R_{t,z}$, die das Hintergrundteilchen auf den Testteilchenstrahl ausübt. Die Summation über alle Testteilchen

t_i kann durch die Integration über alle Ringe $d\sigma$ ersetzt und $v_{t,z}$ aus (2.2) eingesetzt werden:

$$R_{t,z} = m_t \frac{d}{dt} \sum_{t_i} \delta v_{t,z} = m_t \int_0^\infty \delta v_{t,z} \frac{dN_t}{d\sigma dt} d\sigma \qquad (2.4)$$

Einsetzen des differenziellen Wirkungsquerschnitts (2.1), der Geschwindigkeitsänderung $\delta v_{t,z}$ (2.2) und der Teilchenzahl dN_t ergibt:

$$R_{t,z} = -\frac{\pi n_t \alpha^2}{m_t v_t^2} \lim_{\chi m \to 0} \int_{\chi_m}^\pi \frac{\sin\chi}{\sin^2 \chi/2} d\chi = \frac{4\pi n_t \alpha^2}{m_t v_t^2} \lim_{\chi m \to 0} \ell n(\sin \frac{\chi_m}{2}) \qquad (2.5)$$

Der Ausdruck divergiert logarithmisch, wenn χ_m gegen 0 geht. Es folgt das überraschende Ergebnis, dass die Reibungskraft R_t bei nicht abgeschirmten Coulomb-Potenzial unendlich groß ist[3].

2.1.3 Kraft bei abgeschirmtem Potenzial

Nun ist, wie in Kapitel 1.3.3 diskutiert, das elektrische Potenzial eines geladenen Teilchens durch das umgebende Plasma abgeschirmt:

$$\Phi_D(r) = \Phi_c(r)e^{-r/\lambda_D}.$$

Zur Vereinfachung wird hier angenommen, dass für Stöße mit einem Stoßparameter $s < \lambda_D$ das ungestörte Potenzial Φ_c gilt und für Stöße mit $s \geq \lambda_D$ das Potenzial null ist. Der kleinste auftretende Ablenkwinkel χ_m ist dann durch $tg(\chi_m/2) = s_\perp/\lambda_D$ bestimmt (siehe Abschnitt 2.1.1). Dies führt in idealen Plasmen wegen $\lambda_D \gg s_\perp$ zu:

$$\ell n \left(\sin\frac{\chi_m}{2} \right) \approx \ell n \frac{s_\perp}{\lambda_D} \equiv -\ell n\Lambda.$$

Einsetzen von $s_\perp$ ergibt die Abbremskraft $R_{t,z}$ auf die Testteilchen. Dabei wird die Größe $\ell n\Lambda$ als "Coulomb-Logarithmus"[4] bezeichnet.

$$R_{t,z} = -\frac{c_\Lambda^{tb} n_t}{m_t v_t^2} \qquad c_\Lambda^{tb} \equiv \frac{e_t^2 e_b^2}{4\pi\varepsilon_0^2}\ell n\Lambda \qquad \ell n\Lambda \equiv \ell n\frac{\lambda_D 4\pi\varepsilon_0 m_t v_t^2}{|e_t e_b|}.$$

Nimmt man viele, räumlich statistisch verteilte Hintergrundteilchen der Masse m_b, der Dichte n_b und der Geschwindigkeit $\vec{v}_b$ an, so lautet die Verallgemeinerung für die Kraft, die jetzt ein einzelnes Testteilchen erfährt [230] (m_{bt}:

---

[3]Während durch die Coulomb-Abschirmung diese Divergenz, wie in Abschnitt 2.1.3 gezeigt wird, für das elektrische Potenzial aufgehoben wird, gibt es für das Gravitationspotenzial keine analoge Abschirmung. Dieses hat weitreichende Folgen in der Astrophysik.
[4]Für den Fall $e_t^2 = e_b^2 = e^2$ wird im Folgenden c_Λ statt c_Λ^{tb} geschrieben.

reduzierte Masse der Teilchen t und b, $\vec{g} \equiv \vec{v}_t$-$\vec{v}_b$: Relativgeschwindigkeit):

$$\vec{R}_{tb} = -\frac{c_\Lambda^{tb} n_b}{m_{tb}} \frac{\vec{g}}{|g|^3} \qquad R_{tb} \propto m_{tb}^{-1} g^{-2} \qquad m_{tb} \equiv \frac{m_t m_b}{m_t + m_b} \qquad (2.6)$$

Während bei Stößen zwischen Teilchen gleicher Masse m_{tb}=$m/2$ ist, gilt für den Elektronen-Ionen-Stoß $m_{tb} \approx m_e$. Man erkennt, dass die Abbremskraft mit wachsender Relativgeschwindigkeit schnell abnimmt.

Setzt man $1/2 m_t v_t^2$=$3/2 T$, so kann man $\ln\Lambda$ durch die Zahl der Testteilchen in ihrem Debye-Volumen N_D=$4/3\pi n_t \lambda_D^3$ oder durch ihre Temperatur und Dichte ausdrücken (siehe Kap. 1.3.3; Kernladungszahl Z_b=Z_t=1 gesetzt):

$$\begin{aligned} \ln\Lambda &= \ln(9N_D), \\ \ln\Lambda &= 30,4 + 3/2 \, \ln T[eV] - 1/2 \, \ln n \left[m^{-3}\right] \end{aligned} \qquad (2.7)$$

Für ideale Plasmen[5] ist $\ln\Lambda$ also groß gegen 1 und für Fusionsplasmen typisch 10 bis 20. So ist z. B. für T=$1000 eV$ und n=$10^{20} m^{-3}$ $\ln\Lambda$=$16,5$.

Bezeichnet man alle Stöße mit $\chi \geq 30°$ als Großwinkel- und für $\chi < 30°$ als Klein-winkelstöße, dann gilt für die Großwinkelstöße mit dem maximalen Stoßpara-meter s_m^{30} ($\ln\Lambda$ ersetzt durch $\ln\Lambda^{30}$ für Großwinkelstöße):

$$s_m^{30} = 3,73 s_\perp \quad \rightarrow \quad \ln\Lambda^{30} = \ln\left(s_m^{30}/s_\perp\right) = 1,35.$$

Wenn also z. B. $\ln\Lambda$=15 ist, dann wird die Abbremskraft R_t zu weniger als 10% durch Großwinkelstöße erzeugt. Oder anders ausgedrückt: in einem idealen Plasma dominieren die Kleinwinkelstöße.

Nahe der Grenze N_D=1 werden die Großwinkelstöße wichtig. Zugleich verliert die Ableitung des abgeschirmten Potenzials (siehe Kap. 1.3.3) ihre Gültigkeit und die obige Näherung für die Reibungskraft gilt nicht mehr.

Eine Diskussion, in wieweit eine quantenmechanische Berechnung der Ab-bremskraft das Ergebnis modifiziert, findet sich in Anhang 2.1. Die Diskussion ist auf nicht relativistische Geschwindigkeiten beschränkt. Außerdem werden als Ionen Protonen angenommen. Es zeigt sich, dass beim Ion-Ion-Stoß für Ionentemperatur $T_i \lesssim 17 keV$ der oben abgeleitete klassische Ausdruck für $\ln\Lambda$ (2.7) unverändert bleibt, während für Elektron-Elektron- und Elektron-Ion-Stöße bei Temperaturen $T_e \gtrsim 10 eV$ eine gegenüber dem klassischen Ausdruck von $\ln\Lambda$ geänderte Temperaturabhängigkeit gilt:

$$\ln\Lambda^{q,e} = 31,3 + \ln T[eV] - 1/2 \, \ln n[m^{-3}].$$

---

[5]Man kann zeigen, dass die Debye-Theorie für ideale Plasmen mit $N_D \gg 1$ nicht sehr genau sein muss, um trotzdem näherungsweise richtige Ergebnisse zu liefern. Nimmt man in oben aufgeführtem Beispiel mit $\ln\Lambda$=$16,5$ an, N_D sei um etwa 25% falsch, also N_D=$1,3 \cdot 10^{12} T^{3/2}/n^{1/2}$ (statt N_D=$1,7...$) ändert sich $\ln\Lambda$ nur um etwa 2%.

2.1.4   Die Abbremskraft in einem Plasma

Es soll jetzt die Abbremsung von Teilchenstrahlen in einem Plasma abgeschätzt werden. Für die Bestimmung der Abbremskraft R_t kommt es immer darauf an, im Ausdruck (2.6)die Größe $m_{tb}^{-1}g^{-2}$ zu ermitteln.

Zunächst wird angenommen, dass der Testteilchenstrahl selbst eine Geschwindigkeit von der Größe der thermischen Geschwindigkeit der Plasmateilchen gleicher Art hat. Für die Abbremskräfte von Elektronen an Plasmaelektronen R_{ee} und von Elektronen an Plasmaionen R_{ei} gilt dann näherungsweise, dass beide Kräfte von gleicher Größenordnung sind, solange $v_{e,th} \gg v_{i,th}$ ist:

$$R_{ee} \propto (m_e/2)^{-1}v_{e,th}^{-2} \qquad R_{ei} \propto m_e^{-1}v_{e,th}^{-2}.$$

Dasselbe gilt für die Abbremskräfte der Ionen an den Plasmaionen R_{ii} bzw. an den Plasmaelektronen R_{ie}, solange $T_i \approx T_e$ ist:

$$R_{ii} \propto (m_i/2)^{-1}v_{i,th}^{-2} \qquad R_{ie} \propto m_e^{-1}v_{e,th}^{-2} \approx m_i^{-1}v_{i,th}^{-2}.$$

Für einen Elektronenstrahl mit einer überthermischen Geschwindigkeit $v_{e,s} > v_{e,th}$ bleiben beide Abbremskräfte von gleicher Größenordnung, nur ist in diesem Fall $v_{e,th}$ durch $v_{e,s}$ zu ersetzen:

$$R_{ee} \propto (m_e/2)^{-1}v_{e,s}^{-2} \qquad R_{ei} \propto m_e^{-1}v_{e,s}^{-2}.$$

Nur bei überthermischen Ionen mit $v_{i,s} \gg v_{i,th} \approx v_{e,th}(m_e/m_i)^{1/2}$ ($T_e \approx T_i$ angenommen) sind die Abbremskräfte nicht von gleicher Größenordnung. Solange $v_{i,s} < v_{e,th}$ bleibt, gilt:

$$R_{ie} \propto m_e^{-1}v_{e,th}^{-2} \approx m_i^{-1}v_{i,th}^{-2} \gg m_i^{-1}v_{i,s}^{-2} \propto R_{ii}.$$

Für Geschwindigkeiten $v_{i,s}$ des Ionenstrahls größer als die mittlere thermische Geschwindigkeit der Plasmaionen tritt also die Besonderheit auf, dass die Stöße der Strahlionen an den Plasmaelektronen überwiegen. Die schnellen Ionen werden dabei kaum abgelenkt, sondern verlieren nur Geschwindigkeit. Für sehr hohe Ionenstrahlgeschwindigkeit mit $v_{i,s} \gtrsim v_{e,th}$ bleibt die Ungleichung bestehen, nur ist jetzt im R_{ie}-Ausdruck für $v_{e,th}$ durch $v_{i,s}$ zu ersetzen.

Das Abbremsen an den Elektronen führt dazu, dass bei der Heizung von Plasmen durch schnelle Neutralteilchen (siehe Abschnitt 2.5.2) die entstehenden Ionen zunächst, bis sie abgebremst sind, bevorzugt die Elektronen heizen. Dies gilt insbesondere für die Heizung durch die bei der Fusion entstehenden α-Teilchen (siehe Kap. 12). Andere Beispiele für die Abbremsung bevorzugt an den Elektronen sind die durch radioaktiven Zerfall entstandenen α-Teilchen in Luft oder energiereiche Ionen, die auf einen Festkörper treffen. Im letzteren Fall wird die Abbremskraft als "Stopping Power" bezeichnet.

2.1.5   Abbremszeit, freie Weglänge und Leitfähigkeit

Der Quotient aus Teilchenimpuls und Abbremskraft ergibt eine charakteristische Abbremszeit $\tau_{tb,1}^{p}$, mit der der ursprüngliche Impuls p_t der Testteilchen verloren geht:

$$\tau_{tb,1}^{p} \equiv \frac{p_t}{\dot{p}_t} = \frac{m_t v_t}{R_{tb}}.$$

Für Testteilchen, die sich mit $v_t \approx v_{th,t}$, der thermischen Geschwindigkeit $(m_t v_{th,t}^2 = 3T)$ von Hintergrundteilchen der gleichen Masse m_t bewegen, gilt für die Abbremszeit näherungsweise $(m_{tt}=m_t/2,\ g \approx v_{th,t})$:

$$\tau_{tt,1}^{p} = \frac{m_t^2 v_t^3}{2c_\Lambda^{tt} n_t} = \frac{3^{3/2} m_t^{1/2}}{2c_\Lambda^{tt}} \frac{T_t^{3/2}}{n_t}.$$

Entsprechend der Wurzel aus dem Massenverhältnis ist die Impulsabbremszeit für Elektronen kürzer als die der Ionen, während für die Elektron-Ion-Abbremszeit $\tau_{ei,1}^{p}=2\tau_{ee,1}^{p}$ gilt. Der Kehrwert der Impulsabbremszeit wird als "Stoßfrequenz" ν bezeichnet. Die so genannte "freie Weglänge" $\lambda_f=v_{th}\tau_{tt,1}^{p}$ ist von der Masse unabhängig:

$$\lambda_f \propto T^2/n \qquad\qquad \lambda_f\,[m] \approx 10^{16} T\,[eV]^2/n\,\left[m^{-3}\right].$$

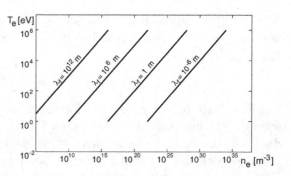

Abb. 2.4 Die freie Weglänge in Plasmen als Funktion von Dichte und Temperatur.

Die freie Weglänge λ_f ist in der Abbildung 2.4 als Funktion von n und T dargestellt. Während sie im Inneren der Sterne im μ-Bereich und darunter liegt, wird sie für dünne und heiße Plasmen extrem groß. So ist sie z. B. für Fusionsplasmen von $T=10keV$ und $n=10^{20}m^{-3}$ etwa $10km$ und damit sehr groß gegen die Plasmadimensionen. Die große freie Weglänge führt für heiße Plasmen zu hoher elektrischer Leitfähigkeit und großer Wärmeleitung parallel zum Magnetfeld.

Eine erste, grobe Abschätzung der elektrischen Leitfähigkeit σ_1 eines Plasmas parallel zum Magnetfeld oder im magnetfeldfreien Plasma erhält man, wenn man die durch das elektrische Feld E erzeugte Kraft gleich dem mittleren Impulsverlust der Elektronen pro Zeit setzt ($\langle v_e \rangle \ll v_{e,th}$: mittlere Geschwindigkeit der Elektronen, $j=en_e\langle v_e \rangle$: Stromdichte; $Z=1$):

$$eE = m_e\langle v_e \rangle / \tau_{ei,1}^p \qquad j = \sigma_1 E \quad \rightarrow \quad \sigma_1 = \frac{3^{3/2}e^2}{c_\Lambda m_e^{1/2}}T_e^{3/2}.$$

Wie erwartet steigt die elektrische Leitfähigkeit mit der Temperatur an. Sie ist von der Dichte unabhängig.

Eine konsequente Berechnung der Stoßprozesse, die hier nur näherungsweise behandelt wurden, erfolgt im Rahmen der kinetischen Theorie, die in Kapitel 4 eingeführt werden wird.

2.2 Bremsstrahlung

Ein an einem Ion vorbeifliegendes Elektron erzeugt ein sich zeitlich änderndes elektrisches Dipolmoment $d_e(t)$. Dabei kann das Ion als ruhend angesehen werden. Die zeitliche Änderung von d_e führt zur Aussendung von elektromagnetischer Strahlung der Energie E_B, der so genannten "Bremsstrahlung". Hier und im Folgenden wird die Strahlung für den vollen Raumwinkel und für beide Polarisationsrichtungen angegeben ($\vec{r}_e$: Ortsvektor des Elektrons; [111]):

$$\frac{dE_B}{dt} = \frac{\left(\ddot{\vec{d}}_e\right)^2}{6\pi\varepsilon_0 c_0^3} = \frac{e^2\left(\ddot{\vec{r}}_e\right)^2}{6\pi\varepsilon_0 c_0^3} \tag{2.8}$$

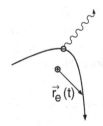

Abb. 2.5 Die Ablenkung der Elektronen an den Ionen führt zur Aussendung der Bremsstrahlung $E_B \propto \left(\ddot{\vec{d}}_e\right)^2 = e^2\left(\ddot{\vec{r}}_e\right)^2$ ($\vec{d}_e$: elektrisches Moment des Elektrons).

Da die weitere Ableitung etwas länglich ist (siehe z. B. [143]), sollen hier nur die wichtigsten Schritte beschrieben werden. Die hyperbolische Bahnkurve $\vec{r}_e(t)$ wird zunächst klassisch und ohne Rückwirkung durch die Strahlung berechnet. Die Strahlungsleistung kann aus dem Ausdruck (2.8) durch eine Fouriertransformation als Funktion der Frequenz ω errechnet werden. Für Elektronen einer bestimmten Anfangsgeschwindigkeit v_e muss analog zu Abschnitt 2.1.2 über

alle Stoßparameter s integriert werden, sodass sich schließlich die Strahlungsleistung pro Frequenzintervall ergibt (n_e: Elektronendichte, Ze: Ionenladung):

$$\frac{d^2 E_B}{d\omega dt} = \frac{Z^2 e^6 n_e}{12\sqrt{3}\pi^2 \varepsilon_0^3 c_0^3 m_e^2 v_e} G(\omega^\star).$$

Der dimensionslose "Gaunt-Faktor" G ist von der Größenordnung 1 und ist
in der Abbildung 2.6 als Funktion einer dimensionslosen Frequenz $\omega^\star = \omega s_\perp / v_e$
dargestellt (gestrichelte Kurve). Der Gaunt-Faktor fällt für kleine Werte von $\omega^\star$
logarithmisch ab und wird in dieser klassischen Ableitung für $\omega^\star > 1$ ungefähr
1. Man kann leicht einsehen, dass diese Näherung für große Werte von $\omega^\star$ nicht
gültig sein kann. Mit steigender Frequenz wächst die Energie eines Photons der
Bremsstrahlung unbegrenzt und würde schließlich die kinetische Energie des
Elektrons übertreffen, die das Photon erzeugt hat.

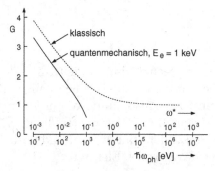

Abb. 2.6 In klassischer Näherung lässt
sich der Gaunt-Faktor G als Funktion
einer normierten Frequenz $\omega^\star = \omega s_\perp / v_e$
darstellen, während er quantenmecha-
nisch sowohl von der Elektronenenergie
E_e als auch der Photonenenergie $\hbar\omega_{ph}$
abhängt.

Die quantenmechanische Rechnung ergibt einen Gaunt-Faktor, der nicht mehr
alleine als Funktion von $\omega^\star$ dargestellt werden kann. Die Abbildung 2.6 zeigt
für Elektronen der Energie $1keV$ den quantenmechanisch errechneten Gaunt-
Faktor als Funktion der Photonenenergie [213]. Während für kleine Photonen-
energien der quantenmechanische Gaunt-Faktor nur um ca. 10% niedriger ist
als der klassische Wert, gibt es für große Energien einen entscheidenden Unterschied. Die korrekt berechnete Abstrahlung hört bei einer Photonenenergie
auf, die gleich der Energie des Elektrons ist, wie es der Energieerhaltungssatz
verlangt.

In einem thermischen Plasma muss zur Bestimmung der Bremsstrahlung über
die Maxwell-Verteilung der Elektronen gemittelt werden. Die Ableitung wird
wieder übergangen. Die Energie, die pro Frequenz, Zeit und Volumen abgestrahlt wird, läßt sich darstellen als ($n_Z = n_e / Z$: Dichte der Ionen, T_e: Elektronentemperatur):

$$\left\langle \frac{d^3 E_B}{d\omega dt dV} \right\rangle_{therm} = \frac{Z^2 e^6}{6^{3/2} \pi^{5/2} \varepsilon_0^3 m_e^{3/2} c_0^3} \frac{n_Z n_e}{\sqrt{T_e}} e^{-\hbar\omega/T_e} \bar{G}.$$

Der über die Maxwell-Verteilung gemittelte Gaunt-Faktor $\bar{G}$ ist für kleine Frequenzen $\hbar\omega \ll T_e$ durch G approximierbar, wenn man das Argument $\omega^\star$ durch $\hbar\omega/T_e$ ersetzt:

$$\bar{G}(\hbar\omega/T_e) \approx G(\omega^\star) \quad \text{für} \quad \omega^\star = \hbar\omega/T_e \ll 1.$$

Für $\hbar\omega/T_e \approx 1$ ist $\bar{G} \approx 1{,}2$. Die Abhängigkeit des Gaunt-Faktors von T_e ist also schwach, ebenso die von Z, solange $\hbar\omega/T \lesssim 1$ bleibt. Die Bremsstrahlung ist also im Wesentlichen proportional zu $n_Z n_e$ und fällt für $\hbar\omega \ll T_e$ mit der Wurzel aus T_e. Substituiert man n_Z durch n_e/Z, dann hängt die Bremsstrahlung quadratisch von n_e und linear von Z ab. Bei mehreren Verunreinigungen oder Ionisationsstufen ist es deshalb sinnvoll einen gemittelten Wert $Z_{eff} = \sum Z_i^2 n_i/n_e$ anzugeben, der durch Messung der Dichte, der Temperatur und der Bremsstrahlung bestimmt werden kann [118].

Integration der Bremsstrahlung über die Frequenz ergibt die gesamte Leistung pro Volumen [28]:

$$P_{Br} = \left\langle \frac{d^2 E_B}{dt dV} \right\rangle_{therm} = \underbrace{\frac{e^6}{6^{3/2}\pi^{5/2}\varepsilon_0^3 \hbar m_e c_0^2}\left(\frac{T_e}{m_e c_0^2}\right)^{1/2}\overline{\overline{G}}(T_e)}_{=C_{Br}(T_e)} Z_{eff} n_e^2.$$

Abb. 2.7 Die Bremsstrahlung P_{Br} integriert über das Spektrum als Funktion der Elektronentemperatur T_e für $n_e = 10^{20} m^{-3}$ und $Z=1$ ($\overline{\overline{G}}$: dazugehöriger Gaunt-Faktor).

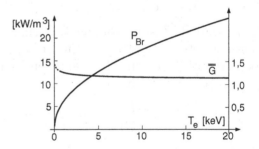

$\overline{\overline{G}}(T_e)$ hängt schwach von T_e ab und liegt für $10eV \leq T_e \leq 100keV$ zwischen 1,11 und 1,44. Die Gesamtbremsstrahlung steigt mit der Temperatur an (siehe Abb. 2.7; $n_e = 10^{20} m^{-3}$ und $Z=1$ angenommen) und erreicht auch in einem reinen Wasserstoffplasma bei Temperaturen, wie sie im Fusionsreaktor benötigt werden, hohe Werte. Insbesondere wenn Z_{eff} durch Verunreinigungen erhöht ist, oder bei Fusionsreaktionen, die eine höhere Temperatur verlangen, wie die D-D- oder D-^3He-Fusion, beeinträchtigt die Bremsstrahlung entscheidend die Energiebilanz (siehe Kap. 12.2.2).

2.3   Ionisation und Rekombination

2.3.1   Die Saha-Gleichung

In der Einleitung (Kap. 1.2.1) war die Ionisationsgrenze sehr grob mit $T=E_{ion}$ abgeschätzt worden. Jetzt soll der Ionisationsgrad eines Plasmas genauer betrachtet werden. Dazu müssen grundsätzlich die Ratengleichungen aller möglichen Ionisations- und Rekombinationsprozesse gelöst und im inhomogenen Fall Transportprozesse berücksichtigt werden. Nur im Grenzfall eines homogenen Plasmas im thermodynamischen Gleichgewicht werden die Verhältnisse einfacher. Die so genannte Saha-Gleichung, die das thermodynamische Ionisations-Gleichgewicht beschreibt, wird im Folgenden abgeleitet. Im Anschluss werden die Gültigkeitsgrenzen diskutiert.

Im thermodynamischen Gleichgewicht verteilen sich Teilchen auf 2 Zustände verschiedener Energien E_{m_i} und E_{n_j} mit einer Anzahl von N_{m_j} bzw. N_{n_i} nach:

$$\frac{N_{m_i}}{N_{n_j}} = \frac{e^{-E_{m_i}/T}}{e^{-E_{n_j}/T}}.$$

Nach Summation über eine Auswahl von Zuständen von insgesamt N_m Teilchen gilt:

$$\frac{N_m}{N_{n_j}} = \frac{\mathcal{Z}_m(T)}{e^{-E_{n_j}/T}} \qquad N_m \equiv \sum_i N_{m_i} \qquad \mathcal{Z}_m(T) \equiv \sum_i g_{m_i} e^{-E_{m_i}/T}.$$

$\mathcal{Z}(T)$ wird als Zustandssumme bezeichnet. Ist ein Energiezustand entartet, so muss er entsprechend seiner Entartung mit einem statistischen Gewicht g_{m_i} berücksichtigt werden. Man kann den Kehrwert bilden, über die Zustände n_j summieren und erhält analog:

$$\frac{N_n}{N_m} = \frac{\mathcal{Z}_n(T)}{\mathcal{Z}_m(T)} \qquad N_n \equiv \sum_j N_{n_j} \qquad \mathcal{Z}_n(T) = \sum_j g_{n_j} e^{-E_{n_j}/T}.$$

Bei Ionisationsprozessen muss neben den gebundenen Energiezuständen das statistische Gewicht der entstehenden freien Elektronen berücksichtigt werden (N_H: Zahl der neutralen Wasserstoffatome, N_i: Zahl der Ionen, dg_e: statistisches Gewicht der freien Elektronen im Energieintervall dE_{kin}):

$$\frac{N_i}{N_H} = \frac{\mathcal{Z}_i(T)\mathcal{Z}_e(T)}{\mathcal{Z}_H(T)} = \frac{\mathcal{Z}i(T)}{\mathcal{Z}_H(T)} \int_0^\infty e^{-(E_{kin}+E_{ion})/T} \frac{dg_e}{dE_{kin}} dE_{kin}.$$

Bei Quasineutralität ist N_i auch gleich der Zahl der freien Elektronen N_e. Man kann für das Proton $\mathcal{Z}_i(T)=1$ setzen, da die Quantenzustände der Kerne sowohl im Zähler als auch im Nenner erscheinen und so keinen Einfluss haben.

Es gibt pro Elektron folgende Anzahl von Zuständen (vgl. Kap. 1.4.1):

$$dg_e = 2dV_6/(h^3 N_e) = 2dV\,dp_x dp_y dp_z/(h^3 N_e).$$

Einsetzen von dg_e und Integration über Orts- und Impulsraum ergibt:

$$\frac{N_e}{N_H} = \frac{2e^{-E_{ion}/T}V}{\mathcal{Z}_H(T)h^3 N_e}\,(2\pi m_e T)^{3/2}.$$

Mit Einführung der Teilchendichten $n_e \equiv N_e/V$ und $n_H \equiv N_H/V$ folgt schließlich die Saha-Gleichung [201]:

$$\frac{n_e^2}{n_H} = f_s(T) = \frac{2}{\mathcal{Z}_H(T)}\left(\frac{m_e T}{2\pi\hbar^2}\right)^{3/2} e^{-E_{ion}/T}.$$

Damit hat die Saha-Gleichung, wie zu erwarten, die Form eines Massenwirkungsgesetzes:

$$n_i n_e / n_H = f_s(T).$$

Hier ist ein Problem zunächst übergangen worden, welches mit der Berechnung der Zustandssumme $\mathcal{Z}(T)$ der gebundenen Zustände zusammenhängt. Man kann sich leicht davon überzeugen, dass $\mathcal{Z}(T)$ bei Summation über alle Zustände, also für $n \Rightarrow \infty$, divergiert. Erst durch die in Kapitel 1.3.3 beschriebene Erniedrigung der Ionisationsenergie δE_{ion}, die durch die Debye-Abschirmung zu Stande kommt, werden die höchsten Zustände $n > n_{max}$ abgeschnitten, sodass die Zustandssumme konvergiert (siehe Abb. 2.8 linke Hälfte).

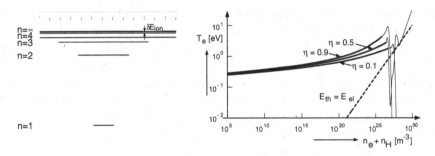

Abb. 2.8 Die Zustände im Wasserstoffatom hängen nur von der Hauptquantenzahl ab ($E_n[eV] = 13{,}6 \cdot (1 - n^{-2})$, $g_n = 2n^2$). Durch das umgebende Plasma wird die Ionisationsenergie um δE_{ion} erniedrigt. Die rechte Abbildung zeigt den Ionisationsgrad von Wasserstoff als Funktion von Dichte und Temperatur. Mit der Annäherung an nicht ideale Plasmen bei hoher Dichte verliert die zugrundegelegte Theorie ihre Gültigkeit.

Die Abbildung 2.8 (rechte Hälfte) zeigt für Wasserstoff so berechnete, verschiedene Ionisationsgrade $\eta = n_e/n_H$ als Funktion von T_e und $n_e + n_H$. Zunächst einmal erkennt man, dass bei einer relativ scharfen Temperatur, die deutlich kleiner als die Ionisationsenergie ist, ein Übergang von einem kaum ionisierten

Gas ($\eta < 0,1$) zu einem fast vollständig ionisierten Plasma ($\eta > 0,9$) stattfindet. Die Rechnung zeigt, dass die zahlreichen, hochangeregten Zustände erst dann wesentlich zur Zustandssumme beitragen, wenn bereits eine weitgehende Ionisation ($\eta \approx 1$) vorliegt. Daher ist es ausreichend für Ionisationsgrade $\eta \lesssim 0,95$ den in Kapitel 1.3.3 angegebenen Ausdruck für die Erniedrigung der Ionisationsenergie zu verwenden. Bei höherem Ionisationsgrad muss auch die durch die umgebenden Ionen und Elektronen verursachte Störung der Zustände berücksichtigt werden.

Der Anstieg der für die Ionisation notwendigen Temperatur bei hoher Dichte kommt dadurch zustande, dass es im Phasenraum der Elektronen "eng" wird (vgl. Kap. 1.4.1). Die Unregelmäßigkeiten im Kurvenverlauf bei sehr hoher Dichte hängen damit zusammen, dass die maximale Hauptquantenzahl bedingt durch die große Absenkung der Ionisationsenergie 2 bzw. 1 wird. Da zugleich die Grenze für nicht ideale Plasmen (gestrichelte Linie in Abb. 2.8) erreicht wird, verliert die einfache Debye-Theorie hier ihre Gültigkeit.

Voraussetzung für die Saha-Gleichung ist das thermodynamische Gleichgewicht. Dies setzt nicht nur voraus, dass alle Stoßpartner, Elektronen, Ionen und Neutrale eine Maxwell-Verteilung gleicher Temperatur besitzen, es muss auch Gleichgewicht mit dem Strahlungsfeld herrschen. Diese strenge Voraussetzung ist für hohe Temperaturen nur im Innern der Sterne und bei hohen Dichten und niedrigen Temperaturen in manchen technischen Plasmen näherungsweise erfüllt. Nur dort gibt es lokal eine entsprechende Hohlraumstrahlung.

Dass umgekehrt ein Laborplasma hoher Temperatur im Gleichgewicht mit dem Strahlungsfeld extrem schnell seine innere Energie verlieren würde, soll an einem Fusionsplasma demonstriert werden. Als Beispiel wird ein kugelförmiges Wasserstoffplasma mit einem Radius von $r=1m$, einer Temperatur von $T=10keV$ und einer Dichte von $n_e=10^{20}m^{-3}$ angenommen. Für die Strahlungsleistung im thermodynamischen Gleichgewicht P_{rad} und dem thermischen Energieinhalt E_{th} des Plasmas folgt dann ($\sigma_{SB}=1{,}029 \cdot 10^9 Wm^{-2}eV^{-4}$: Stefan-Boltzmann-Konstante):

$$P_{rad}[W] = 4\pi r^2 \sigma_{SB} T[\mathrm{eV}]^4 = 1,3 \cdot 10^{26} W,$$

$$E_{th} = 2 \cdot 3/2 T n_e 4\pi/3 \; r^3 = 2 \cdot 10^6 W s.$$

Aus dem Quotienten von Energie und Verlustleistung kann eine "Energieeinschlusszeit" τ_E definiert werden, die eine charakteristische Abkühlzeit angibt. Diese Größe wird später bei der Diskussion des magnetischen Einschlusses heißer Plasmen noch eine wichtige Rolle spielen. In obigem Beispiel ergibt sich für die Energieeinschlusszeit:

$$\tau_E \equiv E_{th}/P_{rad} = 1,6 \cdot 10^{-20} s.$$

Die Kugel würde also extrem schnell ihre Energie verlieren. Ein begrenztes heißes Plasma kann also nur längere Zeit existieren, wenn es vom Strahlungsfeld abgekoppelt ist. Dies setzt insbesondere voraus, dass die Anzahl von teilionisierten Atomen begrenzt ist, da sonst durch Strahlungsübergänge die Abstrahlung zu groß wird, wie im folgenden Abschnitt diskutiert wird.

2.3.2 Nichtgleichgewichtsplasmen

Wenn sich kein lokales thermodynamisches Gleichgewicht einstellen kann, müssen grundsätzlich die Ratengleichungen für alle beteiligten Prozesse simultan gelöst werden. Trotz der Abkopplung vom Strahlungsfeld gilt jedoch unter bestimmten Bedingungen die Saha-Gleichung, wie die folgende Diskussion zeigt. Zunächst wird dabei angenommen, dass nur ein gebundener Zustand vorliegt. Die zwei wichtigsten Ionisations- und die reziproken Rekombinationsprozesse sind in Tabelle 2.1 zusammengefasst (S: Rate pro Volumen und Zeit, η: Ratenkoeffizient; n_γ: Dichte der Photonen; in Abschnitt 2.3.2: $Z=1$ gesetzt):

(i_1) **Elektron-Stoßionisation** $e + H \rightarrow 2e + H^+$ $S_{i_1} = \eta_{i_1}(T) n_e n_H$	(r_1) **Dreier-Stoß-Rekombination** $2e + H^+ \rightarrow e + H$ $S_{r_1} = \eta_{r_1}(T) n_e^2 n_i$
(i_2) **Photoionisation** $\gamma + H \rightarrow e + H^+ + \gamma'$ $S_{i_2} = \eta_{i_2} n_H n_\gamma$	(r_2) **Photorekombination** $e + H^+ \rightarrow \gamma^r + H$ $S_{r_2} = \eta_{r_2}(T) n_e n_i$ γ^r: Rekombinationsstrahlung
	bei hohem Strahlungsfeld tritt auch auf: $\gamma + e + H^+ \rightarrow \gamma' + H$

Tab. 2.1 Die wichtigsten Ionisations- und Rekombinationsprozesse.

Bei ausreichend hoher Dichte und niedrigem Strahlungsfeld dominieren die Prozesse (i_1) und (r_1), da sie proportional zu n^2 bzw. n^3 sind, und setzen sich ins Gleichgewicht $S_{i_1} = S_{r_1}$. Da sie gerade reziprok sind, stellt sich nach der Einstein-Milne-Relation thermodynamisches Gleichgewicht ein, wie es durch die Saha-Gleichung beschrieben wird. Ebenso wird das Verhältnis der Koeffizienten η_{i1} und η_{r1} durch die Saha-Gleichung festgelegt:

$$n_e^2/n_H = \eta_{i_1}/\eta_{r_1} = f_s(T).$$

Bei niedriger Dichte und bei nach wie vor niedrigem Strahlungsfeld setzen sich die zur Dichte n_e proportionalen Prozesse (i_1) und (r_2) ins Gleichgewicht. Die durch Stöße ionisierten Atome rekombinieren also unter Aussendung von Strahlung. Dieses Gleichgewicht wird, da es besonders charakteristisch in der Sonnenkorona auftritt, "Korona-Gleichgewicht" genannt. Während beim Saha-Gleichgewicht die Verteilung durch Temperatur und Dichte bestimmt ist, wird sie beim Korona-Gleichgewicht durch die Temperatur und die atomaren Daten für Strahlungsübergänge und Stoßquerschnitte festgelegt. Das Gleichgewicht hängt nicht von der Dichte ab.

Berücksichtigt man die verschiedenen Zustände des Neutralatoms, so werden die Verhältnisse dadurch komplexer, dass für die verschiedenen Zustände die anwendbaren Näherungen verschieden sein können. Die Stoßquerschnitte sind für hohe Quantenzahlen n und Übergänge zu benachbarten Zuständen relativ groß, während bei Übergängen in niedrige Anregungszustände Strahlungsübergänge dominieren. Je nach Temperatur, Dichte und Atom kann man einen "Collision Limit" mit einem Niveau n_c definieren [95] (siehe Abb. 2.11). Oberhalb dieser Grenze $n > n_c$ gilt die Saha-Boltzmann-Verteilung in guter Näherung, während sich unterhalb für $n < n_c$ das Korona-Gleichgewicht einstellt. Wegen der starken Zunahme der Übergangswahrscheinlichkeit für Strahlung A_n proportional zu Z^4 liegt n_c bei Ionen mit hohem Z sehr hoch[6]. Es läuft schließlich darauf hinaus, dass man die hochangeregten Zustände der Ionisationsstufe n der nächsten Ionisationsstufe $n+1$ zurechnet. Für die Ionisation sind Stoßübergänge von $n < n_c$ nach $n > n_c$ zu bestimmen, während die Rekombination durch Strahlungsübergänge in der umgekehrten Richtung erfolgt.

Die Abbildung 2.9 zeigt die mit dem Korona-Modell berechneten Anteile verschiedener Ionisationsstufen f_Z von Kohlenstoff $(Z=6)$, Argon $(Z=18)$ und Wolfram $(Z=74)$ als Funktion der Temperatur. Man erkennt beim Argon sehr schön, dass die Ionisationsstufen 8^+ und 16^+, deren Elektronenkonfigurationen den Edelgasen Neon und Helium entsprechen, wegen der hohen Ionisationsenergie in einem breiten Temperaturbereich dominieren.

Kennt man für die einzelnen Ionisationsstufen durch Messung oder Rechnung die Querschnitte für Stoßanregung der einzelnen Niveaus, so lässt sich im Korona-Modell die Leistungsdichte der Strahlung P_{st} durch einen Strahlungs-

---

[6]Die hochangeregten Energiezustände sind wasserstoffähnlich, sodass $E_n \propto Z^2$ gilt. Die quasiklassisch dazugehörigen Frequenzen und Radien sind $\nu_n \propto Z^2$ und $r_n \propto Z^{-2}$. Damit ist die abgestrahlte Leistung nach (2.8) aus Abschnitt 2.2 $P_n \propto Z^2 r_n^2 \nu_n^4 \propto Z^6$, die Übergangswahrscheinlichkeit also $A_n \propto P_n/\nu_n \propto Z^4$.

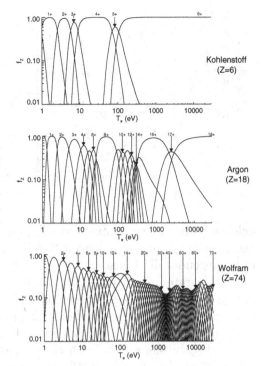

Abb. 2.9 Anteile f_Z der Ionisationsstufen der Elemente Kohlenstoff, Argon und
Wolfram als Funktion der Temperatur
nach dem Korona-Modell (Die Kurven
wurden freundlicherweise von Herrn Ralph
Dux mit Daten aus [222, 221, 21, 184] berechnet; Dichte $5 \cdot 10^{19} m^{-3}$).

verlustkoeffizienten ℓ_Z beschreiben ($\bar{n}_Z$: Gesamtdichte summiert über alle Ionisationsstufen des Elementes mit der Ordnungszahl Z, $\bar{f}_Z \equiv \bar{n}_Z / n_e$):

$$P_{st} = \ell_Z(T_e) \bar{f}_Z n_e^2.$$

Wieder für die Elemente Kohlenstoff, Argon und Wolfram ist in der Abbildung 2.10 ℓ_Z als Funktion der Temperatur dargestellt. Ebenfalls angegeben ist
die mittlere Ionisationsstufe $\langle Z \rangle$ dieser Elemente. Man erkennt, dass, wie zu
erwarten ist, leichte und mittelschwere Elemente wie Kohlenstoff und Argon
in Fusionsplasmen im Zentrum bei Temperaturen von über $10 keV$ vollständig
ionisiert sind. Sie tragen dort zu Strahlungsverlusten nur durch Bremsstrahlung und durch ihre Elektronen zur Verdünnung des Wasserstoffplasmas bei.
Dagegen ist Wolfram trotz der hohen Temperatur auch im Zentrum eines Fu-
sionsplasmas nicht vollständig ionisiert. Es werden in diesen Ionen die verbleibenden Elektronen ständig angeregt, die dann sofort die Energie wieder
abstrahlen und so das Plasma kühlen. Schwere Elemente dürfen deshalb in
einem Fusionsplasma nur in sehr geringer Konzentration enthalten sein (siehe
Kap. 12.2.2).

In Ionen mit mehreren gebundenen Elektronen treten zusätzliche Effekte auf.
Photonen und Elektronen können ein in einer inneren Schale gebundenes Elektron in einen Zustand anregen, der oberhalb der Ionisationsenergie des Hülle-

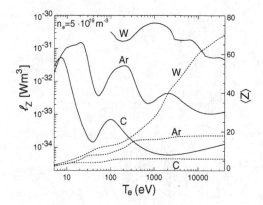

Abb. 2.10 Der Strahlungsverlustkoeffizient ℓ_Z und die mittlere Ladungszahl $\langle Z \rangle$ der Elemente Kohlenstoff, Argon und Wolfram als Funktion von T_e (Die Kurven wurden freundlicherweise von Herrn Ralph Dux berechnet; Dichte $5 \cdot 10^{19} m^{-3}$).

nelektrons liegt. Dieser Zustand lebt nur kurz und das Elektron wird mit einer gewissen Wahrscheinlichkeit durch "Autoionisation" freigesetzt, wobei ein tiefer liegendes die Lücke auffüllt. Der Prozess kann ein wichtiger Beitrag zur Ionisationsrate sein. Ab zwei Elektronen ist auch die dielektronische Rekombination wichtig [45]. Beim Einfang eines Elektrons in einen angeregten Zustand führt die kinetische Energie dieses Elektrons zur Anregung eines anderen, gebundenen Elektrons. Durch spontane Emission eines Photons kann sich der Zustand stabilisieren, wodurch ein wesentlicher Beitrag zur Rekombinationsrate insbesondere bei hohen Elektronenenergien geleistet wird.

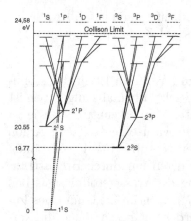

Abb. 2.11 Termschema von Helium: Übergänge vom Triplett- (^3S, ^3P, ^3D, ^3F) zum Singulettsystem (^1S, ^1P, ^1D, ^1F) sind verboten, sodass 2^3S ein metastabiles Niveau ist. Beispielhaft ist der so genannte "Collision Limit" eingezeichnet. Oberhalb dieses Limits sorgen Stöße für Gleichgewichtsverteilung nach der Saha-Gleichung.

Eine weitere Schwierigkeit, die eine Sonderbehandlung verlangt, tritt auf, wenn für Zustände unterhalb von n_c "metastabile Zustände" auftreten, wie dies beim Helium der Fall ist (siehe Abb. 2.11). Wegen des Verbots von Strahlungsübergängen sind diese Zustände sehr langlebig, sodass trotz $n < n_c$ Ionisation durch Stoß aus diesen Zuständen eine große Rolle spielen kann. Hier sind auch "Stöße 2. Art" zu berücksichtigen. Die innere Energie eines Atoms kann sich bei einem Stoß in kinetische Energie umsetzen.

Im allgemeinen Fall bleibt nur die Möglichkeit, lokal alle relevanten Ratengleichungen zu lösen, um so den Ionisationsgrad zu bestimmen. In vielen Fällen ist der Transport von Ionen der verschiedenen Ionisationsstufen so groß, dass diese zusätzlich berücksichtigt werden muss.

2.3.3   Anregung und Ionisation

Die Stoßionisationsrate S_{i_1} ist proportional dem Ionisationsstoßquerschnitt σ_{ion}, der Relativgeschwindigkeit, die praktisch gleich der Elektronengeschwindigkeit v_e ist, und den Dichten der Stoßpartner n_e und n_0. Da σ_{ion} von v_e abhängt, muss über die Verteilungsfunktion gemittelt werden:

$$S_{i_1} = \langle \sigma_{ion} v_e \rangle \, n_e n_0.$$

Der Term $\langle \sigma_{ion} v_e \rangle$ wird als Ratenkoeffizient bezeichnet. Er ist in der Abbildung 2.12 für Wasserstoff als Funktion der Plasmatemperatur angegeben.

Bei relativ hoher Dichte und niedriger Temperatur überwiegt die Stoßanregung in niedrige Energieniveaus. Da für diese Niveaus die Querschnitte für Stoßionisation wesentlich größer sind als im Grundzustand und da auch langsamere Elektronen die Restenergie zur vollständigen Ionisation aufbringen können, kommt es neben Strahlungsübergängen zurück in den Grundzustand zur Ionisation aus diesen angeregten Zuständen. Der effektive Wirkungsquerschnitt berücksichtigt diese für höhere Plasmadichten zusätzliche Ionisation aus angeregten Zuständen (siehe Abb. 2.12).

Abb. 2.12 Ratenkoeffizienten für Ionisation als Funktion von T_e und n_e. Die unterstrichene Kurve beschreibt die Stoßionisation aus dem Grundzustand. Außerdem sind die Raten für Rekombination angegeben ([60] mit Daten aus [116]).

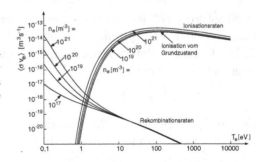

Der Anteil von Mehrstufenionisation führt dazu, dass der Energieaufwand für die Ionisation U_{ion}^{eff} im Allgemeinen wesentlich höher als die eigentliche Ionisationsenergie U_{ion} ist (siehe Abb. 2.13). Die zusätzliche Energie wird abgestrahlt, weil ein Strahlungsübergang aus dem angeregten Zustand der Ionisation zuvorkommen kann. Der Energieaufwand beträgt z. B. für $T_e{=}7eV$ und $n_e{=}10^{20}m^{-3}$ $U_{ion}^{eff}{\approx}30eV$ in Wasserstoff statt der direkten Ionisationsenergie von $U_{ion}{=}13{,}6eV$.

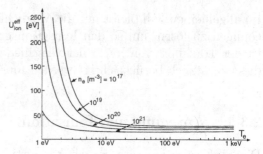

Abb. 2.13 Energie pro Ionisation U_{ion}^{eff}
von Wasserstoff als Funktion von Dichte und Elektronentemperatur ([60] mit
Daten aus [116]).

2.4   Dissoziation und Franck-Condon-Effekt

Wenn Wasserstoffionen gegen eine Wand strömen, werden sie dort überwie-
gend neutralisiert. Neutraler Wasserstoff kann die Wand atomar oder mole-
kular wieder verlassen. Seine kinetische Energie entspricht überwiegend der
Temperatur der Wand. Wegen der relativ zur Ionisationsenergie niedrigeren
Dissoziationsenergie werden die Moleküle im Plasma bevorzugt zunächst dissoziiert. Hierbei tritt eine Besonderheit auf, die im Folgenden am Beispiel des
H_2^+-Moleküls diskutiert werden soll. Die elektronischen Zustände hängen vom
Abstand der beiden Protonen und dem daraus resultierenden Potenzial ab.
Näherungsweise ist das Potenzial in der Nähe jedes Protons das eines einzelnen Wasserstoffatoms. Damit ist insbesondere für den Grundzustand $n=1, \ell=0$
die Wellenfunktion Σ_H^0 des Wasserstoffatoms eine brauchbare Näherung. Wegen des zwischen den Atomen begrenzten Potenzialberges kann das Elektron
von einem Atom zum anderen tunneln. Die Wellenfunktion $\Sigma_{H_2^+}$ des Wasser-
stoffmoleküls H_2^+ ist deshalb in erster Näherung eine Überlagerung von Σ_{H1}
und Σ_{H2}, der Wellenfunktionen eines Elektrons im Feld des Protons 1 bzw.
2. Die Gesamtwellenfunktion kann bezüglich des Schwerpunktes symmetrisch
oder antisymmetrisch sein:

$$\Sigma^s = \Sigma_{H1} + \Sigma_{H2} \qquad \Sigma^a = \Sigma_{H1} - \Sigma_{H2}.$$

Die antisymmetrische Wellenfunktion hat im Schwerpunkt den Wert null, während die symmetrische Funktion dort endlich ist. Im letzteren Fall vermindert
das Elektron die abstoßende Kraft zwischen den Protonen. Insgesamt kann
ein Potenzialminimum entstehen und die Atome können zu einem Molekül
gebunden werden. In der Abbildung 2.14 sind als Funktion des Abstandes der
Protonen die Potenziale für H_2^+ dargestellt.

Das gebundene Elektron kann durch Stöße mit freien Elektronen vom symmetrischen in den asymmetrischen Zustand übergehen. Die verschiedenen Niveaus
innerhalb eines gebundenen, symmetrischen Zustands entsprechen verschiedenen Schwingungszuständen der Protonen. Wegen der längeren Aufenthalts-

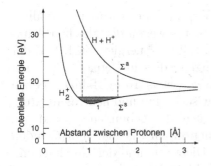

Abb. 2.14 Potenzielle Energie als Funktion des Abstands der Protonen im Molekül H_2^+ für den symmetrischen Σ^s und antisymmetrischen Σ^a Grundzustand.

zeit in der Nähe der Umkehrpunkte erfolgt die Stoßanregung überwiegend von dort (siehe gestrichelte Linien in Abb. 2.14). Nach Anregung in den antisymmetrischen Zustand laufen die Protonen auseinander, da der elektronische Übergang zurück in den symmetrischen Zustand verboten ist. Das Molekül ist dissoziiert. Dabei wird von der aufzuwendenden Energie für die Dissoziation $E_D \approx 8{,}5eV$ pro Molekül im Falle des H_2^+-Moleküls jedem Proton eine Energie von $E_{FC} \approx 2eV$ als kinetische Energie mitgegeben. Dieses nennt man den "Franck-Condon-Effekt". Durch teilweise Übergänge in höhere, asymmetrische Zustände liegt der Mittelwert der Franck-Condon Energie bei Wasserstoff effektiv bei ca. $3eV$. Die entstehenden schnellen neutralen Atome können deutlich tiefer als die thermischen von der Wand desorbierten Atome ins Plasma eindringen.

Bei Molekülen aus verschieden schweren Atomen wird die Energie ungleich verteilt. An Grafitoberflächen z. B., die einem Wasserstoffplasma ausgesetzt sind, entsteht (siehe Kap. 11.2.3) unter anderem CH_4. Wird dieses zu CH_3 und H dissoziiert, so erhält der schwerere Partner CH_3 nur einen Bruchteil der Gesamtenergie. Das langsame CH_3 dissoziiert weiter, wird schließlich nahe der Wand ionisiert, und deshalb mit hoher Wahrscheinlichkeit auf die Wand zurückgeschwemmt. Anders ist dies, wenn in Gegenwart von Sauerstoff CO gebildet wird. Die relativ großen Energien der etwa gleich schweren Partner führen zu einer hohen Eindringwahrscheinlichkeit dieser Verunreinigungen in das Plasma.

2.5 Ladungsaustausch

2.5.1 Ladungsaustausch in Wasserstoffplasmen

Beim Vorbeiflug eines neutralen Atoms an einem Ion kann das gebundene Elektron zum Ion überwechseln. Das entstehende Neutralteilchen behält dabei den Impuls des ursprünglichen Ions bei. Der Wirkungsquerschnitt ist vor allem für gleichartige Atome relativ groß, da der Prozess wegen der gleichen Anregungsniveaus resonant ist. Z. B. ist für Wasserstoff für Energien $E \lesssim 10^4\,eV$ der Wirkungsquerschnitt $\sigma_{CX} \approx 5 \cdot 10^{-19} m^2$. Er hängt in diesem Bereich nur wenig von der Relativgeschwindigkeit ab. Oberhalb von etwa $10^4 eV$ fällt er jedoch stark ab, da hier die Relativgeschwindigkeit zwischen Ion und neutralem Atom vergleichbar oder größer als die Geschwindigkeit des gebundenen Elektrons wird und die Resonanz verloren geht. Für einen ein Plasma eindringenden monoenergetischen Strahl von Neutralen der Dichte n_0 und der Geschwindigkeit $\vec{v}_0$ geht in die analog zur Ionisation gebildete Rate $S_{CX} = \langle \sigma_{CX} g_{0i} \rangle n_i n_0$ die Relativgeschwindigkeit der Neutralen zu den Ionen $g_{0i} = |\vec{v}_0 - \vec{v}_i|$ ein ($n_i, \vec{v}_i$: Dichte bzw. Geschwindigkeit der Ionen).

Für kleinere Relativgeschwindigkeiten $g_{0i} \lesssim 1,4 \cdot 10^6 m/s$ wo σ_{CX} konstant ist, folgt $S_{CX} \approx \sigma_{CX} \langle g_{0i} \rangle n_i n_0$. Haben die Plasmaionen eine Maxwell-Verteilung der Temperatur T_i, so kann man mit den Normierungen $\tilde{v}_0 = v_0 / \sqrt{2 T_i / m_i}$ die gemittelte Relativgeschwindigkeit durch $\langle g_{0i} \rangle \approx \left(1,128 e^{-\tilde{v}_0} / \tilde{v}_0 + 1 \right) v_0$ annähern.

Der Wert für $\sigma_{CX} \langle g_{0i} \rangle$ ist in der Abbildung 2.15 als Funktion von T_i für verschiedene Neutralteilchenenergien E_0 gezeigt. Solange die Energie $E_0 = m_i v_0^2 / 2$ der in das Plasma eindringenden Wasserstoffatome groß gegen die Ionenenergie T_i im Plasma ist, ist $\langle g_{0i} \rangle \approx v_0$ unabhängig von der Temperatur T_i. Zum Vergleich sind die $\langle \sigma_{ion} v_e \rangle$-Werte für Ionisation eingetragen. Wegen des steilen Abfalls der Ionisationsrate für $T \lesssim 10\,eV$ überwiegt hier der Ladungsaustausch, während für höhere Plasmatemperaturen Ladungsaustausch und Ionisation von vergleichbarer Größenordnung sind.

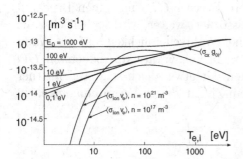

Abb. 2.15 Ratenkoeffizienten für Ladungsaustausch von Wasserstoff als Funktion der Temperatur T_i für verschiedene Energien E_0 der neutralen Atome. Zum Vergleich ist der Ratenkoeffizient für Ionisation für $n_e = 10^{17}$ und $10^{21} m^{-3}$ gezeigt ($T_i = T_e$) ([60] mit Daten aus [114, 115]).

Mit thermischen Energien der Wand das Plasma anströmende Neutrale erzeugen durch Ladungsaustausch Neutrale, die die Energien des Plasmas im Randbereich annehmen. Diese können je nach Richtung das Plasma wieder verlassen oder relativ tief in das Plasma eindringen. Die tief in das Zentralplasma eingedrungenen Neutralen können dort wiederum durch Ladungsaustausch Neutrale erzeugen, die ihrerseits jetzt die thermischen Energien des zentralen

Plasmas haben. Zu einem kleinen Teil verlassen sie das Plasma. Außerhalb kann der Fluss der Neutralen $F_0(E)dEd\Omega$ als Funktion der Energie bestimmt und damit die Ionentemperatur T_i gemessen werden. Nimmt man an, dass die Neutralen der Energie E_0 nur aus einem Bereich mit der Temperatur T_i stammen, dann gilt für die Energieverteilung des Flusses ($\langle\sigma_{CX}g\rangle\approx$const im Bereich von $10keV$; C: Konstante):

$$F_0(E_0) \propto f_{maxwell}(E_0)\,\langle\sigma_{cx}g\rangle = \frac{CE_0^{1/2}}{T_i^{3/2}}\; e^{-E_0/T_i},$$

$$\ell n\left(F_0/E_0^{1/2}\right) = \ell nC - (3/2)\ell nT_i - E_0/T_i.$$

Trägt man also $\ell n(F_0/E^{1/2})$ als Funktion von E auf (siehe Abb. 2.16), kann man aus der Steigung T_i bestimmen. Da die Neutralen aus verschiedener Tiefe stammen, wird allerdings $F_0(E)$ durch Bereiche unterschiedlicher Temperaturen bestimmt. Falls das Plasma für Neutrale "durchsichtig" ist, ergibt die Steigung jedoch für genügend hohe Energien direkt die Zentraltemperatur [61]. Der energiereiche Schwanz der Verteilungsfunktion entspricht im gezeigten Beispiel einer Temperatur von $3600eV$ [75]. Als Bedingung für Neutrale, das Plasma verlassen zu können, folgt aus dem Wirkungsquerschnitt für Ladungsaustausch eine maximale Flächendichte $\int ndl\lesssim 1/\sigma_{CX}(10keV)\approx 10^{19}m^{-2}$.

Misst man die Energieverteilung der Ladungsaustauschneutralen entlang mehrerer Sichtlinien, die unterschiedlichen Abstand zum Plasmazentrum haben, so erhält man die Maximaltemperaturen entlang dieser Sichtlinien und damit das Ionentemperaturprofil. Ist die Flächendichte größer als $10^{19}m^{-2}$, so kann man unter Umständen durch einen geeigneten Entfaltungsprozess das Ionentemperaturprofil bestimmen.

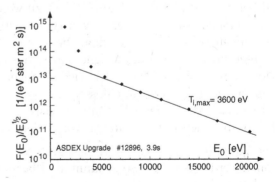

Abb. 2.16 Häufigkeitsverteilung $F_0(E_0)/E_0^{1/2}$ von Ladungsaustauschneutralen als Funktion ihrer Energie E. Es ergibt sich eine Temperatur von $T_i=3600eV$ [75].

Eine relativ brauchbare Näherung für das Verhalten von neutralem Wasserstoff, der in ein Plasma eindringt, kann man sich durch eine Abschätzung verschaffen (vgl. dazu Abb. 2.17). Nimmt man an, dass die Elektronentemperatur relativ langsam vom Rand her ansteigt, so werden thermische Wasserstoffmoleküle überwiegend zunächst in zwei neutrale Wasserstoffatome dissoziieren. Eines davon wird mit hoher Wahrscheinlichkeit das Plasma wieder verlassen. Das andere Atom wird je nach Temperaturgradient mit vergleichbaren Raten Ladungsaustausch erfahren oder ionisieren. Bei Ladungsaustausch wird das entstehende Neutralatom wieder mit gleicher Wahrscheinlichkeit nach innen bzw. zurück zur Wand fliegen. Beim Rückflug kann Ionisation auftreten.

Man kann also grob folgern, dass von H_2-Molekülen circa 2/3 und bei H-Atomen etwa 1/3 wieder zur Wand zurückkommen. Insgesamt aber pumpt das Plasma sehr effektiv angebotenes Neutralgas zu 1/3 bis 2/3 ab und übertrifft im Allgemeinen jede konkurrierende Vakuumpumpe.

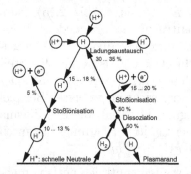

Abb. 2.17 Schematische Darstellung des Eindringens von neutralem Wasserstoff in ein Plasma.

2.5.2   Heizung durch Neutralteilchen

Durch den Ladungsaustausch erhält man die Möglichkeit, von außen einem in einem Magnetfeld eingeschlossenen Plasma Energie zuzuführen und es effektiv zu heizen (Beispiel siehe Kap. 7.2). Dazu werden Ionen, im Allgemeinen Wasserstoffionen, auf eine Energie von typisch 40 bis $100 keV$ beschleunigt und in einem neutralen Gas umgeladen. Die so entstehenden energiereichen Neutralen können ungehindert vom Magnetfeld in das eingeschlossene Plasma gelangen. Dort werden sie ionisiert oder wieder umgeladen. Dadurch bleiben sie als Ionen im Magnetfeld eingeschlossen und geben ihre Energie an das Plasma ab. Diese Methode ist heute das universellste und zuverlässigste Heizverfahren für Fusionsplasmen mit Leistungen von vielen MW.

Die Abbildung 2.18 erläutert den Aufbau eines Neutralstrahlinjektors [215]. Ionen werden aus einer so genannten "Plasmaquelle" durch die "Extraktions"- und "Beschleunigungsgitter" abgesaugt und beschleunigt. Im "Neutralisator" werden dann durch Umladung schnelle Neutrale erzeugt. Ein negativ geladenes Gitter zwischen Beschleunigungsgitter und Neutralisator verhindert den Rückfluß von Elektronen aus dem Neutralisator. Die verbleibenden Ionen werden

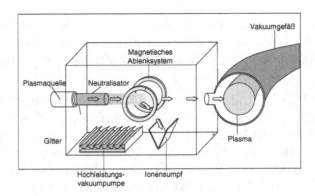

Abb. 2.18 Schematischer Aufbau eines Neutralinjektors [215]. ©VCH Verlagsgesellschaft Weinheim

durch einen Umlenkmagneten in den "Ionensumpf" gelenkt. Leistungsstarke Titangetter oder $4K$-Kryopumpen pumpen das überschüssige Neutralgas ab.

Neben den eigentlich angestrebten H^+-Ionen werden in der Plasmaquelle auch H_2^+-und H_3^+-Ionen erzeugt und abgesaugt. Die letzteren Komponenten sind nachteilig, da sie beim Durchlaufen der Beschleunigungsstrecke pro Nukleon nur 1/2 oder 1/3 der Sollenergie aufnehmen. Es kommt also bei der Entwicklung der Plasmaquelle darauf an, den "Ionenmix" zugunsten von H^+ zu verschieben. Hier hat die Entwicklung einer HF-Quelle Fortschritte gebracht [136].

Schnelle Neutrale werden im Neutralisator durch Stöße wieder ionisiert, und bei ausreichend dickem Neutralgastarget stellt sich ein Gleichgewicht ein. Abbildung 2.19 zeigt den maximal erreichbaren Neutralisationsgrad für verschiedene Ionen. Da der Stoßquerschnitt für Ladungsaustausch für hohe Energien stark abfällt (siehe Abschnitt 2.5.1), ist die Heizung ausgehend von positiven Ionen bei Wasserstoff auf $80 keV$ und bei Deuterium auf $160 keV$ begrenzt.

Abb. 2.19 Die Neutralisationseffizienz η als Funktion der Strahlenergie pro Nukleon [215].
©VCH Verlagsgesellschaft Weinheim

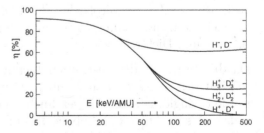

Oberhalb $80 kV$/Nukleon muss man zu negativ geladenen Ionen übergehen. Hiermit lassen sich auch bei höheren Energien hohe Neutralisationsgrade erreichen, da negative Wasserstoffionen H^- mit einer Bindungsenergie von nur $0{,}75 eV$ relativ leicht neutralisiert werden können. Bei hohen Energien wird der Wirkungsgrad durch ionisierende Stöße zwischen den Neutralen begrenzt. Quellen negativer Ionen werden zur Zeit entwickelt, wobei die für die Neutral- injektion in ITER notwendigen Stromdichten negative Ionen erreicht wurden [216].

Im Plasma wird der Neutralstrahl durch Ladungsaustausch und Stoßionisation an Ionen und Elektronen ionisiert. Die Strahlenergie wird so gewählt, dass die Neutralen einerseits tief ins Plasma eindringen, andererseits aber auch nicht auf die gegenüberliegende Wand treffen. Die Abbremsung der Ionen erfolgt oberhalb einer Teilchenenergie von $E_0 \gtrsim 15 keV$ überwiegend an den Elektro- nen, wie in Abschnitt 2.1.4 diskutiert wurde, während für niedrigere Energien bevorzugt die Ionen geheizt wurden.

Neutralteilcheninjektion bietet neben der Heizung des Plasmas die Möglichkeit Ionentemperatur und Plasmarotation zu messen. Da häufig Grafit als Wand- material benutzt wird, ist stets Kohlenstoff im Plasma zugegen, der im Zent- rum vollständig ionisiert ist. Durch Ladungsaustausch entsteht kurzzeitig ein angeregtes C^{5+} Ion. Die Anregung erfolgt in hochangeregten Zuständen, so- dass Übergänge im Sichtbaren beobachtet werden können. Durch Vermessung der Linienbreite und der Doppler-Verschiebung kann man die Ionentemperatur und die Plasmarotation bestimmen.

2.6   Laserlichtstreuung

Im elektrischen Feld einer Lichtquelle schwingen die Elektronen des Plasmas und strahlen selbst wieder elektromagnetische Strahlung aus. Die Doppler- Verschiebung des ausgestrahlten Lichtes spiegelt die Geschwindigkeit und da- mit die Temperatur der Elektronen wieder. Die Intensität der Sekundärlicht- welle ist ein Maß für die Dichte der Elektronen. Wegen dieser Eigenschaften hat sich die Lichtstreuung zu einem wichtigen lokalen Messverfahren von Tem- peratur und Dichte entwickelt.

Da die Intensität des gestreuten Lichtes nur ein winziger Bruchteil der In- tensität des eingestrahlten Lichtes ist, müssen leistungsstarke Laser benutzt werden. Zugleich liefern Laser auch eine ausreichend schmale Linienbreite, sodass das spektral verschobene Streulicht an optischen Komponenten vom Doppler-verbreiterten Sekundärlicht getrennt werden kann. Zunächst wurden Rubinlaser benutzt und 1963 zum ersten Mal an einem Laborplasma die Tem- peratur durch Lichtstreuung bestimmt [81]. Repetierlich arbeitende Nd:YAG- Laser ($\lambda = 1064 nm$) gestatten es heute, etwa alle $20 ms$ die Plasmaparameter zu messen [192].

Die elastische Streuung eines Photons an einem freien Elektron wird durch Impuls- und Energiesatz beschrieben ($c=c_0$ gesetzt):

$$\hbar\vec{k}_p + m_{e,p}\vec{v}_p = \hbar\vec{k}_s + m_{e,s}\vec{v}_s,$$

$$\hbar\omega_p + m_{e,p}c_0^2 = \hbar\omega_s + m_{e,s}c_0^2.$$

Hierbei bezeichnen die Indizes p und s den Zustand vor bzw. nach dem Stoß. Die Elektronenmasse ist relativistisch durch $m_e=m_{e,0}/\sqrt{1-(v_e/c_0)^2}$ gegeben. Hieraus folgt nach länglicher Rechnung (Θ: Winkel zwischen $\vec{k}_p$ und $\vec{k}_s$; siehe Abb. 2.20.):

$$\omega_s = \omega_p \frac{1 - \vec{v}_p/c_0 \cdot \vec{k}_p/k_p}{1 - \vec{v}_p/c_0 \cdot \vec{k}_s/k_s + (1 - cos\Theta)\hbar\omega_p/(m_{e,p}c_0^2)}.$$

Der dritte Term im Nenner beschreibt den Compton-Effekt und verschwindet für $\hbar\omega_p \ll m_{e,p}c_0^2$. Dieser Fall von niederenergetischen eingestrahlten Photonen wird als Thomson-Streuung bezeichnet. Die hier gültige Beziehung lässt sich unter Verwendung der Definition des "Streuvektors" $\vec{k}\equiv\vec{k}_s-\vec{k}_p$ umschreiben in $\omega_s-\omega_p=\vec{v}_p\cdot\vec{k}$.

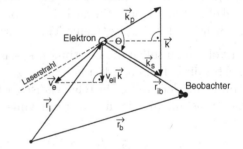

Abb. 2.20 Geometrie der Beobachtung des Streulichts. Der Streuvektor $\vec{k}$ ist die Differenz des Wellenvektors des Sekundär- und des Primärlichtes, wobei hier $k_s \approx k_p$ angenommen ist. r_i: Ortsvektor des streuenden Elektrons, r_b: Ortsvektor des Beobachters. Für die Frequenzverschiebung gilt $\delta\omega=\vec{v}_{e\parallel}\cdot\vec{k}$.

Bei Streuung monochromatischer Laserstrahlung an Elektronen der Geschwindigkeit $\vec{v}_p$ beobachtet man also frequenzverschobenes Streulicht. Die spektrale Frequenzverschiebung resultiert, wie man aus obiger Gleichung ersieht, aus einer Folge von zwei Doppler-Effekten, einmal beim Empfang der eingestrahlten Welle $\propto\vec{v}_p\cdot\vec{k}_p$ und anschließend bei der Abstrahlung $\propto\vec{v}_p\cdot\vec{k}_s$.

Bei der Streuung an vielen Elektronen $N_e=n_eV_s$ (V_s: Streuvolumen) kommt es darauf an, ob die Elektronen korreliert oder unkorreliert im Streuvolumen verteilt sind. Das elektrische Feld $\vec{E}_{s,b}$ am Beobachtungspunkt des Streulichtes, welches durch phasengerechte Summation der Streufelder $\vec{E}_{s,i}$ jedes einzelnen Elektrons i zustande kommt, bestimmt die resultierende Leistung I_s:

$$I_s = \frac{\varepsilon_0 c_0}{2}(E_{s,b})^2 = \frac{\varepsilon_0 c_0}{2}\left[\sum_{i=1}^{N_e}(E_{s,i})^2 + 2\sum_{i\neq k}^{N_e}E_{s,i}E_{s,k}\right].$$

Ist der zweite Summand von Bedeutung, so spricht man von "kollektiver" oder "kohärenter" Streuung, im anderen Falle von "nicht kollektiver" oder "inkohärenter" Streuung[7].

Der individuelle Phasenwinkel φ, den die Streustrahlung vom Elektron i an der Stelle des Beobachters erzeugt, bestimmt, ob der zweite Summand berücksichtigt werden muss. Das Elektron am Ort $\vec{r}_i$ schwingt im Feld der einfallenden Welle mit der Phase $\vec{k}_p \cdot \vec{r}_i$ (vgl. Kap. 9.1) und strahlt die Streuwelle aus. Am Beobachtungsort $\vec{r}_b$ beträgt der Phasenwinkel ($\vec{r}_{ib} \equiv \vec{r}_b - \vec{r}_i$):

$$\varphi = \vec{k}_p \cdot \vec{r}_i + \vec{k}_s \cdot \vec{r}_{ib} = \vec{k}_s \cdot \vec{r}_b - \vec{k} \cdot \vec{r}_i.$$

Im Plasma ist die typische Korrelationslänge durch die Debye-Länge λ_D gegeben (siehe Kap. 1.3.3). Summiert man nun die Feldstärken phasengerecht für die Elektronen im Streuvolumen, so variiert für $k\lambda_D \gg 1$ die Phasenlage stark von einem Elektron zum anderen. In diesem Fall wird die gesamte Streuleistung einfach durch Addition der Streuleistungen der einzelnen Elektronen erhalten und ist somit proportional zur Anzahl der Elektronen im Streuvolumen. Unter der Annahme $\omega_s - \omega_p \ll \omega_p$ ist $k_s \approx k_p$ und die Bedingung für nicht kollektive Streuung ist $k\lambda_D = 2k_p sin(\Theta/2)\lambda_D \gg 1$. Dies bedeutet, dass abhängig von den Plasmaparametern die Laserwellenlänge nicht zu groß und der Streuwinkel nicht zu klein sein darf. Für typische Fusionsplasmen ist dies für Laser im Sichtbaren bis auf extreme Vorwärtsstreuung gewährleistet.

Im Folgenden sollen die Leistung und das Spektrum des inkohärent gestreuten Lichtes für den einfachsten Fall niedriger Temperatur und ohne Magnetfeld bestimmt werden. Bei nicht relativistischer Geschwindigkeit eines beschleunigten Elektrons gilt für die in den Raumwinkel $d\Omega$ abgestrahlte Leistung [111]:

$$\frac{dP_s}{d\Omega} = \frac{e^2}{16\pi^2\varepsilon_0 c_0^3}\, \ddot{r}_i^2 \sin^2\vartheta.$$

Dabei ist ϑ der Winkel zwischen elektrischem Feld des Primärlichtes $\vec{E}_p$ und $\vec{k}_s$. Das mit der Geschwindigkeit $\dot{\vec{r}}_i$ bewegte Elektron sieht wegen des Doppler-Effektes eine Frequenz $\omega \neq \omega_p$. Mit Hilfe der Bewegungsgleichung gewinnt man die zeitgemittelte Strahlungsleistung (I_p: Leistungsdichte des Primärlichtes):

$$m_{e,0}\ddot{\vec{r}}_i = -e\vec{E} \qquad \vec{E} = \hat{\vec{E}}_p cos\left(\vec{k}_p \cdot \vec{r}_i - \omega t\right),$$

$$\left\langle \ddot{\vec{r}}_i^2 \right\rangle_t = \frac{e^2 \hat{E}_p^2}{m_{e,0}^2}\left\langle cos^2(\vec{k}_p \cdot \vec{r}_i - \omega t)\right\rangle_t = \frac{e^2 \hat{E}_p^2}{2m_{e,0}^2} = \frac{e^2 \bar{I}_p}{\varepsilon_0 c_0 m_{e,0}^2}, \qquad /$$

---

[7]Die jeweils zweiten Bezeichnungen werden leicht missverstanden. Sie beziehen sich auf die Elektronendichteverteilung an der gestreut wird, und nicht auf die stets kohärente Laserstrahlung.

$$\frac{d\bar{P}_s}{d\Omega} = \frac{e^4}{16\pi^2\varepsilon_0^2 c_0^4 m_{e,0}^2}\sin^2\vartheta \bar{I}_p.$$

Die Größe $r_e = e^2/(4\pi\epsilon_0 c_0^2 m_{e,0}) = 2,82 \cdot 10^{-15} m$ ist der klassische Elektronenradius. Die Integration über den vollen Raumwinkel ergibt $\bar{P}_s = 8\pi r_e^2 \bar{I}_p/3$. Dabei wird die Fläche $8\pi r_e^2/3$ als "Thomson-Streuquerschnitt" bezeichnet.

Nur ein winziger Teil der Primärstrahlung wird gestreut, wie das folgende Beispiel für die gesamte gestreute Leistung zeigt (das Primärlicht sei linear polarisiert; man beobachte in der Ebene senkrecht zu $\vec{E}_p$; $l_s = 0,025m$: Länge des Streuvolumens; $n_e = 10^{20} m^{-3}$: Elektronendichte; $F_s = 3mm^2$: Strahlquerschnitt; $\bar{I}_p = 3 \cdot 10^{13} W m^{-2}$):

$$n_e \ell_s F_s \bar{P}_s \ [W] = \frac{8\pi}{3}r_e^2 n_e l_s F_s \bar{I}_p = 0,015W.$$

Nur ein Bruchteil des in den vollen Raumwinkel abgestrahlten Lichts von typisch $2 \cdot 10^{-3}$ kann aufgefangen werden. Folglich ist die zu messende Leistung um mehr als das 10^{12}fache kleiner als die Primärleistung. Dies erfordert große experimentelle Anstrengungen, um das gestreute Licht vom Primärlicht zu trennen.

Die etwas längliche Ableitung des nicht kollektiven Streuspektrums $P_{\delta\lambda}^\star(\delta\lambda)$ findet sich in Anhang 2.2. Als Funktion der Abweichung von der Wellenlänge $\delta\lambda = \lambda - \lambda_{Laser}$ des Primärlichtes ergibt sich:

$$P_{\delta\lambda}^\star(\delta\lambda) = \frac{2\sqrt{\pi}c_0\lambda_p}{(\lambda_p + \delta\lambda)^3}\ \frac{n_e}{ka}\ exp\left[-\left(\frac{2\pi c_0\delta\lambda}{ka\lambda_p\lambda_s}\right)^2\right].$$

Die inkohärenten Streuspektren bei höheren Temperaturen ($T_e > 1keV$) müssen relativistisch gerechnet werden und lassen sich nur noch als Näherung in analytischer Form darstellen. Bei der relativistischen Behandlung ergibt sich eine zusätzliche Asymmetrie im Streuspektrum, die in Abbildung 2.21 erkennbar ist. Diese zusätzliche Blauverschiebung resultiert aus der Eigenschaft der relativistischen Elektronen, bevorzugt in Vorwärtsrichtung abzustrahlen[8].

Die "kollektive" Streuung, die für $2k_p\sin(\Theta/2)\lambda_D \lesssim 1$ beobachtet wird, liefert Streuspektren in denen sich die Korrelation der Elektronen spiegelt. Diese Spektren sind im Gegensatz zu der einfachen Abhängigkeit des inkohärenten Streuspektrums von der Elektronentemperatur von mehreren Größen bestimmt wie dem Verhältnis T_e/T_i, der Kernladungszahl, der Masse der Ionen

---

[8]Die Ableitung des inkohärenten Streuspektrums wird weiter erschwert, wenn man die Gyration der Elektronen in einem externen Magnetfeld berücksichtigt. Hierbei ergibt sich eine Modulation des Streuspektrums mit der Elektronengyrofrequenz, die jedoch bei der Auswertung experimenteller Spektren vernachlässigt werden kann, da sie von den verwendeten Spektralapparaten in der Regel nicht aufgelöst wird.

Abb. 2.21 Spektren des gestreuten Lichtes für verschiedene Elektronentemperaturen bei konstanter Dichte. Mit wachsender Temperatur tritt neben der Verbreiterung eine Blauverschiebung auf. Hier ist nicht die Strahlungsleistung sondern die Zahl der pro Wellenlängenintervall gestreuten Photonen über der Wellenlänge aufgetragen. (Die Kurven wurden freundlicherweise von Herrn Hans Salzmann berechnet.)

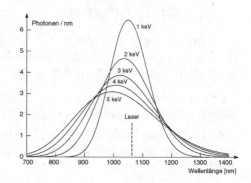

und dem Magnetfeld. Neben Schwierigkeiten der Interpretation haben experimentelle Schwierigkeiten bisher verhindert, dass die kollektive Streuung sich zu einer Standard-Diagnostik für die Bestimmung der Ionentemperatur entwickelt hat wie es die nicht kollektive Streuung für die Elektronentemperatur geworden ist. Aus der Bedingung für kollektive Streuung folgt für die Parameter von Fusionsplasmen, dass entweder eine große Wellenlänge (Ferninfrarot-Laser in Verbindung mit Vorwärtsstreuung) oder gar Gyrotronstrahlung im mm-Wellenlängenbereich verwendet werden muss. In beiden Fällen ist es schwierig, die erforderliche spektrale Reinheit bei der geforderten Leistung der Primärstrahlung zu realisieren. Dazu kommen Probleme der Falschlichtunterdrückung und der unzureichenden Ortsauflösung bedingt durch die kleinen Streuwinkel. Dennoch wurden beide Ansätze realisiert [26, 225].

Anhang 2.1

Die Diskussion der quantenmechanischen Berechnung der Abbremskraft bleibt auf nicht relativistische Geschwindigkeiten beschränkt. Außerdem werden als Ionen Protonen angenommen. Zunächst wird untersucht inwieweit das klassische Ergebnis bestehen bleibt. Die Voraussetzung für die quasiklassische Näherung bedeutet anschaulich, dass sich die deBroglie-Wellenlänge nur über Distanzen ändert, die groß gegen die Wellenlänge selbst sind. Dies führt zur Bedingung [145] $|U'(r)|r^2 \gg \hbar v_t$. Für das Coulomb-Potenzial folgt $\alpha \gg \hbar v_t$ unabhängig vom Radius. Setzt man v_t gleich der thermischen Geschwindigkeit, so ergeben sich maximale Temperaturen T_k für die die klassische Näherung gilt. Diese sind für Ionen $T_{k,i}=16{,}6 keV$ und für Elektronen $T_{k,e}=9 eV$ (siehe Abb. 2.22).

Für die Prüfung, ob die Bornsche Näherung anwendbar ist, ist es sinnvoll

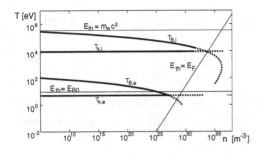

Abb. 2.22 Für $T_i \ll T_{k,i}$ bzw. $T_e \ll T_{k,e}$ gilt die quasiklassische Näherung, während die Bornsche Näherung für $T_i \gg T_{B,i}$ bzw. $T_e \gg T_{B,e}$ anwendbar ist.

das abgeschirmte Debye-Potenzial Φ_D anzusetzen, da das Konzept bei einem Stoßparameter abzuschneiden quantenmechanisch nicht zulässig ist. Die Anwendbarkeit der Bornschen Näherung verlangt (siehe Kap. 18.5 in [208]) ($k_{dB} = \sqrt{2mE}/\hbar$):

$$\left| \int_0^\infty e^{ik_{dB}r} U_D(r) \frac{\sin(k_{dB}r)}{k_{dB}} dr \right| \ll \frac{2\pi\hbar^2}{m} \qquad U_D = e_t \Phi_D.$$

Dabei ist m die reduzierte Masse und k_{dB} mit der Relativgeschwindigkeit zu berechnen. Einsetzen des Debye-Potenzials führt zu:

$$\left| \int_0^\infty exp\left(ix - \frac{x}{\lambda_D k_{dB}}\right) \frac{\sin x}{x} dx \right| \ll \frac{2\pi\hbar^2 k_{dB}}{\alpha m} \qquad x = k_{dB}r \qquad (2.9)$$

Anschaulich bedeutet die Bedingung, dass die deBroglie-Wellenlänge größer als der Stoßquerschnitt für 90°-Stöße sein muss $\lambda_{dB} > s_\perp$. Die linke Seite der Ungleichung führt auf bekannte Funktionen und lässt sich in guter Näherung mit $S_\ell = 0{,}48\ell n(10\lambda_D k_{dB})$ approximieren. Setzt man für den Elektron-Ion- und Elektron-Elektron-Stoß näherungsweise $m = m_e$ und $E \approx T_e$, dann ergibt das Einsetzen von λ_D und k_{dB} in den Ausdruck für die linke Seite von (2.9):

$$S_{\ell,e} = 0{,}48\ell n \left(3{,}81 \cdot 10^{14} T_e[eV] n[m^{-3}]^{-1/2}\right).$$

Analog für den Ion-Ion-Stoß lautet die linke Seite:

$$S_{\ell,i} = 0{,}48\ell n \left(1{,}63 \cdot 10^{16} T_i[eV] n[m^{-3}]^{-1/2}\right).$$

Die rechte Seite von (2.9) kann in $S_r = 2\pi a_0 k_{dB}(m_e/m)^{1/2}$ (a_0: Bohrscher Atomradius) umgeformt werden. Für Elektronen bzw. Protonen ergibt sich:

$$S_{r,e} = 1{,}7\sqrt{T_e[eV]} \qquad\qquad S_{r,i} = 0{,}04\sqrt{T_i[eV]}.$$

Gleichsetzen der linken und rechten Seiten ergibt kritische Temperaturen $T_{B,i}$ und $T_{B,e}$ (siehe Abb. 2.22). Oberhalb dieser Temperaturen gilt die Bornsche Näherung. Man erkennt, dass für ideale Plasmen für Elektron-Ion- und Elektron-Elektron-Stöße durchweg die Bornsche Näherung gilt, während Ion-Ion-Stöße klassisch behandelt werden können. Die Bornsche Näherung ergibt für das abgeschirmte Debye-Potenzial folgenden differenziellen Stoßquerschnitt [208]:

$$\frac{d\sigma}{d\Omega} = \frac{\alpha^2}{4m_t^2 v_t^4} \left[c^q + \sin^2(\chi/2) \right]^{-2} \qquad c^q \equiv (\lambda_{dB}/\lambda_D)^2/2.$$

Der Ausdruck konvergiert für $\lambda_{dB} \ll \lambda_D$ gegen die Rutherford-Formel 2.1. Die Ableitung der Reibungskraft wie in Abschnitt 2.1.2 ergibt ($c^q \ll 1$ angenommen; $\Lambda^q \approx 0{,}86 \lambda_D/\lambda_{dB}$):

$$R_{t,z}^q = \frac{4\pi n_t \alpha^2}{m_t v_t^2} \left(\frac{c^q}{2 + 2c^q} + \frac{1}{2} \ell n \frac{1 + c^q}{c^q} - \frac{1}{2} \right) = \frac{4\pi n_t \alpha^2}{m_t v_t^2} \ell n \Lambda^q.$$

Für Elektron-Elektron- und Elektron-Ion-Stöße gilt bei Temperaturen $T_e \gtrsim 10\mathrm{eV}$ also eine gegenüber dem klassischen Ausdruck von $\ell n \Lambda$ (siehe 2.6) geänderte Temperaturabhängigkeit:

$$\ell n \Lambda^{q,e} = 31,3 + \ell n T[eV] - 1/2 \, \ell n n[m^{-3}].$$

Anhang 2.2

Die Frequenz des an Elektronen der Geschwindigkeit $\vec{v}_e$ gestreuten Lichtes ist um $\delta\omega = \omega_s - \omega_p = \vec{v}_e \cdot \vec{k} = v_{e\parallel} k$ verschoben (vgl. Abb. 2.20). Die Geschwindigkeitsverteilung der Elektronen transformiert sich in eine Frequenzverteilung der gestreuten Strahlung. Bei einer Maxwell-Verteilung der Elektronen ist die Verteilungsfunktion der Parallelkomponente $v_{e\parallel}$ ($a^2 = 2T_e/m_e$):

$$f_{v\parallel}(v_{e\parallel}) = \int_{-\infty}^{\infty} \int_{-\infty}^{\infty} dv_{e\perp 1} dv_{e\perp 2} f(v_{e\parallel}, v_{e\perp}) = \frac{n_e}{\sqrt{\pi} a} e^{-v_{e\parallel}^2/a^2},$$

$$f_{v\parallel}(v_{e\parallel}) dv_{e\parallel} = f_\omega(\delta\omega) d(\delta\omega) \qquad v_{e\parallel} = \delta\omega/k,$$

$$f_\omega(\delta\omega) = \frac{dv_{e\parallel}}{d(\delta\omega)} f_{v\parallel}(v_{e\parallel}) = \frac{n_e}{k\sqrt{\pi} a} e^{-(\frac{\delta\omega}{ka})^2}.$$

Die Frequenzverteilung ist noch zu korrigieren, da der Doppler-Effekt die Intensität bei Blauverschiebung erhöht und bei Rotverschiebung abschwächt:

$$P_\omega^\star = (1 + \delta\omega/\omega_p) f_\omega(\delta\omega).$$

Die Verteilungsfunktion als Funktion der Abweichung von der mittleren Wellenlänge $\delta\lambda = \lambda_s - \lambda_p$ lautet ($d\omega/d\lambda = -2\pi c_0/\lambda^2$):

$$P_{\delta\lambda}^\star(\delta\lambda) = \frac{2\pi c_0 \lambda_p}{(\lambda_p + \delta\lambda)^3} \frac{n_e}{k\sqrt{\pi} a} \, exp \left[-\left(\frac{2\pi c_0 \delta\lambda}{ka\lambda_p\lambda_s} \right)^2 \right].$$

3 Einzelteilchenbeschreibung

3.1 Bewegung in elektrischen und magnetischen Feldern

In diesem Kapitel soll die Bewegung von geladenen Teilchen in elektrischen und magnetischen Feldern beschrieben werden, die vorgegeben sind. Die Rückwirkung der Bewegung der geladenen Teilchen auf die Felder wird dabei vernachlässigt. Insbesondere werden Stöße im Allgemeinen nicht berücksichtigt. Die Beschreibung erfolgt im Rahmen der klassischen Mechanik. Nur bei hohen Geschwindigkeiten und der masseabhängigen Gyroresonanz muss die relativistische Änderung der Masse des Elektrons berücksichtigt werden. Die Teilchen werden also durch die folgende Bewegungsgleichung beschrieben, wobei es sich in der Plasmaphysik eingebürgert hat, $\vec{B}=\mu_0\vec{H}$ das Magnetfeld zu nennen:

$$m\frac{d\vec{v}}{dt} = e_{\pm}(\vec{E} + \vec{v} \times \vec{B}).$$

Im Folgenden sollen zunächst Lösungen der Bewegungsgleichung für einige Sonderfälle diskutiert werden. Bei verschwindendem Magnetfeld und einem räumlich und zeitlich konstanten elektrischen Feld folgt eine beschleunigte Bewegung eines Teilchens mit der Ladung $e_{\pm}$, der Anfangsgeschwindigkeit v_0 und der Masse m:

$$B = 0, \vec{E} = const \qquad \rightarrow \qquad \vec{v} = \frac{e_{\pm}}{m}\vec{E}t + \vec{v}_0.$$

Da Elektronen und Ionen entgegengesetzt beschleunigt werden, ist es sicher eine schlechte Näherung, die Rückwirkung der Ladungen auf die Berechnung der Felder zu vernachlässigen.

Im Falle eines verschwindenden elektrischen Feldes sind das Magnetfeld und die kinetische Energie zeitlich konstant:

$$\frac{dW_{kin}}{dt} = \frac{m}{2}\frac{d}{dt}(\vec{v}^2) = m\vec{v} \cdot \frac{d\vec{v}}{dt} = e_{\pm}\vec{v} \cdot (\vec{v} \times \vec{B}) = 0.$$

Jetzt wird zusätzlich angenommen, dass die Magnetfeldlinien gerade und parallel sind. Die Feldstärke kann dabei senkrecht zu $\vec{B}$ noch räumlich variabel sein, wenn die Stromdichte endlich ist. Die Bewegungsgleichung zerfällt in diesem

Fall in zwei Gleichungen für die Komponenten der Geschwindigkeit parallel und senkrecht zum Magnetfeld ($\vec{t}_B \equiv \vec{B}/B$ Tangentenvektor):

$$E = 0, \ \vec{t}_B = \text{const} \qquad \rightarrow \qquad \frac{dv_\parallel}{dt} = 0 \qquad \frac{d\vec{v}_\perp}{dt} = \frac{e_\pm}{m}(\vec{v}_\perp \times \vec{B}).$$

Die Parallelkomponente der Geschwindigkeit ist also konstant und wegen der Erhaltung der kinetischen Energie ebenso die Senkrechtkomponente. Für die Teilchenbahn lässt sich in einer Ebene senkrecht zu $\vec{B}$ (siehe Abb. 3.1) ein lokaler Krümmungsradius, der "Gyrationsradius" $\vec{r}_g$ ableiten:

$$\delta\vec{r}_g = \vec{v}_\perp \delta t \qquad \delta\vec{v}_\perp = e_\pm(\vec{v}_\perp \times \vec{B})\delta t/m.$$

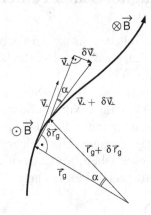

Abb. 3.1 Teilchenbahn im Magnetfeld. Das Magnetfeld liegt senkrecht zur Zeichenebene und ist zeitlich konstant. In dem gezeigten Beispiel ist die Ladung positiv und das Magnetfeld wechselt seine Richtung um 180^0. Man beachte, das sich eine positive Ladung in Richtung des Magnetfeldes gesehen, links herum dreht.

Aus der Ähnlichkeit der Dreiecke lässt sich der Gyrationsradius bestimmen: ($\vec{t}_v \equiv \vec{v}/v$):

$$\frac{\delta r_g}{r_g} = \frac{\delta v_\perp}{v_\perp} \qquad \rightarrow \qquad r_g = \frac{v_\perp \delta t v_\perp m}{|e_\pm| v_\perp B \delta t} = \frac{mv_\perp}{|e_\pm| B},$$

$$\vec{r}_g = -\frac{mv_\perp}{e_\pm B}(\vec{t}_v \times \vec{t}_B).$$

Schränkt man weiter ein und nimmt an, dass das Magnetfeld räumlich konstant ist, so führt das Teilchen eine Kreisbewegung mit dem Radius r_g und der — soweit man relativistische Effekte vernachlässigt — von $v_\perp$ unabhängigen "Gyrationsfrequenz"[1] ω_g aus:

$$E = 0, \ \vec{B} = \text{const} \qquad \rightarrow \qquad \omega_g = \frac{v_\perp}{r_g} = \frac{|e_\pm| B}{m}.$$

---

[1]Bei Umformungen ist zu beachten, dass in den hier gegebenen Definitionen die Größen ω_g und r_g unabhängig vom Vorzeichen der Ladung stets positiv sind.
Relativistisch gilt (m_0: Ruhemasse):

$$m_{rel} = m_0 \left(1 - v^2/c_0^2\right)^{-1/2} \qquad \omega_{g,rel} = \frac{|e_\pm| B}{m_{rel}} \qquad r_{g,rel} = \frac{v_\perp}{\omega_{g,rel}} = \frac{p_\perp}{|e_\pm| B}.$$

Die Teilchenbahnen sind folglich helikal. In Richtung des Magnetfeldes ge-
schaut gyrieren die Ionen links und die Elektronen rechts herum.

Nimmt man als Beispiel ein Magnetfeld von $B=3T$ und ein heißes Plasma
mit einer Temperatur von $T=1keV$ typisch für heutige Fusionsexperimente
an, sind die Gyrationsfrequenz und der Gyrationsradius bei der thermischen
Geschwindigkeit $v_{\perp,th} \equiv \sqrt{2T/m}$ von Elektronen und Protonen:

$$r_{g,e} = 3,5 \cdot 10^{-5}\text{m} \qquad \omega_{g,e} = 5,3 \cdot 10^{11} s^{-1},$$

$$r_{g,p} = r_{g,e}\sqrt{1835} = 1,5\text{mm} \qquad \omega_{g,p} = \omega_{g,e}/1835 = 2,9 \cdot 10^{8} s^{-1}.$$

Die α-Teilchen, die aus der Deuterium-Tritium-Fusion mit einer Energie von
$3,5MeV$ entstehen, haben bei einem Magnetfeld von $B=5T$ einen relativ großen
Gyrationsradius von $r_{g,\alpha}=5cm$.

Extrem große Gyroradien treten bei der kosmischen Strahlung auf. Vor allem
Protonen fallen mit Energien bis zu $E_{kin}=10^{20}eV$ auf die Erde [33]. Diese
Energien sind groß gegen die Ruheenergie des Protons, so dass $E_{kin} \approx E_{total}$
und damit für den Impuls $p=E_{kin}/c_0$ gelten. Bei einem typischen interstellaren
Magnetfeld von etwa $\cdot 10^{-10}T$ folgt bei der Obergrenze der Protonenenergie von
$10^{20}eV$ für den maximalen Gyroradius der kosmischen Strahlung r_g^{max}:

$$r_g^{max} = \frac{p}{eB} = \frac{E_{kin}}{c_0 eB} \approx 10^{21}\text{m}.$$

Dieser riesige Gyroradius ist vergleichbar mit der Dimension unserer Milchstra-
ße (Durchmesser $10^{21}m$). Das legt nahe, dass die kosmische Strahlung überwiegend galaktischen Ursprungs ist.

3.2 Elektronzyklotronstrahlung

Die im Magnetfeld gyrierenden Elektronen stellen ein sich zeitlich änderndes elektrisches Dipolmoment dar und strahlen folglich analog zur Bremsstrahlung eine "Gyrationsstrahlung" aus, die üblicherweise "Elektronzyklotronstrahlung" genannt wird.[2] Die Strahlung ist auf eine schmale Linie bei
der Gyrofrequenz ω_g und deren Oberwellen begrenzt. Im nicht relativistischen
Fall werden senkrecht zur Gyrationsbahn keine Oberwellen abgestrahlt. In der
Gyrationsebene dagegen ist die Bewegung zwar periodisch, aber wegen des
Doppler-Effekts unharmonisch, sodass bereits nicht relativistische Oberwellen

---

[2]In Kapitel 9.7 wird der umgekehrte Vorgang der Absorption der Welle behandelt.

abgestrahlt werden (siehe z. B. [143]). Bei höheren Temperaturen erfolgt eine Verbreitung der Linie, da die Elektronenmasse von der Geschwindigkeit abhängt.

Wegen der Schmalheit der Linie ist die Emissivität vor allem bei der Grundfrequenz und den niedrigen Oberwellen sehr hoch, sodass die Strahlung häufig optisch dick wird. Damit wird die abgestrahlte Intensität durch die Planck-Kurve begrenzt und folglich durch die lokale Temperatur bestimmt. Darauf lässt sich ein Messverfahren für die Elektronentemperatur aufbauen. Wählt man als Beispiel ein Magnetfeld von $B=3T$ und eine Elektronentemperatur von $T_e=1keV$, so liegt das Maximum der Planck-Kurve bei $\omega_{max}=2{,}82/\hbar=4{,}28\cdot10^{18}s^{-1}$, während die Gyrofrequenz $\omega_{g,e}=5{,}27\cdot10^{11}s^{-1}$ wesentlich kleiner ist. Daraus folgt, dass die Rayleigh-Jeans-Näherung gilt, die thermische Strahlungsintensität I_s also proportional der Elektronentemperatur T_e und dem Quadrat der Frequenz ist (Abb. 3.2, linke Hälfte).

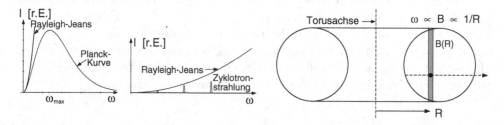

Abb. 3.2 Die Elektronzyklotronstrahlung liegt in Fusionsplasmen im niederenergetischen Teil der Planck-Kurve (linke Hälfte). In einem toroidalen, magnetisch eingeschlossenem Plasma kann die Frequenz über die Magnetfeldabhängigkeit dem Ort zugeordnet werden (rechte Hälfte).

Wie später ausführlicher diskutiert werden wird, verwendet man zum Einschluss von Plasmen in einer "toroidalen" Geometrie näherungsweise ringförmige Magnetfelder. Die Feldstärke solcher Felder fällt umgekehrt proportional mit dem großen Radius R des Torus ab (Abb. 3.2, rechte Hälfte). Zu jeder Position entlang eines horizontalen Sehstrahls gehört also eine andere Magnetfeldstärke und damit eine andere Frequenz, solange man den Überlapp mit einer Oberwelle, die an anderer Stelle abgestrahlt wird, vermeidet. Ein Magnetfeld von $B=3T$ z. B. entspricht einer Wellenlänge von $\lambda=3{,}6mm$. Die entlang eines Sehstrahls beobachtete Mikrowellenstrahlung kann also z. B. durch Gitterspektrografen spektral zerlegt und dann absolut gemessen werden, um so $T_e(R)$ zu erhalten. Das Meßbeispiel [224] (siehe Abb. 3.3) zeigt Temperaturverläufe für zwei radiale Positionen. Die charakteristischen Einbrüche bzw. Anstiege der Temperatur, die so genannten "Sägezähne", werden später bei der Diskussion des magnetischen Einschlusses erläutert werden (Kap. 7.2 und 10.6).

Abb. 3.3 Messungen der Elektronentemperatur aus
der Elektronzyklotronstrahlung [224]. Der Zeitverlauf zeigt charakteristische Einbrüche im Plasmainneren (r/a=0,11) und Anstiege weiter außen
(r/a=0,4), die in Kap. 7 erläutert werden (a: kleiner Plasmaradius).

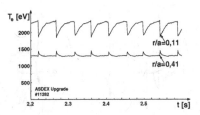

Abgesehen von Problemen der präzisen absoluten Strahlungsmessung gibt es
eine grundsätzliche Begrenzung des Verfahrens zu hohen Dichten hin. Die
Messfrequenz muss stets oberhalb der Plasmafrequenz ω_p liegen (vgl. 1.3.1).
Man kann im Allgemeinen maximal bei der zweiten Harmonischen arbeiten,
um noch optisch dick zu sein. Es ergibt sich so eine magnetfeldabhängige Dichtegrenze für dieses Messverfahren:

$$2\omega_{g,e} \geq \omega_p \qquad \rightarrow \qquad n_e[m^{-3}] \leq 3,89 \cdot 10^{19} B[T]^2.$$

Die Gyrofrequenz spielt auch bei der Plasmaheizung eine wichtige Rolle. Wie
im Kap. 9 über Plasmawellen diskutiert werden wird, kann eine elektromagnetische Welle bei der Gyrofrequenz oder der doppelten Gyrofrequenz der Elektronen bzw. der Ionen unter geeigneten Umständen ins Plasma eindringen und
den geladenen Teilchen Energie zuführen. In einem so genannten "Gyrotron"
erzeugen im Magnetfeld gyrierende Elektronen, die für die Plasmaheizung bei
der Elektrogyrofrequenz notwendige elektromagnetische Strahlung [165]. Inzwischen sind diese Röhren bis in den MW-Leistungsbereich hinein entwickelt.

3.3 Die Driftbewegung

3.3.1 Das magnetische Moment, Diamagnetismus

Für die weitere Behandlung von Teilchenbahnen ist die Einführung des magnetischen Momentes zweckmäßig. Das magnetische Moment $\vec{M}_g$ eines im Magnetfeld gyrierenden Teilchens der Ladung $e_\pm$ (siehe Abb. 3.4) gemittelt über
eine Gyrationsperiode ist (F_g: Fläche des Gyrationskreises, I_g: mit der Gyrationsbewegung verbundener Strom):

$$\vec{M}_g \equiv -F_g I_g \vec{t}_B = -\pi r_g^2 \frac{e_\pm \omega_g}{2\pi} \vec{t}_B = -\frac{mv_\perp^2}{2B} \vec{t}_B = -\frac{W_\perp}{B} \vec{t}_B.$$

Das magnetische Moment ist also für Ionen und Elektronen bei gleicher kine-
tischer Energie senkrecht zum Magnetfeld gleich. Die Richtung ist immer so,
dass das Magnetfeld im Innern des Ringstromes geschwächt wird. Das Plasma ist folglich grundsätzlich diamagnetisch. Es kann allerdings in bestimmten

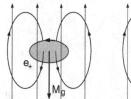 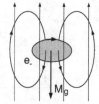

Abb. 3.4 Das magnetische Moment von gyrierenden Ionen und Elektronen gleicher Energie
ist gleich.

Konfigurationen auch paramagnetisch sein (siehe Kap. 6.5).

3.3.2   Drift durch Kräfte senkrecht zum Magnetfeld

Überlagert man einem homogenen Magnetfeld eine zusätzliche Kraft $\vec{K}_\perp$ senkrecht zu $\vec{B}$, so erzeugt die entstehende Unsymmetrie der Gyrobahn eine Drift
des Gyrozentrums. Es wird hier angenommen, dass die Kraft $\vec{K}_\perp$ wie das Magnetfeld räumlich und zeitlich konstant sind. Während die Parallelgeschwindigkeit $v_\parallel$ konstant ist, zerlegt der folgende Ansatz die Geschwindigkeit senkrecht
zum Magnetfeld $\vec{v}_\perp$ in die in Abschnitt 3.1 abgeleitete Gyrobewegung $\vec{v}_g$ und
eine überlagerte konstante Driftgeschwindigkeit $\vec{v}_D$:

$$m\frac{d\vec{v}_\perp}{dt} = \vec{K}_\perp + e_\pm(\vec{v}_\perp \times \vec{B}) \qquad \vec{v}_\perp = \vec{v}_g + \vec{v}_D,$$

$$m\frac{d\vec{v}_g}{dt} = e_\pm(\vec{v}_g \times \vec{B}) \qquad \frac{d\vec{v}_D}{dt} = 0,$$

$$\vec{K}_\perp + e_\pm(\vec{v}_D \times \vec{B}) = 0 \quad | \times \vec{B},$$

$$\vec{K}_\perp \times \vec{B} + e_\pm(\vec{v}_D \times \vec{B}) \times \vec{B} = \vec{K}_\perp \times \vec{B} + e_\pm\Big[\vec{B}\cdot\underbrace{(\vec{v}_D \cdot \vec{B})}_{=0} - \vec{v}_D B^2\Big] = 0,$$

$$\rightarrow \quad \vec{v}_D = \frac{\vec{K}_\perp \times \vec{t}_B}{e_\pm B}.$$

Die Drift ist also senkrecht zum Magnetfeld und zur Kraft. In der Abbildung 3.5 ist ein Beispiel der entstehenden Bahnkurve gezeigt.

Elektronen und Ionen driften wegen ihrer unterschiedlichen Ladung bei gleicher
Kraft $\vec{K}_\perp$ in umgekehrter Richtung, wobei der entstehende Strom natürlich in
einem selbstkonsistenten Bild berücksichtigt werden muss. Wird dagegen die
Kraft durch ein elektrisches Feld erzeugt, so führt dies zu einer Drift, die
unabhängig vom Vorzeichen und dem Betrag der Ladung ist:

$$\vec{v}_D = \frac{\vec{E} \times \vec{t}_B}{B}.$$

Die Drift durch das elektrische Feld erzeugt also keinen Strom. Transformiert man das elektrische Feld in das Bezugssystem, welches sich mit der Geschwindigkeit $\vec{v}_D$ bewegt, so findet man dort das elektrische Feld null in Übereinstimmung mit der Tatsache, dass dort natürlich keine Drift auftritt.

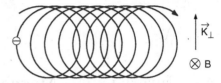

Abb. 3.5 Driftbahn eines Elektrons. Das Magnetfeld $\vec{B}$ steht senkrecht zur Zeichenebene, während $\vec{K}_\perp$ und $\vec{v}$ in der Zeichenebene liegen.

3.3.3   Drift im inhomogenen Magnetfeld

Es werden jetzt zwei Grenzfälle einer Drift im inhomogenen Magnetfeld untersucht. Zunächst wird ein Magnetfeld mit geraden Feldlinien angenommen, welches sich in seiner Stärke senkrecht zum Magnetfeld langsam ändert. Der unterschiedliche Gyrationsradius im Bereich unterschiedlicher Magnetfeldstärke führt wieder zu einer Drift. Der Ausdruck für $\vec{v}_D$ lässt sich ableiten, wenn die Kraft $\vec{K}_{\nabla B}$, die ein derartig inhomogenes Magnetfeld auf einen magnetischen Dipol ausübt, in die Beziehung für $\vec{v}_D$ aus Abschnitt 3.3.2 eingesetzt wird.

$$\vec{K}_\perp = \vec{K}_{\nabla B} = -M_g \nabla B,$$

$$\vec{v}_D = \frac{M_g}{e_\pm B} \vec{t}_B \times \nabla B \qquad v_D = \frac{r_g}{2 L_B} v_\perp.$$

Jetzt wird ein gekrümmtes Magnetfeld betrachtet. Die Drift wird durch die Zentrifugalkraft $\vec{K}_c$ erzeugt, die ein Teilchen erfährt, das sich mit der Geschwindigkeit $v_\parallel$ parallel zu $\vec{B}$ bewegt. (ρ_B: Krümmungsradius der Feldlinie, $\vec{n}_B$: Einheitsvektor in Normalenrichtung; siehe Abb. 3.6):

$$\vec{K}_\perp = \vec{K}_c = \frac{m v_\parallel^2}{\rho_B} \vec{n}_B.$$

Mit der Beziehung $\vec{n}_B / \rho_B = -(\vec{t}_B \cdot \vec{\nabla})\vec{t}_B$ lässt sich die Driftgeschwindigkeit in verschiedenen Formen darstellen:

$$\vec{v}_D = \frac{\vec{K}_c \times \vec{t}_B}{e_\pm B} = \frac{m v_\parallel^2}{e_\pm B \rho_B} \vec{n}_B \times \vec{t}_B = \frac{m v_\parallel^2}{e_\pm B} \vec{t}_B \times (\vec{t}_B \cdot \nabla)\vec{t}_B.$$

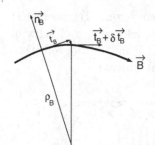

Abb. 3.6 Abbildung zur Drift im gekrümmten Magnetfeld.

3.4   Invarianz des Magnetischen Moments

3.4.1   Zeitliche Invarianz und adiabatische Kompression

Das Magnetfeld sei homogen und langsam zeitlich variabel, wobei langsam durch $\dot{B}/B \ll \omega_g$ definiert wird. Ein zeitlich variables Magnetfeld erzeugt ein elektrisches Feld parallel zur Bahn des gyrierenden Teilchens. Beim Umlauf durchläuft das Teilchen die Spannung $U_g = \pi r_g^2 \dot{B}$. Die dadurch verursachte Änderung der Senkrechtenergie $\delta W_\perp$ kann auf die Änderung des Magnetfelds pro Umlauf δB bezogen werden (Abb. 3.7, linke Hälfte):

$$\delta W_\perp = |e_\pm| U_g = |e_\pm| \pi r_g^2 \dot{B} \qquad \delta B = 2\pi \dot{B}/\omega_g,$$

$$\frac{dW_\perp}{dB} \approx \frac{\delta W_\perp}{\delta B} = \frac{mv_\perp^2}{2B} = \frac{W_\perp}{B}.$$

Daraus folgt $W_\perp \propto B$, also ist das magnetische Moment $M_g = W_\perp/B$ zeitlich konstant. Bei einem langsamen, "adiabatischen" Anstieg des Magnetfeldes wächst die Senkrechtenergie proportional.

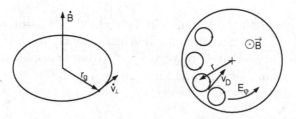

Abb. 3.7 Bei einem langsamen, zeitlichen Anstieg des Magnetfeldes bleibt das magnetische Moment $M_g = W_\perp/B$ erhalten. Zugleich wird die Teilchendichte so erhöht, dass die Dichte der kinetischen Energie senkrecht zum Magnetfeld proportional zu B^2 wächst.

Es soll jetzt der Anstieg der Energiedichte in einem zylindersymmetrischen Plasma bei langsam ansteigendem Magnetfeld untersucht werden. Das zeitlich variable Magnetfeld (siehe Abb. 3.7, rechte Hälfte) induziert eine elektrische

Feldstärke E_φ. Die Drift durch das elektrische Feld v_D der Gyrozentren in radialer Richtung führt zu einem Anstieg der Dichte der gyrierenden Teilchen n_g. Das Feld E_φ erzeugt eine Drift in negativer r-Richtung:

$$|E_\varphi| = \frac{|\dot\Phi|}{2\pi r} = \frac{r\dot B}{2} \qquad v_D = \dot r = -\frac{r\dot B}{2B} \qquad r = r_0 \frac{B_0^{1/2}}{B(t)^{1/2}}.$$

Bei dieser adiabatischen Kompression ändert sich der Querschnitt so, dass der Fluss erhalten bleibt. Die Dichte der Gyrozentren n_g steigt proportional zu B. Damit steigt die Dichte der Senkrechtenergie proportional zur Energiedichte des Magnetfeldes $B^2/(2\mu_0)$.

Der Anstieg von $W_\perp$ mit B lässt sich zum Heizen von Plasmen verwenden. Steigt ein Magnetfeld von null schnell in einem durch eine Hilfsentladung ionisierten Plasma an, so gibt es zunächst eine Phase, in der das Moment M_g nicht erhalten bleibt, da die Voraussetzung $\dot B/B \ll \omega_g$ verletzt ist. Die kinetische Energie wächst überproportional mit B^2 an. Anschließend steigt die Energie $W_\perp$ proportional mit B^2. Am Anfang der Fusionsforschung haben solche "Pinch"-Entladungen eine große Rolle gespielt. Auf diese Art wurden zum ersten Mal Laborplasmen von mehreren 10 Millionen Grad erzeugt [227]. In der Abbildung 3.8 ist das Schema einer solchen "ϑ-Pinch" Anordnung gezeigt. In einer einwindigen, längs des Magnetfeldes ausgedehnten Spule fließt ein schnell ansteigender Strom. Sein Magnetfeld komprimiert das Plasma und heizt es auf. Die Magnetfeldkonfiguration dieser linearen Anordnung wird als Modell für den magnetischen Einschluss in Kapitel 6 diskutiert werden.

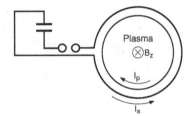

Abb. 3.8 In einem ϑ-Pinch führt ein schnell ansteigendes achsenparalleles Magnetfeld zunächst zu einer nicht adiabatischen Heizung. In der anschließenden adiabatischen Phase bleibt das magnetische Moment erhalten.

3.4.2 Räumliche Invarianz

Das magnetische Moment bleibt auch bei langsamer räumlicher Änderung des Magnetfeldes konstant. Die Ableitung erfolgt am Beispiel des Sonderfalls, dass das Magnetfeld zeitlich konstant, rotationsfrei und rotationssymmetrisch ist. Das Magnetfeld soll sich räumlich langsam entlang der Feldlinien mit $L_B \gg r_g$ ändern[3]. Die Symmetrieachse soll im Gyrationszentrum liegen, sodass in Zy-

---

[3]Abfalllänge des Magnetfeldes $L_B \equiv B/|\nabla B|$

linderkoordinaten gilt:

$$\partial \vec{B}/\partial t = 0 \qquad \nabla \times \vec{B} = 0,$$

$$\vec{B} = (B_r, 0, B_z) \qquad |B_r| \ll |B_z| \approx B.$$

Die radiale Komponente B_r lässt sich aus der Divergenzfreiheit und Integration über r bestimmen. Dabei kann $dB_z/dz \approx const$ angenommen werden:

$$\nabla \cdot \vec{B} = \frac{1}{r}\frac{\partial}{\partial r}(rB_r) + \frac{\partial B_z}{\partial z} = 0 \quad \rightarrow \quad B_r = -\frac{1}{2}r\frac{\partial B}{\partial z}.$$

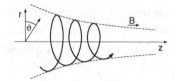

Abb. 3.9 Auch in einem sich räumlich langsam ändernden Magnetfeld bleibt das magnetische Moment erhalten.

Das Teilchen habe Geschwindigkeitskomponenten $v_\perp \neq 0$ und $v_\parallel \neq 0$. Die Bewegung in z-Richtung wird durch die Lorentzkraft der B_r-Komponente abgebremst. Zusammen mit dem Energiesatz folgt auch die räumliche Konstanz des magnetischen Moments (dabei bedeutet d/dt Ableitung in dem System, das sich mit dem Teilchen mitbewegt):

$$m\frac{dv_z}{dt} \approx m\frac{dv_\parallel}{dt} = |e_\pm| \; v_\perp B_r,$$

$$m\frac{dv_\parallel}{dt} = - |e_\pm| \; v_\perp \frac{r_g}{2} \frac{\partial B}{\partial z} = -\frac{mv_\perp^2}{2B} \frac{\partial B}{\partial z} = -M_g \frac{\partial B}{\partial z} \quad |\cdot v_\parallel,$$

$$\frac{d}{dt}\left(\frac{1}{2}mv_\parallel^2\right) = \frac{dW_\parallel}{dt} = -M_g \frac{dB}{dt},$$

$$\frac{dW_\perp}{dt} = \frac{d}{dt}\left(\frac{1}{2}mv_\perp^2\right) = \frac{d}{dt}(M_g B) = M_g \frac{dB}{dt} + B\frac{dM_g}{dt},$$

$$\frac{d\left(W_\parallel + W_\perp\right)}{dt} = B\frac{dM_g}{dt} = 0 \quad \rightarrow \quad \frac{dM_g}{dt} = 0.$$

Die Konstanz des magnetischen Momentes gilt allgemein solange die Magnetfeldänderung in Raum und Zeit gering ist, also $L_B \gg r_g$ und $|\dot{B}|/B \ll \omega_g$ sind [172]. Außerdem müssen Kräfte so klein sein, dass sich die kinetische Energie δW pro Gyration nur unwesentlich ändert ($\delta W/W \ll 1$). Das magnetische Moment wird als (erste) adiabatische Invariante bezeichnet.

3.5 Beispiele zur Driftbewegung

3.5.1 Die Spiegelmaschine

Die Driftbewegung soll an Beispielen von Laborplasmen und aus der Astrophysik erläutert werden. Die Invarianz des magnetischen Moments gestattet
es, Teilchen nicht nur senkrecht, sondern auch parallel zum Magnetfeld einzuschließen. In einer Konfiguration, wie sie in der Abbildung 3.10 dargestellt ist,
nimmt das Magnetfeld von der Mittelebene aus zu beiden Enden hin zu. Laufen
geladene Teilchen in dieser "magnetischen Flasche" oder auch "Spiegelmaschine" aus der Mitte nach außen, so nimmt mit wachsendem Magnetfeld $W_\perp$ zu
und $W_\parallel$ ab. Unter geeigneten Startbedingungen wird die Parallelbewegung auf
null abgebremst und die Teilchen kehren um.

Abb. 3.10 Das Magnetfeld einer Spiegelmaschine nimmt zu den Enden hin zu.
Teilchen mit einem ausreichend großen
Verhältnis $v_{\perp,0}/v_0$ sind im Inneren eingeschlossen. (Für das Modellspiegelfeld
$\vec{B}_s = Re\,(\nabla\Phi)$ mit $\Phi = az + be^{ikz}J_0(ikr)$ gilt
$\vec\nabla\cdot\vec B_s = 0$ und $\vec\nabla\times\vec B_s = 0$.)

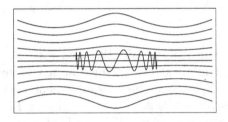

Der Einschluss von geladenen Teilchen in der Spiegelmaschine kann nicht vollständig sein. Nur Teilchen, für die in der Mittelebene das Verhältnis zwischen
der Geschwindigkeit senkrecht zum Magnetfeld $v_\perp$ und der Gesamtgeschwindigkeit v_0 ausreichend groß ist, werden im ansteigenden Feld umkehren. Aus
den Erhaltungssätzen für das magnetische Moment und der kinetischen Ener-
gie lässt sich der Grenzwert $(v_{\perp,0}/v_0)_c$ für Teilchen, die gerade am Ort $\pm z_m$ des
maximalen Feldes B_m umkehren, bestimmen. (Geschwindigkeiten und Magnetfelder in der Mittelebene werden mit dem Index "0" und am Ort des maximalen
Feldes mit "m" bezeichnet.):

$$\frac{mv_{\perp,0}^2}{2B_0} = \frac{mv_{\perp,m}^2}{2B_m} \qquad \to \qquad v_{\perp,m}^2 = \frac{B_m}{B_0}v_{\perp,0}^2,$$

$$v_0^2 = v_{\perp,m}^2 \qquad \to \qquad \left(\frac{v_{\perp,0}}{v_0}\right)_c = \sqrt{\frac{B_0}{B_m}}.$$

Für $v_{\perp,0}/v_0$ kleiner als dieser kritische Wert sind die Teilchen nicht mehr eingeschlossen. Man bezeichnet den Winkel ϑ, der durch $v_{\perp,0} = v_0 \sin\vartheta$ definiert
wird, als "Pitch-Winkel". Der kritische Pitch-Winkel ϑ_c ist also (Abb. 3.11):

$$\vartheta_c = arc\ sin\sqrt{B_0/B_m}.$$

Alle Teilchen in der Mittelebene, die im Geschwindigkeitsraum im so genann-
ten "Verlustkegel" liegen, der durch $\vartheta < \vartheta_c$ definiert ist, verlassen die Spiegelmaschine unmittelbar beim ersten Durchgang durch den Spiegel. Da durch
Stöße zwischen den Teilchen immer wieder Teilchen in den Verlustkegel gestreut werden — wegen der in Kapitel 2.1.3 diskutierten Kleinwinkelstöße kann
man besser von einer Diffusion im Geschwindigkeitsraum sprechen —, ist der
Einschluss in der Spiegelmaschine unvollständig und ihr Wert als Anordnung
für die Fusion begrenzt.

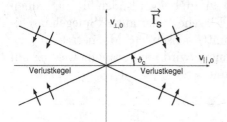

Abb. 3.11 Teilchen im Verlustkegel verlassen
die Spiegelanordnung beim ersten Durchgang.
Durch Stöße gelangen Teilchen, die zunächst
eingeschlossen sind, in den Verlustkegel. Der
Fluss $\vec{\Gamma}_s$ im Geschwindigkeitsraum wird in Kapitel 4.3 genauer bestimmt.

Da die Stoßzeit für Elektronen kürzer als die für Ionen ist (Kap. 2.1.5), werden die Elektronen schnell in den Verlustkegel gelangen, während die Ionen in
der Spiegelmaschine sowohl theoretisch als auch experimentell recht gut eingeschlossen sind [56]. Der schlechte Elektroneneinschluss führt zu einer hohen
Wärmeleitung parallel zum Feld. Entsprechend wurden in der Spiegelmaschine
Elektronentemperaturen von nur $T_e = 260 eV$ [56] bis etwa maximal $1000 eV$ erreicht, während in toroidalen Anordnungen Elektronentemperaturen von mehr
als $10 keV$ erreicht werden.

Um den Fusionsprozess zur Energiegewinnung effektiv ablaufen zu lassen, ist
anzustreben, dass die bei der Fusion von Deuterium und Tritium entstehenden
Heliumkerne ihre Energie an das Plasma abgeben und damit die Energiever-
luste decken. Da bei hoher Geschwindigkeit die α-Teilchen an den Elektronen
abgebremst werden (siehe 2.1.4), geht die Energie der α-Teilchen durch Elektronenwärmeleitung verloren, ohne dass Ionen ausreichend geheizt werden. Nur
mit starker Zusatzheizung — und damit entsprechend unökonomisch — kann
der Fusionsprozess aufrechterhalten werden. Die Verfolgung dieses Weges zur
kontrollierten Kernfusion ist deshalb weitgehend aufgegeben worden.

3.5.2   Van-Allen-Gürtel

Eine zur Spiegelmaschine analoge Konfiguration existiert im Weltraum. Das
Magnetfeld der Erde bildet ein großes Spiegelfeld, da die Feldstärke vom Äquator zu den Polen hin zunimmt. Energiereiche Teilchen aus dem Sonnenwind
können in diesem Feld durch Stöße eingefangen werden. Sie pendeln dann,

wenn sie ein ausreichend großes Verhältnis $v_\perp/v_\parallel$ haben, zwischen den Polen hin und her (siehe Abb. 3.12). Die in diesem so genannten "van-Allen-Gürtel" gespeicherten Teilchen können durch Stöße in den Verlustkegel geraten und an den Polen auf die Erde strömen. Dort verursachen sie die Polarlichter.

Je nach Teilchenenergie wird insbesondere im Äquatorbereich die Voraussetzung für eine reine Beschreibung der Bewegung durch eine Drift verletzt, da der Gyroradius groß oder vergleichbar mit dem Krümmungsradius der Feldlinien sein kann. Die Abbildung 3.13 zeigt die Bahnkurve eines energiereichen Protons ($460 MeV$) aus dem solaren Wind, die ohne Berücksichtigung der Driftnäherung direkt durch Integration der Bewegungsgleichungen berechnet wurde.

Die Krümmung des Erdmagnetfeldes führt zu einer überlagerten Driftbewegung um die Erde herum. Obwohl Elektronen und Ionen entgegengesetzt driften, führt dies nicht zu einer Ladungstrennung, da das Magnetfeld der Erde näherungsweise rotationssymmetrisch ist. Es entsteht ein äquatorial die Erde umfassender Strom von Ost nach West. Es wurde gezeigt [138], dass dieser Strom das Magnetfeld der Erde bereits stark modifiziert. Der Diamagnetismus des Plasmas führt zu einer Verringerung des lokalen Magnetfeldes.

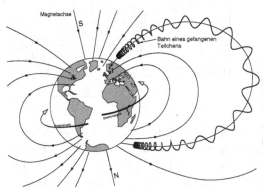

Abb. 3.12 Teilchen werden im "van-Allen-Gürtel" im Erdmagnetfeld eingefangen. Das Erdmagnetfeld ist hier in idealisierter Weise rotationssymmetrisch dargestellt. In der Realität ist es durch den solaren Wind stark unsymmetrisch verformt.

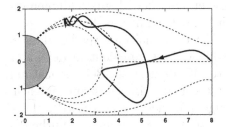

Abb. 3.13 Die Bahnkurven energiereicher Teilchen (hier $460 MeV$) im Erdfeld werden als "Störmer-Bahnen" bezeichnet. Bei den hohen Energien muss die Bahn direkt aus der Bewegungsgleichung integriert werden. (Die Bahnen wurden freundlicherweise von Horst Wobig berechnet.)

3.5.3   Drift in ringförmigen Magnetfeldern

Um die offenen Enden einer Spiegelmaschine zu vermeiden, ist es naheliegend, Plasmen in ringförmigen Magnetfeldern einzuschließen. Es soll als drit-
tes Beispiel zur Driftbewegung gezeigt werden, dass ein einfaches ringförmiges
Magnetfeld, wie es z. B. durch einen geraden Leiter erzeugt wird, die geladenen Teilchen eines Plasmas nicht einschließen kann (siehe Abb. 3.14). Wählt
man ein rechtwinkliges Zylinderkoordinatennetz mit R, ϕ, Z (R: großer Radius im Torus, Z: Koordinate parallel zur Torusachse) und ein Magnetfeld
$\vec{B} = R_0 B_{\phi,0} / R \vec{e}_\phi$, so ergeben die Driften durch das räumlich variable und ge-
krümmte Magnetfeld:

$$
v_{D,Z} = \frac{m_{e,i}}{e_\pm R_0 B_{\phi,0}} \left(\frac{v_\perp^2}{2} + v_\parallel^2 \right).
$$

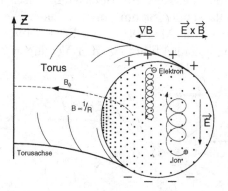

Abb. 3.14 Die unterschiedliche Drift der
Ionen und Elektronen in einem einfachen
ringförmigen Magnetfeld erzeugt eine Ladungstrennung, die ihrerseits zu einer gemeinsamen, radialen Drift führt.

Die Ionen driften also in positive Z-Richtung, die Elektronen in die umgekehrte
Richtung. Durch Ladungstrennung entsteht ein elektrisches Feld $\vec{E} = -E_Z \vec{e}_Z$.
Der Term proportional $\vec{E} \times \vec{t}_B$ erzeugt eine zusätzliche Drift in positiver R-
Richtung. Diese Drift ist für Ionen und Elektronen gleich, sodass das Plasma
nach außen wegdriftet.

Um das elektrische Feld, welches durch die oben diskutierte Ladungstrennung
auftritt, zu begrenzen, muss ein Kurzschluss entlang der Magnetfeldlinien erreicht werden. Dazu müssen die Feldlinien beim Umlauf um den Torus eine
helikale Struktur haben. In Axialsymmetrie ist es deshalb notwendig, dass in
toroidaler Richtung ein Strom im Plasma fließt. Dies geschieht in der unter
dem russischen Namen "Tokamak" bekannten Konfiguration. Bei Verzicht auf
Axialsymmetrie ist es allerdings auch ohne toroidalen Plasmastrom möglich,
eine helikale Struktur der Feldlinien zu erzeugen, die den Kurzschluss des elektrischen Feldes erlaubt. Beide Magnetfeldkonfigurationen werden ausführlich in
den Kapiteln 7 und 8 diskutiert.

3.5.4 Der magnetisierte Stoß

Im Allgemeinen ist der Gyrationsradius sehr groß gegen die Debye-Länge. Dann kann das Magnetfeld beim Coulomb-Stoß vernachlässigt werden, so wie es im Kapitel 2.1 angenommen wurde. Unter bestimmten Umständen kann allerdings der Gyrationsradius klein gegen den Stoßparameter werden. Dann bleibt das magnetische Moment beim Stoß erhalten und die Teilchenbewegung kann in der Driftnäherung beschrieben werden.

Ist das Magnetfeld homogen und das stationäre elektrische Feld null, so bewegen sich die Stoßpartner, abgesehen von der Gyrationsbewegung, parallel zum Magnetfeld (siehe Abb. 3.15). Deshalb entsteht bei der Transformation ins Schwerpunktsystem kein zusätzliches E-Feld. Im Schwerpunktsystem sieht jeder Stoßpartner beim Vorbeiflug je nach Ladung einen Potenzialberg oder einen Potenzialtopf. Da das magnetische Moment und damit die Senkrechtenergie erhalten bleibt, muss sich die Parallelgeschwindigkeit gerade so ändern, dass die Gesamtenergie konstant ist. Das heißt aber, dass nach dem Vorbeiflug die Parallelgeschwindigkeit wieder den Wert vor dem Stoß annimmt. Ausgenommen ist der Fall, dass bei Stoßpartnern gleicher Ladung die Parallelgeschwindigkeit auf null abgebremst wird. Dann kehren im Schwerpunktsystem beide Partner um. Diese Nahstöße spielen jedoch, wie in Kapitel 2.1.3 gezeigt wurde, im Allgemeinen keine Rolle.

Im Grenzfall der exakten Erhaltung des magnetischen Momentes geht also die in Kapitel 2.1.3 abgeleitete Stoßfrequenz gegen null. Als einziges Resultat des Stoßes führt die Kraftkomponente des Nahfeldes senkrecht zu $\vec{B}$ zu einer Drehung um die Stoßachse und damit zu einer Versetzung der Teilchenbahn.

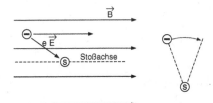

Abb. 3.15 Ist der Stoßparameter groß gegen den Gyroradius, so bleibt beim Stoß das magnetische Moment erhalten. Die Drift durch das elektrische Feld führt nur zu einer Drehung um die Stoßachse, während der Impuls jedes Stoßpartners erhalten bleibt (s: Schwerpunkt).

Als Bedingung dafür, dass die Stöße in einem Plasma überwiegend magnetisiert sind, muss man fordern, dass der typische kleinste Abstand $\lambda_{min} \approx s_\perp$ (siehe 2.1.1) groß gegen den Gyroradius r_g ist. Gleichsetzen von λ_{min} und r_g führt für den Elektronstoß zu einer magnetfeldabhängigen, oberen Grenze für die Temperatur T_M:

$$\lambda_{min} = r_g \quad \rightarrow \quad T_M[eV] = 5,7 \cdot 10^{-3} B^{2/3}[T].$$

In vielen Neutronensternen ist in ihrer Atmosphäre die Bedingung für den magnetisierten Stoß erfüllt. Durch die hohen Magnetfelder und die große Gra-

vitationskraft ist die physikalische Situation allerdings sehr komplex [25]. Mit
technisch auf der Erde realisierbaren Feldern von z. B. B=5T folgt T_M=0,02eV
bzw. T_M=200K. Da ein Elektron-Ion-Plasma bei diesen Temperaturen rekombiniert, lässt sich die Reduktion der Stoßfrequenz nur in einem reinen Elektro-
nenplasma beobachten. Dies wiederum setzt sehr geringe Dichten voraus.

Der Übergangsbereich zwischen dem unmagnetisierten und dem magnetisierten Stoß wurde in einem Experiment [24] untersucht, bei dem Elektronen mit
einer Dichte von 10^{12} bis $10^{14} m^{-3}$ in einem Zylinder mit einem homogenen
Magnetfeld parallel zur Zylinderachse eingeschlossen wurden. Die negativ auf-
geladenen Endplatten schliessen die Elektronen ein. Die Abbildung 3.16 zeigt
die ermittelte Elektron-Elektron-Stoßfrequenz [4] ν_{ee} als Funktion von T im Bereich 30K bis 10.000K. Für $r_g/\lambda_{min} \geq 1$ nähert sich $\nu_{ee}(T)$ der in Kapitel 2.1.3
abgeleiteten $T^{-3/2}$ Abhängigkeit an, während $\nu_{ee}(T)$ nach einem Maximum für
$r_g \lambda_{min} \leq 1$ mit sinkender Temperatur abfällt.

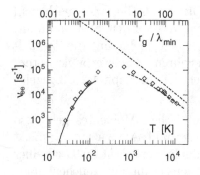

Abb. 3.16 Die Stoßfrequenz weicht bei niedrigen
Temperaturen von den klassischen Werten ab, da
hier das magnetische Moment beim Stoß erhalten
bleibt [24]. Die Messwerte werden mit theoretischen Modellen verglichen, die dies berücksichtigen.
©(2002) by the American Physical Society

3.6   Invarianten der Bewegung

3.6.1   Invariante einer periodischen Bewegung

Nach der Behandlung von verschiedenen Driftbewegungen von geladenen Teilchen in einem Magnetfeld soll dies in einen allgemeinen Zusammenhang gestellt
und erweitert werden.

Die Invarianz des magnetischen Momentes ist ein Sonderfall einer allgemeinen Eigenschaft von periodischen Bewegungen in langsam variablen äußeren
Feldern. Für eine eindimensionale, nahezu periodische Bewegung mit einem

---

[4]Für diese Bedingung ist $\lambda_D \gg \lambda_{min}$, also auch die Bedingung $\lambda_D \gg r_g$ erfüllt. Die Details
des Experimentes insbesondere die Methoden der Temperaturvariation und der Bestimmung
der Stoßfrequenz finden sich in [24] und [65].

langsam zeitlich und räumlich variablem äußeren Kraftfeld, lässt sich eine Invariante I definieren (siehe z. B. in [142]; q: Ortskoordinate, p^k: kanonisch konjugierter Impuls, E_g: Gesamtenergie):

$$I = \frac{1}{2\pi} \oint p^k dq \approx const.$$

Dabei ist $\omega_p = (\partial I / \partial E_g)^{-1}$ die Kreisfrequenz der periodischen Bewegung. Als Beispiel mag ein Pendel in einem langsam steigenden Gravitationsfeld dienen. Ausgehend von einem Anfangszustand (Kurve a in Abb. 3.17) wird bei steigendem Feld die Amplitude im Ortsraum kleiner und der maximale Impuls steigt (Kurve b). Zugleich mit der gestiegenen Frequenz ist die Energie des Systems angewachsen.

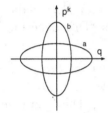

Abb. 3.17 Das Ringintegral $\int p^k dq$ ist bei einer periodischen Bewegung eine adiabatische Invariante.

Wendet man diesen Erhaltungssatz auf ein in einem homogenen, zeitlich langsam variablen Magnetfeld mit der Geschwindigkeit $v_\perp$ gyrierendes Teilchen an, so lässt sich die Erhaltung des magnetischen Momentes ableiten. Dabei muss man jedoch beachten, dass bei Gegenwart eines Magnetfelds der kanonische Impuls $\vec{p}^k$ nicht gleich dem mechanischen Impuls $m\vec{v}$ ist. Der kanonische Impuls lässt sich aus der Lagrange-Funktion ableiten (siehe z. B. in [142]; nicht relativistisch; Φ: elektrisches Potenzial, $\vec{A}$: magnetisches Vektorpotenzial, $\vec{B} = \nabla \times \vec{A}$):

$$\mathcal{L} = mv^2/2 + e_\pm \vec{v} \cdot \vec{A} - e_\pm \Phi \qquad \vec{p}^k \equiv \frac{\partial \mathcal{L}}{\partial \vec{v}} = m\vec{v} + e_\pm \vec{A}.$$

In Zylinderkoordinaten (r, φ, z) und in einem homogenen Magnetfeld $\vec{B} = B\vec{e}_z$ gilt für die φ-Komponente der Bewegung eines geladenen Teilchens mit der Ladung $e_\pm$:

$$dq_\varphi = v_\varphi dt \qquad p^k_\varphi = mv_\varphi + e_\pm A_\varphi.$$

Es ergibt sich ein homogenes Feld, wenn man z. B. $\vec{A} = rB/2 \, \vec{e}_\varphi$ wählt. Identifiziert man den Koordinatenursprung mit dem Gyrationszentrum, so folgt ($|e_\pm r_g B/2| = |mv_\varphi/2|$; siehe auch Anmerkung zu Abb. 3.1):

$$p^k_\varphi = mv_\varphi - mv_\varphi/2,$$

$$I_\varphi = \frac{1}{4\pi} \int_0^{2\pi/\omega_g} m v_\varphi v_\varphi dt = \frac{m}{e_\pm} \frac{W_\perp}{B}.$$

Die Invariante I_φ ist also bis auf einen konstanten Vorfaktor identisch mit dem magnetischen Moment $M_g = W_\perp/B$.

3.6.2 Die Driftnäherung

Mit der adiabatischen Invariante einer Bewegung lässt sich eine Koordinatentransformation durchführen, die zu einer vereinfachten Beschreibung führt. Dazu wählt man diese Invariante und einen zur periodischen Bewegung gehörigen Winkel mit $\dot\varphi = \omega_p$ als Koordinaten. Im Falle der Gyrationsbewegung sind dies das magnetische Moment M_g und der Winkel φ. Dies führt zu einer Beschreibung der Bewegung des Gyrozentrums mit dem Ortsvektor $\vec{R}_g$, wie diese im Abschnitt 3.3 an Beispielen gezeigt wurde. Sie wird als "Driftnäherung" bezeichnet.

Für eine konsequente Ableitung wählt man als Koordinaten $(\xi_1, \xi_2, \xi_3) = \vec{R}_g$, $\xi_4 = v_\parallel$ (Geschwindigkeit des Gyrozentrums parallel $\vec{B}$), $\xi_5 = M_g$ und $\xi_6 = \varphi$. Dabei sind R_g und $v_\parallel$ Mittelwerte über die Gyrationsbewegung. Die Lagrange-Funktion $\mathcal{L}(\xi_i)$ wird genähert, indem die Größen $\vec{A}$, B und Φ als Funktion des Gyrationszentrum ausgedrückt werden [152]:

$$\mathcal{L} = \left(m v_\parallel \vec{t}_B + e_\pm \vec{A}(\vec{R}_g) \right) \cdot \dot{\vec{R}}_g + m M_g \dot\varphi / e - \mathcal{H}\left(\vec{R}_g, v_\parallel \right),$$

$$\mathcal{H} = m v_\parallel^2 / 2 + M_g B(\vec{R}_g) + e_\pm \Phi\left(\vec{R}_g \right) \tag{3.1}$$

Bei nicht kanonischen Koordinaten können die Bewegungsgleichungen aus den Lagrange-Gleichungen 2. Art [142] abgeleitet werden. Nach einigen Umformungen [152] erhält man Gleichungen, die gerade die in den Abschnitten 3.3.2 und 3.3.3 abgeleiteten Driften beschreiben ($B \equiv |\vec{B}|$, $\vec{t}_B \equiv \vec{B}/B$):

$$\frac{d}{dt}\left(\frac{\partial \mathcal{L}}{\partial \dot\xi_i} \right) - \frac{\partial \mathcal{L}}{\partial \xi_i} = 0 \qquad \rightarrow$$

$$\frac{d\vec{R}_g}{dt} = v_\parallel \vec{t}_B + \underbrace{\left[\frac{M_g}{e_\pm B} \vec{t}_B \times \nabla B + \frac{m v_\parallel^2}{e_\pm B} \vec{t}_B \times (\vec{t}_B \cdot \nabla)\vec{t}_B + \frac{\vec{E} \times \vec{t}_B}{B} \right]}_{=v_D},$$

$$\frac{dv_\parallel}{dt} = \left(-\frac{M_g}{m} \nabla B + \frac{e_\pm}{m} \vec{E} \right) \cdot \vec{t}_B,$$

$$\frac{dM_g}{dt} = 0 \qquad\qquad \frac{d\varphi}{dt} = \omega_g.$$

Die beiden letzten der vorangehenden Gleichungen geben die Konstanz des magnetischen Momentes wieder und beschreiben die Gyration mit der lokalen Gyrofrequenz. Der entscheidende Vorteil der Koordinatentransformation liegt darin, dass die schnell veränderliche Variable φ in den Bewegungsgleichungen für $\vec{R}$ und $v_\parallel$ nicht vorkommt. Verzichtet man auf die Information über die Phase φ, so bleiben zur Beschreibung der Teilchenbewegung 4 Koordinaten, nämlich $\vec{R}_g$ und die Parallelgeschwindigkeit $v_\parallel$. Das gyrierende Teilchen kann als ein Pseudoteilchen in einem 4-dimensionalen Phasenraum aufgefasst werden. Die Größe M_g ist ein Parameter wie die Masse. Von der Lagrange-Funktion kann ein Teil $\mathcal{L}_4$ separiert werden, der nur diese vier Koordinaten $\vec{R}$ und $v_\parallel$ enthält:

$$\mathcal{L}_4 = \left(m v_\parallel \vec{t}_B + e_\pm \vec{A} \right) \cdot \dot{\vec{R}}_g - \mathcal{H} \tag{3.2}$$

Werden die Voraussetzungen für die Driftnäherung nicht erfüllt, müssen unter Umständen weitere Terme in der Entwicklung berücksichtigt werden. Als Beispiel soll die so genannte "Polarisationsdrift" dienen[5]. Ist ein elektrisches Feld $\vec{E}_\perp$ senkrecht zu einem konstanten Magnetfeld $\vec{B}_0$ zeitlich variabel, so bewegt sich ein Teilchen mit der Ladung $e_\pm$ zusätzlich zur Gyrationsbewegung und zur Drift $v_D = E_\perp / B_0$ (siehe Abschnitt 3.3.2) in Richtung des elektrischen Feldes mit der Geschwindigkeit v_p. Unter der Annahme $|\dot{E}/E| \ll \omega_g$ gilt (Ableitung siehe z. B. [214]):

$$\vec{v}_p = \frac{sign\,(e_\pm)}{\omega_g B_0} \frac{d\vec{E}_\perp}{dt}.$$

Die Drift v_p ist klein gegen v_D, weil $|v_p/v_D| = \left| \dot{E}/(\omega_g E) \right|$ gilt. Ist das elektrische Feld periodisch mit der Frequenz ω, so entsteht durch die Überlagerung der Drift $\vec{v}_D$ und der Polarisationsdrift $\vec{v}_p$ eine elliptische Bahn mit dem Verhältnis $v_p/v_D = \omega/\omega_g$. Die Bahn wird gleichsinnig wie die Gyrobahn durchlaufen. Da bei der Polarisationsdrift Ionen und Elektronen in unterschiedliche Richtung driften, entsteht ein "Polarisationsstrom" j_p:

$$j_p = en\,(Z v_{pi} - v_{pe})\,\dot{E} \approx n m_i \dot{E}/B_0^2.$$

Der Strom wird im Wesentlichen durch die Ionen getragen, da diese die Bedingung $\dot{E}/E \ll \omega_g$ weniger gut erfüllen.

---

[5]Weitere Ergänzungsterme durch ein Magnetfeld, dass schnell seine Richtung ändert, und durch ein im Sinne der Entwicklung großes Feld $E_\perp$ finden sich z. B. in [172]

3.6.3   Höhere Invarianten

Der Prozess der Koordinatenreduktion lässt sich fortsetzen, wenn das effektive Gesamtpotenzial $M_gB+e_\pm\Phi$ (siehe (3.1)) die Bewegung räumlich begrenzt und eine näherungsweise periodische Bewegung entsteht. Beispiele sind die Bewegungen in Spiegelfeldern wie in den Abschnitten 3.5.1 und 3.5.2 diskutiert.

Zunächst wird eine zweite Invariante der Bewegung bestimmt. Dazu wird das Koordinatennetz so gewählt, dass eine Raumkoordinate ℓ entlang der magnetischen Feldlinie verläuft. Für den kanonisch konjugierten Impuls p_ℓ gilt dann (W_g: Gesamtenergie):

$$p_\ell = \frac{\partial \mathcal{L}_4}{\partial \dot{\ell}} = \left(m + e_\pm A_\parallel\right) v_\parallel \approx m v_\parallel = \sqrt{2m\left(W_g - e_\pm\Phi - M_gB\right)}.$$

Der Term proportional $A_\parallel$ kann in der Driftnäherung vernachlässigt werden [152] (siehe auch weiter unten). Analog zu Abschnitt 3.6.1 werden die zweite Invariante J und die zur Pendelbewegung gehörige Kreisfrequenz Ω_p gebildet:

$$J = \frac{1}{2\pi} \oint p_\ell d\ell = \frac{\sqrt{m}}{\sqrt{2}\pi} \oint \sqrt{W_g - e_\pm\Phi(\ell) - M_gB(\ell)}\, d\ell \qquad (3.3)$$

$$\Omega_p = \left(\partial J/\partial W_g\right)^{-1}.$$

Voraussetzung für die Invarianz von J ist wieder, dass sich Φ und B weder räumlich noch zeitlich stark ändern. Die letztere Bedingung bedeutet $\dot{\Phi}/\Phi \ll \Omega_p$ und $\dot{B}/B \ll \Omega_p$.

Die Bahnkurve der Pendelbewegung wird sich im Allgemeinen nicht exakt schließen. So erzeugt die Krümmung des Magnetfeldes und der ∇B-Term in einer Spiegelmaschine eine Drift senkrecht zu $\vec{B}$ und zu $\vec{n}_B$. Langsam driftet das zwischen den Spiegeln hin und her pendelnde Teilchen entlang einer Linie mit $J=const$. Im Gegensatz zur Driftbahn hängt die Bahnkurve $J=const$ nicht von der Masse ab. Kann man das elektrische Feld vernachlässigen, so sind bei gleichen Energien und gleichem magnetischem Moment die Bahnkurven für Ionen und Elektronen gleich.

Um die Bewegung entlang der $J=const$-Bahn quantitativ beschreiben zu können, wählt man wieder J und ψ mit $\dot{\psi}=\Omega_p$ als Koordinaten. Es ist zweckmäßig die weiteren Koordinaten so einzuführen, dass sie die Feldlinien auszeichnen. Man wählt z. B. als Koordinaten die so genannten Euler-Potenziale[6] α und β als im Ortsraum definierte Skalare. Mit der Definition $\vec{B}=\vec{\nabla}\alpha\times\vec{\nabla}\beta$ sind die Feldlinien gerade die Schnittlinien der Flächen $\alpha=const$ und $\beta=const$. Das Vektorpotenzial legt man durch $\vec{A}=\alpha\vec{\nabla}\beta$ fest, wobei $\vec{A}$ dann nur eine Komponente in $\vec{\nabla}\beta$-Richtung hat.

---

[6]auch Clebsch-Potenziale genannt

Sind zeitliche und räumliche Änderungen ausreichend klein, lässt sich die Lagrange-Funktion $\mathcal{L}_4$ (3.2) in den Koordinaten α, β, J und ψ ausdrücken und entwickeln, wobei hier der Term proportional $A_\parallel$ mitgenommen wurde:

$$\mathcal{L}_4 = e_\pm \alpha \dot{\beta} + J\dot{\psi} - \mathcal{H}_4(\alpha, \beta, J; t).$$

Dabei sind $e_\pm \alpha \dot{\beta}$ durch Umformung aus $e_\pm \vec{A} \cdot \dot{\vec{R}}_g$ und $J\dot{\psi}$ durch Entwicklung aus $mv_\parallel \vec{t}_B \cdot \dot{\vec{R}}_g$ entstanden. Die Funktion $\mathcal{H}_4$ ist (3.3) aufgelöst nach der Energie W_g. Analog zur Driftnäherung lauten die Lagrange-Gleichungen:

$$\frac{d\alpha}{dt} = -\frac{\partial \mathcal{H}_4}{e_\pm \partial \beta} \qquad \frac{d\beta}{dt} = \frac{\partial \mathcal{H}_4}{e_\pm \partial \alpha} \qquad \dot{\psi} = \Omega_p \qquad \dot{J} = 0.$$

Verzichtet man wieder auf die Information über die Phasenlage ψ, so hat man es mit einem nur noch 2-dimensionalen Phasenraum zu tun.

Um $d\alpha/dt$ und $d\beta/dt$ bestimmen zu können, muss man bei Vorgabe von α, β, M_g und W_g die Invariante J bestimmen, diese Beziehung nach $W_g = \mathcal{H}_4(\alpha, \beta, J)$ auflösen und $\mathcal{H}_4$ nach α und β differenzieren. Dies soll am Beispiel einer Spiegelmaschine mit dem elektrischen Potenzial $\Phi=0$ und dem Modellfeld der Abbildung 3.10 durchgeführt werden. Der Skalar α wird gleich dem magnetischen Fluss und β gleich dem azimutalen Winkel gesetzt (Zylinderkoordinaten r, ϑ, z; im Modellfeld sind $a=6$, $b=1$, $k=1$ gesetzt):

$$\alpha = 2\pi \int rB_{s,z}dr \qquad \beta = \vartheta.$$

Wegen der Axialsymmetrie hängt $\mathcal{H}_4$ nicht von β ab, sodass α zeitlich konstant ist. Die Abbildung 3.18 zeigt für $\alpha=0{,}5$ die Größe J, die Pendelfrequenz Ω_p und die Winkelgeschwindigkeit $\dot{\vartheta}$ als Funktion von der Energie W_g für ein Proton mit dem magnetischen Moment $M_g=125eV/T$. Da die Winkelgeschwindigkeit $\dot{\vartheta}$ nur maximal $20s^{-1}$ beträgt, ist die Bedingung $\Omega_p \gg \dot{\vartheta}$ gut erfüllt. Damit ist in diesem Beispiel die oben gemachte Vernachlässigung des Termes mit $A_\parallel \propto \dot{\beta} \propto \dot{\vartheta}$ verifiziert worden.

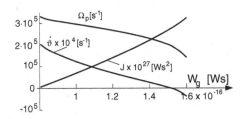

Abb. 3.18 Gezeigt werden in einem Spiegelfeld (vgl. Abb. 3.10) auf einer Flussfläche die Invariante J, die Pendelfrequenz Ω_p und die Rotationsgeschwindigkeit $\dot{\vartheta}$ als Funktion der Gesamtenergie W_g. Für größere Werte von W_g verlagert sich der Umkehrpunkt in einen Bereich mit unterschiedlicher Krümmung der Feldlinien. Dadurch wechselt der Drehsinn um die Spiegelachse.

Da die im Beispiel angenommene Symmetrie keine Voraussetzung ist, lässt sich

auch in Einschlusskonfigurationen ohne Symmetrie die Bewegung entlang der
$J=const$-Kurve nach dem selben Verfahren berechnen (siehe Kap. 8.2).

Die durch $\beta(t)$ und im nicht axialsymmetrischen Fall auch durch $\alpha(t)$ charak-
terisierte Bewegung des pendelnden Teilchens kann sich wieder näherungsweise
periodisch schließen. Dann lässt sich eine dritte Invariante I_3 ableiten, die z.
B. bei einer langsamen Änderung des Magnetfeldes erhalten bleibt. I_3 ist proportional zum magnetischen Fluss innerhalb der $J=const$-Bahn.

3.6.4   Invarianten durch Symmetrie

Als Folge der Hamilton-Gleichungen lassen sich bei räumlicher Symmetrie In-
varianten der Bewegung ableiten, ohne dass die Bewegung periodisch sein
muss. Dies gilt auch unter Bedingungen, unter denen die Driftnäherung nicht
mehr gültig ist. So ist in dem Beispiel der axialsymmetrischen Spiegelmaschine
im vorangehenden Abschnitt der zu β kanonisch konjugierte Impuls p_β wegen
$\partial\mathcal{H}_4/\partial\beta=0$ eine Erhaltungsgröße. In einem axialsymmetrischen Torus ist der
zum toroidalen Winkel ϕ konjugierte Impuls konstant (R: Abstand von der
Symmetrieachse):

$$\partial p_\phi^k/\partial\phi = 0 \qquad \rightarrow \qquad p_\phi^k = mR^2 d\phi/dt + e_\pm R A_\phi = \text{ const.}$$

Zusammen mit der Konstanz des magnetischen Momentes und der Energie
lässt sich die Bahnform bestimmen (Beispiel siehe Abb. 8.1). Weiterhin folgt
aus $p_\phi^k=const$ unter bestimmen Voraussetzungen, dass die Teilchen in einem
begrenzten Raumgebiet eingeschlossen bleiben. Dieser für axialsymmetrische
Konfigurationen wichtige Satz wird in Kapitel 8.1 weiter diskutiert.

4 Statistische Beschreibung

4.1 Hydrodynamische Beschreibung

4.1.1 Die Eulersche Gleichung

Im folgenden Kapitel 5 sollen Gleichungen angegeben werden, die es unter bestimmten Voraussetzungen gestatten, zusammen mit den Maxwell-Gleichungen ein Plasma als Flüssigkeit zu beschreiben. Das Bindeglied zwischen der Einzelteilchenbeschreibung und den Flüssigkeitsgleichungen stellt die "kinetische Theorie" dar, die die Einzelbewegung vieler Teilchen statistisch beschreibt. Sie soll in einer allerdings sehr komprimierten Form, die sich auf das für den Bereich der idealen Plasmen Notwendige beschränkt, in diesem Kapitel beschrieben werden[1].

Es wird sich zeigen, dass die Bewegung der einzelnen Ionen und Elektronen im Rahmen der kinetischen Theorie selbst wieder in einer abstrakten Form als Strömung einer Flüssigkeit im Phasenraum beschrieben werden kann. Zur Vorbereitung sowohl für die Theorie dieser abstrakten Flüssigkeit als auch später für die eigentlichen Flüssigkeitsgleichungen des Plasmas selbst soll in diesem Abschnitt in ganz elementarer Form die Beschreibung einer konventionellen, d. h. nicht leitenden Flüssigkeit durch die so genannte "Eulersche Gleichung" behandelt werden.

Ein Flüssigkeitselement, das groß gegen die freie Weglänge der Teilchen und zugleich klein gegen typische Gradientenlängen der Flüssigkeit, z. B. des Geschwindigkeitsfeldes, ist, kann in seiner momentanen Bewegung wie ein konzentriertes Massenelement δm beschrieben werden. Die Bewegungsgleichung wird durch das Volumenelement δV geteilt, sodass aus der Masse die Dichte ρ und aus der Kraft $\delta \vec{K}$ eine Kraftdichte $\delta \vec{k}$ entsteht.

$$\delta m \, d\vec{v}/dt = \delta \vec{K} \qquad \rho d\vec{v}/dt = \delta \vec{k}.$$

In der Punktmechanik gibt man die Ortskoordinate des Massenpunktes als

---

[1]Eine ausführliche Darstellung findet sich z. B. in [50, 246].

Funktion der Zeit an. Eine analoge Beschreibung in einer Flüssigkeit bedeutet, dass man beginnend mit einem bestimmten Zeitpunkt die Koordinaten einzelner Massenelemente als Funktion der Zeit verfolgt. Das Koordinatennetz bewegt sich mit der Flüssigkeit (siehe Abb. 4.1, linke Hälfte). Man nennt dies eine "Lagrange-Beschreibung". Auf Euler [74] dagegen geht die Beschreibung einer Flüssigkeit in einem ortsfesten, unveränderlichen Koordinatensystem zurück (Abb. 4.1, rechte Hälfte), die in vielen Fällen der Lagrange-Beschreibung überlegen ist. Bedeutet d/dt die Differenziation im mitbewegten Koordinatensystem, so soll mit $\partial/\partial t$, $\partial/\partial x$ usw. die Differenziation im ortsfesten System bezeichnet werden. Die Beschleunigung im mitbewegten System kann als totales Differential ausgedrückt werden ($i=x, y, z$):

$$\frac{dv_i(\vec{r}(t), t)}{dt} = \frac{\partial v_i}{\partial t} + \frac{\partial v_i}{\partial x} v_x + \frac{\partial v_i}{\partial y} v_y + \frac{\partial v_i}{\partial z} v_z.$$

Die Kraftdichte wird in einem externen Anteil $\delta \vec{k}_{ext}$ z. B. durch Gravitation und die resultierende Kraftdichte durch die benachbarten Massenelemente $-\vec{\nabla}p$ zerlegt (p: Druck). Damit wird aus der obigen Bewegungsgleichung die "Eulersche Gleichung":

$$\rho \frac{\partial \vec{v}}{\partial t} + \rho\,(\vec{v} \cdot \vec{\nabla})\vec{v} = -\vec{\nabla}p + \vec{k}_{ext}.$$

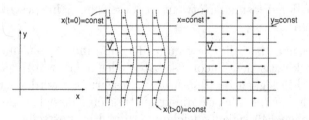

Abb. 4.1 In der "Lagrange-Beschreibung" (linke Hälfte) verschiebt sich das Koordinatensystem mit der Strömung, während es in der "Eulerschen Beschreibung" ortsfest bleibt.

Bei der Beschreibung im Ruhesystem kann sich der Bewegungszustand an einem Ort durch den $(\vec{v}\cdot\vec{\nabla})\vec{v}$-Term auch ohne Kraft durch das Heranführen eines anderen Bewegungszustands in der Strömung ändern. Umgekehrt gibt es Zustände, bei denen trotz Stationarität ($\partial/\partial t = 0$) eine Kraft auftritt. Dieses soll an zwei Beispielen erläutert werden. Zunächst wird eine inkompressible Strömung betrachtet, bei der keine Kräfte auftreten ($\vec{\nabla}p=0$, $\vec{k}_{ext}=0$), sich aber der Betrag der Geschwindigkeit v_y senkrecht zur Strömungsrichtung v_x ändert (siehe Abb. 4.2, linke Hälfte):

$$v_x = v_{x,0} = const \qquad v_y(x) = v_{y,0} - v_{y,1}x/x_0 \qquad v_z = 0,$$

$$\frac{\partial \vec{v}}{\partial t} = -(\vec{v} \cdot \vec{\nabla})\vec{v} = -v_x \frac{\partial}{\partial x}\vec{v} = v_{x,0}\frac{v_{y,1}}{x_0}\vec{e}_y.$$

Die y-Komponente der Geschwindigkeit ändert sich also an einem festen Ort alleine dadurch, dass die v_x-Strömung Bereiche mit höheren v_y-Werten lokal heranführt.

Im zweiten Beispiel (Abb. 4.2, rechte Hälfte) wird eine stationäre und starre Rotation mit der Winkelgeschwindigkeit ω um die z-Achse betrachtet ($\vec{v}=(\omega y,$ $-\omega x,0)$, $k_{ext}=0$) gesetzt:

$$\rho \left(\omega y \frac{\partial}{\partial x} - \omega x \frac{\partial}{\partial y} \right) (\omega y, -\omega x, 0) = \rho \omega^2 (-x, -y, 0) = -\vec{\nabla} p.$$

Zur Kompensation der Zentrifugalkraft ist also trotz $\partial \vec{v}/\partial\, t=0$ ein nach außen ansteigender Druck $p=\rho\omega^2(x^2 + y^2)/2$ notwendig.

Abb. 4.2 In der linken Hälfte ist ein Strömungsbild gezeigt, bei dem sich ohne eine Kraft lokal die Geschwindigkeit ändert, während bei der starren Rotation (rechte Hälfte) keine zeitliche Änderung auftritt, obwohl der Druckgradient endlich ist.

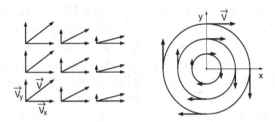

4.1.2   Flüssigkeitsgleichungen für Plasmen

In diesem Abschnitt sollen qualitativ die Erweiterungen diskutiert werden, die notwendig sind, um ein Plasma als Flüssigkeit zu beschreiben.

1. Die Bewegungsgleichung muss durch die Kontinuitätsgleichung ergänzt werden. Bei gleichzeitigem Wechsel von der Massendichte ρ zur Teilchendichte n lautet sie im mitbewegten System:

$$\frac{dn}{dt} = -n\vec{\nabla} \cdot \vec{v} + C_n.$$

Der Term $-n\vec{\nabla}\cdot\vec{v}$ beschreibt die Dichteänderung durch Kompression bzw. Expansion. Ionisation und Rekombination werden als Quellen oder Senken durch den Term C_n beschrieben. Analog zur Transformation der Geschwindigkeit erhält man im ruhenden System ($\vec{\Gamma}\equiv n\vec{v}$: Teilchenflussdichte):

$$\frac{dn}{dt} = \frac{\partial n}{\partial t} + \vec{v} \cdot \vec{\nabla} n \qquad \rightarrow \qquad \frac{\partial n}{\partial t} = -\vec{\nabla} \cdot \vec{\Gamma} + C_n.$$

Diese Gleichung ist auch unmittelbar einzusehen: Abgesehen vom Quellterm ändert sich die Dichte lokal durch die Divergenz der Teilchenflussdichte.

2. Wegen der hohen elektrischen Leitfähigkeit muss die Lorentz-Kraft $\vec{k}_L=\vec{j}\times\vec{B}$ ($\vec{j}$: Stromdichte) und die elektrische Kraft in der Kraftdichte berücksichtigt werden.

3. Durch große freie Weglängen wird häufig der Impulstransport wichtig. Die Bewegungsgleichung muss um einen Viskositätsterm ergänzt werden. Insbesondere durch den Einfluss des Magnetfelds kann der Druck anisotrop werden.
4. Die Kompressibilität verknüpft den Energiesatz mit der Bewegungsgleichung, da durch Kompression die Temperatur erhöht, und damit der Druck geändert wird. Der Energiesatz beschreibt die Änderung der inneren Energie durch Kompression, Viskosität, Wärmeleitung, Strahlung und eventuell durch Ionisation und Rekombination. Zwei wichtige Grenzfälle sind:

• Bei großer Wärmeleitung erhält man die isotherme Zustandsgleichung mit $p=const \times n$.

• Wenn die Prozesse schnell gegen die Wärmeleitung, aber reversibel, d. h. langsam gegen die Schallgeschwindigkeit ablaufen, gilt die adiabatische Zustandsgleichung mit $p=const \times n^{(f+2)/f}$, wobei f die Zahl der Freiheitsgrade ist. Im Allgemeinen ist im ionisierten Plasma $f=3$. Es kann aber auch sinnvoll sein, in stoßarmen Plasmen $f=1$ oder $f=2$ zu setzen.

5. Die Bewegung im Magnetfeld erzeugt elektrische Felder und Ströme, wodurch das Magnetfeld selbst abgeändert wird. Die vollständige Beschreibung verlangt also die simultane Lösung der Maxwell-Gleichungen und eines Ohmschen Gesetzes, welches Strom und Feldstärke verknüpft.

4.2 Darstellung im Phasenraum

4.2.1 Liouvillescher Satz

Nach dieser qualitativen Diskussion einer erweiterten Flüssigkeitsbeschreibung soll nun auf die kinetische Theorie eingegangen werden. Wenn man das zeitliche Verhalten von N Teilchen (Ionen, Elektronen oder Neutralteilchen) beschreiben will, muss man ihre $3N$ Bewegungsgleichungen lösen. Die Kräfte entstehen durch äußere Felder, aber auch durch Felder, die die Teilchen selbst erzeugen. Dies führt im Allgemeinen zu einem gekoppelten Gleichungssystem, welches auf modernen Computern heute bis hin zu einer Größenordnung von $N=10^{11}$ gelöst werden kann, wobei allerdings der Stoß bereits in vereinfachter Form beschrieben werden muss. Für eine realistisch große Teilchenzahl ist eine nummerische Lösung unmöglich.

Da man sich im Allgemeinen gar nicht für den Ort oder die Geschwindigkeit jedes der Teilchen interessiert, sondern nur an Informationen über geeignete Mittelwerte wie die lokale Dichte oder die mittlere Geschwindigkeit interessiert ist, wird man eine statistische Beschreibung suchen. Als erster Schritt dazu werden die Teilchen i durch Angabe ihrer Koordinaten $\vec{r}_i=(x_i, y_i, z_i)$ und ihrer Geschwindigkeiten $\vec{w}_i=(w_{x,i}, w_{y,i}, w_{z,i})$ als Punkte in einem 6-dimensionalen Phasenraum beschrieben. (Die Größe v ist im Folgenden für die mittlere Geschwindigkeit reserviert.) Formal kann dies durch Einführung einer Verteilungsfunktion als Summe von Deltafunktionen $\hat{f}(\vec{r}, \vec{w}, t)=\Sigma\delta_i(\vec{r} - \vec{r}_i, \vec{w} - \vec{w}_i)$ geschehen. Die Abbildung 4.3 zeigt ein eindimensionales Beispiel.

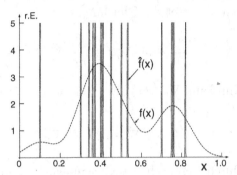

Abb. 4.3 Die Verteilungsfunktion $\hat{f}(\vec{r}, \vec{w})$ ist die Summe der Deltafunktion $\delta_i(x_i, \vec{w}_i)$ für jedes Teilchen i. Außerdem ist die geglättete Verteilungsfunktion $f(\vec{r}, \vec{w})$ gezeigt (siehe dazu 4.2.2)

Man interpretiert jetzt das Ensemble von N Teilchen als eine Flüssigkeit im Phasenraum mit der "Dichte" $\hat{f}$ und entwickelt eine Hydrodynamik dieser Flüssigkeit. Dazu bedarf es nur einer Kontinuitätsgleichung, die die Entwicklung der Dichte $\hat{f}$ beschreibt. Eine zusätzliche Bewegungsgleichung entfällt, da die Kontinuitätsgleichung bereits die Entwicklung der Geschwindigkeit durch den Geschwindigkeitsvektor $\vec{V}\equiv(\dot{\vec{r}}, \dot{\vec{w}})=(\vec{w}, \vec{K}/m)$ mitbeschreibt. $\vec{K}=\vec{K}(\vec{r}, \vec{w}; \hat{f})$ ist die Kraft, die lokal auf ein Teilchen wirkt und ist neben einer äußeren Kraftkomponente eine Funktion von $\hat{f}$ selbst. Der Ort im Phasenraum legt also die Dynamik bereits fest.

Die Kontinuitätsgleichung kann analog zum Ortsraum gebildet werden. Zur Vereinfachung wird nur eine Teilchensorte ohne Erzeugung oder Vernichtung von Teilchen betrachtet, sodass die Strömung der Flüssigkeit quellenfrei ist:

$$\frac{\partial \hat{f}}{\partial t} + \vec{\nabla}_6 \cdot \left(\hat{f}\vec{V}\right) = 0 \tag{4.1}$$

$$\vec{\nabla}_6 \equiv \left(\frac{\partial}{\partial x}, \frac{\partial}{\partial y}, \frac{\partial}{\partial z}, \frac{\partial}{w_x}, \frac{\partial}{w_y}, \frac{\partial}{w_z}\right).$$

Der Divergenzoperator $\vec{\nabla}_6$ lässt sich in seinen räumlichen Anteil und den Anteil der Geschwindigkeitskoordinaten zerlegen und weiter die Divergenz des Produkts $\hat{f}\vec{V}$ aufspalten:

$$\vec{\nabla}_r \equiv \left(\frac{\partial}{\partial x}, \frac{\partial}{\partial y}, \frac{\partial}{\partial z}\right) \qquad \vec{\nabla}_w \equiv \left(\frac{\partial}{\partial w_x}, \frac{\partial}{\partial w_y}, \frac{\partial}{\partial w_z}\right),$$

$$\frac{\partial \hat{f}}{\partial t} + \hat{f}\vec{\nabla}_r \cdot \vec{w} + \vec{w} \cdot \vec{\nabla}_r\hat{f} + \hat{f}\vec{\nabla}_w \cdot \frac{\vec{K}}{m} + \frac{\vec{K}}{m} \cdot \vec{\nabla}_w\hat{f} = 0.$$

Der räumliche Gradient $\vec{\nabla}_r \cdot \vec{w}$ ist null, da $\vec{r}$ und $\vec{w}$ unabhängige Koordinaten sind, während $\vec{\nabla}_w \cdot \vec{K}=0$ aus der Struktur der Lorentz-Kraft folgt:

$$\vec{\nabla}_w \cdot \vec{K} = \sum_k \frac{\partial \left(\vec{w} \times \vec{B} \right)_k}{\partial w_k} = 0.$$

Damit lautet die Gleichung 4.1:

$$\frac{\partial \hat{f}}{\partial t} + \vec{w} \cdot \vec{\nabla}_r \hat{f} + \frac{\vec{K}}{m} \cdot \vec{\nabla}_w \hat{f} = \frac{\partial \hat{f}}{\partial t} + \vec{V} \cdot \vec{\nabla}_6 \hat{f} = 0 \tag{4.2}$$

Nun kann $\vec{\nabla}_6 \cdot \left(\hat{f} \vec{V} \right)$ in (4.1) auch anders zerlegt werden:

$$\frac{\partial \hat{f}}{\partial t} + \hat{f} \, \vec{\nabla}_6 \cdot \vec{V} + \vec{V} \cdot \vec{\nabla}_6 \hat{f} = 0 \tag{4.3}$$

Durch Vergleich der Gleichungen 4.2 und 4.3 folgt der "Liouvillesche Satz"[2] $\vec{\nabla}_6 \cdot \vec{V}=0$. Die Strömung der durch $\hat{f}$ als Dichte im Phasenraum beschriebenen Flüssigkeit ist also inkompressibel, was auch unmittelbar aus der physikalischen Anschauung folgt.

4.2.2   Die kinetische Gleichung

Trotz der Umformulierungen im vorangegangenen Abschnitt bleibt die Beschreibung aller Teilchen durch die Kontinuitätsgleichung für die Größe $\hat{f}$ im Phasenraum vollständig und es ist noch keine Vereinfachung erreicht. Um eine vereinfachende Beschreibung zu erzielen, wird die Verteilungsfunktion $\hat{f}$ "geglättet" (siehe Abb. 4.3). Die so entstehende Verteilungsfunktion f, die über eine Länge λ_s geglättet ist, kann z. B. definiert werden durch:

$$f\left(\vec{r}\right) = \pi^{-3/2}\lambda_s^{-3} \int \int \int \hat{f}\left(\vec{r'}\right) e^{-\left|\vec{r}-\vec{r'}\right|^2/\lambda_s^2}d\vec{r'}.$$

Die Kraft wird aufgespalten in eine Komponente K_f, die von äußeren Feldern und von der Wechselwirkung mit allen den Teilchen herrührt, die sich in einer Distanz größer λ_s befinden, und eine Kraft K_s, die durch Teilchen in der Nähe verursacht wird. In einem idealen Plasma ist es sinnvoll, die Verschmierungslänge im Ortsraum größer als den Debye-Radius $\lambda_s > \lambda_D$ zu wählen, da die mit dem Stoßprozess verbundene Kraft K_s für $r > \lambda_D$ wegen der Debye-Abschirmung praktisch auf null abgefallen ist. Im idealen Plasma sind viele Teilchen in einer Debye-Kugel, sodass eine geglättete Verteilungsfunktion f

---

[2]Bei kanonischen Variablen folgt der Liouvillesche Satz unmittelbar aus den Hamilton-Gleichungen.

entsteht, solange die charakteristische Länge der Änderung der Verteilungsfunktion $L_r \gg \lambda_s > \lambda_D$ bleibt. Für die Glättung im Geschwindigkeitsraum gilt
mit der Annahme, dass das Plasma mit $r_g \gg \lambda_D$ schwach magnetisiert ist (vgl.
3.5.4), nur die Bedingung, dass wesentliche Änderungen der Verteilungsfunktionen wiedergegeben werden müssen.

Die Wechselwirkung mit den Teilchen im Nahbereich durch die Kraft K_s wird
zunächst rein formal in einem Term, dem so genannten "Stoßterm" $C(f)$,
zusammengefasst. So ergibt sich aus Gleichung 4.2 für die geglättete Verteilungsfunktion f, die so genannte "kinetische Gleichung" oder "Boltzmann-
Gleichung" [35].

$$\frac{\partial f}{\partial t} + \vec{w} \cdot \vec{\nabla}_r f + \frac{\vec{K}_f}{m} \cdot \vec{\nabla}_w f = -\frac{\vec{K}_s}{m} \cdot \vec{\nabla}_w f = C(f),$$

$$\vec{K}_f = e_\pm \left(\vec{E} + \vec{w} \times \vec{B} \right).$$

Da der Stoß durch die geglättete Verteilungsfunktion bestimmt wird, beschreibt
die kinetische Gleichung nicht Details auf einer Zeitskala klein gegen die Debye-
Stoßzeit $\tau_D = 1/\omega_p$ (siehe Kap. 1.3.3). Dagegen wird der Impulsaustausch eines
Teilchens mit dem Hintergrund auf der Zeitskala der Abbremszeit τ_p (siehe
Kap. 2.1.5) richtig wiedergegeben.

Für Vorgänge, die auf einer Zeitskala τ ablaufen, für die $\tau_D \ll \tau \ll \tau_p$ gilt, kann
die rechte Seite der kinetischen Gleichung null gesetzt werden. Diese Gleichung
wird dann als "Wlassow-Gleichung" bezeichnet.

Zum Schluss dieses Abschnittes, in dem die Verteilungsfunktion f eingeführt
wurde, soll noch auf die Beziehung zur Entropie eingegangen werden. Es wird
sich zeigen, dass erst die Verwendung der geglätteten Verteilungsfunktion f es
sinnvoll macht, den Begriff der Entropie einzuführen. Dazu ist es notwendig die
Teilchen, wie bereits in Abschnitt 4.2.1 erwähnt, als ausgedehnt zu betrachten.
Die übliche Definition der Entropie angewandt auf die Verteilungsfunktion $\hat{f}$
ergibt dann, solange man die Teilchenzahl nicht ändert, eine konstante Größe
(N: Gesamtzahl der Teilchen; c_1, c_2: Konstanten):

$$S(\hat{f}) = S_0 - \int \hat{f} \ell n \hat{f} \, d\vec{w} d\vec{r} = S_0 - c_1 N = c_2.$$

Die Konstanz der Entropie entspricht dem Umstand, dass $\hat{f}$ die volle Information über alle Teilchen enthält. Dies ist wiederum eng mit der Inkompressibilität der Strömung verknüpft. Es lässt sich relativ leicht zeigen, dass $\partial S/\partial t$
$=0$ eine unmittelbare Folge der Gültigkeit des Liouvilleschen Satzes und damit der Inkompressibilität ist. Dass umgekehrt Kompressibilität oder genauer
gesagt Expansion im Phasenraum zu einer Erhöhung der Entropie führt, soll
an einem einfachen, 1-dimensionalen Rechenbeispiel gezeigt werden. Die im

Folgenden definierte Verteilungsfunktion f_a gehe durch Expansion in f_b über $(a > 0, S_0 = 0)$:

$$|x| \leq a: \quad f_a(x) = 1 \qquad\qquad |x| > a: \quad f_a(x) = 0,$$
$$|x| \leq 2a: \quad f_b(x) = 1/2 \qquad |x| > 2a: \quad f_b(x) = 0,$$

$$S(f_a) = -\int_{-a}^{a} \ell n 1 dx \qquad\quad = 0,$$
$$S(f_b) = -0,5 \int_{-2a}^{2a} \ell n 0.5 dx = 1,39a.$$

Die Entropie ist also durch Expansion angewachsen. Alleine die Einführung der Verteilungsfunktion f erhöht formal die Entropie. Durch den Stoßterm C, für den im Folgenden zwei Darstellungen diskutiert werden, wird im zeitlichen Verlauf die Entropie physikalisch real erhöht, bis sich gegebenenfalls thermodynamisches Gleichgewicht einstellt.

4.2.3   Der Boltzmannsche Stoßterm

Die Schwierigkeit liegt nun darin, den Stoßterm in der kinetischen Gleichung anzugeben. Unter Verwendung der Verteilungsfunktion $\hat{f}$ ist der Ort jedes Teilchens bekannt, sodass die Nahkräfte prinzipiell exakt bestimmt werden können. Die Debye-Abschirmung stellt sich selbstkonsistent ein. Mit der Beschränkung auf die Verteilungsfunktion f weiß man nur noch im Mittel, wie viele Teilchen sich mit welcher Geschwindigkeitsverteilung an einem Ort aufhalten. Die Nahkräfte müssen folglich als Mittelwert separat ermittelt werden.

In einem verdünnten Neutralgas wird es einfach, da der Stoß nur durch die Wechselwirkung zweier Stoßpartner im unmittelbaren Nahbereich bestimmt wird. Die Position weiterer Teilchen spielt keine Rolle. Der Stoßprozess ist durch den Stoßquerschnitt σ, der eine Funktion der Relativgeschwindigkeit der Stoßpartner g und des Ablenkwinkels χ ist, bestimmt (zur Definition von χ und dem Raumwinkel Ω vgl. Abb. 2.1). Da, wie schon diskutiert, der Stoßprozess selbst nicht zeitlich aufgelöst wird, werden durch Stöße in Teilen des Geschwindigkeitsraumes Teilchen instantan verschwinden, um an anderer Stelle mit gleicher Ortskoordinate aber geänderter Geschwindigkeit zu erscheinen (siehe Abb. 4.4). Der Stoßterm kann deshalb auch nicht als Divergenz eines Flusses beschrieben werden und die Strömung ist bei dieser Beschreibung weder inkompressibel noch quellenfrei. Der sich ergebende "Boltzmannsche Stoßterm" lautet ($d\sigma/d\Omega$: differentieller Wirkungsquerschnitt, $g = |\vec{w} - \vec{\tilde{w}}|$; $\int \ldots d\vec{w}$ bedeutet das 3-dimensionale Integral über den Geschwindigkeitsraum (w_x, w_y, w_z)):

$$C_B[f(\vec{w})] = \int\int g \frac{d\sigma}{d\Omega}(g, \chi) \left[f(\vec{w}')f(\vec{\tilde{w}}') - f(\vec{w})f(\vec{\tilde{w}}) \right] d\Omega d\vec{\tilde{w}}.$$

Ein Teilchen mit der Geschwindigkeit $\vec{w}$ stößt mit einem Partner der Geschwindigkeit $\vec{\tilde{w}}$, wobei $\vec{w}$ in $\vec{w}'$ und $\vec{\tilde{w}}$ in $\vec{\tilde{w}}'$ übergeht. Die Häufigkeit für diesen Stoß ist proportional der Relativgeschwindigkeit g, dem differentiellen Stoßquerschnitt $d\sigma/d\Omega$ und dem Produkt der Verteilungsfunktionen $f(\vec{w})f(\vec{\bar{w}})$. Integriert über alle Stoßpartner mit verschiedenen $\vec{\bar{w}}$ ergibt dies die Verminderung von $f(\vec{w})$ pro Zeit. Der positive Term $f(\vec{w}')f(\vec{\bar{w}}')$ kommt durch die Rückstreuung zustande, wobei $\vec{w}'$ und $\vec{\bar{w}}'$ Funktionen von $\vec{w}, \vec{\bar{w}}$ und χ sind. Schließlich muss über alle die Raumwinkel Ω integriert werden, die zu gleichen Geschwindigkeiten gehören. Der Boltzmannsche Stoßterm führt, wie schon diskutiert wurde, im Allgemeinen zu einer Erhöhung der Entropie. Nur im thermodynamischen Gleichgewicht wird er null.

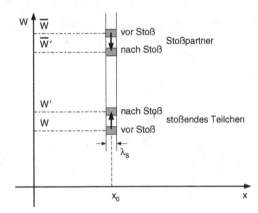

Abb. 4.4 Zur Erläuterung des Boltzmannschen Stoßterms: Stöße im Phasenraum ändern instantan die Geschwindigkeit beider Stoßpartner, jedoch nicht den Ort.

4.2.4 Der Einfluss der Nahverteilung

Die einfache Beschreibung des Stoßprozesses durch einen Stoßquerschnitt, der durch atomare Eigenschaften bestimmt ist, versagt sowohl im dichten Neutralgas als auch bereits im dünnen, d. h. idealen Plasma, da die Position weiterer Teilchen in der Umgebung der beiden Stoßpartner das Potenzial und damit den Stoßquerschnitt modifiziert. Genau dieses wurde für das Plasma in Kapitel 1.3.3 mit der Debye-Abschirmung gezeigt. Um den Stoß beschreiben zu können, braucht man neben der Kenntnis der Verteilungsfunktion $f_1 \equiv f(\vec{r}, \vec{w})$ zusätzlich die Kenntnis der Zweier-Verteilungsfunktion $f_2(\vec{r}_1, \vec{r}_2; \vec{w}_1, \vec{w}_2)$. Diese gibt die Wahrscheinlichkeit an, dass ein Teilchen die Koordinaten $(\vec{r}_1, \vec{w}_1)$ und zugleich ein anderes die Koordinaten $(\vec{r}_2, \vec{w}_2)$ hat.

Die Bedeutung der Funktion f_2 soll an einem vereinfachenden Beispiel erläutert werden (siehe Abb. 4.5). Es wird in einem Modellplasma angenommen, es gäbe nur eine Raumkoordinate x und nur Teilchen gleicher Ladung. Falls die Koordinaten zweier Teilchen x_1 und x_2 sehr verschieden sind, gibt es keine Korrelation. Die Funktion f_2 ist dann das Produkt aus $f_1(x_1)$ und $f_1(x_2)$. Für Abstände kleiner als die Debye-Länge wird jedoch eine Verdünnung auftreten und innerhalb der Länge λ_{min} (siehe 2.1.1) werden sich nur sehr wenige Teilchen aufhalten.

Die Zweier-Verteilungsfunktion hat in der Näherung der Debye-Theorie die Form (siehe Kap. 1.3.3; Φ_D: Debye-Potenzial):

$$f_2(\vec{r}_1, \vec{w}_1; \vec{r}_2, \vec{w}_2) = f_1(\vec{r}_1, \vec{w}_1) f_1(\vec{r}_2, \vec{w}_2) e^{-|e_\pm| \Phi_D(|\vec{r}_1 - \vec{r}_2|)/T}.$$

Wie in Kapitel 2.1 gezeigt, hat die Korrektur wesentlichen Einfluss auf den Stoßprozess. Wie auch bereits diskutiert, ist dieser Ausdruck eine vereinfachende Näherung, da sich die Teilchen bewegen und die "Debye-Wolke" entsprechend deformiert wird. Das heißt, die Korrektur muss im Gegensatz zu dem hier angegebenen Ausdruck auch von der Geschwindigkeit abhängen.

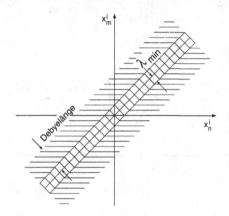

Abb. 4.5 1-dimensionales Modell zur Erläuterung der Zweier-Verteilungsfunktion f_2.

Eine systematische Behandlung führt zu einer weiteren kinetischen Gleichung für die Funktion f_2. Die Wechselwirkungskräfte der Teilchen 1 und 2 $\vec{K}_{1,2}$ bzw. $-\vec{K}_{1,2}$ erscheinen dabei auf der linken Seite dieser Gleichung:

$$\frac{\partial f_2}{\partial t} + \vec{w}_1 \cdot \vec{\nabla}_{r_1} f_2 + \vec{w}_2 \cdot \vec{\nabla}_{r_2} f_2 + \frac{\vec{K}_1}{m_1} \cdot \vec{\nabla}_{w_1} f_2 + \frac{\vec{K}_2}{m_2} \cdot \vec{\nabla}_{w_2} f_2 = C_2,$$

$$\vec{K}_1 = \vec{K}_{f1} + \vec{K}_{1,2} \qquad \vec{K}_2 = K_{f2} - \vec{K}_{1,2}.$$

Der Stoßterm C_2 beschreibt die Wechselwirkung mit weiteren Teilchen und hängt von der Position dritter Teilchen ab, wobei die Dreier-Verteilungsfunktion $f_3(\vec{r}_1, \vec{w}_1; \vec{r}_2, \vec{w}_2; \vec{r}_3, \vec{w}_3)$ durch eine weitere kinetische Gleichung beschrieben werden müsste. Setzt man diesen Prozess fort, landet man bei einer Verteilungsfunktion f_N, die die Verteilung aller N Teilchen beschreibt. Die entsprechende kinetische Gleichung hat keinen Stoßterm mehr, da alle Wechselwirkungskräfte durch die Terme auf der linken Seite erfasst werden. Die Gleichungen insgesamt, die als Hierarchie-Gleichungen bezeichnet werden (siehe z. B. [110]), sind der in Abschnitt 4.2.1 eingeführten Beschreibung durch die Funktion $\hat{f}$ äquivalent.

Zu einer praktischen Lösung des Problems kommt man nur, wenn man den Stoßterm geeignet approximiert. Ein wesentlicher Teil der kinetischen Theorie beschäftigt sich mit solchen Näherungsverfahren[3]. Da sich diese Darstellung hier auf ideale Plasmen beschränkt und da, wie in (Kap. 2.1.3) gezeigt wurde, die Abschirmung nicht sehr genau bestimmt werden muss, reicht es aber im Allgemeinen aus, f_2 durch den oben abgegebenen Ausdruck für die Debye-Abschirmung anzunähern.

4.3 Die Fokker-Planck-Gleichung

4.3.1 Beschreibung durch einen "Stoßfluss"

Der für neutrale Gase abgeleitete Boltzmannsche Stoßterm C_B ist für Plasmen einerseits zu vereinfachend, weil er nicht die Zweier-Korrelation berücksichtigt. Diese kann jedoch, wie diskutiert, als Debye-Abschirmung ad hoc hinzugefügt werden. Andererseits berücksichtigt der Term Nahstöße, die zu großen Geschwindigkeitsänderungen führen. Für Plasmen mit vielen Teilchen im Debye-Volumen spielen diese Stöße aber praktisch keine Rolle (siehe Kap. 2.1.3) und können vernachlässigt werden. Die Kleinwinkelstöße ihrerseits ändern die Geschwindigkeit nur langsam. Entsprechend dieser Vorstellung beschreibt der im Folgenden zu diskutierende "Fokker-Planck-Stoßterm" C_{FP} die Änderung der Verteilungsfunktion als eine quellenfreie "Stoßflussdichte" $\vec{\Gamma}_s = f\vec{w}$ im Geschwindigkeitsraum, die analog zur Teilchenflussdichte im Ortsraum gebildet wird (siehe Abschnitt 4.1.2.). In einer Spiegelmaschine stellt sich z. B. eine Stoßflussdichte in den Verlustkegel ein (siehe dazu Abb. 3.11). Der Stoßterm ist die negative Divergenz dieses Flusses $C_{FP} = -\vec{\nabla}_w \cdot \vec{\Gamma}_s$.

Der Stoßfluss besitzt einen Reibungs- und einen Diffusionsanteil $\vec{\Gamma}_R$ bzw. $\vec{\Gamma}_D$. Diese Aufteilung in zwei Anteile soll am Beispiel eines monoenergetischen, gleichgerichteten und örtlich homogenen Teststrahls (im Folgenden Index t) erläutert werden. Die Stöße der Teilchen des Teststrahls mit Hintergrundteilchen (Index b) führen zu einer Abbremsung der anfänglichen Relativgeschwindigkeit zwischen Teststrahl und Hintergrund, wie bereits ausführlich in Kapitel 2.1 diskutiert[4]. Zusätzlich zu dieser mittleren Abbremsung des Teststrahls haben die einzelnen Teilchen des Teststrahls eine individuelle Geschichte. Je nach Stoßparameter werden sie bei Stößen verschieden stark abgelenkt, sodass

---

[3]Eine Übersicht solcher Verfahren findet sich z. B. in [110].

[4]Wie in Kapitel 2.1 wird angenommen, dass der Einfluss des Magnetfeldes beim Stoß zu vernachlässigen ist, also $r_g \gg \lambda_D$ gilt. Dies bedeutet unter anderem, dass nur die Raumrichtung der Relativgeschwindigkeit $\vec{g}$ ausgezeichnet ist.

die Änderung der Relativgeschwindigkeit und der Aufbau von Geschwindigkeit in andere Raumrichtungen individuell verschieden sind. Der Strahl wird also zusätzlich zur Abbremsung im Geschwindigkeitsraum verbreitert. Den Hintergrund können dabei sowohl Teilchen gleicher Art wie der Teststrahl als auch eine andere Teilchensorte bilden.

Die Testteilchen erfahren durch Stöße im Zeitraum δt Versetzungen im Geschwindigkeitsraum um $\vec{\delta w}=(\delta w_x, \delta w_y, \delta w_z)$. Dabei wird δt so gewählt, dass die vom Testteilchen in δt zurückgelegte Strecke groß gegen λ_D und klein gegen r_g ist. Die Versetzung $\vec{\delta w}$ bei einem zweiten Zeitschritt ist dann unabhängig vom vorangehenden. Nimmt man zunächst einen monoenergetischen Teststrahl in z-Richtung an und setzt $\vec{g}=g\vec{e}_z$, so beschreibt $\langle\delta w_z\rangle\neq 0$ die Reibung, während $\langle\delta w_x\rangle$ und $\langle\delta w_y\rangle$ null sind. Der Diffusionsvorgang wird durch die Größen $\langle\delta w_i \delta w_j\rangle$ $(i,j=x,y,z)$ beschrieben, wie weiter unten genauer ausgeführt wird.

Der Reibungsterm $\vec{\Gamma}_R$ kann durch die in Kapitel 2.1.3 (Gleichung 2.6) abgeleitete Reibungskraft je Testteilchen $\vec{R}_{tb}$ ausgedrückt werden, wobei hier v durch w ersetzt und $\vec{g}/|g|^3$ umgeformt wird:

$$\vec{\Gamma}_R = f\dot{\vec{w}} = f_t\frac{\vec{R}_{tb}}{m_t} \qquad \vec{R}_{tb} = -\frac{c_\Lambda^{tb} n_b}{m_{tb}}\frac{\vec{g}}{|g|^3} = \frac{c_\Lambda^{tb} n_b}{m_{tb}}\vec{\nabla}_{w_t}\frac{1}{g}.$$

Hier ist noch angenommen, dass die Hintergrundteilchen monoenergetisch sind. Bei einer Geschwindigkeitsverteilung $f_b(\vec{w}_b)$ der Hintergrundteilchen ist n_b durch $\int f d\vec{w}_b$ zu ersetzen [5]:

$$\vec{R}_{tb} = \frac{c_\Lambda^{tb}}{m_{tb}}\vec{\nabla}_{w_t}\int_{-\infty}^{\infty}\frac{f_b(\vec{w}_b)}{|\vec{w}_b - \vec{w}_t|}d\vec{w}_b \qquad (4.4)$$

Analog zum Gravitationspotenzial kann man ein Potenzial Φ_b einführen, das von der Verteilungsfunktion f_b der Hintergrundteilchen abhängt [194] und die Reibungskraft in den dazugehörigen Fluss im Geschwindigkeitsraum umrechnen:

$$\Phi_b(\vec{w}_t) \equiv -\int_{-\infty}^{\infty}\frac{f_b(\vec{w}_b)}{|\vec{w}_t - \vec{w}_b|}d\vec{w}_b \qquad \vec{\Gamma}_R = f_t\frac{\vec{R}_{tb}}{m_t} = -\frac{f_t}{m_t}\frac{c_\Lambda^{tb}}{m_{tb}}\vec{\nabla}_{w_t}\Phi_b.$$

Der Diffusionsprozess wird zunächst an einem eindimensionalen Beispiel im Ortsraum diskutiert. Teilchen sollen in gleich großen Zeitintervallen δt Versetzungen δx erfahren. Wenn die Wahrscheinlichkeitsverteilung $P_i(\delta x)$ in jedem Schritt i gleich und insbesondere vom vorangehenden Schritt $i-1$ unabhängig ist, d.h. $P_i(\delta x)=P(\delta x)$ gilt, bezeichnet man diesen Prozess als einen "Random Walk"[6]. Nimmt man an, dass sich ein Teilchen ursprünglich am Ort $x=0$

---

[5]Die Differentation nach w_t kann vor das Integral gezogen werden.
[6]Er wurde zuerst in Zusammenhang mit der Brownschen Bewegung diskutiert [72].

aufhält, so ist die Wahrscheinlichkeit $p_k(x)$, dass es sich nach k Schritten d. h. nach der Zeit $t=k\delta t$ am Ort x befindet:

$$p_1(x) = P(\delta x) \qquad p_2(x) = \int p_1(y)P(y-x)dy$$

$$\vdots$$

$$p_k(x) = \int p_{k-1}(y)P(y-x)dy.$$

Die Varianz $\langle x^2 \rangle_t$ von x zum Zeitpunkt t kann aus der Varianz von δx zum Zeitpunkt δt bestimmt werden, und aus dem zentralen Grenzwertsatz (siehe z. B. [121]) folgt, dass unabhängig von der Form von $p(\delta x)$ die Verteilung $p_k(x)$ für $k \Rightarrow \infty$ gegen eine Gauß-Verteilung konvergiert:

$$\langle x^2 \rangle_t = k\langle \delta x^2 \rangle = \frac{\langle \delta x^2 \rangle}{\delta t}t \qquad p_{k\to\infty}(x) = c\,exp\left(-\frac{x^2\delta t}{2\langle \delta x^2 \rangle t}\right).$$

Beschreibt man N Teilchen durch eine Teilchendichte $n(x,t)$, so kann die zeitliche Entwicklung des Teilchenflusses Γ durch einen Diffusionsansatz beschrieben werden:

$$\frac{\partial n}{\partial t} = -\frac{\partial \Gamma}{\partial x} \qquad \Gamma = -D\frac{\partial n(x)}{\partial x}.$$

Nimmt man an, dass $n(x,0)$ eine δ-Funktion ist, so ist die Gauß-Verteilung eine Lösung:

$$n(x,t) = \frac{N}{\sqrt{4\pi Dt}}e^{-\frac{x^2}{4Dt}}.$$

Identifiziert man $n(x,t)$ mit $Np_{k\to\infty}(x)$, so folgt durch Vergleich mit obigem Ausdruck $D=1/2\langle \delta x^2 \rangle/\delta t$. Analog gilt für eine anisotrope Diffusion im Geschwindigkeitsraum mit nicht konstantem Diffusionskoeffizienten[7]:

$$\vec{\Gamma}_D = -\vec{\nabla}_w \cdot \left(\overset{\Rightarrow}{D} f_t\right) \qquad D_{ij} = \frac{1}{2}\frac{\langle \delta w_i \delta w_j \rangle}{\delta t}.$$

Die etwas längliche Ableitung der Ausdrücke $\langle \delta w_i \delta w_j \rangle$ findet sich in Anhang 4.1. Wählt man für die Relativgeschwindigkeit zwischen monoenergetischen Hintergrund- und Testteilchenstrahlen $\vec{g}=g\vec{e}_z$, dann ist für $i\neq k$ $\langle \delta w_i \delta w_k \rangle=0$ und es

---

[7]Bei nicht konstantem Diffusionskoeffizienten würde ein Ansatz für den Diffusionsterm von der Form eines klassischen Diffusionsgesetzes $\vec{\Gamma}_D=-\overset{\Rightarrow}{D}\cdot\vec{\nabla}_w f_t$ neben einer Verbreiterung auch eine Abbremsung des Teststrahls beschrieben [230]. Da hier die Abbremsung bereits vollständig im Term $\vec{\Gamma}_R$ zusammengefasst ist, muss dieser Anteil von $\vec{\Gamma}_D$ abgezogen werden. Dieses führt gerade zu dem Ausdruck $\vec{\Gamma}_D=\vec{\nabla}_w\cdot\left(\overset{\Rightarrow}{D} f_t\right)$.

gilt $\langle \delta w_z^2 \rangle \ll \langle \delta w_x^2 \rangle = \langle \delta w_y^2 \rangle$. Allgemein kann das Ergebnis wieder durch ein Potenzial ausgedrückt werden:

$$D_{ij} = -\frac{c_\Lambda^{tb}}{2m_t^2} \frac{\partial^2 \Psi_b}{\partial w_{t,i} \partial w_{t,j}} \qquad \Psi_b \equiv -\int |\vec{w}_t - \vec{w}_b| f_b(\vec{w}_b) d\vec{w}_b.$$

Der Diffusionskoeffizient hängt nur über $f_b(w_b)$ von der Masse m_b der Hintergrundteilchen ab, da sich ja bei gleicher Energie die Verteilung mit der Masse ändert.

4.3.2   Die Fokker-Planck-Gleichung

Identifiziert man nun den Teststrahl mit jeweils einem Ausschnitt aus der Verteilungsfunktion f^k, so folgt schließlich die "Fokker-Planck-Gleichung" für die Teilchensorte k, die mit sich selbst und der Teilchensorte ℓ Stöße ausführt:

$$\frac{\partial f_k}{\partial t} + \vec{w} \cdot \vec{\nabla}_r f_k + \frac{\vec{K}_k^f}{m_k} \cdot \vec{\nabla}_w f_k = C_{FP}^k,$$

$$C_{FP}^k = -\vec{\nabla}_w \cdot \underbrace{\left[\vec{\Gamma}_R^k - \vec{\nabla}_w \cdot (\overset{\Rightarrow}{D^k} f_k) \right]}_{=\vec{\Gamma}_s},$$

$$\vec{\Gamma}_R^k = -\frac{f_k}{m_k} \left(c_\Lambda^{kk} \frac{\vec{\nabla}_w \Phi_k}{m_{kk}} + c_\Lambda^{kl} \frac{\vec{\nabla}_w \Phi_\ell}{m_{kl}} \right),$$

$$D_{ij}^k = -\frac{1}{2m_k^2} \left(c_\Lambda^{kk} \frac{\partial^2 \Psi_k}{\partial w_i \partial w_j} + c_\Lambda^{kl} \frac{\partial^2 \Psi_\ell}{\partial w_i \partial w_j} \right) \tag{4.5}$$

$$\Phi_m(\vec{w}) \equiv -\int \frac{f_m(\vec{w}') d\vec{w}'}{|\vec{w} - \vec{w}'|} \qquad \Psi_m(\vec{w}) \equiv -\int |\vec{w} - \vec{w}'| f_m(\vec{w}') d\vec{w}',$$

$$c_\Lambda^{kl} = \frac{e_k^2 e_l^2}{4\pi\varepsilon_0^2} ln\Lambda \qquad m_{kl} = \frac{m_k m_l}{m_k + m_l}.$$

Mit der kinetischen Gleichung und dem für ideale Plasmen geeigneten Fokker-Planck-Stoßterm ist grundsätzlich ein Handwerkszeug gewonnen, um die Folgen von Stößen in einer statistischen Weise behandeln zu können.

Bei nur einer Teilchensorte ist für die Maxwell-Verteilung der Stoßterm null. Dabei bremst die Reibungskraft in Richtung auf die Schwerpunktgeschwindigkeit ab, während der Diffusionsterm dieses gerade durch ein Auseinanderdiffundieren kompensiert.

4.3.3 Teststrahl im thermischen Plasma

Als erste Anwendung der Fokker-Planck-Gleichung wird die Wechselwirkung eines monoenergetischen Teilchenstrahls (Geschwindigkeit w_t, Masse m_t) mit Hintergrundteilchen im thermischen Gleichgewicht (Temperatur T_b, Masse m_b, Dichte n_b) betrachtet. Das Potenzial Φ_b ist Lösung der Poisson-Gleichung, die bei einer kugelsymmetrischen "Ladungsverteilung" $f_b(w)$ einfach zu integrieren ist[8]:

$$\Delta_{w_t}\Phi_b\left(w_t\right) = 4\pi f_b\left(w_t\right),$$

$$\frac{1}{w_t^2}\frac{d}{dw_t}\left(w_t^2\frac{d\Phi_b}{dw_t}\right) = 4\pi f_b\left(w_t\right),$$

$$f_b(w) = \frac{n_b}{\pi^{3/2}v_b^3}exp\left(-\frac{w^2}{v_b^2}\right) \qquad v_b \equiv \sqrt{2T_b/m_b},$$

$$\Phi_b\left(w_t\right) = 4\pi\int_0^{w_t}\frac{1}{w'^2}\left[\int_0^{w'}w^2 f_b\left(w\right)dw\right]dw' + C,$$

$$\Phi_b(w^*) = -\frac{n_b}{v_b}\frac{erf\left(w^*\right)}{w^*} \qquad w^* \equiv w_t/v_b,$$

$$erf(w^*) = \frac{2}{\sqrt{\pi}}\int_0^{w^*}e^{-\xi^2}d\xi.$$

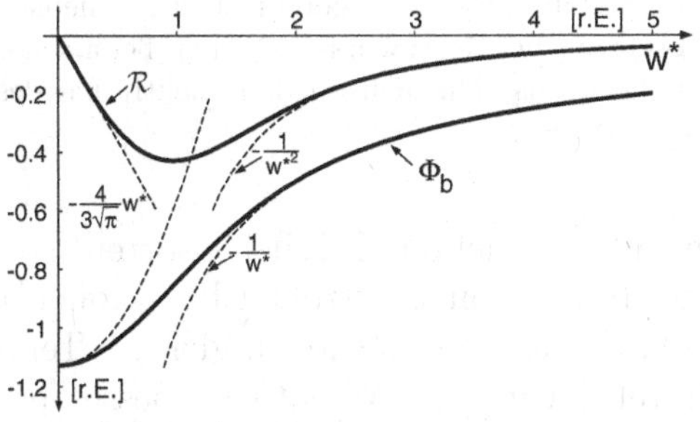

Abb. 4.6 Das Potenzial Φ_b eines monoenergetischen Teststrahls in Wechselwirkung mit einem maxwellverteilten Hintergrund ist für $w^*\ll 1$ proportional zu w^{*2} und geht für $w^*\Rightarrow\infty$ asymptotisch gegen $-1/w^*$. Die normierte Abbremskraft $\mathcal{R}$ ist proportional der Ableitung $d\Phi_b/dw_t$ und hat bei $w^*=0{,}97$ einen Maximalwert von $0{,}43$. Für $w^*\gg 1$ geht sie wie $-1/w^{*2}$ gegen null, solange man relativistische Effekte vernachlässigt.

---

[8]Die Integrationskonstante C wurde so gewählt, dass das Volumenintegral, das Φ definiert (siehe Abschnitt 4.3.2), richtig wiedergegeben wird.

Das Potenzial Φ_b ist in normierter Form in Abbildung 4.6 dargestellt. Mit Hilfe des Ausdruckes (4.4) (siehe Kap. 4.3.1) ergibt sich die Abbremskraft je Testteilchen, die auf das Zentrum gerichtet ist:

$$R_{tb} = -\frac{c_\Lambda^{tb}}{m_{tb}}\frac{d\Phi_b}{dw_t} = -\frac{c_\Lambda^{tb}}{m_{tb}v_b}\frac{d\Phi_b}{dw^*} = -\frac{c_\Lambda^{tb}n_b}{m_{tb}v_b^2}\underbrace{\left[\frac{erf(w^*)}{w^{*2}} - \frac{2e^{-w^{*2}}}{\sqrt{\pi}w^*}\right]}_{\equiv\mathcal{R}(w^*)} \quad (4.6)$$

Die Abbremskraft ist für $w^*\gg 1$ gleich dem Ausdruck in Kapitel 2.1.3, Formel (2.6). Für kleine w^* gilt für die normierte Kraft $\mathcal{R}=4w^*/(3\sqrt{\pi})$ (siehe Abb. 4.6).

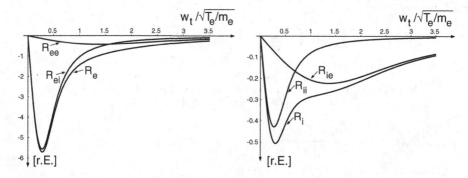

Abb. 4.7 Ein Elektronenstrahl (linke Hälfte; R_{ee}, R_{ei}: Abbremskraft an Elektronen bzw. an Ionen, R_e: Gesamtkraft; $m_i/m_e=25$.) in einem thermischen Plasma mit $T_e=T_i$ wird bei niedriger Geschwindigkeit überwiegend an den Ionen und bei hoher Geschwindigkeit bevorzugt an den Elektronen des Hintergrundplasmas abgebremst. Ein Ionenstrahl (rechte Hälfte; die Kräfte sind analog definiert) wird bei Geschwindigkeiten größer als die thermische Geschwindigkeit der Elektronen nahezu ausschließlich an den Elektronen des Hintergrundplasmas abgebremst.

Besteht der Hintergrund aus mehreren Teilchensorten, so sind die Kräfte zu addieren. Die Reibungskräfte von Elektronen bzw. Ionen als Testteilchen an einem Hintergrund von Elektronen und Ionen gleicher Temperatur sind in der Abbildung 4.7 dargestellt. Um das Wesentliche besser erkennen zu können, wurde ein künstliches Massenverhältnis von $m_i/m_e=25$ gewählt. Die Kurven reproduzieren die qualitative Analyse von Kapitel 2.1.4[9]. Man erkennt z. B., dass Ionen, deren Geschwindigkeit groß gegen die thermische Elektronengeschwindigkeit ist, überwiegend an den Elektronen abgebremst werden.

---

[9]Dabei ist allerdings zu beachten, dass sich die Maxima der Abbremskraft, die durch die Ionen verursacht wird, bei einem realistischen m_i/m_e-Wert stark zu kleinen $w_t/\sqrt{T_e/m_e}$-Werten verschieben.

Analog zu Kapitel 2.1.5 kann man Abbremszeiten für den Impuls angeben. Bei mehreren Sorten von Hintergrundteilchen sind die Kehrwerte zu summieren:

$$\tau_{tb}^p = \frac{m_t w_t}{|R_{tb}|} = -\frac{m_t m_{tb} v_b^3}{c_\Lambda^{tb} n_b} \frac{w^*}{\mathcal{R}(w^*)} \qquad\qquad \frac{1}{\tau_t^p} = \sum_b \frac{1}{\tau_{tb}^p}.$$

Das Potenzial Ψ_b lässt sich wieder durch Integration einer Poisson-Gleichung aus dem Potenzial Φ_b berechnen [194]:

$$\Delta_w \Psi_b = 2\Phi_b \qquad \rightarrow$$

$$\Psi_b(w^*) = -n_b v_b \left[\left(w^* + \frac{1}{2w^*} \right) erf(w^*) + \frac{e^{-w^{*2}}}{\sqrt{\pi}} \right].$$

Mit der Festlegung $\vec{w}_t = w_t \vec{e}_z$ ergeben sich die zweiten Ableitungen zu ($\vec{w}^* = \vec{w}_t / v_b$):

$$\frac{\partial^2 \Psi_b}{\partial w_{t,i} \partial w_{t,j}} = \frac{1}{v_b^2} \frac{\partial^2 \Psi_b}{\partial w_i^* \partial w_j^*} \tag{4.7}$$

$$\frac{\partial^2 \Psi_b}{\partial w_i^* \partial w_j^*} = \frac{\partial}{\partial w_i^*} \left[\frac{w_j^*}{w^*} \Psi_b'(w^*) \right],$$

$$= \delta_{ij} \frac{\Psi_b'(w^*)}{w^*} + \frac{w_i^* w_j^*}{w^{*2}} \left[\Psi_b''(w^*) - \frac{\Psi_b'(w^*)}{w^*} \right],$$

$$\frac{\partial^2 \Psi_b}{\partial w_x^{*2}} = \frac{\partial^2 \Psi_b}{\partial \omega_y^{*2}} = \frac{\Psi_b'(w^*)}{w^*} = -n_b v_b \left[\frac{e^{-w^{*2}}}{\sqrt{\pi} w^{*2}} + \left(\frac{1}{w^*} - \frac{1}{2w^{*3}} \right) erf(w^*) \right],$$

$$\frac{\partial^2 \Psi_b}{\partial w_z^{*2}} = \frac{\partial^2 \Psi_b}{\partial w^{*2}} = \frac{n_b v_b}{w^{*3}} \left[\frac{2w^* e^{-w^{*2}}}{\sqrt{\pi}} - erf(w^*) \right].$$

Man sieht, dass für $w^* \Rightarrow \infty$ der Term $\partial^2 \Psi_b / \partial w_x^{*2}$ proportional zu $1/w^*$ wird, während $\partial^2 \Psi_b / \partial w_z^{*2} \propto 1/w^{*3}$ gilt, sodass letzterer wesentlich schneller gegen null geht. Dies entspricht der Vernachlässigung der Diffusion parallel $\vec{g}$ für die Wechselwirkung zweier monoenergetischer Strahlen (vgl. Anhang 4.1).

Als weitere Anwendung soll die Änderung der Parallelenergie $\delta W_\parallel = \delta W_z$ und der Senkrechtenergie $\delta W_\perp = \delta W_x + \delta W_y$ des Teststrahls unter Benutzung der Ausdrücke (4.5), (4.6) und (4.7) verglichen werden:

$$\delta W_\parallel = w_{t,z} R_{tb} \delta t,$$

$$\delta W_\perp = \frac{m_t}{2} \langle \delta w_{t,\perp}^2 \rangle = 2m_t D_{xx} \delta t = -\frac{c_\Lambda^{tb}}{m_t} \frac{\partial^2 \Psi_b}{\partial w_{t,x}^2} \delta t,$$

$$\gamma = \frac{\delta W_\perp}{\delta W_\parallel} = \frac{m_b}{(m_t + m_b) w_{t,z}} \frac{\partial^2 \psi}{\partial w_{t,x}^2} \left(\frac{\partial \Phi_b}{\partial w_{t,z}} \right)^{-1},$$

$$\gamma = \frac{m_b}{m_b + m_t} \underbrace{\frac{w^* + \sqrt{\pi}(-1/2 + w^{*2})e^{w^{*2}}erf(w^*)}{2w^{*3} - \sqrt{\pi}w^{*2}e^{w^{*2}}erf(w^*)}}_{\equiv f(w^*)}.$$

Für $w^* \gtrsim 2$ ist $f(w^*) \approx -1$, das Verhältnis γ wird also hier nur durch das Massenverhältnis bestimmt. Es gilt insbesondere:

$$m_t \ll m_b: \ \gamma \Rightarrow -1 \qquad\qquad m_t \gg m_b: \ \gamma \Rightarrow 0.$$

Dies bedeutet, dass für relativ große Teststrahlgeschwindigkeiten im Falle $m_t \ll m_b$ der Teststrahl zugleich mit dem Aufbau von Senkrechtenergie abgebremst wird. Dagegen erfolgt für $m_t \gg m_b$ die Abbremsung ohne Aufbau einer Senkrechtgeschwindigkeit.

Zum Abschluss soll noch als Ergebnis einer nummerischen Lösung der Fokker-Planck-Gleichung die Entwicklung eines Teststrahls über einen längeren Zeitraum verfolgt werden. Die linke Spalte der Abbildung 4.8 zeigt die Entwicklung eines Teststrahls aus leichten Teilchen, die mit einem thermischen Hintergrund aus schweren Teilchen wechselwirken. In der mittleren Spalte sind beide Teilchensorten gleich schwer und in der rechten Spalte sind die Testteilchen die schwerere Teilchensorte.

Das bereits aus den zuvor abgeleiteten Ausdrücken erkennbare Verhalten des Teststrahls wird reproduziert. Allerdings ist in der rechten Spalte eine Verbreitung der Geschwindigkeitsverteilung des Teststrahls erkennbar. Dies rührt daher, dass die Geschwindigkeit des Teststrahls nicht groß gegen die thermische Geschwindigkeit der leichteren Hintergrundteilchen ist.

4.3.4 Elektrischer Widerstand und "Run-away"-Effekt

Als weitere Anwendung der Fokker-Planck-Gleichung sollen der elektrische Widerstand eines Plasmas und der so genannte "Runaway-Effekt" abgeleitet werden. Es wird angenommen, dass das Magnetfeld null ist und dass das Plasma räumlich und das elektrische Feld $\vec{E} = E\vec{e}_z$ räumlich und zeitlich konstant sind. Weiterhin wird angenommen, dass die Ionen ruhen, während die Elektronen mit der Dichte n_e näherungsweise durch eine um $\vec{v}_e = v_e(t)\vec{e}_z$ verschobene Maxwell-Verteilung beschrieben werden sollen:

$$f_e[\vec{w}_e, \vec{v}_e(t)] = n_e \left(\frac{m_e}{2\pi T_e}\right)^{3/2} exp\left(-\frac{m_e|\vec{w}_e - \vec{v}_e|^2}{2T_e}\right).$$

Um die Kraftbilanz in z-Richtung aufzustellen wird die Fokker-Planck-Gleichung für die Elektronen mit $w_{e,z}$ multipliziert und über den Geschwindigkeitsraum

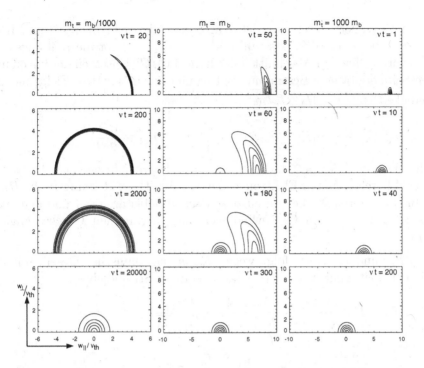

Abb. 4.8 Zeitliche Änderung eines monoenergetischen Teilchenstrahls durch Wechselwirkung mit einem maxwellverteilten Hintergrund. In der linken Spalte sind die Testteilchen leichter ($m_t=m_b/1000$), in der mittleren Spalte gleich schwer und in der rechten Spalte schwerer ($m_t=1000m_b$) als die Hintergrundteilchen $\left(v_{th} \equiv \sqrt{2T_b/m_t}, \nu \equiv c_\Lambda^{tb} n_b/ \left(m_t^2 v_{th}^3 \right) \right)$. Die Rechnung wurde freundlicherweise von Herrn Andreas Bergmann durchgeführt.

integriert. Die Umformung zunächst der linken Seite S_ℓ ergibt:

$$S_\ell = \int w_{e,z} \frac{\partial f_e}{\partial t} d\vec{w}_e - \frac{eE}{m_e} \int w_{e,z} \vec{e}_z \cdot \vec{\nabla}_{w_e} f_e d\vec{w}_e,$$

$$= \frac{\partial}{\partial t} \int w_{e,z} f_e d\vec{w}_e - \frac{eE}{m_e} \left[\int \vec{\nabla}_{w_e} \cdot (w_{e,z} f_e \vec{e}_z) d\vec{w}_e - \int f_e \vec{e}_z \cdot \vec{\nabla}_{w_e} w_{e,z} d\vec{w}_e \right].$$

Das erste Integral in der eckigen Klammer kann mit Hilfe des Gaußschen Satzes in ein Oberflächenintegral umgewandelt werden. Mit der Annahme, dass f_e für $w \Rightarrow \infty$ exponentiell gegen null geht, ist dieses Integral null. Es folgt ($n_e \equiv \int f_e d\vec{w}_e$: Elektronendichte im Ortsraum):

$$S_\ell = n_e \frac{\partial v_{e,z}}{\partial t} + \frac{en_e E}{m_e}.$$

Die analog zur linken Seite umgeformte rechte Seite der Fokker-Planck-Gleichung ist gleich der Reibungskraft zwischen Elektronen und Ionen multipliziert mit n_e und dividiert durch m_e. Betrachtet man die Elektronen als im Mittel ruhend und die Ionen als Teststrahl mit $w_t = -v_{e,z}$, so folgt die Reibungskraft aus dem vorangehenden Abschnitt (Gleichung 4.6). Gleichsetzen der linken und rechten Seite ergibt eine Bestimmungsgleichung für die mittlere Elektronengeschwindigkeit ($w^* = |v_{e,z}|/\sqrt{2T_e/m_e}$):

$$m_e \frac{d|v_{e,z}|}{dt} = e\left[|E| - E_{c1}\mathcal{R}(w^*)\right] \qquad E_{c1} \equiv \frac{c_\Lambda^{ei} n_e}{2eT_e}.$$

E_{c1} wird nach dem Autor [64], als "Dreicer-Feldstärke" bezeichnet. Die durch das E-Feld beschleunigten Elektronen werden durch eine Reibungskraft $|R_{ei}| = eE_{c1}\mathcal{R}(w^*)$ abgebremst, die von einer kritischen Feldstärke E_{c1} und dem Verhältnis w^* der mittleren Geschwindigkeit zur thermischen Geschwindigkeit abhängt.

Für $E \ll E_{c1}$ und $v_e = $const folgt wegen $\mathcal{R} \propto w^*$ ein ohmsches Gesetz mit der elektrischen Leitfähigkeit $\sigma_2 = |j/E|$ ($j = -env_{e,z}$: Stromdichte):

$$|E| = E_{c1} \frac{4}{3\sqrt{\pi}} w^* = \frac{c_\Lambda^{ei} n_e}{2eT_e} \frac{4}{3\sqrt{\pi}} \frac{|v_{e,z}|}{\sqrt{2T_e/m_e}},$$

$$\sigma_2 = \frac{3\pi^{1/2} e^2}{2^{1/2} c_\Lambda^{ei} m_e^{1/2}} T_e^{3/2} = \frac{3\varepsilon_0^2 (2\pi T_e)^{3/2}}{\ln\Lambda e^2 m_e^{1/2} Z^2}.$$

Dieser Wert für die elektrische Leitfähigkeit σ_2 ist genuer als der Wert σ_1 aus Kapitel 2.1.5, da die Abbremskraft über die Maxwell-Verteilung korrekt gemittelt wurde. Dem Wert σ_2 liegt aber noch die Näherung zu Grunde, dass die Maxwell-Verteilung der Elektronen beim Anlegen eines elektrischen Feldes erhalten bleibt. Da die Elektronen mit überthermischer Geschwindigkeit jedoch eine geringere Abbremskraft als die langsameren Elektronen erfahren, wird die Maxwell-Verteilung verzerrt. Dies führt zu einer Erhöhung der Leitfähigkeit gegenüber dem Wert σ_2 (siehe Kap. 5.3.3).

Für elektrische Felder mit $E < 0,43\ E_{c1}$ steigt die Geschwindigkeit $v_{e,z}$ solange an, bis sie stationär wird, während es für Werte des elektrischen Feldes größer als die kritische Feldstärke $0,43\ E_{c1}$ keine stationäre Lösung gibt. Die Elektronen werden unbegrenzt beschleunigt, wobei ihre Reibung mit dem Ionenhintergrund zunehmend geringer wird. Wird ein Plasma, wie in Kapitel 7 diskutiert werden wird, durch ein toroidales Magnetfeld eingeschlossen, so kann dieser so genannte "Runaway-Effekt" eine große Rolle spielen.

Für eine genauere Behandlung muss die Annahme der verschobenen Maxwell-Verteilung aufgegeben werden. Elektronen aus dem Schwanz der Maxwell-Verteilung werden auch für $E < 0,43\ E_{c1}$ beschleunigt und können schnell relativistische Geschwindigkeiten erreichen. Ihre Reibung erfolgt dann überwiegend an den langsamen Elektronen, die dabei vor allem Senkrechtenergie aufnehmen, und die Reibungskraft nähert sich asymptotisch dem Minimalwert R_{min} [57]:

$$R_{min} = eE_{c2} = \frac{e^4 n_e \ell n \Lambda}{4\pi\varepsilon_0^2 m_e c_0^2} \qquad E_{c2} = \frac{2T_e}{m_e c_0^2} E_{c1}.$$

Diese Grenze kommt durch den relativistischen Effekt zustande. Die Elektronengeschwindigkeit muss kleiner als die Lichtgeschwindigkeit c_0 sein. So entstehen bei elektrischen Feldstärken kleiner als die kritische Feldstärke $E_{c2}[V/m]$ $=R_{min}/e$=9,2·10^{-22} n_e[m^{-3}] keine Runaway-Elektronen mehr.

Bei einer genaueren Betrachtung des Runaway-Effektes müssen neben der Abbremsung die Winkelstreuung [57, 83], die Bremsstrahlung und Synchrotronstrahlung, die Diffusion im Phasenraum und die genaue Bahnform der Elektronen untersucht werden [134].

Experimentell können beim magnetischen Einschluss von Plasmen bei Dichten im Bereich von n_e=$10^{19}m^{-3}$ und Umfangspannungen von einigen Volt Ströme von 10^6 Ampere erreicht werden.

Anhang 4.1

Zunächst wird die Wechselwirkung zweier monoenergetischer Teilchenstrahlen angenommen. Ausgangspunkt für die Bestimmung der D_{ij} sind die Gleichungen 2.2 und 2.3 in Kapitel 2.1.2. Die Geschwindigkeiten werden hier mit w bezeichnet, und da Test- und Hintergrundteilchen mit endlicher Masse und Geschwindigkeit angenommen werden, ist v_t durch $m_{tb}g/m_t$ zu ersetzen. Mit $\vec{g}=g\vec{e}_z$ folgt für die x-Komponente der Geschwindigkeitsänderung beim Stoß mit dem Hintergrundteilchen b_i (s_i: Stoßparameter des Teilchens b_i):

$$\delta w_{i,x} = \frac{2m_{tb}g}{m_t} \frac{s_i s_\perp}{s_\perp^2 + s_i^2} cos\varphi.$$

Die Summation über alle Stoßpartner b_i kann analog zur Formel 2.4 in 2.1.2 durch Integration über s und φ ersetzt und im idealen Plasma $\ell n \lambda \gg 1$ angenommen werden (dN_b=$n_b g s ds d\varphi\, dt$):

$$\frac{\langle \delta w_x^2 \rangle}{\delta t} = \frac{d}{\delta t} \sum_{b_i} \delta w_{i,x}^2 = \int_0^{\lambda_D} \delta w_{i,x}^2 \frac{dN_b}{dt}$$

$$= \frac{4\pi m_{tb}^2 n_b g^3 s_\perp^2}{m_t^2} \underbrace{\int_0^{\lambda_D} \frac{s^3}{(s_\perp^2 + s^2)^2} ds}_{=I_1},$$

$$I_1 = \frac{s_\perp^2}{2(s^2 + s_\perp^2)} + \ell n \sqrt{s^2 + s_\perp^2} \Big|_0^{\lambda_D} \approx -\frac{1}{2} + \ell n\Lambda \approx \ell n\Lambda,$$

$$\rightarrow \quad D_{xx} = \frac{1}{2}\frac{\langle \delta\omega_x^2 \rangle}{\delta t} = \frac{2\pi m_{tb}^2 n_b g^3 s_\perp^2 \ell n\Lambda}{m_t^2}.$$

D_{yy} ist gleich D_{xx}, während dagegen die Verbreiterung in z-Richtung wegen $\ell n\Lambda \gg 1$ vernachlässigt werden kann:

$$\frac{\langle \delta w_z^2 \rangle}{\delta t} = \left(\frac{m_{bt}}{m_t}\right)^2 \int \delta w_{t,z} n_b g d\sigma = \frac{8\pi m_{tb}^2 n_b g^3 s_\perp^2}{m_t^2} \underbrace{\int_0^{\lambda_D} \frac{s_\perp^2 s ds}{(s_\perp^2 + s^2)^2}}_{=I_2},$$

$$I_2 = -\frac{s_\perp^2}{2}(s^2 + s_\perp^2)^{-1}\Big|_0^{\lambda_D} = \frac{\lambda_D^2}{2(\lambda_D^2 + s_\perp^2)} \approx \frac{1}{2},$$

$$D_{zz} = \frac{2\pi m_{bt}^2 n_b g^3 s_\perp^2}{m_t^2} \ll D_{xx} \quad \rightarrow \quad D_{zz} \approx 0.$$

Die gemischten Komponenten sind exakt null:

$$D_{xy} \propto \int_0^{2\pi} sin\varphi cos\varphi d\varphi = 0 \qquad D_{xz} = D_{yz} \propto \int_0^{2\pi} sin\varphi d\varphi = 0.$$

Substituiert man $s_\perp$, lässt für $\vec{g}(\vec{w}_t, \vec{w}_b)$ eine beliebige Raumrichtung zu und nimmt für den Hintergrund eine Verteilung f_b an, so lassen sich die Koeffizienten D_{ij} wie folgt darstellen:

$$s_\perp = \frac{c_\Lambda^{tb}}{\ell n\Lambda}\frac{m_t}{g^2 m_{bt}^2},$$

$$D_{ij} = \frac{c_\Lambda^{tb}}{2m_t^2}\int \left(\delta_{ij} - \frac{g_i g_j}{g^2}\right)\frac{1}{g} f_b d\vec{w}_b = \frac{c_\Lambda^{tb}}{2m_t^2}\frac{\partial^2}{\partial w_{t,i}\partial w_{t,j}}\int g f_b(\vec{w}_b)d\vec{w}_b.$$

5 Magnetohydrodynamische Gleichungen

5.1 Die Bildung von Momenten

Obwohl die Beschreibung durch die "geglättete" Verteilungsfunktion f anstelle der Funktion $\hat{f}$ schon eine wesentliche Reduktion der Information darstellt, ist die Beschreibung durch eine Verteilungsfunktion in vielen Fällen noch ein Überangebot von Informationen. So fragt man häufig nur nach der mittleren Geschwindigkeit einer Teilchensorte und nicht nach der genauen Verteilung im Geschwindigkeitsraum. Dies entspricht gerade der Beschreibung durch Flüssigkeitsgleichungen, wie sie in Kapitel 4.1 eingeführt wurde. Zur Ableitung von Flüssigkeitsgleichungen werden Momente der Verteilungsfunktion durch Integration über den Geschwindigkeitsraum gebildet. Das 0. Moment definiert die Dichte und das 1. Moment die mittlere Geschwindigkeit:

$$n(\vec{r}, t) \equiv \int f(\vec{r}, \vec{w}, t) d\vec{w} \qquad \vec{v}(\vec{r}, t) \equiv \frac{1}{n} \int \vec{w} f d\vec{w}.$$

Es ist eine Besonderheit von Plasmen in Magnetfeldern, dass die so definierte Geschwindigkeit $\vec{v}$ nicht der Fortbewegung der individuellen Teilchen entsprechen muss. Die gyrierenden Teilchen können z. B. ruhen und trotzdem kann die mittlere Geschwindigkeit $\vec{v}$ endlich sein (siehe dazu Kap. 6.6.2). Im Folgenden wird für die Mittelwertbildung einer Größe A ein Klammersymbol verwendet:

$$\langle A(\vec{r}, t) \rangle \equiv \frac{1}{n} \int A(\vec{r}, \vec{w}, t) f(\vec{r}, \vec{w}, t) d\vec{w}.$$

Die Definition des 2. Moments wird so gewählt, dass sich die klassisch definierte Temperatur T ergibt (die Boltzmann-Konstante k ist wie bisher 1 gesetzt). Dazu wird insbesondere in das System transformiert, das sich mit der mittleren Geschwindigkeit bewegt. Da sich die Darstellung hier auf ideale Plasmen beschränkt, die potentielle innere Energie also gegen die kinetische Energie vernachlässigt werden kann, entsteht der Druck p durch Multiplikation der

Temperatur mit der Dichte[1].

$$T(\vec{r}, t) \equiv m\left(\langle u_x^2 \rangle + \langle u_y^2 \rangle + \langle u_z^2 \rangle\right)/3 \qquad \vec{u} \equiv \vec{w} - \vec{v} \qquad p \equiv nT.$$

Vor allem durch den Einfluss des Magnetfeldes ist der Druck häufig anisotrop. Deshalb ist es sinnvoll, einen symmetrischen Drucktensor $\overset{\Rightarrow}{P}$ zu definieren. Die Spur ist gerade der dreifache Druck. Subtraktion des Drucks von den Diagonalelementen ergibt den "Spannungstensor" $\overset{\Rightarrow}{\Pi}$:

$$\overset{\Rightarrow}{P} = (p_{k\ell}) \qquad p_{kl} \equiv nm\langle u_k u_\ell \rangle \qquad Spur\ (\overset{\Rightarrow}{P}) = p_{xx} + p_{yy} + p_{zz} = 3p,$$

$$\overset{\Rightarrow}{\Pi} = (\pi_{k\ell}) \qquad \pi_{k\ell} \equiv nm\langle u_k u_\ell \rangle - p\delta_{k\ell}.$$

Im thermodynamischen Gleichgewicht, d. h. wenn f die Maxwell-Verteilung ist, sind die Diagonalelemente gleich dem Druck $p_{xx}=p_{yy}=p_{zz}=p$ und alle Nichtdiagonalterme null. Falls $p_{kk}\neq p_{\ell\ell}$ ist, ist der Druck anisotrop. Der Spannungstensor $\overset{\Rightarrow}{\Pi}$ beschreibt eine Impulsflussdichte, die durch die Abweichung von der Maxwell-Verteilung zustande kommt. Er wird auch dissipativer Drucktensor oder Reibungstensor genannt. Seine Spur ist null, sodass er 5 unabhängige Koeffizienten hat. In der Abbildung 5.1 ist beispielhaft eine Verteilungsfunktion gezeigt, bei der der Spannungstensor endlich ist. Verursacht wird dies durch eine makroskopische Scherströmung.

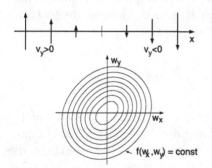

Abb. 5.1 Die hier beispielhaft gezeigte Verteilungsfunktion $f(w_x, w_y)$ für $x = 0$ führt zu einem endlichen Spannungstensor. Sie wird durch eine Scherströmung erzeugt.

Schließlich wird als ein 3. Moment der Wärmefluss durch den Wärmeflussvektor $\vec{q}$ beschrieben:

$$\vec{q} \equiv \frac{nm}{2}\langle \vec{u}u^2 \rangle.$$

Die Abbildung 5.2 zeigt eine Verteilungsfunktion, bei der das 1. Moment, also die Geschwindigkeit null ist, während das 3. Moment ungleich null ist, und

---

[1]Diese Definition des Drucks p stimmt nur für ein ideales Gas oder ein ideales Plasma mit der thermodynamischen Definition p_{th} überein. Die zusätzliche innere Energie durch die Debye-Wechselwirkung (siehe Kap. 1.3.3) führt zu einer Verminderung des thermodynamischen Drucks $p_{th}=nT\left(1 - \left(24\pi n\lambda_D^3\right)^{-1}\right)=nT\left[1 - (18N_D)^{-1}\right]$.

so einen Wärmefluss in x-Richtung erzeugt. Eine solche Verteilungsfunktion entsteht, wenn $\partial T/\partial x < 0$ ist.

Die 13 Momente $n, v_x, v_y, v_z, p_{xx}, p_{yy}, p_{zz}, p_{xy}, p_{xz}, p_{yz}, q_x, q_y, q_z$ beschreiben das Plasma als Flüssigkeit und durch sie lassen sich gerade die Erhaltungsgrößen Masse, Impuls und Energie und die mit diesen Erhaltungsgrößen verbundenen Flüsse ausdrücken. Zur Bestimmung der Flüsse ist allerdings teilweise die Bildung höherer Momente bei vereinfachenden Annahmen notwendig (s. 5.3.2).

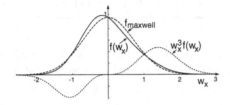

Abb. 5.2 Die Verteilungsfunktion $f(w_x)$ wurde so gewählt, dass das Integral über $w_x^3 f(w_x) > 0$ ist und so ein Wärmefluss in positiver x-Richtung entsteht. Dabei ist die mittlere Geschwindigkeit v gleich null. Zum Vergleich ist die Maxwell-Verteilung gestrichelt eingezeichnet.

5.2 Flüssigkeitsgleichungen als Momentengleichungen

Die Momentengleichungen entstehen, indem man analog zur Bildung der Momente die Boltzmann-Gleichung (siehe Kap. 4.2.2) mit w^0, w^1, w^2, usf. multipliziert und über w integriert. Die Momentengleichung der niedrigsten Ordnung, die Kontinuitätsgleichung, soll hier abgeleitet werden. Dazu wird die Boltzmann-Gleichung über den Geschwindigkeitsraum integriert:

$$\frac{\partial f}{\partial t} + \vec{w} \cdot \vec{\nabla}_r f + \frac{\vec{K}^f}{m} \cdot \vec{\nabla}_w f = C(f),$$

$$\int \frac{\partial f}{\partial t} d\vec{w} + \int \vec{\nabla}_r \cdot (\vec{w} f) d\vec{w} + \int \vec{\nabla}_w \cdot \left(\frac{\vec{K}^f}{m} f \right) d\vec{w} = \int C(f) dw.$$

Die Umformungen sind zulässig, da einerseits $\vec{\nabla}_r \cdot \vec{w} = 0$ ($\vec{r}$ und $\vec{w}$ sind unabhängige Koordinaten) und andererseits $\vec{K}^f$ nur in der Form $\vec{w} \times \vec{B}$ von $\vec{w}$ abhängen kann, also auch $\partial K_k^f/\partial w_k = 0$ ist. Bei den beiden ersten Termen können, da die Integrationsgrenzen fest sind, Integration und Differentation vertauscht werden. Der dritte Term verschwindet. Es ergibt sich die Kontinuitätsgleichung. Dabei beschreibt der Quellterm C_n die Änderung der Dichte durch Ionisation und Rekombination:

$$\frac{\partial n}{\partial t} + \vec{\nabla} \cdot \vec{\Gamma} = C_n \qquad\qquad \vec{\Gamma} = n\vec{v} \qquad\qquad (5.1)$$

Durch Multiplikation der kinetischen Gleichung mit $\vec{w}$ und Integration über $\vec{w}$ entsteht analog die Bewegungsgleichung. Dabei beschreibt $\nabla \cdot \vec{\vec{\Pi}}$ die Viskosität und C_m eine Impulsquelle durch Stöße an einer anderen Teilchensorte oder einer anderen Impulsquelle ($\vec{v}_n$: mittlere Geschwindigkeit der Neutralteilchen vor der Ionisation; Gravitation wird mit Ausnahme von Kap. 6.7 vernachlässigt.):

$$mn\left[\frac{\partial \vec{v}}{\partial t} + \left(\vec{v} \cdot \vec{\nabla}\right)\vec{v}\right] = -\vec{\nabla}p - m\left(\vec{v} - \vec{v}_n\right)C_n,$$

$$\underbrace{-\vec{\nabla} \cdot \vec{\vec{\Pi}} + e_\pm n\left(\vec{E} + \vec{v} \times \vec{B}\right) + \vec{C}_m}_{\equiv \vec{F}}.$$

Mit der Annahme $v_n=0$ und Substitution vom C_n aus (5.1) entsteht eine Erhaltungsgleichung für die Impulsflussdichte, die für manche Anwendungen vorteilhaft ist (siehe z. B. Kap. 11.4.1):

$$m\partial\vec{\Gamma}/\partial t + \vec{\nabla}\left(mnv^2 + p\right) = \vec{F} \tag{5.2}$$

Die dritte Momentengleichung bildet den Energiesatz. C_q beschreibt den Energietransfer von einer anderen Teilchensorte durch Stöße oder einer anderen Energiequelle (f: Zahl der Freiheitsgrade; $T_n = 0$ angenommen):

$$n\left[\frac{f}{2}\left(\frac{\partial T}{\partial t} + \vec{v} \cdot \vec{\nabla}T\right) + T\vec{\nabla} \cdot \vec{v}\right] + \left(\vec{\vec{\Pi}} \cdot \vec{\nabla}\right) \cdot \vec{v} + \vec{\nabla} \cdot \vec{q} =$$

$$C_q - \vec{v} \cdot \vec{C}_m + \left(\frac{m}{2}\left(v^2 - v_n^2\right) - \frac{f}{2}T\right)C_n.$$

Beschreibt die Temperatur die innere Energie wie in Abschnitt 5.1 definiert in allen drei Freiheitsgraden, so ist $f=3$ zu setzen. Es gibt jedoch Situationen, in denen es sinnvoll ist, die Definition der Temperatur auf einen und zwei Freiheitsgrade zu begrenzen und entsprechend $f=1$ bzw. $f=2$ zu setzen.

Bisher wurde in dieser Diskussion nicht nach Teilchensorten unterschieden. Selbst wenn man nur das vollionisierte Plasma beschreibt, müssen Elektronen und Ionen getrennt behandelt werden, indem für beide Teilchensorten je eine Verteilungsfunktion angesetzt wird. Folglich entstehen durch Momentenbildung zwei Sätze von Gleichungen, die durch die Stöße und Felder miteinander verkoppelt sind. Das gesamte System der Momentengleichungen beider Flüssigkeiten und die Maxwell-Gleichungen wird als "Zweiflüssigkeitsbild" bezeichnet. Diese Gleichungen sind, abgesehen von der Einschränkung durch die Einführung der geglätteten Verteilungsfunktion f, rigoros gültig. Das System ist aber nicht abgeschlossen, da die Flüsse $\vec{\vec{\Pi}}$ und $\vec{q}$ und die Stoßterme nicht bestimmt sind. Erst mit der Annahme einer begrenzten Abweichung von der

Maxwell-Verteilung lassen sich diese Größen angeben und das System schließen [91].

Bevor die Gleichungen im nächsten Kapitel zu einem Einflüssigkeitsbild vereinfacht werden, soll ein Zusammenhang für das Elektronengas abgeleitet werden, der häufig angewandt werden kann. Das Gas soll ruhen (v_e=0) und der Zustand stationär sein ($\partial/\partial t$=0). Ohne Magnetfeld oder parallel zu diesem ist bei hoher Temperatur die Wärmeleitung sehr gut (siehe Abschnitt 5.3.3), sodass T_e=$const$ eine gute Näherung ist. Aus der Bewegungsgleichung folgt, dass die Elektronen eine Boltzmann-Verteilung im Potenzial $-e\Phi$ haben:

$$\nabla_\| p_e = -e n_e \vec{E} \quad \rightarrow \quad T_e \nabla_\| n_e = e n_e \nabla_\| \Phi \quad \rightarrow \quad n_e = n_{e,0} e^{e\Phi/T_e}.$$

5.3 Einflüssigkeitsbild

5.3.1 Begrenzung auf langsame Vorgänge

Schon bei maßvoll hohen Dichten werden die zwei Flüssigkeiten der Ionen und Elektronen eng durch das elektrische Feld miteinander verkoppelt und es lässt sich ein "Einflüssigkeitsbild" einführen. Die Gleichungen werden als "Magnetohydrodynamische Gleichungen" oder kurz "MHD-Gleichungen" bezeichnet. Zugleich mit der Einführung des Einflüssigkeitsbildes begrenzt man die Betrachtung auf Vorgänge, die langsam gegen die Lichtgeschwindigkeit ablaufen: $v_c \ll c_0$, wobei v_c=λ_c/τ_c eine charakteristische Geschwindigkeit, λ_c eine charakteristische Länge und τ_c eine charakteristische Zeit sein sollen. Es lässt sich dann zeigen, dass der Verschiebungsstrom $\varepsilon_0 \dot{\vec{E}}$ gegenüber dem materiellen Strom $\vec{j}$ zu vernachlässigen ist. Dazu wird in den Maxwell-Gleichungen der Verschiebungsstrom mit der Rotation des Magnetfelds verglichen. In der folgenden Abschätzung bedeuten das Symbol A_c immer nur die Größenordnung der jeweiligen Größe A:

$$\vec{\nabla} \times \vec{B} = \mu_0 \vec{j} + \varepsilon_0 \mu_0 \dot{\vec{E}},$$

$$\alpha \equiv \left(\frac{\varepsilon_0 \mu_0 \dot{\vec{E}}}{\vec{\nabla} \times \vec{B}} \right)_c = \varepsilon_0 \mu_0 \frac{E_c \lambda_c}{\tau_c B_c}.$$

Wegen $\vec{\nabla} \times \vec{E}$=$-\dot{\vec{B}}$ folgt, dass α klein gegen eins ist:

$$\frac{E_c}{\lambda_c} = \frac{B_c}{\tau_c} \qquad \alpha = \varepsilon_0 \mu_0 \left(\frac{\lambda_c}{\tau_c} \right)^2 = \left(\frac{v_c}{c_0} \right)^2 \ll 1.$$

Also kann der Verschiebungsstrom vernachlässigt werden und es folgt die Quellenfreiheit der Stromdichte. Diese ist kompatibel mit der Annahme der Quasineutralität $Zn_i=n_e$ des Plasmas:

$$\vec{\nabla} \cdot \vec{j} = \vec{\nabla} \cdot (\vec{\nabla} \times \vec{B})/\mu_o = 0,$$

$$\frac{\partial}{\partial t}(Zn_i - n_e) = -\vec{\nabla} \cdot (Zn_i\vec{v}_i - n_e\vec{v}_e) = \vec{\nabla} \cdot \vec{j}/e = 0.$$

Wegen der gemachten Vernachlässigungen beschreiben die so vereinfachten Gleichungen keine hochfrequenten Wellen (siehe Kap. 9.1 und 9.5).

Das Einflüssigkeitsbild wird hier für ein vollionisiertes Plasma angegeben. Weiterhin wird im Folgenden zur Vereinfachung $m_e \ll m_i$ als Näherung berücksichtigt. Zur Einführung des Einflüssigkeitsbildes werden die Schwerpunktsgeschwindigkeit und die Differenzgeschwindigkeit in Form der Stromdichte definiert (m_i, v_i: Masse und Geschwindigkeit der Ionen; m_e, v_e: dasselbe für Elektronen. Der Anteil $\vec{v}e(Zn_i - n_e)$ beim Strom wird vernachlässigt.):

$$\vec{v} \equiv \frac{n_i m_i \vec{v}_i + n_e m_e \vec{v}_e}{n_i m_i + n_e m_e} \approx \vec{v}_i \qquad \vec{j} \equiv en_e(\vec{v}_i - \vec{v}_e).$$

Wie im Zweiflüssigkeitsbild können die folgenden Gleichungen für die zeitliche Entwicklung von Teilchen-, Impuls- und Energiedichte unabhängig davon angegeben werden, inwieweit die Verteilungsfunktion von der Maxwell-Verteilung abweicht.

$$\partial n_i/\partial t + \vec{\nabla} \cdot (n_i\vec{v}) = 0 \qquad n_e = Zn_i \qquad p = p_e + p_i,$$

$$n_i m_i \left[\frac{\partial \vec{v}}{\partial t} + (\vec{v} \cdot \vec{\nabla})\vec{v}\right] = -\vec{\nabla}p + \vec{j} \times \vec{B} - \vec{\nabla} \cdot \left(\overset{\Rightarrow}{\Pi}_i + \overset{\Rightarrow}{\Pi}_e\right) \qquad (5.3)$$

$$\frac{3}{2}\frac{\partial p_e}{\partial t} + \frac{3}{2}\vec{\nabla} \cdot (p_e\vec{v}) + p_e\vec{\nabla} \cdot \vec{v}_e + \left(\overset{\Rightarrow}{\Pi}_e \cdot \vec{\nabla}\right) \cdot \vec{v} + \vec{\nabla} \cdot \vec{q}_e = -C_{ei} + C_j,$$

$$\frac{3}{2}\frac{\partial p_i}{\partial t} + \frac{3}{2}\vec{\nabla} \cdot (p_i\vec{v}) + p_i\vec{\nabla} \cdot \vec{v} + \left(\overset{\Rightarrow}{\Pi}_i \cdot \vec{\nabla}\right) \cdot \vec{v} + \vec{\nabla} \cdot \vec{q}_i = C_{ei},$$

$$\vec{\nabla} \times \vec{B} = \mu_0\vec{j} \qquad \partial\vec{B}/\partial t = -\vec{\nabla} \times \vec{E} \qquad \vec{v}_e = \vec{v} - \vec{j}/(en_e).$$

Da der Energieaustausch zwischen Ionen und Elektronen bei hohen Temperaturen langsam vor sich geht, ist es sinnvoll, zwei Energiegleichungen anzusetzen, die hier unter Zuhilfenahme der Kontinuitätsgleichung in Gleichungen für den Druck umgewandelt sind. Die Zahl der Freiheitsgrade ist $f_e=f_i=3$ gesetzt. C_{ei} beschreibt den Energietransfer von Elektronen zu Ionen und C_j die Heizung durch den Strom. Die Divergenzfreiheit des Magnetfeldes ist wegen der letzten Gleichung garantiert, wenn das Anfangsfeld divergenzfrei angesetzt wird, wobei das elektrische Feld erst zusammen mit den Flüssen $\vec{j}$ und $\vec{q}$ bestimmt wird.

5.3.2   Begrenzung auf stoßbehaftete Plasmen

Wie bereits angemerkt, lässt sich das System der MHD-Gleichungen nur ab-
schließen, wenn die Verteilungsfunktion nur wenig von der Maxwell-Verteilung
abweicht. Deshalb muss $\lambda_{\alpha\beta}$, die freie Weglänge der Ionen bzw. Elektronen,
klein gegen $\lambda_A = |A/\nabla A|$, die Abfalllänge irgendeiner der vorkommenden Größen
sein. Bei Änderungen einer Größe A senkrecht zum Magnetfeld tritt an die
Stelle der freien Weglänge der Gyroradius, falls er kleiner ist. Außerdem muss
das elektrische Feld so klein sein, dass der Energiegewinn durch das elektrische
Feld über eine freie Weglänge klein gegen die thermische Energie ist. Sind diese
Voraussetzungen erfüllt, können die Vektorflüsse $\vec{j}$ und $\vec{q}$ und der Tensorfluss
$\overset{\Rightarrow}{\Pi}$ durch die niedrigeren Momente und ihre Gradienten ausgedrückt werden.

Die Transportkoeffizienten werden aus der Fokker-Planck-Gleichung bestimmt
und durch die niederen 13 Momente ausgedrückt. Während in den MHD-
Gleichungen nur 13 Momente explizit vorkommen, ist es für die Berechnung
der Transportkoeffizienten notwendig, zu einer höheren Näherung zu gehen.
Die folgenden Koeffizienten sind das Ergebnis einer 29-Momenten-Rechnung
[23].

Die Ausdrücke für die Vektorflüsse $\vec{j}, \vec{q_e}$ und $\vec{q_i}$ sind im Folgenden aufgeführt,
während der Zusammenhang zwischen Spannungstensor und dem Geschwin-
digkeitsfeld weiter unten zusammen mit den Viskositätskoeffizienten angege-
ben wird. Der Trägheitsterm $d\vec{j}/dt$ ist vernachlässigt. ($\overset{\Rightarrow}{\sigma}$: Leitfähigkeitstensor,
$\overset{\Rightarrow}{\alpha}$: Tensor der thermoelektrischen Kraft, $\overset{\Rightarrow}{\kappa^i}, \overset{\Rightarrow}{\kappa^e}$: Tensor der Ionenwärmeleitung
bzw. Elektronenwärmeleitung).

$$\vec{j} = \overset{\Rightarrow}{\sigma} \cdot \overset{*}{\vec{E}} - \overset{\Rightarrow}{\alpha} \cdot \vec{\nabla} T_e \qquad\qquad \overset{*}{\vec{E}} \equiv \vec{E} + \vec{v} \times \vec{B} + \frac{\vec{\nabla} p_e}{e n_e} \qquad (5.4)$$

$$\vec{q_e} = T_e \overset{\Rightarrow}{\alpha} \cdot \overset{*}{\vec{E}} - \overset{\Rightarrow}{\kappa^e} \cdot \vec{\nabla} T_e \qquad\qquad \vec{q_i} = - \overset{\Rightarrow}{\kappa^i} \cdot \vec{\nabla} T_i \qquad (5.5)$$

Im Ausdruck $\overset{*}{\vec{E}}$ transformiert $\vec{v} \times \vec{B}$ das elektrische Feld in das mit $\vec{v}$ bewegte
System und der Term proportional zu ∇p_e beschreibt das Feld, das Elekt-
ronen und Ionen zusammenhält und keinen Strom treibt. Die Divergenz des
elektrischen Feldes und damit die Ladungsdichte sind im Allgemeinen nicht
null. Diese Korrektur in höherer Ordnung zu der Aussage $\vec{\nabla} \cdot \vec{j} = 0$ geht jedoch nicht in das Gleichungssystem ein. Die damit verbundene elektrostatische
Energie ist klein.

In den Ausdrücken für $\vec{j}$ und $\vec{q_e}$ erkennt man die Onsager-Relation, die Wärmefluss und Strom miteinander verkoppelt. Der Term proportional $\overset{\Rightarrow}{\alpha}$ im Ausdruck
für die Elektronenwärmeleitung ist der Peltier-Effekt, während der entspre-
chende Term im Ausdruck für den Strom den Seebeck-Effekt beschreibt.

Die Transportkoeffizienten werden in den folgenden Abschnitten für $Z=1$ und ein stark magnetisiertes Plasma, definiert durch $\omega_{g\alpha}\tau_{\alpha i}\gg 1$ angegeben ($\omega_{g\alpha}$: Gyrofrequenz der Ionen bzw. Elektronen). Dies ist für heiße Plasmen eine gute Näherung. So ist für $T=1keV$, $n=10^{20}m^{-3}$ und $B=3T$ $\omega_{ge}\tau_{ei}=3{,}8\cdot10^6$ und $\omega_{gi}\tau_{ii}=7{,}6\cdot10^4$. In die Ausdrücke gehen die Elektron-Ion-Stoßzeit τ_{ei} und die Ion-Ion-Stoßzeit τ_{ii} ein. Die Elektron-Ion-Stoßzeit τ_{ei} ist bis auf einen kleinen Faktor gleich der Impulsabbremszeit $\tau_{ei,1}^p$ der Elektronen, wie sie in Kapitel 2.1.5 abgeleitet wurde. Der Unterschied entsteht durch die hier korrekte Mittelung über die Maxwell-Verteilung ($\ell n\Lambda, \ell n\Lambda^{q,e}$ siehe Abschnitt 2.1.3):

$$\tau_{ei} = \frac{3\pi^{1/2}m_e^{1/2}}{2^{1/2}c_\Lambda^{ei}n_i} T_e^{3/2} = \sqrt{\frac{\pi}{6}}\tau_{ei,1}^p \qquad \tau_{ii} = \frac{3\pi^{1/2}m_i^{1/2}}{2^{1/2}c_\Lambda^{ii}n_i}T_i^{3/2},$$

$$c_\Lambda^{ei} = \frac{e^4Z^2\ell n\Lambda^{q,e}}{4\pi\varepsilon_0^2} \qquad c_\Lambda^{ii} = \frac{e^4Z^4\ell n\Lambda}{4\pi\varepsilon_0^2}.$$

5.3.3   Elektrische Leitfähigkeit und Thermokraft

Die Tensoren $\overset{\Rightarrow}{\sigma}$, $\overset{\Rightarrow}{\alpha}$, $\overset{\Rightarrow}{\kappa}_e$ und $\overset{\Rightarrow}{\kappa}_i$ haben, falls man $\vec{B}=B\vec{e}_z$ wählt, stets dieselbe Form, wie hier für den σ-Tensor angegeben. Es gibt also jeweils 3 voneinander unabhängige Koeffizienten. Alle Λ-Terme hängen nicht von der Stoßfrequenz ab und erhöhen nicht die Entropie. Sie führen zu Flüssen senkrecht zur treibenden Kraft und zum Magnetfeld.

$$\overset{\Rightarrow}{\sigma}= \begin{pmatrix} \sigma_\perp(B) & -\sigma_\Lambda(B) & 0 \\ \sigma_\Lambda(B) & \sigma_\perp(B) & 0 \\ 0 & 0 & \sigma_\| \end{pmatrix}.$$

Die Komponenten des Leitfähigkeitstensors sind:

$$\sigma_\| = 1{,}95\frac{e^2n_e}{m_e}\tau_{ei} = 1{,}95\frac{3\pi^{1/2}e^2}{2^{1/2}c_\Lambda m_e^{1/2}}T_e^{3/2} \propto m_e^{-1/2}T_e^{3/2},$$

$$\sigma_\perp = (\omega_{ge}\tau_{ei})^{-2}\frac{e^2n_e}{m_e}\tau_{ei} = \frac{2^{1/2}e^2c_\Lambda n_e^2}{3\pi^{1/2}m_e^{3/2}\omega_{ge}^2 T_e^{3/2}} \propto m_e^{1/2}T_e^{-3/2}B^{-2}n_e^2,$$

$$\sigma_\Lambda = \frac{en_e}{B} \propto B^{-1}n_e.$$

Die Parallelleitfähigkeit $\sigma_\|$ ist um den Faktor 1,95 größer als der in Kapitel 4.3.4 abgeleitete Wert, da die überthermischen Elektronen eine geringere Reibung haben. Deshalb bleibt die Maxwell-Verteilung nicht erhalten und die überthermischen Elektronen tragen überproportional zum Strom bei. Während die Parallelleitfähigkeit $\sigma_\|$ mit der Temperatur wächst, nimmt $\sigma_\perp$ mit wachsender Temperatur ab.

Die Koeffizienten des thermoelektrischen Tensors $\overset{\Rightarrow}{\alpha}$ sind:

$$\alpha_{\parallel} = -0,89\sqrt{5/2}\frac{en_e}{m_e}\tau_{ei} = -1,40\,\frac{3\pi^{1/2}e}{2^{1/2}c_{\Lambda}m_e^{1/2}}T_e^{3/2},$$

$$\alpha_{\perp} = 3/2\,(\omega_{ge}\tau_{ei})^{-2}\frac{en_e}{m_e}\tau_{ei} \qquad \alpha_{\Lambda} = 0.$$

Löst man die in Abschnitt 5.3.2 angegebene Gleichung für die Stromdichte durch Division mit $\overset{\Rightarrow}{\sigma}$ unter Berücksichtigung von $\omega_g\tau \gg 1$ nach dem elektrischen Feld $\vec{E}$ auf, ergibt sich die konventionelle Schreibweise des Ohmschen Gesetzes:

$$\vec{E} = \overset{\Rightarrow}{\eta}\cdot\vec{j} + \frac{1}{en_e}\vec{j}\times\vec{B} + \overset{\Rightarrow}{\alpha^{\star}}\cdot\vec{\nabla}T_e \tag{5.6}$$

$$\overset{\Rightarrow}{\eta} = \begin{pmatrix} \eta_{\perp} & 0 & 0 \\ 0 & \eta_{\perp} & 0 \\ 0 & 0 & \eta_{\parallel} \end{pmatrix}, \quad \overset{\Rightarrow}{\alpha^{\star}} = \begin{pmatrix} \approx 0 & 3\eta_{\perp}n_e/(2B) & 0 \\ -3\eta_{\perp}n_e/(2B) & \approx 0 & 0 \\ 0 & 0 & -0,72/e \end{pmatrix},$$

$$\eta_{\parallel} = \frac{1}{\sigma_{\parallel}} \qquad \eta_{\perp} = 1,95\eta_{\parallel} = \frac{m_e}{e^2 n_e \tau_{ei}}.$$

Die Tensoren $\overset{\Rightarrow}{\eta}$ und $\overset{\Rightarrow}{\alpha^{\star}}$ haben nicht mehr die kanonische Form wie $\overset{\Rightarrow}{\sigma}$. So ist z. B. $\alpha^{\star}_{zz}$ unabhängig von der Stoßfrequenz. Außerdem ist zu beachten, dass die Verhältnisse der parallelen zur senkrechten Leitfähigkeit und des senkrechten zum parallelen Widerstand verschieden sind. Dies ist eine Folge der unterschiedlichen Definition von σ und η und insbesondere der Abspaltung des Hallterms $\vec{j}\times\vec{B}/(en)$. Obwohl der Hallterm in heißen Plasmen gegenüber dem Widerstandsterm ηj relativ groß ist[2], darf Letzterer nicht vernachlässigt werden. Der Hallterm kann sinnvoll nur gemeinsam mit der Bewegungsgleichung diskutiert werden, wie dies in den Kapiteln 5.4.2 und 6.6.1 geschieht.

Während in neutralen Gasen die Thermokraft erst in höherer Ordnung als Korrektur auftritt, spielt sie in Plasmen eine große Rolle. Dies ist eine Folge der starken Abhängigkeit der Stoßzeit von der Temperatur.

Im Folgenden wird die Thermokraft qualitativ erläutert [41]. Es wird ein Plasma angenommen, das in z-Richtung einen Temperaturgradienten hat. Der Strom sei null. Zur Ableitung der Thermokraft werden die Reibungskräfte pro Volumen R_{ei} ausgerechnet, die die Elektronen auf die Ionen in einer Plasmascheibe bei $z = 0$ ausüben (siehe Abb. 5.3).

---

2 $\frac{(E_{Ohm})_c}{(E_{Hall})_c} = \frac{\eta_{\perp}en_e}{B} \approx 2\cdot10^{-2}\,\frac{n_e[10^{20}]}{T[eV]^{3/2}B[T]}$

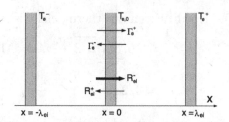

Abb. 5.3 Abbildung zur Erläuterung der
Thermokraft.

Die Scheibe wird bei $z=0$ in positiver und negativer z-Richtung von Elektronen mit Teilchenflüssen $\Gamma_e^+ \approx -n_e^+ v_{e,th}^+$ bzw. $\Gamma_e^- \approx n_e^- v_{e,th}^-$ durchströmt ($v_{e,th}^\pm$: thermische Geschwindigkeit der Elektronen). Die Beträge der Flüsse sind wegen $j=0$ gleich. Die Flüsse Γ_e^+ und Γ_e^- erzeugen an den Ionen eine Reibungskräftedichte R_{ei}^+ bzw. R_{ei}^-. Diese Reibungskräfte sind verschieden, da der Fluss von der heißeren Seite stoßfreier ist. Die Differenzkraft $R_{ei}^- $-$R_{ei}^+$ muss durch das thermoelektrische $E_{th,z} = -(0,72/e) \cdot \partial T_e/\partial z$ kompensiert werden, damit kein Strom fließt.

Obwohl die Thermokraft durch Stöße entsteht, ist sie parallel zum Magnetfeld unabhängig von der Stoßfrequenz. Einerseits erniedrigt eine höhere Temperatur die Stoßfrequenz, andererseits aber stammen durch die größere freie Weglänge die Elektronen aus Gebieten einer größeren Temperaturdifferenz.

5.3.4 Wärmeleitung und die Quellterme der Energie

Die Koeffizienten der Elektronen- und Ionenwärmeleitung sind im Folgenden aufgeführt. Dabei wird beim Vergleich zwischen Ionen- und Elektronen-Koeffizienten $T_i=T_e$ gesetzt (weiterhin $Z=1$):

$$\kappa_\parallel^i = 5,53 \frac{3\pi^{1/2}}{2^{1/2} c_\lambda^{ie} m_i^{1/2}} T_i^{5/2} \qquad \kappa_\parallel^e = 0,749 \sqrt{\frac{m_i}{m_e}} \left(\frac{T_e}{T_i}\right)^{5/2} \kappa_\parallel^i,$$

$$\kappa_\perp^i = \frac{2 c_\lambda^{ii} m_i^{1/2} n_i^2}{3\sqrt{\pi} e^2 B^2 T_i^{1/2}} \qquad \kappa_\perp^e = 3,3 \sqrt{\frac{m_e T_i}{m_i T_e}} \kappa_\perp^i.$$

Wegen $m_i \gg m_e$ ist die Ionenwärmeleitung parallel zum Magnetfeld gegenüber der Elektronenwärmeleitung praktisch zu vernachlässigen, während umgekehrt senkrecht zum Magnetfeld die Elektronenwärmeleitung zu vernachlässigen ist. Die $\wedge$-Terme für Ionen und Elektronen sind bei $T_e = T_i$ dem Betrag nach gleich:

$$\kappa_\wedge^{i,e} = \frac{5 n_{i,e} T_{i,e}}{2 e_\pm B}.$$

Der Wärmefluss wird durch $\vec{q}_e = -\overset{\leftrightarrow}{\kappa}_e \cdot \vec{\nabla} T_e$ beschrieben, solange $\vec{E}=0$ ist. In diesem Fall treibt der Gradient der Temperatur zugleich einen elektrischen

Strom $\vec{j}=-\overset{\Rightarrow}{\alpha}\cdot\nabla T_e$. Wird z. B. durch eine Randbedingung erzwungen, dass der Strom null ist, entsteht ein elektrisches Feld, das seinerseits den Wärmefluss vermindert. Durch Substitution von $\hat{E}$ aus der Stromgleichung (5.4) in der Gleichung für den Wärmefluss (5.5) folgt für die Komponente parallel zu $\vec{B}$ eine reduzierte Wärmeleitung:

$$q_{e\parallel}^{j=0} = \left(T_e\alpha_\parallel^2/\sigma_\parallel - \kappa_\parallel^e\right)\nabla_\parallel T_e = -0,76\kappa_\parallel^e\nabla_\parallel T_e.$$

Der Wärmefluss $\vec{q}_e$ wird von Elektronen getragen, deren Energie im Mittel etwa gleich dem 7-fachen der mittleren Energie pro Freiheitsgrad ist. Wegen der daher 45-fach größeren freien Weglänge dieser Elektronen wird die Gültigkeit des oben angegebenen Koeffizienten $\kappa_\parallel^e$ eventuell bereits verletzt, wenn die Gradientenlänge kleiner als die mittlere freie Weglänge ist[3].

Falls Elektronen- und Ionentemperatur verschieden sind, wird der Energieübertrag zwischen beiden Spezies durch C_{ei} beschrieben:

$$C_{ei} = \frac{3n_e(T_e - T_i)m_e}{\tau_{ei}m_i}.$$

Mit $n_e=n_i=const$, $v_e=v_i=0$, $q_e=q_i=0$ und $j=0$ folgt durch Einsetzen von C_{ei} in die Energiegleichungen (Kap. 5.3.1), dass sich T_e und T_i mit der Zeitkonstante $\tau_{ei}m_i/(4m_e)$ einander annähern, falls keine weitere separate Aufheizung erfolgt.

In die durch den Strom verursachte Heizung der Elektronen geht der Wärmestrom über das thermoelektrische Feld ein [54]:

$$C_j = \eta_\perp\vec{j} : \left(\vec{j} + \frac{3}{5}\frac{e}{T_e}\vec{q}_e\right).$$

5.3.5 Spannungstensor und Viskosität

Die Komponenten des Spannungstensors lassen sich als Linearkombination der räumlichen Ableitung der Geschwindigkeiten und, im Falle des stark magnetisierten Plasmas, durch 3 Viskositätskoeffizienten $\zeta_\parallel$, $\zeta_\perp$ und $\zeta_\wedge$ darstellen:

$$\pi_{xx} = -\left(\frac{1}{2}\zeta_\parallel + \frac{1}{8}\zeta_\perp\right)\nu_{xx} - \left(\frac{1}{2}\zeta_\parallel - \frac{1}{8}\zeta_\perp\right)\nu_{yy} + \frac{\zeta_\wedge}{2}\nu_{xy},$$

$$\pi_{yy} = -\left(\frac{1}{2}\zeta_\parallel - \frac{1}{8}\zeta_\perp\right)\nu_{xx} - \left(\frac{1}{2}\zeta_\parallel + \frac{1}{8}\zeta_\perp\right)\nu_{yy} - \frac{\zeta_\wedge}{2}\nu_{xy},$$

$$\pi_{xy} = \frac{-\zeta_\wedge}{4}\nu_{xx} + \frac{\zeta_\wedge}{4}\nu_{yy} - \frac{\zeta_\perp}{4}\nu_{xy} \qquad \pi_{xz} = -\zeta_\perp\nu_{xz} + \zeta_\wedge\nu_{yz},$$

---

[3]Für den Übergangsbereich nicht zu großer freier Weglänge findet sich eine Näherungsformel in [154].

$$\pi_{yz} = -\zeta_\wedge \nu_{xz} - \zeta_\perp \nu_{yz} \qquad \pi_{zz} = -\zeta_\| \nu_{zz},$$

$$\nu_{rs} \equiv \sum_{p,q} \left(\delta_{rp}\delta_{sq} + \delta_{rq}\delta_{sp} - \frac{2}{3}\delta_{rs}\delta_{pq} \right) \frac{\partial v_q}{\partial x_p}.$$

Die Komponenten der Ionenviskosität sind:

$$\zeta_\|^i = 1,36 \, nT_i\tau_{ii} \propto m_i^{1/2}T_i^{5/2},$$

$$\zeta_\perp^i = \frac{3\sqrt{2}}{5(\omega_{gi}\tau_{ii})^2}nT_i\tau_{ii} \propto m_i^{3/2}T_i^{-1/2}B^{-2}n^2,$$

$$\zeta_\wedge^i = -\frac{nT_i}{\omega_{gi}} \propto -m_iT_iB^{-1}n.$$

Während die Parallelviskosität $\zeta_\|$, wie zu erwarten ist, mit wachsender Temperatur steigt, geht die Senkrechtviskosität $\zeta_\perp$ zurück. Die Elektronenviskosität kann im Allgemeinen sowohl parallel als auch senkrecht zum Magnetfeld gegen die Ionenviskosität vernachlässigt werden.

Die Komponenten des Spannungstensors sollen im Folgenden für zwei Sonderfälle angegeben werden. Zunächst wird angenommen, dass alle räumlichen Ableitungen bis auf $\partial v_z/\partial z$ null sind. Dies entspricht z. B. der Situation, dass ein Plasma parallel zum Magnetfeld aus einer Düse ausströmt. Es gilt dann:

$$\overset{\Rightarrow}{\nu} = \frac{2}{3} \begin{pmatrix} -1 & 0 & 0 \\ 0 & -1 & 0 \\ 0 & 0 & 2 \end{pmatrix} \frac{\partial v_z}{\partial z} \qquad \overset{\Rightarrow}{\Pi} = \frac{2}{3} \begin{pmatrix} \zeta_\| & 0 & 0 \\ 0 & \zeta_\| & 0 \\ 0 & 0 & -2\zeta_\| \end{pmatrix} \frac{\partial v_z}{\partial z}.$$

Der Druck wird in diesem Fall anisotrop, da die Druckkomponente parallel zur Richtung der Beschleunigung abgebaut wird. Es sei angemerkt, dass in der hier behandelten Näherung kein Abbau der Anisotropie durch Stöße stattfindet. Dies ist konsistent, da wegen der großen Gradientenlängen die Anisotropie klein ist.

Während im vorangehenden Fall das Magnetfeld keine Rolle spielt, ist dies im folgenden Beispiel anders. Es sollen jetzt alle Ableitungen der Geschwindigkeit bis auf $\partial v_x/\partial y \neq 0$ null sein. Es folgt dann:

$$\overset{\Rightarrow}{\nu} = \begin{pmatrix} 0 & 1 & 0 \\ 1 & 0 & 0 \\ 0 & 0 & 0 \end{pmatrix} \frac{\partial v_x}{\partial y} \qquad \overset{\Rightarrow}{\Pi} = \frac{1}{4} \begin{pmatrix} 2\zeta_\wedge & -\zeta_\perp & 0 \\ -\zeta_\perp & -2\zeta_\wedge & 0 \\ 0 & 0 & 0 \end{pmatrix} \frac{\partial v_x}{\partial y}.$$

Im Spannungstensor überwiegen im stark magnetisierten Plasma die $\zeta_\wedge$- über die $\zeta_\perp$-Terme. Die entstehende Anisotropie führt dazu, dass die x-Bewegung mit der y-Bewegung verkoppelt wird. Dieser Effekt wird als Gyroviskosität bezeichnet[4]

5.3.6 Magnetfeldfreies Plasma, Ingenieurformeln

Die Transportkoeffizienten für ein magnetfeldfreies Plasma lassen sich aus den Ausdrücken für stark magnetisiertes Plasma nicht durch einen Übergang $B \Rightarrow 0$ in die Ausdrücke für ein magnetfeldfreies Plasma umformen, da die obigen Koeffizienten für $\omega_g \tau \gg 1$ nur den asymptotischen Grenzwert angeben. Die Flüsse $\vec{j}, \vec{q_e}$ und $\overset{\Rightarrow}{\Pi}$ sind für $B=0$ mit den oben angegebenen $\|$-Werten zu bilden und die Bewegungsgleichung kann, falls $\zeta_\|$ konstant ist, in eine andere Form gebracht werden:

$$\vec{j} = \sigma_\| \hat{E} - \alpha_\| \nabla T_e \qquad \vec{q_e} = T_e \alpha_\| \hat{E} - \kappa_\|^e \nabla T_e \qquad \overset{\Rightarrow}{\Pi} = -\zeta_\| \overset{\Rightarrow}{\nu},$$

$$n_i m_i d\vec{v}/dt = -\nabla p + \zeta_\| \Delta \vec{v} + \zeta_1 \nabla (\nabla \cdot \vec{v}).$$

In idealen Plasmen und Gasen ist $\zeta_1 = \zeta_\|/3$. In nicht idealen Plasmen und Gasen wird $\zeta_1 = \zeta_\|/3 + \zeta^*$ durch die endliche Reichweite von ausgedehnten Molekülen oder Clustern vergrößert. Diese bei Kompression zusätzlich auftretende Kraft trägt nicht zum Druck bei. In nicht kompressiblen Flüssigkeiten mit $\nabla \cdot \vec{v} = 0$ entsteht die "Navier-Stokes-Gleichung".

Abschließend sind die wichtigen Transportkoeffizienten als Ingenieurformeln jetzt wieder für ein stark magnetisiertes Plasma zusammengestellt ($m_i = m_{proton}$; Temperaturen in eV, sonst SI; $\vec{B} = B\vec{e}_z$):

$$\tau_{ei} = 3,44 \cdot 10^{11} \frac{T_e^{3/2}}{n_e \ell n \Lambda^{q,e}},$$

$$\eta_\| = \frac{\ell n \Lambda^{q,e}}{1,89 \cdot 10^4 T_e^{3/2}} \qquad \eta_\perp = 1,95 \eta_\|,$$

$$\alpha_{zz}^\star = -0,718 \qquad \alpha_{yx}^\star = 2,48 \cdot 10^{-23} \frac{n_e \ell n \Lambda^{q,e}}{B \, T_e^{3/2}},$$

$$\kappa_\|^e = 4,02 \cdot 10^4 \frac{T_e^{5/2}}{\ell n \Lambda^{q,e}} \qquad \kappa_\perp^i = 1,6 \cdot 10^{-40} \frac{n_i^2 \ell n \Lambda}{B^2 T_i^{1/2}},$$

$$\kappa_\wedge^e = \kappa_\wedge^i = -5 n_{i,e} T_{i,e}/(2B) \qquad \zeta_\wedge^i = -1,67 \cdot 10^{-27} n_i T_i/B,$$

---

[4]Plasmagleichgewichte, die mit den idealen MHD-Gleichungen (s. Abschnitt 5.4) beschrieben, instabil sind (s. Kap. 10) können stabil sein, wenn der Gyroradius bezogen auf die Plasmadimensionen ausreichend groß ist [191]. Eine experimentelle Beobachtung dieser Stabilisierung findet sich in Abb. 6.4.

$$\zeta_\parallel^i = 3,21 \cdot 10^{-6} T_i^{5/2} / \ell n \Lambda \qquad\qquad \zeta_\perp^i = 10^{-48} n_i^2 \ell n \Lambda / (B^2 T_i^{1/2}),$$

$$\ell n \Lambda = 30,4 + 3\ell n T_i / 2 - \ell n n / 2 \qquad \ell n \Lambda^{q,e} = 31,3 + \ell n T_e - \ell n n / 2.$$

Ein Vergleich soll die Größe von $\kappa_\parallel^e$ und die Kleinheit von $\kappa_\perp^i$ verdeutlichen. Für $T_e{=}T_i{=}1keV$, $B{=}1T$, $n_e{=}n_i{=}10^{20} m^{-3}$ und $m_i{=}m_{proton}$ wird mit der Wärmeleitung von Kupfer κ_{Cu} und Styropor κ_{St} verglichen (Einheit: $W/(m{\cdot}eV)$):

$$\kappa_\parallel^e = 8,4 \cdot 10^{10} \qquad \kappa_{Cu} = 4,64 \cdot 10^6 \qquad \kappa_\perp^i = 0,9 \qquad \kappa_{St} = 406.$$

Während parallel zum Magnetfeld die Wärmeleitung groß ist, ist das Plasma senkrecht zu einem Magnetfeld sehr gut isoliert. Dies ist die Grundlage für den magnetischen Einschluss heißer Plasmen.

5.4   Ideale MHD-Gleichungen

5.4.1   Ideale MHD-Gleichungen und ihr Gültigkeitsbereich

In vielen Fällen ist es sinnvoll und berechtigt, die MHD-Gleichungen stark zu vereinfachen und sie in die Form der so genannten "idealen MHD-Gleichungen" zu bringen. Diese sind im Folgenden für ein Einflüssigkeitsbild angegeben:

$$\frac{\partial n}{\partial t} + \vec{\nabla} \cdot (n\vec{v}) = 0 \qquad\qquad T_e = T_i,$$

$$nm_i \left[\frac{\partial \vec{v}}{\partial t} + (\vec{v} \cdot \vec{\nabla})\vec{v} \right] = -\vec{\nabla}p + \frac{1}{\mu_0} \left(\vec{\nabla} \times \vec{B} \right) \times \vec{B},$$

$$\frac{\partial p}{\partial t} + \vec{v} \cdot \vec{\nabla}p = -\gamma p \vec{\nabla} \cdot \vec{v} \qquad \gamma = (f+2)/f = 5/3,$$

$$\vec{E} + \vec{v} \times \vec{B} = 0 \qquad \rightarrow \qquad \partial \vec{B} / \partial t = \vec{\nabla} \times (\vec{v} \times \vec{B}).$$

Im mitbewegten System folgt aus Kontinuitäts- und Energiegleichung:

$$\frac{1}{p}\frac{dp}{dt} = \frac{5}{3}\frac{1}{n}\frac{dn}{dt} \qquad \rightarrow \qquad p = const \times n^{5/3}.$$

Die Bedingungen, unter denen die idealen MHD-Gleichungen gelten, können aus den gegenüber dem vollständigen Einflüssigkeitsbild vernachlässigten Termen abgeleitet werden. Ausgehend vom Zweiflüssigkeitsbild bedeutet die Vernachlässigung der Ionenviskosität parallel zum Magnetfeld in der Bewegungsgleichung (Index c: siehe Abschnitt 5.3.1; Π siehe Abschnitt 5.3.5):

$$\left(\vec{\nabla} \cdot \overset{\Rightarrow}{\Pi} \right)_c \ll (\vec{\nabla}p)_c \qquad \rightarrow \qquad n_c T_c \tau_{ii} v_c / \lambda_c^2 \ll n_c T_c / \lambda_c.$$

Nimmt man als charakteristische Geschwindigkeit die thermische Geschwindigkeit der Ionen, so folgt $\lambda_{ii} \ll \lambda_c$.

Dies ist die Bedingung, die bereits als Voraussetzung zur Ableitung der Transportkoeffizienten in 5.4.1 genannt war. Die freie Weglänge λ_{ii} muss allerdings sehr klein gegenüber λ_c sein, damit die Terme des Spannungstensors vernachlässigt werden können. Analog in der Ableitung folgt aus der Vernachlässigung der Elektronenwärmeleitung in der Energiegleichung die noch weitergehende Bedingung (Für die Ableitung auch die folgenden Bedingungen siehe [78]):

$$(m_i/m_e)^{1/2} \lambda_{ii} \ll \lambda_c \tag{5.7}$$

Unter dieser Voraussetzung ist auch $T_e = T_i$ erfüllt. Die Vernachlässigung des ∇p_e-Terms im Ohmschen Gesetz setzt voraus, dass der Ionengyroradius ausreichend klein ist ($v_c \approx v_{i,th}$ gesetzt):

$$\left(\vec{\nabla} p_e\right)_c / (en_c) \ll (\vec{v} \times \vec{B})_c \quad \rightarrow \quad mv_c^2/e\lambda_c \ll v_c B_c \quad \rightarrow \quad r_{gi} \ll \lambda_c.$$

Dieselbe Voraussetzung folgt auch aus der Vernachlässigung des Hallterms.

Das scheinbar Widersprüchliche liegt in der Vernachlässigung einerseits des elektrischen Widerstands und andererseits der Viskosität und der Wärmeleitung. Während die Vernachlässigung der Viskosität und insbesondere der Wärmeleitung eine relativ kleine freie Weglänge voraussetzen, nimmt der Widerstand mit abnehmender freier Weglänge zu. Die Bedingung der Vernachlässigung des Ohmschen Widerstands lautet:

$$(m_i/m_e)^{1/2} \lambda_{ii} \gg (r_{gi}/\lambda_c)^2 \lambda_c \tag{5.8}$$

Man erkennt, dass die Voraussetzungen (5.7) und (5.8) nur gleichzeitig erfüllt sein können, wenn der Ionengyroradius sehr klein gegen die Plasmadimensionen ist. Dies ist für astrophysikalische Plasmen, wie die Sonne, leicht erfüllt. Für Fusionsplasmen dagegen sind die Bedingungen für die Gültigkeit der idealen MHD-Gleichungen nur marginal oder gar nicht erfüllt. Trotzdem können diese Gleichungen auch dort in vielen Fällen z. B. für die Berechnung von Gleichgewichten und ihrer Stabilität benutzt werden und ergeben brauchbare Ergebnisse.

5.4.2   Der eingefrorene Fluss

Aus den idealen MHD-Gleichungen lässt sich ein wichtiger Erhaltungssatz ableiten. Im Plasma wird der magnetische Fluss Ψ_C verfolgt, der durch eine geschlossene Kurve C hindurchtritt, die sich mit dem Plasma mitbewegt (siehe Abb. 5.4). Bei einer Bewegung der Kurve C nach C' entsteht eine Änderung

von Ψ_C sowohl durch eine zeitliche Änderung des Magnetfeldes als auch durch
den Fluss, der den Rand des durch die bewegte Kurve C aufgespannten Zylinders schneidet. Dabei sei $\vec{n}_F$ ein Normaleneinheitsvektor auf einer durch
C berandeten Fläche, dF ein Flächenelement, $\vec{t}_C$ ein Tangenteneinheitsvektor
und ds ein Linienelement der Kurve C ($\vec{v}$: Plasmageschwindigkeit):

$$\frac{d\Psi_C}{dt} = \iint \frac{\partial \vec{B}}{\partial t} \cdot \vec{n}_F dF + \int \vec{B} \cdot (\vec{v} \times \vec{t}_C) ds.$$

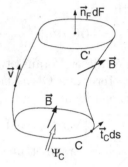

Abb. 5.4 Der Fluss innerhalb einer mit dem Plasma mitbewegten Kurve C bleibt bei Gültigkeit der idealen MHD-
Gleichungen erhalten.

Unter dem ersten Integral lässt sich $\partial \vec{B}/\partial t$ durch $-\vec{\nabla} \times \vec{E}$ ersetzen. Der zweite
Term kann mit dem Stokeschen Satz umgeformt werden, sodass sich ergibt:

$$-\int (\vec{v} \times \vec{B}) \cdot \vec{t}_C ds = -\iint \vec{\nabla} \times (\vec{v} \times \vec{B}) \cdot \vec{n}_F dF,$$

$$\frac{d\Psi_C}{dt} = -\iint \left[\vec{\nabla} \times (\vec{E} + \vec{v} \times \vec{B}) \right] \cdot \vec{n}_F dF.$$

Ψ_C ändert sich nicht, wenn sich die Kurve C mit dem Plasma mitbewegt. Man
spricht deshalb auch davon, dass das Magnetfeld im Plasma eingefroren ist.

Beispiele, für die uneingeschränkt die idealen MHD-Gleichungen gelten und
wo der magnetische Fluss eingefroren ist, finden sich vor allem in der Astrophysik. Wenn im Laufe der Sternentwicklung der Stern in relativ kurzer Zeit
zu einem Weißen Zwerg oder einem Neutronenstern zusammenfällt, bleibt der
magnetische Fluss eingefroren. Beim Kollaps werden aus Magnetfeldern von
typisch 10^{-4} bis $10^{-1}T$ in sonnenähnlichen Sternen wegen der Flusserhaltung
Felder in der Größenordnung von $10^4 T$ bei Weißen Zwergen und 10^6 bis 10^9
bei Neutronensternen.

Ist der elektrische Widerstand endlich, lässt sich ein Diffusionskoeffizient D_B
und eine charakteristische Diffusionszeit τ_B für das Magnetfeld angeben. Dazu wird angenommen, dass das Plasma ruht und der Temperaturgradient null
ist[5]. Nimmt man weiterhin ein Magnetfeld an, welches sich senkrecht zur Feld-

---

[5]In Kapitel 6.6.1 werden diese Einschränkungen aufgehoben.

richtung ändert, so muss man neben dem Ohmschen Gesetz auch das Druck-
gleichgewicht betrachten. Im nicht idealen Einflüssigkeitsbild lauten die entsprechenden Gleichungen in diesem Fall ((5.3) aus 5.3.1 und (5.6) aus 5.3.3).

$$\vec{\nabla} p_i + \vec{\nabla} p_e = \vec{j} \times \vec{B} \qquad \vec{E} = -\frac{\vec{\nabla} p_e}{en} + \overset{\Rightarrow}{\eta} \cdot \vec{j} + \frac{1}{en} \vec{j} \times \vec{B}.$$

Der Hallterm im Ohmschen Gesetz kann aus der Gleichgewichtsgleichung sub-
stituiert, die Stromdichte durch das Magnetfeld ausgedrückt und die zeitliche
Änderung des Magnetfeldes durch $\nabla \times \vec{E}$ bestimmt werden, wobei der ∇p_i-
Term keinen Anteil liefert:

$$\vec{E} = \frac{\overset{\Rightarrow}{\eta}}{\mu_0} \cdot \vec{\nabla} \times \vec{B} + \frac{\vec{\nabla} p_i}{en} \qquad \frac{\partial \vec{B}}{\partial t} = -\vec{\nabla} \times \vec{E} = -\frac{\overset{\Rightarrow}{\eta}}{\mu_0} \vec{\nabla} \times \left(\vec{\nabla} \times \vec{B} \right).$$

Mit der Annahme $\vec{B} = B_z(x) \vec{e}_z$ folgt ein Diffusionsgesetz für das Magnetfeld
mit einem Diffusionskoeffizienten D_B:

$$\frac{\partial B_z}{\partial t} = D_B \frac{\partial^2 B_z}{\partial x^2} \qquad D_B = \frac{\eta_\perp}{\mu_0}.$$

Die Bedingung für das "Einfrieren" des Flusses, wie zu Anfang dieses Kapitels
abgeleitet, lässt sich jetzt präziser definieren. Wenn λ_B eine charakteristische
Länge ist, auf der sich B ändert, folgt als charakteristische Zeit $\tau_B = \mu_0 \lambda_B^2 / \eta_\perp$.
Für Vorgänge mit Zeitskalen $t_c \ll \tau_B$ ist das Magnetfeld eingefroren.

In Fusionsplasmen ergibt sich eine charakteristische Diffusionszeit von $\tau_B \lesssim 10^3 s$,
sodass man solche Plasmen effektiv durch Magnetfelder einschließen kann. In
der Sonne ist, wenn man λ_B mit dem Sonnenradius identifiziert, die Diffusionszeit von $\tau_B \approx 10^{11}$ Jahren groß gegen die Lebensdauer der Sonne ($\lambda_B = 7 \cdot 10^8 m$,
$T = 100 eV$, $n = 10^{29} m^{-3}$ angenommen). Trotzdem ändert sich das Magnetfeld
der Sonne in einem 11-jährigem Rhythmus. Obwohl das Magnetfeld in einer
Turbulenzzone nahe der Oberfläche mit kleinerer Skalenlänge und niedriger
Temperatur entsteht, reicht dies nicht aus, um diese relativ kurze Zeitskala zu
erklären. Hier spielen so genannte "Rekonnektionsphänomene" eine Rolle, wie
sie in einem Beispiel in Kapitel 10.6 behandelt werden.

6   Einschluss in linearen Konfigurationen

6.1   MHD-Gleichgewichte

Heiße Plasmen lassen sich durch Magnetfelder einschließen. Für viele Fragestellungen ist es ausreichend, diesen Einschluss im idealen Einflüssigkeitsbild zu studieren (Kap. 5.4.1). Damit werden allerdings Konfigurationen wie die Spiegelmaschine (Kap. 3.5.1) mit stark anisotroper Druckverteilung ausgeschlossen. Nimmt man an, dass alle Zeitableitungen null sind und dass das Plasma ruht, beschreibt die Bewegungsgleichung das Kräftegleichgewicht durch:

$$\vec{\nabla} p = \vec{j} \times \vec{B} = \left(\vec{\nabla} \times \vec{B} \right) \times \vec{B}/\mu_0 \tag{6.1}$$

Der Strom senkrecht zum Magnetfeld wird als "diamagnetischer Strom" bezeichnet. Trotz ihrer scheinbaren Einfachheit lässt die Gleichung 6.1 eine große Vielfalt von teilweise komplexen Lösungen zu. Aus der Beziehung folgt für $\nabla p \neq 0$, dass Magnetfeldlinien und Strombahnen auf Flächen konstanten Drucks liegen, wobei B und j nicht null sein dürfen. Die Flächen konstanten Drucks müssen grundsätzlich ineinander geschachtelte Torusflächen sein [13]. Weitere allgemeine Eigenschaften dieser toroidalen Gleichgewichte werden in Kapitel 7 diskutiert werden.

Zur Vorbereitung der Diskussion des toroidalen Einschlusses ist es sinnvoll, vereinfachte, zylindersymmetrische Modellgleichgewichte hier in Kapitel 6 zu behandeln, die entlang der Symmetrieachse unendlich ausgedehnt sind. Eine Reihe von Eigenschaften von magnetisch eingeschlossenen Plasmen lassen sich so in einfacherer Form ableiten. Zu Anfang der Fusionsforschung haben diese linearen Gleichgewichte auch eine praktische Rolle gespielt, da schnell auf der μs-Zeitskala ansteigende Magnetfelder in zylindersymmetrischer Anordnung zunächst der einzige Weg waren, heiße Plasmen zu erzeugen.

MHD-Gleichgewichte, wie sie durch die Gleichung 6.1 beschrieben werden, sind keine Gleichgewichte im thermodynamischen Sinn, wie z. B. das Sternplasma eingeschlossen im Gravitationsfeld. Man kann also bei magnetisch eingeschlossenen Plasmen ein mehr oder weniger großes Potenzial für Instabilitäten erwarten, die das Plasma in energieärmere Zustände überführen. Während einige

Aspekte der Stabilität von Gleichgewichten bereits in diesem Kapitel angesprochen werden, wird dieses ausführlicher in Kapitel 10 behandelt werden.

6.2 Lineare "Pinch"- Konfigurationen

In einer "ϑ-Pinch"-Anordnung steigt ein achsenparalleles Magnetfeld zeitlich schnell an und heizt so das Plasma auf. Der Aufheizvorgang wurde bereits in Kapitel 3.4.1 behandelt. Hier soll nur der anschließende Gleichgewichtszustand studiert werden. Für das Gleichgewicht gilt (Koordinaten: r, ϑ, z; $'$ für $\partial/\partial r$):

$$\vec{B} = B_z(r)\vec{e}_z \qquad p' = j_\vartheta B_z = -\frac{1}{\mu_0}B'_z B_z = -\left(\frac{B_z^2}{2\mu_0}\right)',$$

$$\to \quad p + \frac{B_z^2}{2\mu_0} = \text{const.}$$

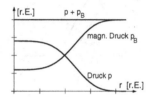

Abb. 6.1 Die Abbildung zeigt den Plasmadruck p und den magnetischen Druck $p_B = B_z^2/(2\mu_0)$ im ϑ-Pinch als Funktion des Radius. Die Summe aus beiden Drücken ist konstant.

Die Summe aus dem kinetischen Druck und dem so genannten "Magnetfelddruck" $p_B \equiv B^2/2\mu_0$ ist also konstant (siehe Abb. 6.1). Das Verhältnis dieser Drücke wird als "Beta-Wert" des Plasmas bezeichnet:

$$\beta = \frac{p}{p_B} \equiv \frac{p}{B^2/(2\mu_0)}.$$

Das Verhältnis der thermischen Energie des Plasmas zur Magnetfeldenergie ist $3\beta/2$. Der Beta-Wert ist eine wichtige Maßzahl für den Erfolg des magnetischen Einschlusses. Bei ausreichender Plasmaheizung setzen im Allgemeinen Instabilitäten eine obere β-Grenze.

Während in der ϑ-Pinch-Konfiguration der diamagnetische Strom azimutal in ϑ-Richtung fließt, erzwingt im "z-Pinch" ein achsenparalleles elektrisches Feld in einem zylindrischen Gefäß einen Strom in z-Richtung (siehe Abb. 6.2).

Die Gleichgewichtsrelation für den z-Pinch lautet:

$$\mu_0 j_z = (\vec{\nabla} \times \vec{B})_z = (rB_\vartheta)'/r.$$

$$p' = -j_z B_\vartheta = -\frac{B_\vartheta}{\mu_0}\frac{(rB_\vartheta)'}{r} = -\frac{1}{\mu_0}\left[\frac{(B_\vartheta^2)'}{2} + \frac{B_\vartheta^2}{r}\right].$$

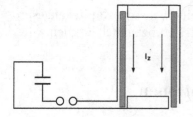

Abb. 6.2 In der z-Pinch-Anordnung fließt aus einem Kondensator ein schnell ansteigender Strom in einem zylindrischen Gefäß. Er komprimiert das entstehende Plasma und erzeugt hohe Temperaturen.

Wie man sieht, tritt zum magnetischen Druck durch die Feldlinienkrümmung eine zusätzliche Kraft hinzu. Wählt man als Beispiel ein parabolisches Stromdichteprofil, so erhält man ein Druckprofil wie es in Abbildung 6.3 dargestellt ist.

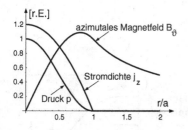

Abb. 6.3 Ein Beispiel für Stromdichte, Magnetfeld und Druck als Funktion des Radius im z-Pinch.

Eine lokale Definition eines β-Wertes im z-Pinch ist nicht sinnvoll, da im Zentrum das Magnetfeld bei endlichem Druck null wird. Folgender Mittelwert ist eine auf das B_ϑ-Feld außerhalb des Plasmas bezogene Definition:

$$\beta_\vartheta \equiv \frac{\langle p \rangle 2\mu_0}{B_\vartheta^2(r_0)} \qquad \langle p \rangle \equiv \frac{\int_0^{r_0} pr\,dr}{\int_0^{r_0} r\,dr} = \frac{2\int_0^{r_0} pr\,dr}{r_0^2}.$$

Dabei bedeutet $\langle\ \rangle$ Mitteilung über das Volumen bis zum Radius r_0, wobei r_0 größer als der Plasmaradius a sein muss. Der so definierte β_ϑ-Wert ist stets 1, wie sich durch partielle Integration zeigen lässt:

$$\int_0^{r_0} pr\,dr = \frac{1}{2}\underbrace{\left. r^2p \right|_0^a}_{=0} - \frac{1}{2}\int_0^{r_0} r^2 p'\,dr$$

$$= \frac{1}{2\mu_0}\int_0^{r_0} rB_\vartheta(rB_\vartheta)'dr = \frac{r_0^2 B_\vartheta^2(r_0)}{4\mu_0}$$

$$\rightarrow \quad \beta_\vartheta = \frac{\langle p \rangle 2\mu_0}{B_\vartheta(r_0)^2} = 1.$$

6.3   Magnetischer Druck und Feldlinienspannung

In Erweiterung der ϑ- bzw. z-Pinch Gleichgewichte lässt sich das Druckgleich-
gewicht allgemein in eine Form bringen, bei der neben dem magnetischen Druck
eine Feldlinienspannung definiert wird. Betrachtet wird ein beliebiges statisches Gleichgewicht ($\vec{v}=0$) mit gekrümmten Feldlinien:

$$\vec{\nabla}p = \frac{(\vec{\nabla}\times\vec{B})\times\vec{B}}{\mu_0} = \frac{(\vec{B}\cdot\vec{\nabla})\vec{B}}{\mu_0} - \frac{\vec{\nabla}B^2}{2\mu_0}.$$

Der Ausdruck $(\vec{B}\cdot\vec{\nabla})\vec{B}$ lässt sich (siehe Kap. 3.3.3) umformen, sodass schließlich Ausdrücke für den Druckgradient senkrecht und parallel zum Magnetfeld
entstehen. ($\perp/\|$: Komponenten senkrecht bzw. parallel zu $\vec{B}$; ρ_B: Krümmungs-
radius und $\vec{n}_B$: Normalenvektor der Feldlinien):

$$(\vec{B}\cdot\vec{\nabla})\vec{B} = B(\vec{t}_B\cdot\vec{\nabla})(B\vec{t}_B) = \frac{1}{2}\vec{\nabla}_\|(B^2) - B^2\frac{\vec{n}_B}{\rho_B},$$

$$\vec{\nabla}p = -\frac{\vec{\nabla}_\perp(B^2)}{2\mu_0} - \frac{B^2}{\mu_0}\frac{\vec{n}_B}{\rho_B},$$

$$\rightarrow \qquad \vec{\nabla}_\perp(p+p_B) = -\frac{B^2}{\mu_0}\frac{\vec{n}_B}{\rho_B} \qquad \nabla_\|p = 0.$$

Der Term invers proportional zum Krümmungsradius ρ_B beschreibt eine Feldlinienspannung, die die Feldlinien gerade zu ziehen versucht. Die Beziehung
geht für $\rho_B\Rightarrow\infty$ in das ϑ-Pinch Gleichgewicht und für $\vec{B}=B_\vartheta\vec{e}_\vartheta$ und $\rho_B=r$ in
das z-Pinch-Gleichgewicht über.

6.4   Zur Stabilität linearer Konfigurationen

Eine quantitative Behandlung von ausgewählten Instabilitäten wird in Kapitel
10 erfolgen. Hier sollen nur einige qualitative Überlegungen angestellt werden,
um die Auswahl der geeigneten Konfigurationen für den Einschluss von Plasmen verstehen zu können. Verbiegt man in einer ϑ-Pinch-Konfiguration die
Feldlinien, indem man lokal das Plasma samt dem eingefrorenen Fluss zur
Seite schiebt, die Plasmasäule also abknickt, so wird die anwachsende Feldlinienspannung die Störung des Gleichgewichtes rückgängig machen. Das Gleichgewicht ist gegen diese so genannte "Kink"-Störung stabil.

Man kann leicht zeigen, dass im ϑ-Pinch das Vertauschen der unverbogenen
Feldlinienbündel samt dem eingefrorenen Plasma auch bei Verlust der Zylindersymmetrie immer wieder zu einem Gleichgewicht führt, da die Bedingung

$p+p_B=const$ erhalten bleibt. Immer wenn eine Störung weder anwächst noch zurückgedrängt wird, sondern zu einen neuen Gleichgewichtszustand führt, bezeichnet man das Gleichgewicht gegenüber dieser Störung als marginal.

Die Situation ändert sich, wenn man annimmt, dass ein ϑ-Pinch-Plasma in azimutaler Richtung rotiert. Eine solche Rotation kann z. B. durch den Kurzschluss des radialen elektrischen Feldes entstehen, wie in Abschnitt 6.6.1 diskutiert werden wird. Die Viskosität führt dazu, dass die Rotation nahezu mit konstanter Winkelgeschwindigkeit erfolgt. Bei Rotation führt eine kleine Ausbauchung im Querschnitt zu einem weiteren Anwachsen, da an die äußeren Teile eine größere und an die inneren eine kleinere Zentrifugalkraft angreift (siehe Abb. 6.4, linke Hälfte). Die Situation ist analog zu einem Gleichgewicht, bei dem im Erdfeld eine schwerere Flüssigkeit über einer leichteren Flüssigkeit liegt. Dieser Typ von Instabilitäten wird als "Rayleigh-Taylor-Instabilität" [188] bezeichnet (siehe auch Kap. 10.2.1).

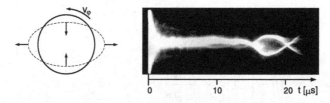

Abb. 6.4 Durch den Kurzschluss des elektrischen Feldes über die Enden beginnt der ϑ-Pinch zu rotieren (vgl. Abschnitt 6.6.1). Er ist dann gegen eine elliptische Verformung instabil. Die rechte Hälfte zeigt eine experimentelle Beobachtung [171]. Dabei wird das Licht der Pinch-Entladung durch einen Schlitz in der Magnetfeldspule geführt und über einen sich schnell drehenden Spiegel auf einem Film abgebildet, sodass die zeitliche Entwicklung erkennbar wird. Man erkennt das Zerreißen des Plasmaschlauches durch die Rotation. Das Zerreißen in mehr als 2 Arme wird in diesem Beispiel durch einen relativ zum Plasmaradius großen Gyroradius verhindert [170] (siehe auch Fußnote in Kap. 5.3.5).

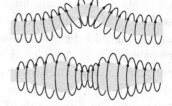

Abb. 6.5 "Kink"- und "Würstchen"-Instabilitäten in der z-Pinch-Konfiguration.

Der z-Pinch zeigt zwei andere typische Instabilitäten. Knickt ein z-Pinch ab, so wächst diese Auslenkung an, da wegen der Flusserhaltung das Magnetfeld an der Innenseite der Abknickung größer ist als auf der Außenseite (siehe Abb. 6.5, obere Darstellung). Der z-Pinch wird deshalb als "kink"-instabil bezeichnet.

Eine Abschnürung des Stromkanals wächst ebenfalls an, da das einschließen-
de Magnetfeld in der Abschnürung größer ist als in der Ausbauchung, denn
der gleiche Strom I_z trifft hier auf einen kleineren Umfang. Die Abbildung 6.5
zeigt in der unteren Hälfte diese "Würstchen"-Instabilitäten. Der z-Pinch ist
andererseits gegen eine elliptische Querschnittsverformung stabil. Die Feldlinienspannung sorgt für einen kreisförmigen Querschnitt, sofern die azimutale
Rotation nicht zu groß wird.

6.5   Die "Screw-Pinch" Konfiguration

Die Instabilitäten der bisher diskutierten linearen Anordnungen lassen sich reduzieren, wenn man beide Konfigurationen kombiniert. Ein Magnetfeld parallel
zur z-Achse zusammen mit einem Längsstrom im Plasma ergibt ein schrau-
benförmiges Gesamtmagnetfeld. Daher wird diese Konfiguration "Screw-Pinch"
genannt. Ein ausreichend großes Längsfeld kann die Würstchen-Instabilität unterdrücken, da hierbei das Längsfeld komprimiert würde. Bei der Kink-Instabi-
lität bleibt die Verformung instabil, die in ihrer Form den helikalen Feldlinien
folgt. Im Torus kann diese Instabilität dadurch stabilisiert werden, dass hier
der Umfang kleiner als die Steigungslänge der helikalen Feldlinien gemacht
wird (vgl. 7.2.1 und 6.2). Es wird sich allerdings zeigen, dass die Stabilitäts-
frage in diesem linearen Analogon nicht vollständig diskutiert werden kann, da
durch die toroidale Krümmung ein stabilisierender Effekt hinzu kommt (siehe
Kap. 10.2.2).

Unabhängig von Stabilitätsüberlegungen kann eine reine ϑ-Pinch-Konfigura-
tion nicht einfach "zum Torus gebogen" werden, da, wie in Kapitel 3.5.3 gezeigt
wurde, das Plasma, ohne ins Gleichgewicht zu kommen, nach außen driften
würde. Beim Screw-Pinch sorgt die helikale Struktur der Feldlinien dafür, dass
das elektrische Feld, das die toroidale Drift erzeugt, durch Ströme parallel zum
Magnetfeld kurzgeschlossen wird.

Die Gleichgewichtsbeziehung für den Screw-Pinch lässt sich durch Einführen
eines Druckes $p^\star$ als Summe aus thermischen und einem Anteil des magnetischen Druckes in eine zum z-Pinch-Gleichgewicht analoge Form bringen, wobei
$p^\star$ so normiert wird, dass $p^\star(a)=0$ gilt (a: Plasmaradius):

$$p^\star \equiv p + \frac{B_z^2 - B_z^2(a)}{2\mu_0},$$

$$p^{\star\prime} = \left(p + \frac{B_z^2}{2\mu_0}\right)' = -\frac{1}{\mu_0}\frac{B_\vartheta}{r}(rB_\vartheta)' \tag{6.2}$$

Der Ausdruck bedeutet, dass die Beziehungen des z-Pinches gelten, wenn man p durch $p^{\star}$ ersetzt. Entsprechend gilt für das analog definierte $\beta_{\vartheta}^{\star}$:

$$\beta_{\vartheta}^{\star} = \beta_{\vartheta} + \frac{\langle B_z^2 \rangle - B_z(a)^2}{B_{\vartheta}(a)^2} = 1.$$

Ist insbesondere $B_z(r)=const$, so gilt unverändert wie beim z-Pinch $\beta_{\vartheta}=1$. Steigt dagegen wie beim ϑ-Pinch B_z nach außen an, dann ist $\beta_{\vartheta}>1$. Umgekehrt komprimiert das B_{ϑ}-Feld nicht nur das Plasma, sondern zusätzlich das achsenparallele B_z-Feld im Falle $\beta_{\vartheta}<1$. Hier liegt der besondere Fall vor, dass das Magnetfeld im Inneren insgesamt größer als außen ist, das Plasma ist also paramagnetisch.

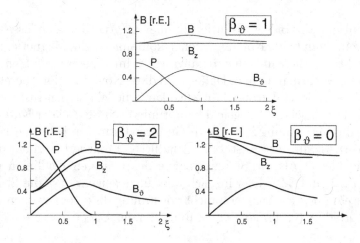

Abb. 6.6 In Screw-Gleichgewichten mit $\beta_{\vartheta}=1$, $\beta_{\vartheta}=2$ und $\beta_{\vartheta}=0$ werden als Funktion des Radius die Magnetfeldkomponenten, das Gesamtmagnetfeld und der Plasmadruck gezeigt. Das B_{ϑ}-Feld wurde wie im Beispiel im Abschnitt 6.2 zum z-Pinch gewählt. Dabei ist im Ausdruck für den Druck p durch $p^{\star}$ zu ersetzen. Der gaskinetische Druck wurde in diesem Beispiel mit $p=\beta_{\vartheta}p^{\star}$ angesetzt.

Die Abbildung 6.6 zeigt Beispiele für drei verschiedene β_{ϑ}-Werte. Als Funktion des normierten Radius $\xi=r/a$ werden der Druck $p(\xi)$, die Feldkomponenten B_{ϑ} und B_z und das Gesamtfeld $B=\sqrt{B_{\vartheta}^2 + B_z^2}$ für $\beta_{\vartheta}=1$, $\beta_{\vartheta}=2$ und $\beta_{\vartheta}=0$ dargestellt.

Man kann also zusammenfassen:

Für $\beta_{\vartheta}<1$ ist das Plasma paramagnetisch, da das B_{ϑ}-Feld überwiegend das Längsfeld B_z komprimiert, während für $\beta_{\vartheta}>1$, im diamagnetischen Fall, das B_z-Feld mehr oder weniger zur Kompression des Plasmas beiträgt.

Aus der Gleichgewichtsbeziehung lässt sich ein einfaches Messverfahren für den Beta-Wert β_{ϑ} ableiten. Die Ableitung wird unter der Annahme gemacht, dass das Feld B_z schwach variabel ist. Dies wird erst im folgenden Kapitel über den toroidalen Einschluss begründet werden können. Mit dieser Annahme lässt sich obiger Ausdruck für $\beta_\vartheta^\star$ entwickeln ($\delta\psi_z$: durch das Plasma verdrängter Fluss):

$$B_z = B_z(a) + \tilde{B}_z(r) \qquad \mid \tilde{B}_z(r) \mid \,\ll\, \mid B_z(a) \mid,$$

$$\beta_\vartheta = 1 - \frac{2B_z(a)\langle \tilde{B}_z(r)\rangle}{B_\vartheta(a)^2} = 1 - \frac{2B_z(a)\delta\psi_z}{\pi a^2 B_\vartheta(a)^2}.$$

Das Längsfeld $B_z(a)$ wird durch den Strom in den äußeren Spulen bestimmt. Die Größe $aB_\vartheta(a)$ ist proportional dem Plasmastrom und wird durch eine so genannte "Rogowski-Spule" gemessen (siehe Abb. 6.7). Zwischen der in die Rogowski-Spule induzierten Spannung U_R und dem Plasmastrom I_z im Inneren der Spule gilt die Beziehung:

$$I_z = 2\pi a B_\vartheta(a)/\mu_0 \propto \int_0^t U_R dt.$$

Das Integral über die an einer einfachen Flussschleife gemessenen Spannung U_F liefert den magnetischen Fluss $\delta\psi_z$:

$$\delta\psi_z = \int_0^t U_F dt.$$

Das so aus $\delta\psi_z$, $B_z(a)$ und $I_z{=}2\pi a B_\vartheta(a)/\mu_0$ bestimmbare β_ϑ nennt man das diamagnetische Beta β_{dia}. Aus der Ableitung folgt, dass bei anisotropem Druck β_{dia} gerade durch den Druck $p_\perp$ bestimmt wird.

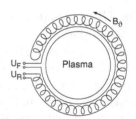

Abb. 6.7 Die Rogowski-Spule misst mit der Spannung U_R das Linienintegral von B_ϑ. Durch die Rückführung des Leiters wird die Ringspannung U_F nicht mitgemessen. Aus der separaten Messung von U_F an einer Flussschleife lässt sich der verdrängte Fluss $\delta\psi_z$ ermitteln und β_{dia} bestimmen.

6.6 Elektrisches Feld, Rotation und Driften

6.6.1 Betrachtung im Flüssigkeitsbild

In einer erweiterten Diskussion von zylindersymmetrischen Gleichgewichten sollen jetzt das elektrische Feld, eine eventuelle endliche Plasmageschwindigkeit und durch nicht ideale Effekte verursachte Driften einbezogen werden[1].

---

[1]Dies verallgemeinert die Behandlung der Magnetfelddiffusion am Ende von 5.4.2.

Die Gleichgewichte werden dabei weiterhin als stationär angenommen. Eine eventuelle Rotation in ϑ-Richtung soll mit konstanter Winkelgeschwindigkeit und eine Strömung in z-Richtung nicht von r abhängen, sodass der Viskositätsterm in der Bewegungsgleichung null ist. Weiterhin sollen v_ϑ und eine eventuelle Geschwindigkeit in z-Richtung so klein sein, dass der quadratische $\left(\vec{v}\cdot\vec{\nabla}\right)\vec{v}$-Term vernachlässigt werden kann. Die nicht idealen Einflüssigkeitsgleichungen für Gleichgewicht und Ohmsches Gesetz (Gleichungen 5.3, 5.4 und 5.6 aus Kap. 5.3) lauten unter diesen Voraussetzungen und mit der Annahme $Z=1$:

$$\vec{\nabla}p = \vec{\nabla}p_e + \vec{\nabla}p_i = \vec{j}\times\vec{B},$$

$$\vec{E} = -\vec{v}\times\vec{B} + \overset{\Rightarrow}{\eta}\cdot\vec{j} - \frac{\vec{\nabla}p_e}{en_e} + \frac{\vec{j}\times\vec{B}}{en_e} + \overset{\rightarrow}{\alpha}{}^\star\cdot\vec{\nabla}T_e.$$

Der Term $\vec{j}\times\vec{B}$ kann im Ohmschen Gesetz substituiert werden. Betrachtet man zunächst die ϑ-Pinch-Konfiguration, ersetzt den diamagnetischen Strom $j_\vartheta = \nabla_r p/B_z$ und beachtet $E_\vartheta \propto \partial B_z/\partial t = 0$ und $j_r = 0$, so lauten die r- und ϑ-Komponenten des Ohmschen Gesetzes:

$$E_r = -v_\vartheta B_z + \frac{\nabla_r p_i}{en_e} \tag{6.3}$$

$$0 = v_r B_z + \eta_\perp \frac{\nabla_r p}{B_z} - \frac{3\eta_\perp n_e \nabla_r T_e}{2B_z} \tag{6.4}$$

Die Gleichung (6.3) stellt einen Zusammenhang zwischen E_r und v_ϑ her. Er entsteht dadurch, dass der Hall-Term Gleichgewichtsbedingung und Ohmsches Gesetz verknüpft. Betrachtet man zunächst den Grenzfall $E_r = 0$, so rotiert das Plasma senkrecht zum Magnetfeld mit der diamagnetischen Geschwindigkeit $v_\vartheta = \nabla_r p_i/(en_e B_z)$. Anschaulich bedeutet dies, dass die Ionen, die sich mit der mittleren Geschwindigkeit $v_{i,\vartheta} \approx v_\vartheta$ bewegen, ihre eigene Lorentz-Kraft erzeugen. Ebenso gilt dies für die Elektronen mit $v_{e,\vartheta} = -\nabla_r p_e/(en_e B_z)$.

Den anderen Grenzfall erhält man, wenn man $v_\vartheta = 0$ setzt. Jetzt folgt $E_r = \nabla_r p_i/(en_e)$, was bedeutet, dass die Ionen nicht durch eine Lorentz-Kraft, sondern durch das elektrische Feld eingeschlossen werden. Die durch den Elektronenstrom erzeugte Lorentz-Kraft kompensiert die Summe aus Ionen- und Elektronendruck.

Setzt man $T = T_e = T_i$, so folgt aus der Gleichung 6.4 unabhängig von E_r:

$$v_r = -\eta_\perp(2T\nabla_r n_e + n_e\nabla_r T/2)/B_z^2.$$

Fallen wie im Normalfall n_e und T nach außen ab, so ergibt sich eine radiale Drift nach außen. Zum Erhalt der Stationarität müssen also Teilchen von innen nachgeliefert werden.

Der Wärmefluss im ϑ-Pinch berechnet nach (5.5) in Kap. 5.3.2 ergibt:

$$\vec{q}_e = \left(\frac{\alpha_\perp T \nabla_r p}{e n_e} - \kappa_\perp \nabla_r T, -\alpha_\perp T v_r B_z - \kappa_\wedge \nabla_r T, 0 \right).$$

Bei hohen Temperaturen dominiert der q_ϑ-Term proportional zu $\kappa_\wedge$. Dieser dissipationsfreie, "diamagnetische Wärmefluss" $q_\vartheta \approx -\kappa_\wedge \nabla_r T = -5 n T \nabla_r T / (2 e B_z)$ modifiziert beim toroidalen Einschluss den dissipativen Transport (siehe Kap. 7.1 und 8.1.2).

Die Diskussion der z-Pinch-Konfiguration wird übersprungen[2] und direkt die Screw-Pinches-Konfiguration behandelt, die sowieso das Modell für eine toroidale Konfiguration darstellt. Wieder wird die Geschwindigkeit als klein gegen die Schallgeschwindigkeit angenommen und $Z=1$ gesetzt. Führt man neben r statt den Koordinaten ϑ und z die Koordinaten χ mit $\vec{e}_\chi = \vec{t}_B \times \vec{e}_r$ senkrecht zum Magnetfeld und die Bogenlänge s der Magnetfeldlinie mit $\vec{e}_s = \vec{t}_B$ ein, so entsteht wieder ein rechtwinkliges Koordinatensystem. Mit $j_r = 0$ folgt:

$$E_r = -v_\chi B + \frac{\nabla_r p_i}{e n_e},$$

$$E_\chi = v_r B + \eta_\perp \frac{\nabla_r p}{B} - \frac{3 \eta_\perp n_e \nabla_r T_e}{2 B} \qquad E_s = \eta_\parallel j_s.$$

Der Zusammenhang zwischen E_r und v_χ ist analog zum Zusammenhang zwischen E_r und v_ϑ beim ϑ-Pinch. Aus der Stationärität folgt $E_\vartheta = 0$ und $E_z = E_{z,0} = const$. Damit lassen sich E_χ und E_s (vgl. Abb. 6.8) und schließlich die radiale Driftgeschwindigkeit v_r^{sp} im Screw-Pinch angeben:

$$E_\chi = -E_{z,0} B_\vartheta / B \qquad E_s = E_{z,0} B_z / B,$$

$$v_r^{sp} = \left[-B_\vartheta E_{z,0} - \eta_\perp \left(2 T \nabla_r n + n \nabla_r T / 2 \right) \right] / B_-^2 \tag{6.5}$$

Während der Term proportional zu $\eta_\perp$ wie beim ϑ-Pinch im Allgemeinen zu einer Auswärtsdrift führt, beschreibt der erste Term eine Inwärtsdrift, die durch das E_z-Feld verursacht wird. Es kann sich daher grundsätzlich im Screw-Pinch im Gegensatz zum ϑ-Pinch ein Gleichgewicht ohne innere Teilchenquellen einstellen.

Die Strömungskomponente parallel zum Magnetfeld v_s geht in keine der Beziehungen ein und ist im Rahmen dieser Überlegungen beliebig. Zusätzlich hat

---

[2]Untersucht man analog die z-Pinch-Konfiguration, so folgt aus der ϑ-Komponente des ohmschen Gesetzes ein überraschendes Ergebnis. Man benötigt zur Kompensation des $\nabla \overset{\Rightarrow}{\alpha}{}^* \cdot \nabla T_e$-Terms einen azimutalen Strom $j_\vartheta = 3 n \nabla_r T_e / (2 B_\vartheta)$. Es gibt also keinen reinen z-Pinch.

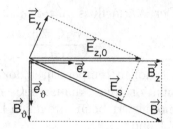

Abb. 6.8 Die Komponenten des elektrischen und magnetischen Feldes in den Koordinaten z und ϑ bzw. χ und
s auf einer Fläche $r=const$ im Screw-Pinch. Die Komponente E_ϑ ist null.

man als zweiten freien Parameter in den linearen Gleichgewichten E_r bzw. v_χ.
Durch die später zu diskutierende toroidale Krümmung (siehe Kap. 8.1.2) wird
dies auf nur einen freien Parameter eingeschränkt und der radiale Transport
modifiziert.

6.6.2   Diamagnetischer Strom und Driften im Teilchenbild

Obwohl für die Behandlung von linearen Gleichgewichten nicht notwendig, soll
das Gleichgewicht im Teilchenbild behandelt werden, da so das Verständnis des
Einschlusses vertieft werden kann und Aspekte des Einschlusses in toroidaler
Geometrie vorbereitet werden. Die Diskussion bleibt auf den ϑ-Pinch begrenzt.

Zunächst wird der Fall ohne elektrisches Feld betrachtet, und es wird angenommen, dass $\beta \ll 1$ und $T_e = T_i = const$ sind. Falls ein Dichtegradient in radialer
Richtung auftritt, tragen, wie im vorangehenden Abschnitt abgeleitet, Elektronen und Ionen in diesem Fall ihren eigenen diamagnetischen Strom. Sie haben
also beide eine azimutale Geschwindigkeit. Andererseits tritt wegen $E=0$ und
$B=const$ keine Drift auf (siehe Kap. 3.3). Eine resultierende Geschwindigkeit
in ϑ-Richtung ergibt sich nur aus der Überlagerung ortsfest gyrierender Teilchen, da dies bei einem Dichtegradienten zu einer mittleren Geschwindigkeit
ungleich null führt (siehe Abb. 6.9). Umgekehrt, im Fall $v_\vartheta=0$ wird der Elektronenstrom durch die $\vec{E} \times \vec{B}$-Drift verstärkt und $v_{i,\vartheta}$ zu null kompensiert. Man
kann eine analoge Überlegung für den Fall $\nabla_r T \neq 0$ und $\nabla_r n = 0$ anstellen. In
diesem Fall sind es die unterschiedlich schnell gyrierenden Teilchen, die in ihrer
Überlagerung ein endliches v_ϑ erzeugen.

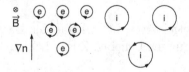

Abb. 6.9 Gyrierende Teilchen im Plasmarand. Das
Magnetfeld steht senkrecht zur Zeichenebene und es
werden $T=const$ und $E=0$ angenommen. Der diamagnetische Strom kommt allein durch eine Überlagerung der ortsfesten Gyrobahnen zustande.

Im Fall $E=0$ und $\beta \approx 1$ entsteht ein weiteres, scheinbares Paradoxon (siehe
Abb. 6.10). Die Ionen bewegen sich entgegen der im Flüssigkeitsbild abgeleite-

ten Geschwindigkeit v_ϑ, da bei hohem β die $\nabla|B|$- Drift berücksichtigt werden muss. Der Nettoionenstrom ist jedoch wegen des Gradienten der Teilchenzahl im Rand in der Abb. 6.10 nach rechts gerichtet und im Zentrum null.

Während der diamagnetische Strom grundsätzlich keiner Teilchendrift entspricht, kann die in Abschnitt 6.6.1 abgeleitete radiale Strömung im Teilchenbild als Drift erklärt werden. Durch den diamagnetischen Strom entsteht zwischen Ionen und Elektronen eine gleich große und entgegengesetzte Reibungskraft R_ϑ^i bzw. R_ϑ^e (siehe Abb. 6.11). Zusammen mit dem Längsfeld führt dies zu einer Drift nach außen (siehe Kap. 3.3.2; $T_i=T_e=const$ angenommen):

$$R_\vartheta^i = -e\eta_\perp j_\vartheta = -e\eta_\perp \nabla_r p / B_z \qquad R_\vartheta^e = e\eta_\perp \nabla_r p / B_z,$$

$$\vec{v}_D^{\;i} = \vec{v}_D^{\;e} = \frac{\vec{R} \times \vec{B}}{e_\pm B^2} = -\frac{\eta_\perp}{B_z^2}\nabla_r p \; \vec{e}_r \qquad \eta_\perp = \frac{m_e}{e^2 n_e \tau_{ei}}.$$

Abb. 6.10 Gyrierende Teilchen im Plasmarand bei hohem β. Im Bereich oberhalb der gestrichelten Linie seien B und p konstant, während im unteren Teil p nach unten zu ab- und B zunehmen soll. Obwohl die Ionen am Plasmarand nach links driften, ist die durch die Überlagerung der Teilchenbahnen bestimmte mittlere Geschwindigkeit $\vec{v}_i$ nach rechts gerichtet.

Die radiale Drift ist für die Elektronen und Ionen gleich groß und in der selben Richtung. Die Auswärtsdrift ist also ambipolar, wie es auch im Flüssigkeitsbild in Abschnitt 6.6.1 berechnet wurde. Einsetzen von $\eta_\perp$ in den Ausdruck für $v_{D,r}^e$

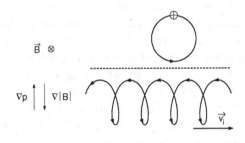

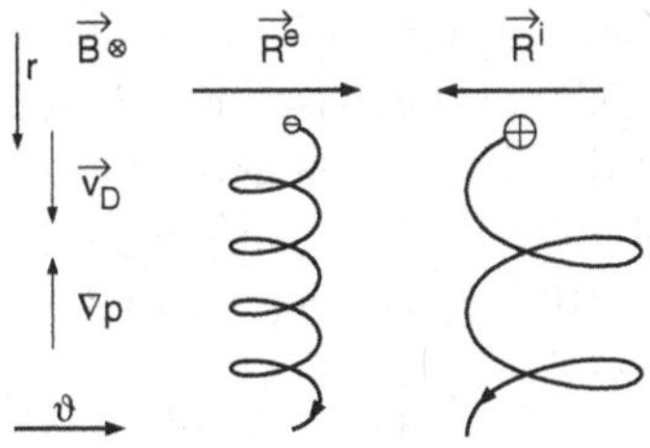

Abb. 6.11 Diffusion senkrecht zum Magnetfeld im Teilchenbild. Die entgegengesetzt gleich großen Reibungskräfte $\vec{R}^e$ und $\vec{R}^i$, die durch den diamagnetischen Strom erzeugt werden, führen zusammen mit dem Magnetfeld $\vec{B}$ zur ambipolaren, radialen Drift.

ergibt ein weiteres anschauliches Bild für den Fluss der Elektronen in radialer Richtung ($Z=1$, $v_{e,th\perp}=\sqrt{2T_e/m_e}$, $r_{g,e}=v_{e,th}m_e/(eB_z)$):

$$n v_{D,r}^e = -\frac{v_{e,th\perp}^2 m_e^2}{e^2 B_z^2 \tau_{ei}}\nabla_r n = -\frac{r_{g,e}^2}{\tau_{ei}}\nabla_r n = -D\nabla_r n \qquad D = \frac{r_{g,e}^2}{\tau_{ei}}.$$

Der Fluss der Elektronen nach außen $nv_{D,r}^e$ ist also proportional dem Gradienten der Dichte mit einem Diffusionskoeffizienten D. Dies entspricht einem Random-Walk-Prozess, wie er bereits in Kapitel 4.3.1 im Geschwindigkeitsraum behandelt wurde, mit einer mittleren Versetzung $\langle \delta r^2 \rangle = r_{g,e}^2$ im Zeitintervall τ_{ei}.

6.7   Gleichgewicht solarer Filamente

Zum Abschluss der Diskussion linearer Gleichgewichte soll ein astrophysikalisches Beispiel betrachtet werden, in dem sich magnetische Kräfte, Druckkräfte und die Gravitation die Waage halten [132].

Wie in Kapitel 2 diskutiert, werden in dünnen Plasmen Atome, die durch Stöße angeregt werden, überwiegend durch Strahlungsübergänge wieder in den Grundzustand zurückkehren. Wie schon erwähnt, herrschen solche Verhältnisse insbesondere in der Sonnenkorona. Die Anregungswahrscheinlichkeit pro Atom ist proportional zur Elektronendichte n_e, die Strahlung pro Volumen also proportional zu $n_e n_H$ (n_H: Dichte der neutralen Wasserstoffatome). Genauso hängt die Bremsstrahlung vom Quadrat der Dichte n_e^2 ab. Wird durch eine Störung die Dichte lokal erhöht, steigt der Energieverlust durch Strahlung stark an und die Temperatur sinkt. Dabei steigt die Strahlung nicht nur durch die erhöhte Dichte, sondern im Bereich $0{,}1 - 1eV$ auch durch die verminderte Temperatur weiter an (siehe Kap. 2.3.2). Eine thermische Instabilität erzeugt Bereiche kälterer und dichterer Materie, die, wie man in Filmaufnahmen der Korona direkt beobachten kann, zur Sonnenoberfläche heruntertropfen.

Aus der Sonnenoberfläche greifen bogenförmige magnetische Dipolfelder weit in die Korona hinein, sodass die verdichtete Koronamaterie in diesen Magnetfeldern hängen bleiben kann. Die Magnetfeldspannung steht im Gleichgewicht mit der Gravitation. Es entsteht eine Konfiguration, wie sie in der Abbildung 6.12 schematisch dargestellt ist. Ein solches "solares Filament" ist parallel zu den Feldlinien sehr dünn (x-Richtung). Senkrecht dazu und parallel zur Sonnenoberfläche (z-Richtung) kann wegen der großen Dimensionen (typisch einige $10^5 km$) Homogenität ($\partial/\partial z = 0$) angenommen werden.

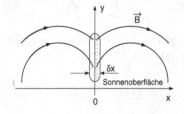

Abb. 6.12 In einem solaren Filament hängt die Materie in magnetischen Dipolfeldern.

Die lokale Kraftdichte der Gravitation $k_g = g\rho$ ($g = 274 m/s^2$: Gravitationskonstante der Sonnenoberfläche) ist im Gleichgewicht mit der Dichte der Lorentz-Kraft $k_L = j_z B_x$. Über die dünne Schicht kann in x-Richtung integriert und so eine Flächendichte $\rho^\star$ und eine Flächenstromdichte $j_z^\star$ eingeführt werden. Dabei kann $B_x = const$ im Bereich des Filamentes angenommen werden:

$$\int k_g dx = g \underbrace{\int_{-\infty}^{+\infty} \rho(x)dx}_{\equiv \rho^\star} \qquad \int k_L dx = B_x \underbrace{\int_{-\infty}^{+\infty} j_z \, dx}_{\equiv j^\star}.$$

Die Flächenstromdichte $j_z^\star$ erzeugt einen Sprung der y-Komponenten von $\vec{B}$ um δB_y, der sich aus der Gleichgewichtsbedingung bestimmen lässt:

$$g\rho^\star = B_x j_z^\star \qquad \rightarrow \qquad \delta B_y = \mu_0 j_z^\star = \mu_0 g \rho^\star / B_x.$$

Nun muss noch überprüft werden, ob die Materie tatsächlich in einem in x-Richtung schmalen Streifen konzentriert bleibt und sich nicht entlang der Feldlinien verteilt. Dazu wird angenommen, dass das Wasserstoffgas ($m_p = 1{,}67 \cdot 10^{-27} kg$) entsprechend der barometrischen Höhenformel $\rho(y) = \rho_0 e^{-y m_p g/T}$ bei einer typischen Temperatur von $T = 3700^o K$ in den Filamenten verteilt ist. Dies entspricht einer Abfalllänge $\lambda_\rho = T/(m_p g)$ der Dichte $\rho(y)$ von etwa $100 km$. Die Masse konzentriert sich also im Knickpunkt des Magnetfeldes.

Da man aus spektroskopischen Messungen auch Aussagen über das Magnetfeld ($B_x \approx 10^{-4} T$) und die Teilchendichte ($n_H \approx 10^{17} m^{-3}$) machen kann, ergibt sich ein konsistentes Bild, wenn man die Dicke des Filamentes mit $\delta x \approx \rho^\star / (m_p n_H) = 4\lambda_\rho \approx 400 km$ abschätzt und dabei $\rho^\star = \delta B_y B_x / (\mu_0 g)$ und $\delta B_y \approx 2 B_x$ setzt.

7 Der toroidale Einschluss

7.1 Grundeigenschaften der Gleichgewichte

Nach den Vorüberlegungen an geraden, unendlich ausgedehnten Plasmen sollen jetzt Gleichgewichte betrachtet werden, die räumlich begrenzt sind. Dabei wird, soweit nicht anders angegeben, das ideale Einflüssigkeitsbild zu Grunde gelegt und $\vec{v}=0$ angenommen. Somit gilt $\vec{\nabla}p=\vec{j}\times\vec{B}$.

Wie schon zu Anfang von Kapitel 6 diskutiert, bilden Druckflächen ein System ineinander geschachtelter Torusflächen. Definiert man mit C_t eine auf einer Druckfläche beliebig einmal toroidal, aber nicht poloidal umlaufende, in sich geschlossene Kurve und mit C_p eine entsprechend poloidal umlaufende Kurve (siehe Abb. 7.1), so kann man magnetische Flüsse und Ströme definieren, die durch von diesen beiden geschlossenen Kurven berandete Flächen hindurchtreten, wobei es auf deren Form wegen der Quellenfreiheit des magnetischen Feldes und der Stromdichte nicht ankommt:

toroidaler Fluss:	$\psi_t\equiv\psi_t(C_p)$	poloidaler Fluss:	$\psi_p\equiv\psi_p(C_t)$
toroidaler Strom:	$I_t\equiv I_t(C_p)$	poloidaler Strom:	$I_{pol}\equiv I_{pol}(C_t)$

Die Größen ψ_t, ψ_p, I_t und I_{pol}[1] sind unabhängig von der Festlegung der Kurven C_t und C_p auf der Druckfläche, sodass man den Flächen neben dem Druck p auch diese Skalare zuordnen kann. Diese Flächen werden daher auch als "Flussflächen" oder "magnetische Flächen" bezeichnet, während die innerste Torusfläche, die zu einer geschlossenen Linie entartet, "magnetische Achse" genannt wird. Als weitere wichtige Flussflächeneigenschaft lässt sich ein "Twist" der Feldlinien durch den so genannten "Sicherheitsfaktor"[2] $q\equiv lim_{\ell\to\infty}(n_t/n_p)$ definieren. (ℓ: Länge mit der eine Feldlinie verfolgt wird, n_t: Zahl der toroidalen Umläufe dabei, n_p: Zahl der poloidalen Umläufe dabei). Äquivalent ist die

---

[1]Der *toroidale* Strom I_t innerhalb der letzten geschlossenen Flussfläche ist der üblicher Weise mit I_p bezeichnete "Plasmastrom". Um Verwechslungen zu vermeiden wird hier der *poloidale* Strom mit I_{pol} abgekürzt.

[2]Der Begriff Sicherheitsfaktor für q wird durch Stabilitätseigenschaften der Magnetfeldkonfiguration des "Tokamaks" verständlich (siehe Kap. 7.2.1 und 10.4.2).

Definition

$$q \equiv -\frac{d\psi_t}{d\psi_p}.$$ (7.1)

In der Approximation kreisförmiger magnetischer Flächen mit dem konstanten Radius r bezüglich der ebenfalls kreisförmigen magnetischen Achse wird eine radiale Änderung von q durch die "Verscherung" $s = r/q \cdot dq/dr$ gemessen.

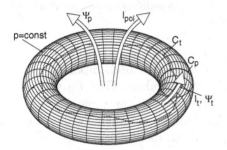

Abb. 7.1 Eine Flussfläche wird durch verschiedene skalare Größen, wie den Druck und die, von den Kurven C_t und C_p umschlossenen Ströme und Flüsse charakterisiert.

In der "Stellarator"-Konfiguration (siehe Kap. 7.3.1) wird auch der Kehrwert $\iota \equiv 1/q$ benutzt, der als "Rotationstransformation" bezeichnet wird. Die Rotationstransformation beschreibt eine Abbildung des kleinen Querschnitts des Torus auf sich selbst (siehe Abb. 7.2). Nach einem Umlauf wird der Durchstoßpunkt einer Feldlinie im Mittel um den Winkel $\iota = 2\pi\iota$ gedreht. Wenn q bzw. ι rationale Zahlen sind, schließen sich die Feldlinien nach endlich vielen Umläufen. Die dazugehörigen Flussflächen werden im Folgenden als "rational" bezeichnet. Entsprechend werden Flussflächen im anderen Fall als "irrational" bezeichnet. Feldlinien können auch, statt eine Flussfläche zu bilden, ein Volumen ergodisch ausfüllen. Die Darstellung der Feldlinien durch ihre Durchstoßpunkte in dem poloidalen Querschnitt wie in der Abbildung 7.2 wird wegen der Analogie zur Mechanik periodischer Systeme als "Poincaré-Plot" bezeichnet (siehe dazu 7.3.3).

Abb. 7.2 Bei einem Umlauf um den Torus verschieben sich die Durchstoßpunkte der Feldlinien von 1 und 2 nach 1' und 2'. Wegen der Analogie zu periodischen oder nahezu periodischen mechanischen Systemen wird diese Darstellung als "Poincaré-Plot" bezeichnet (siehe 7.3.3).

Wie schon im Teilchenbild demonstriert, gibt es in einem axialsymmetrischen, rein toroidal umlaufenden Magnetfeld $B_\phi \propto 1/R$ kein Gleichgewicht (siehe Kap. 3.5.3). Dies kann man auch im MHD-Bild erkennen (siehe Abb. 7.3). Da die Feldlinien außen länger sind, ist dort die Feldstärke geringer. Eine dies kompensierende größere Stromdichte außen würde zu einem nicht quellenfreien diamagnetischen Strom führen:

$$\vec{j}_\perp \times \vec{B} = \vec{\nabla}p \qquad\qquad |B_{\phi2}| < |B_{\phi1}| \qquad \rightarrow \qquad |j_{\perp2}| > |j_{\perp1}|.$$

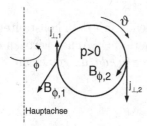

Abb. 7.3 Das kleinere Magnetfeld an der Torusaussenseite verlangt dort einen größeren Strom senkrecht zum Magnetfeld. Darum muss die Rotationstransformation endlich sein und ein "Ausgleichsstrom" parallel zum Magnetfeld fließen.

Die Quellenfreiheit des Stromes verlangt deshalb eine Stromkomponente parallel zum Magnetfeld. Also muss zusätzlich ein poloidales Feld B_p vorhanden sein. Anders ausgedrückt: die Rotationstransformation t muss endlich sein. Diese "Ausgleichsströme" parallel zu den Magnetfeldlinien werden auch "Pfirsch-Schlüter-Ströme" genannt [183] (siehe Abschnitt 7.2.4).

Da auch der diamagnetische Wärmefluss proportional zu $1/B$ ist (siehe Kap. 6.6.1), verlangt seine Quellenfreiheit in der Flussfläche auch einen Ausgleich parallel zum Magnetfeld.

Als naheliegende Möglichkeit kann die Rotationstransformation durch einen toroidalen Strom im Plasma erzeugt werden. Diese Gleichgewichtskonfiguration, die als "Tokamak" bezeichnet wird, ist axialsymmetrisch zur "Hauptachse" des Torus. Als Alternative kann eine nicht axialsymmetrische, näherungsweise helikale Verformung der Flussflächen den Twist erzeugen. Diese Anordnung heißt "Stellarator". Es ist zunächst überraschend, dass ohne einen toroidalen Strom Feldlinien poloidal umlaufen können. In Kapitel 7.3.1 wird dieses näher beschrieben.

Grundsätzlich existiert eine dritte Möglichkeit. Die Ströme parallel zum Magnetfeld lassen sich unterdrücken, wenn man Magnetfelder benutzt, die nicht wie $1/R$ nach außen abfallen. Vergrößert man auf der Torusinnenseite stark die Oberfläche (vgl. Abb. 7.4), so wird die Magnetfeldstärke dort geschwächt. Meyer und Schmidt haben solche "M+S-Gleichgewichte" erstmals berechnet [161]. Sie haben heute in Kombination mit Stellaratorfeldern wieder Bedeutung erhalten (siehe Abschnitt 7.3.1).

Abb. 7.4 Im "M+S-Gleichgewicht" [161] ist das Magnetfeld auf der Torusinnenseite durch Verformung der Flussflächen geschwächt, sodass keine Ausgleichsströme notwendig sind. (Das Kreuz markiert die Position der Hauptachse.)

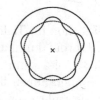

7.2 Die axialsymmetrische Konfiguration

7.2.1 Der Tokamak

Nach der Übersicht über Gleichgewichtskonfigurationen sollen in diesem und in den folgenden Abschnitten zunächst axialsymmetrische Gleichgewichte genauer betrachtet werden. Abgesehen davon, dass sie mathematisch einfacher zu behandeln sind, liegt ihr Vorteil in einem grundsätzlich guten Einschluss energiereicher Teilchen (siehe Kap. 3.6.4 und 8.1). Ein wesentlicher Grund für den frühen Erfolg dieser Konfiguration liegt jedoch in der intrinsischen Heizung durch den Plasmastrom, da andere Heizverfahren in diesem Leistungsbereich erst später entwickelt wurden. Da die ersten experimentellen Erfolge in dieser Anordnung unter Leitung von Artsimovich im Kurchatov Institut in Moskau erzielt wurden [174, 20], werden diese Einschlusskonfiguration heute mit dem russischen Wort "Tokamak" bezeichnet. Dieser Begriff Tokamak ist eine Verkürzung der russischen Worte für "Toroidale Kammer mit Magnetfeldspulen":

ТОРОИДАЛЬНАЯ КАМЕРА С МАГНИТНЫМИ КАТУШКАМИ

Man kann sich das Tokamak-Gleichgewicht als einen Screw-Pinch vorstellen (siehe Kap. 6.5), der zu einem Torus gebogen ist. Die langwellige Kink-Mode, die den Feldlinien folgt, wird im Torus stabilisiert, da Moden mit Wellenlängen größer als der große Umfang nicht existieren können. Man darf also den Twist der Feldlinien nicht zu groß bzw. q nicht zu klein wählen. Es wird jetzt klar, warum q Sicherheitsfaktor genannt wird. Die weitere Stabilitätsdiskussion (siehe 10.4.2) ergibt allerdings auch eine obere Grenze für q.

Experimentell findet man als Grenze, dass q am Rande $q(a)$ (a kleiner Plasmaradius) im Allgemeinen größer als 2 sein muss. Durch die höhere Temperatur im Zentrum und die damit verbundene höhere Leitfähigkeit verlagert sich der toroidale Strom während einer Entladung zunehmend ins Zentrum, q im Zentrum fällt folglich ab, bis im Regelfall $q(0)=1$ erreicht wird. Dann wächst auf einer sehr kurzen Zeitskala die so genannte "Sägezahninstabilität" an, die das Plasma aus dem Zentrum herauswirft. Schon in Kapitel 3.2 bei der Erläuterung der Temperaturmessung durch die Elektronzyklotronstrahlung war ein Beispiel für diese Instabilität gezeigt worden. Hierbei wird trotz der guten elektrischen Leitfähigkeit das Plasma durch einen komplexen Vorgang aus den magnetischen Flussröhren herausgeworfen. Dies ist ein Sonderfall der allgemeinen Klasse der "resistiven Instabilitäten" , die in Kapitel 10.6 diskutiert werden.

Für das Weitere ist es zweckmäßig, Zylinderkoordinaten einzuführen, die im Unterschied zum Screw-Pinch mit Großbuchstaben R, ϕ, Z bezeichnet werden (siehe Abb. 7.5). Dabei gilt $\partial/\partial\phi=0$ und $|\nabla\phi|=1/R$. Das Magnetfeld kann in eine poloidale Komponente $\vec{B}_p=(B_R,0,B_Z)$ und eine toroidale Komponente $\vec{B}_\phi$ zerlegt werden, für den axialsymmetrischen Tokamak lässt es sich vollständig durch den oben eingeführten poloidalen Fluss[3] ψ und den poloidalen Strom I_{pol} ausdrücken. Für die Herleitung dieses Zusammenhangs beziehen wir uns auf Abbildung 7.5 und berechnen ψ als Fluss von $\vec{B}$ durch die von Kreislinie K durch (R,ϕ,Z) berandete Kreisscheibe S

$$\psi(R,Z) = \iint\limits_S \vec{B}\cdot d\vec{S} = 2\pi\int_0^R B_Z R'dR'. \tag{7.2}$$

Hieraus ergibt sich

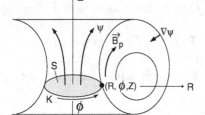

Abb. 7.5 In axialsymmetrischen Konfigurationen ist es zweckmäßig, das Koordinatensystem R,ϕ,Z zu benutzen. Der poloidale Fluss ψ ist eine Funktion von R und Z.

$$\frac{\partial\psi}{\partial R} = 2\pi R B_Z, \quad \frac{\partial\psi}{\partial Z} = 2\pi\int_0^R \frac{\partial B_Z}{\partial Z}R'dR' = -2\pi R B_R.$$

dabei haben wir für die Berechnung des Integrals von der Quellenfreiheit des magnetischen Feldes

$$\vec{\nabla}\cdot\vec{B} = \frac{1}{R}\frac{\partial(RB_R)}{\partial R} + \frac{\partial B_Z}{\partial Z} = 0$$

Gebrauch gemacht. Für den Fluss der Stromdiche $\vec{j}$ durch S, den poloidalen Strom I_{pol}, gilt

$$I_{pol} = \iint\limits_S \vec{j}\cdot d\vec{S} = \frac{1}{\mu_0}\oint\limits_K \vec{B}\cdot d\vec{s} = \frac{2\pi R B_\phi}{\mu_0}$$

$d\vec{s}$ ist das Linienelement von K mit $ds = Rd\phi$. Das Flächenintegral über $\vec{j} = \vec{\nabla}\times\vec{B}/\mu_0$ haben wir mit Hilfe des Stokesschen Satzes in ein Linienintegral über $\vec{B}$ verwandelt. Die vorstehenen Relationen lassen sich für $\vec{B} = (B_R,B_\phi,B_Z) = \vec{B}_p + \vec{B}_\phi$ in der folgenden Darstellung vereinen:

$$\vec{B} = \frac{1}{2\pi}\left(\vec{\nabla}\psi\times\vec{\nabla}\phi + \mu_0 I_{pol}\vec{\nabla}\phi\right). \tag{7.3}$$

---

[3]Im Folgenden wird der poloidale Fluss mit ψ ohne Index bezeichnet, da der toroidale Fluss hier nicht vorkommt.

Abbildung 7.6 illustriert die Zusammensetzung des Gesamtmagnetfeldes $\vec{B}$ aus seiner poloidalen Komponente $\vec{B}_p$ und dem toroidalen Anteil $\vec{B}_\phi$. Die zugehörige Stromdichte $\vec{j} = \vec{\nabla} \times \vec{B}/\mu_0$ berechnet sich also zu

$$\vec{j} = \frac{1}{2\pi}\vec{\nabla} I_{pol} \times \vec{\nabla}\phi + \frac{1}{2\pi\mu_0}\vec{\nabla} \times (\vec{\nabla}\psi \times \vec{\nabla}\phi) = \vec{j}_p + \vec{j}_\phi$$

Als Rotation eines poloidalen Vektors bestimmt sich aus dem zweiten Term die toroidale Komponente der Stromdichte, die auch in der Form[4]

$$\vec{j} = \frac{1}{2\pi\mu_0}\left(\mu_0 \vec{\nabla} I_{pol} \times \vec{\nabla}\phi - \Delta^*\psi \vec{\nabla}\phi\right) \tag{7.4}$$

wobei Δ^* mit

$$\Delta^*\psi \equiv R^2\, \vec{\nabla} \cdot \frac{\vec{\nabla}\psi}{R^2} \tag{7.5}$$

der aus der Hydrodynamik [140] axialsymmetrischer Stömungen bekannte Stokes-Operator ist, für den sich in den hier verwendeten Zylinderkoordinaten (R, ϕ, Z) in Anwendung auf ψ

$$\Delta^*\psi = \frac{\partial^2\psi}{\partial R^2} + \frac{\partial^2\psi}{\partial z^2} - \frac{1}{R}\frac{\partial\psi}{\partial R} \tag{7.6}$$

ergibt. Bei der allgemeinen Darstellung des Magnetfeldes als (7.3) und der zugehörigen Stromdichte in der Form (7.4) mit Hilfe des poloidalen Flusses ψ und Stromes I_{pol} ist noch unberücksichtigt, dass diese Felder in einem Tokamak als in einem magnetohydrodynamischen Gleichgewichtszustand befindlich zu betrachten sind und daher der Gleichgewichtsbedingung $\vec{j} \times \vec{B} = \vec{\nabla}p$ genügen müssen.

In einer Tokamak-Konfiguration mit kreisförmigem Querschnitt gilt näherungsweise für das Verhältnis des poloidalen Magnetfeldes $B_p(r{=}a)$ am Plasmarand zum toroidalen Magnetfeld $B_\phi(R_0)$ (R_0: Radius der magnetischen Achse):

$$\frac{B_p(a)}{B_\phi(R_0)} \approx \frac{2\pi a}{2\pi R_0 q(a)} = \frac{1}{Aq(a)}.$$

Das Verhältnis $A{\equiv}R_0/a$ wird als "Aspektverhältnis" bezeichnet. Es ist typisch 3 bis 4. Damit ist am Rand das toroidale Feld etwa eine Größenordnung größer als das Poloidalfeld. Weiter zum Plasmazentrum hin überwiegt die toroidale Feldkomponente noch deutlicher.

---

[4]Für die Auswertung von $\vec{\nabla} \times (\vec{\nabla}\psi \times \vec{\nabla}\phi)$ wurden die vektoralgebraischen Umformungen $\vec{\nabla}\phi \cdot (\vec{\nabla} \times (\vec{\nabla}\psi \times \vec{\nabla}\phi)) = -\vec{\nabla} \cdot (\vec{\nabla}\phi \times (\vec{\nabla}\psi \times \vec{\nabla}\phi)) = -\vec{\nabla} \cdot (\vec{\nabla}\psi/R^2)$ durchgeführt. Die erste Gleichheit ergibt sich nach Anwendung der Formel $\vec{\nabla} \cdot (\vec{A} \times \vec{B}) = \vec{B} \cdot \vec{\nabla} \times \vec{A} - \vec{A} \cdot \vec{\nabla} \times \vec{B}$ für 2 Vektoren $\vec{A}$ und und $\vec{B}$, die zweite, indem man die Divergenz nach Auswertung des doppelten Kreuzprodukts bildet.

Abb. 7.6 In der Tokamak-
Anordnung erzeugen die Hauptfeldspulen das toroidale Feld. Sie
besitzen eine typische D-Form.
Dies entspricht in dem nach außen
mit $1/R$ abfallenden Feld der
Kettenlinie im Gravitationsfeld
und vermindert so die mechanischen Spannungen. Die OH-Spule
induziert den Plasmastrom I_t,
der wiederum das poloidale Feld
erzeugt. Das Feld B_V der Verti-
kalfeldspulen hält gemeinsam mit
dem Strom I_t den Plasmaring
zusammen.

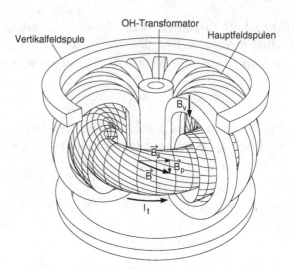

Um den Strom im Plasma treiben zu können, ist der Tokamak elektrotech-
nisch gesehen als Transformator aufgebaut, wie es die Abbildung 7.6 zeigt.
Die Primärwicklung, die so genannten "OH-Spulen", induzieren durch eine
Stromänderung die notwendige Umfangsspannung im Plasmatorus. Bei einer
Umfangsspannung von typisch $1V$ erzeugt ein Plasmastrom von z. B. $I_p{=}1MA$
immerhin eine Heizleistung von $1MW$. Zusätzlich zu den "Hauptfeldspulen",
die das toroidale Feld B_ϕ erzeugen, wird ein vertikales Feld B_V für das Gleichgewicht benötigt, wie es in Abschnitt 7.2.5 diskutiert wird.

In der Abbildung 7.7 sind verschiedene Messgrößen einer typischen Tokamak-
entladung zusammengestellt, die dort auch erläutert sind. Hier sollen zwei dieser Größen mit dem Einflüssigkeitsmodell (siehe Kap. 5.3) verglichen werden.
Ist der Plasmastrom und das Temperaturprofil für längere Zeit konstant, sollte
die Umfangsspannung auf der Achse durch $U_\phi{=}2\pi R_0 j_\phi(0)/\sigma_\parallel(0)$ beschrieben
werden. Legt man das Stromprofil durch die Forderung fest, dass $q(0){=}1$ ist[5],
folgt für den Zeitpunkt $t{=}2s$ aus $T_e(0){\approx}1000eV$ und $R_0{=}1{,}65m$ eine Spannung
$U_\phi{\approx}0{,}65V$ in relativ guter Übereinstimmung mit dem Messwert von $0{,}8V$.
Ein genauerer Vergleich muss bei zeitlichen Änderungen den Skineffekt, eine
Verminderung der Leitfähigkeit durch die toroidale Feldlinienkrümmung (siehe Kap. 8.1.2) und die Erhöhung des Widerstandes durch Verunreinigungen
($Z_{eff} > 1$) berücksichtigen.

---

[5]In einer Klasse von zentral zugespitzten Stromprofilen von $j_\phi \propto (\nu+1)[1-(r/\bar{a})^2]^\nu$ folgt
aus dieser Bedingung, dass $\nu{=}q(a)$-1 ist. Damit ergibt sich eine Stromdichte auf der Achse
von $j_\phi(0){=}2{,}4{\cdot}10^6 A/m^2$. Der elliptische Querschnitt mit den Halbachsen a und b wurde bei
dieser Abschätzung äquivalent zu einem kreisförmigen mit dem Radius $\bar{a}{=}\sqrt{ab}$ gesetzt.

Abb. 7.7 Hier sind einige Messgrößen einer typischen Tokamak-Entladung am Experiment ASDEX Upgrade mit $B_{\phi,0}$=2,5T und Deuterium als Füllgas als Funktion der Zeit dargestellt [159]. Die Umfangsspannung U_ϕ wird durch eine toroidale Flussschleife gemessen. Die relativ hohe Spannung während des Stromaufbaus resultiert nicht nur aus dem höheren Widerstand in dieser Phase, sondern auch aus dem Aufbau der Poloidalfeldenergie. Der Strom I_p wird, wie in Kapitel 6.5 erläutert, mit einer

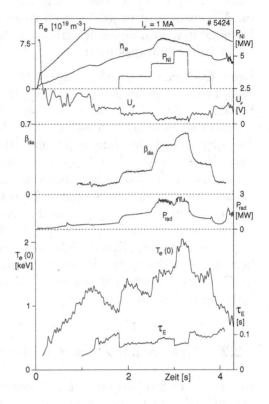

Rogowski-Spule bestimmt. Die mittlere Plasmadichte $\bar{n}_e$ wird interferometrisch (Kap. 9.3) und die zentrale Elektronentemperatur $T_e(0)$ aus der Elektronenzyklotronstrahlung ermittelt (Kap. 3.2). Während der Entladung wird das Plasma zeitweise durch Neutralteilcheninjektion geheizt (Kap. 2.5.2). Ebenfalls ist die abgestrahlte Leistung P_{rad} angegeben. Sie wird durch die Widerstandserhöhung dünner Metallfolien gemessen, die sich in einer Lochkamera befinden [158]. Die Plasmaenergie wird durch das diamagnetische Beta β_{dia} bestimmt (Kap. 6.5).

Eine wichtige Größe, die die Qualität der Isolation des Plasmas durch das Magnetfeld charakterisiert, ist die Energieeinschlusszeit τ_E, die durch den Energieinhalt des Plasmas geteilt durch die Heizleistung definiert wird. Sie ist im gezeigten Beispiel typisch $100ms$. Ein Vergleich mit dem Wärmeleitungskoeffizienten $\kappa^i_\perp$ aus Kapitel 5.3.4 zeigt jedoch eine starke Abweichung. Nimmt man $\kappa^i_\perp$=$const$, ein konstantes Dichteprofil $n(r)$=$n_{e,0}$ und ein Heizprofil an, bei dem die innerhalb einer Flussfläche deponierte Leistung proportional mit dem Radius wächst, so gilt τ_E=$n_{e,0}\bar{a}^2/(4\kappa_\perp)$. Setzt man in $\kappa^i_\perp$ eine Temperatur von T_i=$500eV$ ein, so folgt τ_E≈$20s$, ein Wert etwa 100 mal größer als der ermittelte.

Die Ursache für den erhöhten Transport liegt einmal in dem Einfluss der toroidalen Krümmung auf die Teilchendrift, die zu einem erhöhten Transport führt. Er wird als "neoklassischer" Transport bezeichnet (siehe Kap. 8.1.2). Im Allgemeinen ist er jedoch auch gegenüber diesem Wert durch kleinskalige Instabilitäten noch wesentlich erhöht. In Kapitel 10.7 wird ein Beispiel für eine solche Instabilität diskutiert.

Beim Erhöhen der Heizleistung verkleinert sich τ_E im Allgemeinen weiter (vgl. P_{NI} und τ_E in Abb. 7.7) [89]. Dies ist umgekehrt wie bei Coulomb-Stößen, da dort die Wärmeleitung senkrecht zum Magnetfeld mit steigender Temperatur abnimmt. Offensichtlich wird durch den erhöhten Wärmefluss die Turbulenz angefacht. Eine experimentelle Studie [200] zeigt bei einem kritischen Wert von $\nabla T/T = -1/\lambda_{T,c}$ einen stark anwachsenden Diffusionskoeffizienten. Dies führt dazu, dass die Abfalllänge der Temperatur λ_T diesen kritischen Wert kaum unterschreiten kann und daher für das Temperaturprofil $T(r) = T(r_p)exp[(r_p - r)/\lambda_{T,c}]$ gilt. Es zeigt sich, dass für r_p ein Referenzradius nahe beim Plasmaradius gewählt werden kann ($r_p \lesssim a - r_{g,i}$). Aus dieser so genannten "Profilsteifigkeit" folgt unmittelbar, dass der Randbereich im hohen Maß den Energieinhalt bestimmt. Inzwischen kann der turbulente Energietransport – abgesehen von der H-Mode-Barriere – relativ gut theoretisch beschrieben werden [9, 86].

7.2.2 Grad-Schafranow-Schlüter-Gleichung

Bevor weitere experimentelle Ergebnisse dargestellt werden, ist es sinnvoll, in diesem und dem folgenden Abschnitt das Gleichgewicht quantitativ zu diskutieren. Dazu gehen wir aus von der zu Beginn von Kapitel 6 genannten Grundgleichung (6.1) magnetohydrostatischen Gleichgewichts

$$\vec{j} \times \vec{B} = \vec{\nabla} p. \tag{7.7}$$

Wenn wir uns hier die Ausdrücke (7.4) für die Stromdichte $\vec{j}$ und (7.3) für die magnetische Induktion $\vec{B}$ eingesetzt denken, dann sehen wir, dass in einem magnetohydrostatischen Gleichgewichtszustand zwischen dem poloidalen Fluss ψ, der toroidalen Strom I_{pol} und dem auf der rechten Seite stehenden Plasmadruck p Beziehungen bestehen. Für deren nähere Bestimmung betrachten wir die Gleichungen (7.7) in drei voneinander unabhängigen Richtungen: Entlang $\vec{B}$, entlang $\vec{j}$ und in Richtung von $\vec{\nabla}\psi$:

$$\vec{j} \cdot \nabla p = 0, \tag{7.8}$$

$$\vec{B} \cdot \nabla p = 0, \tag{7.9}$$

$$(\vec{j} \times \vec{B}) \cdot \nabla \psi = \nabla p \cdot \nabla \psi. \tag{7.10}$$

Aus den ersten beiden Gleichungen ergibt sich, dass

$$I_{pol} = I_{pol}(\psi), \quad p = p(\psi), \tag{7.11}$$

d.h. im Gleichgewicht sind I_{pol} und p Funktionale von ψ. Da es im Rahmen der Magnetohydrostatik keine weiteren Gleichungen gibt, die die (7.11) näher bestimmen würden, bleiben $p(\psi)$ und $I_{pol}(\psi)$ unbestimmt, bzw. müssen für eine Gleichgewichtsberechnung geeignet vorgegeben werden.

Für die dritte Gleichung (7.10) erhalten wir

$$\Delta^* \psi + \mu_0^2 I_{pol} \frac{dI_{pol}}{d\psi} + 4\pi^2 \mu_0 R^2 \frac{dp}{d\psi} = 0 \tag{7.12}$$

Indem wir für den Stokes-Operator (7.5) in Zylinderkoordinaten (7.6) die Bezeichnung $L = L(\psi)$ einführen,

$$L(\psi) \equiv \frac{\partial^2 \psi}{\partial R^2} + \frac{\partial^2 \psi}{\partial z^2} - \frac{1}{R} \frac{\partial \psi}{\partial R} \tag{7.13}$$

erhalten wir aus der Beziehung (7.12) schließlich die Grad-Schafranow-Schlüter-Gleichung[6] [155, 203, 90]

$$L(\psi) = -4\pi^2 \mu_0 R^2 \frac{dp}{d\psi} - \mu_0^2 I_{pol} \frac{dI_{pol}}{d\psi} \tag{7.14}$$

Dies ist eine partielle Differenzialgleichung für den skalaren Fluss $\psi(R, z)$, wobei $p(\psi)$ und $I_{pol}(\psi)$ vorzugeben sind.

Zur Lösung können als Randbedingung eine äußere Flussfläche oder außenliegende Leiterströme vorgegeben werden. Die Flussfläche kann z. B. einen kreisförmigen oder einen elliptischen Querschnitt haben. Mit der Lösung wird dann das Gleichgewicht durch $\psi(R, Z)$ beschrieben. Die Differenzialgleichung lässt sich bei bestimmten Vorgaben von $p(\psi)$ und $I_{pol}(\psi)$ analytisch exakt, im Allgemeinen aber nur näherungsweise durch Entwicklung nach einem "Kleinheitsparameter" oder nummerisch lösen.

7.2.3 Der Tokamak als toroidal geschlossener Screw-Pinch

Der Tokamak kann, wie schon gesagt, als Screw-Pinch verstanden werden, der zum Torus gebogen ist, wobei das toroidale Feld B_ϕ dominiert. Dies kann zu einem quantitativen Näherungsverfahren ausgebaut werden, indem man die GSS-Gleichung nach einem Kleinheitsparameter ϵ entwickelt. Wenn auch heute auf modernen Computern Gleichgewichte nummerisch mit großer Präzision

---

[6]Der in dieser "GSS-Gleichung" auftretende Operator L war bereits aus der Hydrodynamik inkompressibler Flüssigkeiten bekannt [140].

berechnet werden können, liegt die Bedeutung solcher Entwicklungen darin, dass man Zusammenhänge besser als in nummerischen Rechnungen erkennen kann.

Als Ergebnis der Entwicklung erhält man in nullter Näherung den Screw-Pinch und in nächster Ordnung Abweichungen von dieser Konfiguration. Da bei einem ohne sonstige Veränderungen zum Torus gebogenen Screw-Pinch im Allgemeinen das toroidale und das poloidale Feld auf der Torusinnenseite größer sind als auf der Außenseite, erwartet man als Korrektur zum Screw-Pinch, dass die inneren Flussflächen gegenüber den äußeren nach außen verschoben sind. Auf diese Art wird das poloidale Feld außen verstärkt.

Für eine Entwicklung, die hier auf einen kreisförmigen Querschnitt beschränkt bleibt, nimmt man zunächst an, dass gewisse Größen "von der Ordnung 1" sind, andere sind "von der Größenordnung ϵ" mit $\epsilon \ll 1$. Eventuell gibt es auch Terme von der Größenordnung ϵ^{-1} oder ϵ^2. Wenn a_n, b_n, c_n, d_n geeignet normierte Größen der Rechnung sind, bedeutet der Index n, dass die Größe $a_n \sim \epsilon^n$ ist. Bei Addition und Multiplikation gelten dann für $n \leq m$ die Regeln $a_n + b_m = c_n$ bzw. $a_n \cdot b_m = c_{n+m}$. Ein solcher Ansatz muss in sich widerspruchsfrei sein und durch die angenommenen Größenordnungen die Experimente beschreiben können.

Ein Entwicklungsschema für Tokamaks, das viele experimentelle Situationen näherungsweise beschreiben kann, macht folgende Annahmen, die mit $q \sim 1$ kompatibel sind:

$$B_{p,1}/B_{\phi,0} \sim \epsilon \qquad A \sim 1/\epsilon \qquad \beta_p \sim 2\mu_0 p_2/B_{p,1}^2 \sim 1.$$

Die Größe $B_{\phi,2} \sim \epsilon^2$ beschreibt den Einfluss des β_p-Wertes auf das toroidale Feld analog zum Screw-Pinch (siehe Kap. 6.5).

Für das Weitere werden wie im Screw-Pinch die Koordinaten r, ϑ, z eingeführt (siehe Abb. 7.8). Im Gegensatz zum R, ϕ, Z-System ist das r, ϑ, z-System nur näherungsweise rechtwinklig. Der Zusammenhang zwischen den beiden Koordinatensystemen ist:

$$R = R_0 + r cos\vartheta \qquad Z = -r sin\vartheta \qquad \phi = z/R_0.$$

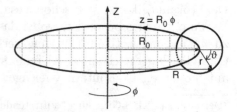

Abb. 7.8 Das Koordinatennetz R, ϕ, Z wird in das Koordinatennetz r, ϑ, z transformiert, um den Tokamak näherungsweise als Screw-Pinch beschreiben zu können.

Der Δ^*-Operator (7.5) lautet in den (r, ϑ, z)-Koordinaten [78]:

$$\Delta^*\psi = \frac{1}{r}\frac{\partial}{\partial r}\left(r\frac{\partial\psi}{\partial r}\right) + \frac{1}{r^2}\frac{\partial^2\psi}{\partial\vartheta^2} - \frac{1}{R_0 + r\cos\vartheta}\left(\cos\vartheta\frac{\partial\psi}{\partial r} - \frac{\sin\vartheta}{r}\frac{\partial\psi}{\partial\vartheta}\right).$$

Als nullte Näherung wird ein konzentrisches Gleichgewicht $\psi_0(r)$ angenommen und dies in die GSS-Gleichung eingesetzt ($r(\psi_0)$: Umkehrfunktion von $\psi_0(r)$):

$$\psi = \psi_0(r) \qquad p = p_2(\psi_0) \qquad I_{pol} = \frac{2\pi R}{\mu_0}\left[B_{\phi,0} + B_{\phi,2}(\psi)\right],$$

$$\frac{1}{r}\frac{\partial}{\partial r}\left(r\frac{\partial\psi_0}{\partial r}\right) = -4\pi^2\mu_0 R_0^2\frac{\partial p}{\partial r}\frac{\partial r}{\partial\psi_0} - 4\pi^2 R_0^2 B_{\phi,0}\frac{\partial B_{\phi,2}}{\partial r}\frac{\partial r}{\partial\psi_0}.$$

Wenn man ψ durch B_ϑ ausdrückt, $B_{\phi,2}=B_z$ setzt und $B_{\phi,2}\ll B_{\phi,0}$ beachtet, ergibt dies gerade die Gleichgewichtsgleichung 6.2 aus Kapitel 6.5 für den Screw-Pinch:

$$\frac{B_{\vartheta,1}}{\mu_0 r}\frac{\partial}{\partial r}(rB_{\vartheta,1}) = -\frac{\partial p_2}{\partial r} - \frac{1}{\mu_0}\frac{\partial B_{\phi,2}}{\partial r}B_{\phi,0} = -\frac{\partial}{\partial r}\left(p_2 + \frac{(B_{z,0} + B_{z,2})^2}{2\mu_0}\right).$$

Wegen dieser Ähnlichkeit zwischen Tokamak und Screw-Pinch lassen sich daher die Ergebnisse der Diskussion des Betas aus Kapitel 6.5 übertragen. So ist z. B. für den Grenzfall $I'_{pol}=0$ das jetzt als poloidales Beta bezeichnete Beta ($\beta_p\hat{=}\beta_\vartheta$) eins. Das toroidale Feld B_ϕ wird dann nur durch die externen Spulen erzeugt und trägt nicht zum Einschluss bei.

Allgemein komprimiert für $\beta_p<1$ der toroidale Strom das toroidale Magnetfeld, während für $\beta_p>1$ das toroidale Feld zur Kompression des Plasmas beiträgt. Ebenfalls wie beim Screw-Pinch kann β_p durch eine poloidal das Plasma umgreifende Messschleife gemessen werden. Die Abbildung 7.9 zeigt $B_\phi(R)$ für verschiedene β_p-Werte.

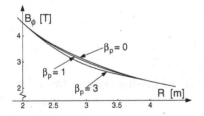

Abb. 7.9 Das toroidale Feld B_ϕ für $Z=0$ als Funktion des Radius R für verschiedene poloidale Beta-Werte β_p (Stromprofil $j_t(r)\propto 1-(r/a)^2$; $q=3$, $A=3$).

Das Beta bezogen auf das toroidale Magnetfeld β_t ist:

$$\beta_t = \frac{B_{\vartheta,1}^2(a)}{B_{\phi,0}^2}\beta_p = \frac{\beta_p}{A^2q^2(a)}.$$

Da $\beta_p\approx1$ und $Aq\gg1$ wird der Name "Klein-Beta-Entwicklung" für die hier diskutierte Näherung verständlich.

Der β_t-Wert kann bei gegebenem β_p vergrößert werden, wenn man einen kleinen q-Wert wählt. Dies wird durch für $q(a) \lesssim 3$ auftretende Instabilitäten begrenzt (siehe Kap. 6.5, 1. Absatz). Durch Wahl eines elliptischen Plasmaquerschnitts (siehe z. B. Abb. 7.12) kann jedoch der Plasmadruck erhöht werden, da bei gegebenem β_p und q(a) das toroidale Beta größer wird $\beta_t \approx \beta_p(\kappa + 1)^2 / (4A^2q^2(a))$ ($\kappa = b/a$ Achsenverhältnis des elliptischen Querschnitts).

7.2.4   Pfirsch-Schlüter-Ströme

Es soll zunächst ein allgemeiner Ausdruck für die Pfirsch-Schlüter-Ströme (PS-Ströme) in axialsymmetrischen Konfigurationen abgeleitet werden, der dann auf die im vorangehenden Abschnitt angegebene Näherung des Gleichgewichtes angewandt wird [248]. Aus der Gleichgewichtsbedingung $\vec{\nabla}p = \vec{j} \times \vec{B}$ folgt für die Stromdichte senkrecht zum Magnetfeld (ψ: poloidaler Fluss):

$$\vec{j}_\perp = \frac{\vec{B} \times \vec{\nabla}p}{B^2} = \frac{\vec{B} \times \vec{\nabla}\psi}{B^2}\frac{dp}{d\psi}.$$

Mit dem Ausdruck 7.3 in 7.2.2 für das Magnetfeld und einigen Vektorumformungen lässt sich die Divergenz von $\vec{j}_\perp$ in eine für die Ableitung der PS-Ströme geeignete Form bringen:

$$\vec{\nabla} \cdot \vec{j}_\perp = -\mu_0 I_{pol}\vec{B} \cdot \vec{\nabla}\left(\frac{1}{B^2}\right)\frac{dp}{d\psi}.$$

Die Divergenz der Gesamtstromdichte $\vec{j} = \vec{j}_\perp + \vec{j}_\parallel$ muss null sein ($\vec{\nabla} \cdot \vec{B} = 0$):

$$\vec{j}_\parallel = \frac{\vec{j} \cdot \vec{B}}{B^2}\vec{B} \qquad \vec{\nabla} \cdot \vec{j}_\parallel = \vec{B} \cdot \vec{\nabla}\left(\frac{\vec{j} \cdot \vec{B}}{B^2}\right).$$

$$\vec{\nabla} \cdot \vec{j} = \vec{B} \cdot \vec{\nabla}\left(\frac{\vec{j} \cdot \vec{B}}{B^2} - \frac{\mu_0 I_{pol}}{B^2}\frac{dp}{d\psi}\right) = 0.$$

Dies ist erfüllt, wenn im folgenden Ausdruck C eine Flussflächenkonstante ist:

$$\vec{j} \cdot \vec{B} = \mu_0 I_{pol}\frac{dp}{d\psi} + CB^2.$$

Die PS-Ströme sind diejenigen, bei denen der Flussflächenmittelwert $\langle \vec{j} \cdot \vec{B} \rangle$ verschwindet. Damit lässt sich C bestimmen und ein Ausdruck für die PS-Ströme j_{PS} ableiten:

$$0 = \mu_0 I_{pol}\frac{dp}{d\psi} + C\langle B^2 \rangle,$$

$$j_{PS} = \frac{\mu_0 I_{pol}}{B} \frac{dp}{d\psi} \left(1 - \frac{B^2}{\langle B^2 \rangle} \right).$$

Nimmt man wie in Abschnitt 7.2.3 einen kreisförmigen Querschnitt und $B_{\phi,0} \gg B_{p,1} \gg B_{\phi,2}$ an, so lassen sich die PS-Ströme expliziter angeben. Mit $B \approx B_0 R_0 / R$, $R = R_0 + r\cos\vartheta$, $I_{pol} \approx 2\pi R_0 B_0 / \mu_0$, $d\psi = 2\pi R_0 B_{p,1} dr$ und den Koordinaten wie in Abbildung 7.8 definiert folgt für $A \gg 1$:

$$j_{PS} = \frac{2\cos\vartheta}{A B_{p,1}} \frac{dp}{dr}.$$

Die PS-Ströme fließen innen und außen im Torus in entgegengesetzter Richtung. Sie nehmen mit wachsendem Druckgradienten zu und mit wachsendem Aspektverhältnis und Poloidalfeld ab. Gegen den elektrischen Widerstand werden die PS-Ströme durch ein elektrisches Feld parallel zur Torushauptachse getrieben.

7.2.5 Schafranow-Verschiebung und Vertikalfeld

Wie schon zu Anfang von Abschnitt 7.2.3 diskutiert, ist zu erwarten, dass im Tokamak die inneren Flussflächen gegenüber den äußeren nach außen verschoben sind. Entsprechend wird für die Flussflächengrößen in der nächsten Ordnung ein geeigneter Ansatz gemacht:

$$\psi(r,\vartheta) = \psi_0(r) + \psi_1(r)\cos\vartheta,$$

$$p(r,\vartheta) = p_2(r) + \frac{dp_2}{d\psi_0}\psi_1\cos\vartheta = p_2(r) + \frac{dp_2}{dr}\frac{dr}{d\psi_0}\psi_1\cos\vartheta.$$

Die Flussflächen sind näherungsweise um δ versetzte Kreise, wobei für $\delta(r)$ gilt:

$$\delta(r) = -\frac{\psi_1}{\partial\psi_0/\partial r} = -\frac{\psi_1(r)}{2\pi R_0 B_{\vartheta,1}(r)}.$$

Einsetzen der Größen in die GSS-Gleichung (7.14) und Beachten der angegebenen Rechenvorschriften führt zu einer Differenzialgleichung für den Fluss ψ_1:

$$\frac{1}{2\pi}\frac{d}{dr}\left[r B_{\vartheta,1}^2 \frac{d}{dr}\left(\frac{\psi_1}{B_{\vartheta,1}} \right) \right] = r B_{\vartheta,1}^2 - 2\mu_0 r^2 \frac{dp_2}{dr} \tag{7.15}$$

Da $B_{\vartheta,1}$ bzw. p_2 entweder vorzugeben oder aus der Gleichung 0-ter Ordnung bekannt ist, ist (Gl. 7.15) eine Bestimmungsgleichung für $\psi_1(r)$. Man kann leicht verifizieren, dass folgender Ausdruck mit der Integrationskonstante C_V eine Lösung ist:

$$\psi_1(r) = -2\pi B_{\vartheta,1}(r)\times,$$

$$\left\{ \int_0^r \frac{dx}{xB_{\vartheta,1}^2(x)} \left[\int_0^x \left(2\mu_0 y^2 \frac{dp_2(y)}{dy} - yB_{\vartheta,1}^2(y) \right) dy + C_V \right] \right\} \quad (7.16)$$

In der Abbildung 7.10 werden für drei Beispiele mit unterschiedlichem poloidalem Beta die Flussflächen $\psi(r,\vartheta){=}\psi_0(r){+}\psi_1(r)cos\vartheta{=}const$ gezeigt. Dabei wird die Integrationskonstante C_V hier und im Folgenden so gewählt, dass der Plasmarand nicht verschoben ist ($\psi_1(a){=}0$). Die inneren Flussflächen sind gegenüber den äußeren nach außen verschoben. Diese "Schafranow-Verschiebung" steigt mit wachsendem β_p an [211]. Man erkennt außerdem, dass Bereiche unterschiedlicher Magnetfeldtopologie auftreten. Während die Feldlinien im Zentrum wie für den Einschluss gefordert Torusflächen bilden, nähert sich das Feld weiter außen einem Vertikalfeld $\vec{B}{=}B_V\vec{e}_Z$ an, das durch äußere Spulen erzeugt werden muss. Beide Bereiche werden durch die "Separatrix" voneinander getrennt. Der entstehende Schnittpunkt, an dem das poloidale Feld null ist, wird "X-Punkt" genannt. Der Bereich geschlossener Flussflächen schrumpft mit wachsendem β_p. Für $\beta_p{=}A$ erreicht die Separatrix den Plasmarand[7].

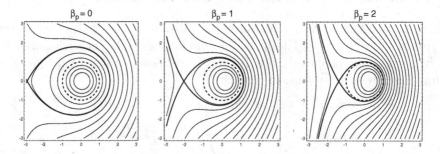

Abb. 7.10 Senkrechte Schnitte durch die Flussflächen werden für $\beta_p{=}0$, $\beta_p{=}1$, und $\beta_p{=}2$ gezeigt. Mit wachsendem β_p-Wert verschiebt sich die magnetische Achse nach außen. Das für das Gleichgewicht nötige Vertikalfeld wird zugleich größer. Der Plasmarand ist gestrichelt und die Separatrix fett gezeichnet.

Außerhalb des Plasmas lässt sich für $r{\geq}a$ die Flussfunktion $\psi_1(r)$ analytisch darstellen und die Schafranow-Verschiebung angeben [166]:

$$\delta(r) = -\frac{\psi_1(r)}{2\pi Aa^2 B_{\vartheta,1}(a)}r = -\frac{1}{2R_0}\left[\left(\beta_p + \frac{\ell_i - 1}{2} \right)\left(r^2 - a^2 \right) + r^2 \ell n \frac{r}{a} \right].$$

Dabei ist ℓ_i die so genannte innere Induktivität, die ein Maß für die Stromverteilung im Inneren eines Leiters ist[8]. Durch die Verschiebung wird das po-

---

[7]Überlagert man dem Vertikalfeld geeignete Multipolfelder höherer Ordnung, so kann diese Grenze im Prinzip aufgehoben werden. Instabilitäten setzen allerdings im Allgemeinen schon für $\beta_p{<}A$ eine effektive Grenze.

[8]Bei einem geraden Leiter der Länge s und dem Radius a mit einer Stromdichte j_z wird die innere Induktivität ℓ_i definiert durch die Magnetfeldenergie $E_{m,i}$ innerhalb des Leiters

loidale Feld auf der Außenseite erhöht und innen verringert, sodass sich ein Gleichgewicht einstellt. Für das von außen anzulegende Vertikalfeld gilt [211]:

$$B_V = -\frac{B_\vartheta(a)}{2A}\left[\beta_p + \frac{\ell_i - 3}{2} + \ell n(8A)\right].$$

Vereinfachend kann gesagt werden, dass die Lorentz-Kraft $B_V I_\phi$ die Kraft balanciert, die den Plasmaring auseinandertreibt. Durch das Vertikalfeld B_V, das man zur Einstellung des Gleichgewichtes benötigt, lässt sich β_p bestimmen, wenn ℓ_i bekannt ist. Die Größe ℓ_i kann aus dem Stromprofil berechnet werden.

7.2.6 Limiter und Divertor, die H-Mode

Für die weitere Diskussion ist es zweckmäßig, zunächst den Übergang zwischen dem Bereich des durch das Magnetfeld eingeschlossenen Plasmas und der Wand zu betrachten. Das Magnetfeld verläuft näherungsweise parallel zur Wand des Entladungsgefäßes. Es ist aber praktisch unmöglich, die Oberfläche der Wand einer magnetischen Flussfläche exakt anzugleichen. Wenn diese zwei Flächen nur um wenige Millimeter voneinander abweichen und so Feldlinien von der Wand geschnitten werden, werden entlang dieser Feldlinien Teilchen und Energie parallel zum Magnetfeld gegen die Wand strömen, da der Transport senkrecht zum Magnetfeld sehr viel langsamer abläuft als parallel. Der Energiefluss auf die Wand würde sich also an bestimmten Stellen konzentrieren.

Um den Wechselwirkungsbereich des Plasmas mit der Wand nicht dem Zufall zu überlassen, wurde schon früh ein so genannter "Limiter" eingeführt. Der Limiter ist ein Teil der Wand, der − wie die Abbildung 7.11 zeigt − Flussflächen in einem wohldefinierten Bereich schneidet. Teilchen und Energie strömen gegen den Limiter und dort konzentriert sich die Wechselwirkung mit der Wand.

Der Nachteil dieser Limiteranordnung liegt darin, dass die Wandberührung unmittelbar neben dem relativ heißen eingeschlossenen Plasma stattfindet. Herausgeschlagene Wandteilchen können leicht das zentrale Plasma erreichen und dort zu unzulässig hoher Verunreinigungskonzentration führen. Außerdem wird ein solcher Limiter relativ schnell erodiert.

($\xi = r/r_0$; normierte Stromdichte: $j_z^n(\xi) \equiv \pi a^2/I_g j_z(\xi)$; I_g: Gesamtstrom):

$$E_{m,i} = \frac{1}{2}L_{E,i}I_g^2 \qquad L_{E,i} = \frac{\mu_0 s}{4\pi}\ell_i \qquad \rightarrow \qquad \ell_i = 8\int_0^1 \frac{1}{\xi}\left(\int_0^\xi \xi_1 j_z^n(\xi_1)d\xi_1\right)^2 d\xi.$$

Für $j_z(\xi)=const$ ist $\ell_i=1/2$, während für zugespitzte Profile $\ell_i>1/2$ wird und für reinen Oberflächenstrom $\ell_i=0$ gilt.

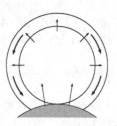

Abb. 7.11 In einer Konfiguration mit Limiter werden
Flussflächen von einem vorstehenden Teil der Wand an-
geschnitten. Teilchen und Energie strömen zum Limiter,
sodass sich die Wechselwirkung mit der Wand dort konzentriert.

Im Gegensatz dazu wird in einer so genannten "Divertorkonfiguration" dieser
Nachteil vermieden [217]. Dazu wird, wie bereits in Kapitel 7.2.5 diskutiert,
der Bereich geschlossener Feldlinien durch eine Separatrix von einem Bereich
offener Feldlinien getrennt (siehe Abb. 7.12). Der in den Divertor führende
Bereich der Feldlinien wird als "Scrape-Off-Layer" bezeichnet. Der X-Punkt
wird durch geeignete äußere Felder oberhalb und/oder unterhalb des Plasmas
erzeugt. Ein zum Plasmastrom paralleler Strom in einem äußeren Leiter macht
das poloidale Feld dort zu null. Zusätzliche poloidale äußere Felder verformen
im Allgemeinen den Plasmaquerschnitt, wobei man eine stehende Ellipse und
eine dreieckige Form als Querschnitt wählt, um die MHD-Stabilität zu erhöhen
(siehe jeweils das Ende der Abschnitte 7.2.3, 10.2 und 10.4.2).

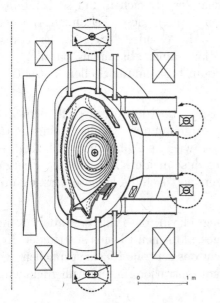

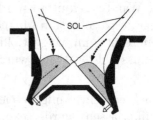

Abb. 7.12 Das Tokamak-Experiment ASDEX
Upgrade [97] im poloidalen Querschnitt. Die
poloidalen Felder sind so gewählt, dass der untere X-Punkt das Plasma begrenzt. Die Wechselwirkung mit der Wand findet unterhalb des
X-Punktes im Divertor statt. Da die Feldlinien eine große toroidale Komponente haben,
schrauben sie sich nur langsam in den Divertor und führen so zu einer effektiven Trennung
von Hauptraum und Divertor.

In der Divertorkonfiguration strömt Plasma, wenn es aus dem Bereich geschlossener Flussflächen über die Separatrix nach außen diffundiert ist, entlang der
Feldlinien vom Plasma weg. Man lässt die Feldlinien in einiger Distanz vom
heißen Plasma die so genannten "Targetplatten" schneiden. Im Gegensatz zum
Limiter werden aus der Targetplatte herausgeschlagene Verunreinigungsatome

durch das kalte und dichte Plasma im Divertor überwiegend zurückgehalten (weitere Diskussion siehe Kap. 11).

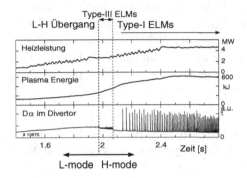 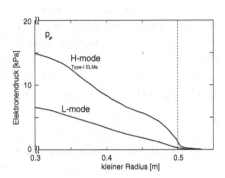

Abb. 7.13 Steigert man in einer Divertorentladung [159] (hier Deuterium) langsam die Heizleistung, so steigt die Plasmaenergie an einem bestimmten Einsatzpunkt überproportional. Bei diesem Übergang von der so genannten "L-Mode" in die "H-Mode" steilen sich zunächst Temperatur- und Dichteprofil im Rand auf, um dann im ganzen Plasma zu einem verbesserten Einschluss zu führen. Als Indikator ist in der linken Hälfte der Abbildung die D_α-Strahlung des Gases gezeigt. Diese Strahlung entsteht, wenn aus dem Bereich des eingeschlossenen Plasmas Ionen gegen die Wand strömen und dort neutralisiert werden. Sie kommen als Neutrale zurück und werden wieder ionisiert. Die D_α-Strahlung ist also ein Maß für Plasmaverluste. Man erkennt den verbesserten Einschluss an einer plötzlichen Reduktion der D_α-Strahlung. Einige Zeit später ist der Druckgradient im Rand (siehe rechte Hälfte) soweit angestiegen, dass eine großskalige Instabilität einsetzt. Diese so genannten "ELMs" werfen Plasma in einzelnen Bursts heraus, wie am D_α-Signal (links) erkennbar ist.

Neben vorhersehbaren Eigenschaften des Divertors beobachtete man zum ersten Mal am Divertor-Tokamak ASDEX [235] eine überraschende Verbesserung des Energieeinschlusses. Mit zunehmender Heizung wird der Einschluss im Gegensatz zu der am Ende von (7.2.1) diskutierten Degradation plötzlich deutlich besser, wie man an dem steileren Druckgradienten nach diesem Übergang erkennen kann (siehe Abb. 7.13, rechte Hälfte). Man bezeichnet den Zustand mit verbessertem Einschluss als "H-Mode" (H steht für "high"), während der normale Zustand mit schlechtem Einschluss mit L-Mode bezeichnet wird (L für "low"). Der Druckgradient steilt sich im Allgemeinen solange auf, bis durch eine MHD-Instabilität in einem so genannten "ELM" (Edge Localized Mode) Teilchen und Energie aus dem Plasma herausgeschleudert werden. Dies ist an den pulsartigen Erhöhungen des D_α-Signals erkennbar (Abb. 7.13, linke Hälfte).

Voraussetzung des Übergangs ist eine ausreichend hohe Elektronentemperatur von etwa 100eV im Bereich der Separatrix. Die Divertorkonfiguration ermöglicht dies durch die Trennung des Separatrixbereichs von dem Bereich vor den Targetplatten mit kaltem Plasma. Die Mechanismen, die zum Übergang in die H-Mode führen, sind immer noch nicht vollständig geklärt.

Obwohl der eigentliche H-Mode-Übergang in einem engen Bereich nahe der Separatrix stattfindet, verbessert sich der Einschluss im gesamten Plasma, wie dies im Zusammenhang mit der "Profilsteifigkeit" am Schluss von (7.2.1) diskutiert wurde. Global ist der Energieeinschluss in der H-Mode bei sonst gleichen Bedingungen etwa um einen Faktor 2 besser als in L-Mode-Entladungen. Diese Verbesserung war eine entscheidende Voraussetzung, für den Entwurf eines Experimentalreaktors (siehe Kap. 12.3.2).

Inzwischen wurden neben dem H-Mode-Übergang im Rand auch "Transportbarrieren" im Inneren des Plasmas beobachtet (Review-Artikel siehe [226] und [245]). In diesen Bereichen nähert sich der Transport den neoklassischen Werten an (siehe Kap. 8.1.2).

7.2.7   Verunreinigungstransport

Durch verschiedene Mechanismen gelangen Teile der Wandoberfläche in das Plasma (siehe dazu Kapitel 11). Die weitere Entwicklung des Reaktorkonzepts hat nun gezeigt, dass große Flächen der Wand aus Wolfram sein müssen. Wolfram mit der Ordnungszahl $Z{=}84$ ist selbst bei den hohen Zentraltemperaturen eines Fusionsreaktors nicht vollständig ionisiert. Dies führt zu einer hohen Abstrahlung. Deshalb muss der Anteil von Wolfram kleiner als etwa 10^{-5} sein. (zu Wolfram siehe auch 2.3.2, 11.2.2). Trotz der geringen Erosionsrate von Wolfram wird die Situation dadurch erschwert, dass Hoch-Z-Ionen in einem Wasserstoffplasma im Allgemeinen nach innen driften. Dieser Effekt soll hier an einem einfachen Modellplasma demonstriert werden. Es es wird eine lineare ϑ-Pinch-Konfiguration mit einem stoßbehafteten Plasma im Flüssigkeitsbild wie in Abschnitt 6.6.1 betrachtet. Die Beziehung (6.3) stellt einen Zusammenhang zwischen dem radialen elektrischen Feld und der azimutalen Geschwindigkeit der Wasserstoffionen her.

Analog gilt für ein Verunreinigung der Ionisationsstufe Z_i:

$$E_r = -v_{Z_i,\vartheta} B_z + \frac{\nabla_r p_{Z_i}}{e Z_i n_{Z_i}}$$

Mit der Vereinfachung $T_H{=}T_{Z_i}{=}T{=}$const sind die poloidalen Geschwindigkeiten:

$$v_{H,\vartheta} = \frac{T}{eB_z} + \frac{\nabla_r n_H}{n_H}$$

$$v_{Z_i,\vartheta} = \frac{T}{eB_z Z_i} + \frac{\nabla_r n_{Z_i}}{n_{Z_i}}$$

Die Differenz führt zu einer Reibung der Verunreinigungsionen am Hintergrundgas und in Wechselwirkung mit dem Magnetfeld zu einer Inwärtsdrift der Hoch-Z-Teilchen. Die Inwärtsdrift kommt zum Halt, wenn der Gradient $\nabla_r n_{Z_i}$ ausreichend angewachsen ist:

$$v_{H,\vartheta} = v_{Z_i,\vartheta} \rightarrow Z_i = \frac{n_H \nabla_r n_{Z_i}}{n_{Z_i} \nabla_r n_H}$$

Wählt man als Beispiel eine Ionisationsstufe $Z_i = 20$ und ein parabolisches Dichteprofil für den Wasserstoff, dann ergibt sich ein extrem gepeaktes Wolfram-Profil:

$$n_H \propto r^2 \rightarrow n_W \propto r^{40}$$

Berücksichtigt man beim Transport die toroidale Krümmung, ist dies im sogenannten "neoklassischen Bild" zu beschreiben. Dies wird für das Grundplasma im Kapitel 8.1.2 diskutiert. Berücksichtigung des toroidalen Effektes beim Verunreinigungstransport führt zu einem diffizilen Bild [105]. Im Allgemeinen bleibt es aber bei einer starken Inwärtsdrift, wie es bereits im einfachen linearen Modell zu sehen ist.

Tatsächlich kann man im Experiment eine starke Akkumulation von Wolfram beobachten. Dies führt zu einem hohen Strahlungsverlust im Zentrum. Der anomale Transport, der einerseits den Einschluss begrenzt, kann hier zu einer Abhilfe beitragen. Durch verstärkte zentrale Heizung wird der turbulente Transport angefacht. Die erhöhte Diffusion kompensiert die Inwärtsdrift, wie es im Experiment gezeigt wurde (siehe Abb. 7.14) [66].

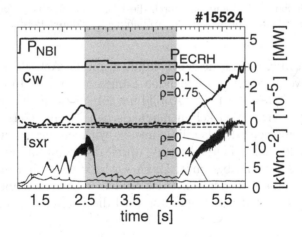

Abb. 7.14 Am Anfang und am Ende der Entladung in ASDEX Upgrade beobachtet man die starke Akkumulation von der Wolframkonzentration c_W. Zugleich steigt die Röntgenstrahlung stark an (I_{sxr}). Durch zentrale Heizung bei der Elektronengyroresonanz (P_{ECRH}) kann die Wolframakkumulation zurückgeführt werden [66].

Im gezündeten Plasma sollte die α-Teilchen-Heizung diese Aufgabe übernehmen. Dieses alleine reicht aber nicht aus. Die steile Transportbarriere am Rand (siehe Abschnitt 7.2.6) führt zu einer starken Inwärtsdrift von Wolfram im Randbereich, sodass unzulässig hohe Konzentrationen im Plasma entstehen. Hier können die oben beschriebenen ELM's helfen. Sind die ELM's ausreichend häufig, wird das Wolfram ausgewaschen, bevor es das zentrale Plasma erreicht [185, 67]. Es ist allerdings notwendig, regelmäßig in der Größe begrenzte ELM's zu erzeugen, damit die Targetplatten nicht überlastet werden [223].

7.3   Nicht axialsymmetrische Konfigurationen

7.3.1   Der Stellarator

Es ist überraschenderweise möglich, eine Magnetfeldkonfiguration mit einer endlichen Rotationstransformation zu erzeugen, ohne dass im Plasma in toroidaler Richtung ein Strom fließt. Um dies zu erläutern, wird zunächst wieder eine lineare unendlich ausgedehnte Anordnung betrachtet. In einem Paar konzentrischer, helikaler Leiter fließen Ströme I_{hel} in entgegengesetzten Richtungen und es wird ein axiales, homogenes Feld $B_0\vec{e}_z$ überlagert (siehe Abb. 7.15). Diese Magnetfeldkonfiguration hat eine helikale Symmetrie, d. h. alle Größen hängen nur von r und $\chi=(\ell\vartheta-kz)$ ab (r,ϑ,z: Zylinderkoordinaten).

Abb. 7.15 Das Stellaratorfeld entsteht durch die Überlagerung eines Längsfeldes $\vec{B}_0$ und der Felder helikaler Leiter. In dem in der Abbildung gewählten Beispiel ist die Zahl der Leiterpaare $\ell=1$.

Es entsteht ein Magnetfeld, dessen Feldlinien um die Achse des Zylinders herumlaufen, obwohl wegen des fehlenden Längsstromes das Integral über den kleinen Umfang $\oint B ds=0$ ist. Die Abbildung 7.16 zeigt qualitativ die Feldlinienstruktur auf einer abgewickelten magnetischen Fläche. Geht man in erster Näherung von einer geraden Feldlinie aus, so wird sie jeweils, wenn sie in die Nähe einer der helikalen Leiter kommt, durch die azimutale Feldkomponente rechts bzw. links herum abgelenkt. Diese Auslenkungen sind unsymmetrisch, da die Feldlinie länger in der Nähe des helikalen Leiters bleibt, bei dem die Feldlinie diesem Leiter folgt. Insgesamt wird die Feldlinie also in ϑ-Richtung umlaufen.

Spitzer hatte vorgeschlagen [217], derartige Felder zum Torus gebogen zum magnetischen Einschluss zu verwenden. Die helikale Symmetrie der linearen Anordnung gilt dann natürlich nur noch näherungsweise, während die Konfiguration periodisch bleibt. Bei vergleichbaren Feldstärken des Poloidalfeldes

Abb. 7.16 Die Abbildung zeigt eine abge-
wickelte Flussfläche im Stellarator. Der poloidale Umlauf der Feldlinien kommt dadurch zu
Stande, dass sich die Feldlinie länger im Bereich der Leiter mit einer bestimmten Strom-
richtung aufhält als mit der umgekehrten
Richtung.

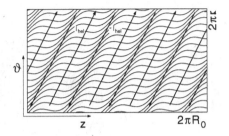

im Tokamak und des Helikalfeldes im Stellarator ist die Rotationstransformation im Stellarator kleiner, da der poloidale Umlauf der Feldlinien im Stellarator
ein Effekt höherer Ordnung ist.

Nachdem durch die Neutralinjektion ein vom Plasmastrom unabhängiges Heizverfahren zur Verfügung stand, ist es zum ersten Mal im Stellarator W7A
gelungen, dem Tokamak vergleichbare Temperaturen und Plasmaenergien zu
erzeugen [94].

Bei Fehlen einer Symmetrie lässt sich die Gleichgewichtsbedingung nicht wie
bei der Tokamak-Konfiguration in eine partielle Differentialgleichung für den
poloidalen Fluss umformen. Zur Gleichgewichtsberechnung muss man zu aufwändigen, nummerischen Verfahren greifen. Eines wird im Folgenden skizziert
[52]. Man beginnt mit einem Nichtgleichgewichtszustand, indem man ein im
Prinzip beliebiges, quellenfreies Magnetfeld $\vec{B}$ und eine Druckverteilung p vor-
gibt. Die Bewegungsgleichung der idealen MHD wird durch eine künstliche
Reibung an einem gedachten Hintergrund erweitert:

$$\alpha \vec{v} = (\vec{\nabla} \times \vec{B}) \times \vec{B}/\mu_0 - \vec{\nabla} p.$$

Die Gleichung beschreibt unter Vernachlässigung der Trägheit eine kapillare
Strömung, wobei diese Reibung an einem gedachten Hintergrund erfährt. Als
2-dimensionales Analogon kann man sich eine nicht ebene, klebrige Fläche
vorstellen, auf die eine Kugel langsam in ein lokales Minimum rollt. Die In-
tegration der Bewegungsgleichung führt zu einer schleichenden Annäherung
an das Gleichgewicht, da dem System durch Reibung Energie entzogen wird.
Da die Leitfähigkeit als unendlich angenommen wird, bleibt die Masse in den
Flussröhren eingefroren. Das nummerische Verfahren wird über die geschickte
Festlegung des Koeffizienten α gesteuert. Die Abbildung 7.17 zeigt als Ergebnis
Poincaré-Plots von Flussflächen in verschiedenen Phasen einer Periode [55].

Solange der Strom in einem Reaktor nach dem Tokamak-Prinzip induktiv erzeugt wird, bleibt trotz der guten Leitfähigkeit eines Plasmas mit Temperaturen von 10 bis 20keV die Pulslänge auf eine oder einige Stunden beschränkt.
Im Gegensatz dazu kann ein Stellarator stationär betrieben werden. In diesem
Zusammenhang muss man allerdings anmerken, dass Verfahren, den Strom im

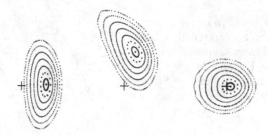

Abb. 7.17 Nach dem im Text diskutierten Verfahren wurde ein Stellarator-Gleichgewicht berechnet [55]. Der Poincaré-Plot (siehe Abschnitt 7.3.3) zeigt 3 poloidale Schnitte mit unterschiedlicher Phasenlage innerhalb einer Periode. Das Kreuz markiert die Durchstoßpunkte eines Kreises um die Hauptachse, die jeweils links außerhalb der Abbildungen liegt. Das Plasmazentrum ist durch die Schafranow-Verschiebung gegenüber der äußeren Flussfläche nach außen verschoben. Wie man durch Vergleich der Innen- und Außenkontur erkennt, ist sie durch den M+S-Effekt vermindert. © 1981 IEEE

Tokamak nicht induktiv zu treiben, die Pulslänge über die angegebenen Zeiten hinaus verlängern können. Ein nicht induktiver Strom kann sowohl durch Neutralstrahlinjektion (siehe Kap. 2.5.2 und Kap. 8.1.1) als auch durch Hochfrequenzwellen (siehe Kap. 9.7) getrieben werden. Daneben entsteht ein toroidaler Strom intrinsisch durch den Druckgradienten (s. Kap. 8.1.2).

Ein weiterer Vorteil des Stellarators liegt im Fehlen der mit dem Strom verknüpften "Abbruchinstabilität" (siehe Kap. 10.6.4). Der Tokamak kann in eine instationäre Phase kommen, in der die Wärmeisolation der Feldlinien verloren geht. Dies führt zu einem hohen Wärmefluss auf Teile der Wand. Bei der stark reduzierten Temperatur wird der toroidale Strom schnell abgebaut. Dadurch werden Spannungen induziert, die in der leitfähigen Struktur Ströme treiben. Zur Kompensation der zusammen mit dem toroidalen Feld entstehenden hohen Kräfte muss die Struktur entsprechend mechanisch stabil ausgeführt werden. Beim Stellarator entfällt dies.

Die Pfirsch-Schlüter-Ströme begrenzen den erreichbaren β-Wert im Stellarator. Dieses Problem kann durch Kombination der Stellarator- mit der M+S-Konfiguration [161, 32] gelöst werden. Werden die Flussflächen auf der Torusinnenseite stärker verformt als auf der Außenseite (s. Abb. 7.17), so reduzieren sich die Ströme parallel zum Feld und die Schafranow-Verschiebung wird vermindert [124, 80]. Eine ausreichend große Rotationstransformation in Kombination mit ausreichend großen β-Werten verlangt dabei ein größeres Aspektverhältnis als beim Tokamak.

7.3.2 Inselbildung

In nicht axialsymmetrischen Gleichgewichten treten an rationalen Flussflächen besondere Probleme auf. Während bei irrationalem t die Feldlinie die ganze Flussfläche bedeckt, und in axialsymmetrischen Konfigurationen alle Feldlinien äquivalent sind, haben Feldlinien in nicht axialsymmetrischen Konfigurationen mit rationalem $t=n_p/n_t$ eine "individuelle Geschichte" beim Umlauf um den Torus (n_p, n_t: Zahl der poloidalen bzw. toroidalen Umläufe in einer Flussfläche bis sich die Feldlinie schließt). Wird z. B. ein Stellaratorfeld, wie zu Anfang von Abschnitt 7.3.1 beschrieben, durch toroidal-helikale Leiter mit n_s Perioden auf dem Umfang und einer poloidalen Periodizität ℓ erzeugt, so gibt es stets ein rationales Verhältnis zwischen diesem t und ℓ/n_s. Die helikalen Leiter erzeugen dann im Allgemeinen auf der betroffenen Flussfläche Störfelder $\vec{B}_s$ gegenüber dem idealen Stellaratorfeld. Diese Störfelder stehen senkrecht zu den Flussflächen und wechseln auf dem poloidalen Umfang ihre Vorzeichen.

In der Abbildung 7.18 ist eine solche Situation in einem Schnitt senkrecht zu den Feldlinien der Referenzflussfläche ψ_s, also nicht in einem poloidalen Schnitt, gezeigt. Dabei ist angenommen, dass sich t mit dem Radius ändert. Während das Magnetfeld auf der Referenzflussfläche genau senkrecht zur Zeichenebene steht, hat das Magnetfeld mit wachsendem Abstand eine zunehmende Komponente in der dargestellten Ebene. In unmittelbarer Nähe ist diese Komponente jedoch so klein, dass die Überlagerung mit dem Feld $\vec{B}_s$ zur Bildung einer so genannten "magnetischen Insel" führt. In dieser Insel laufen die Feldlinien beim Umlauf um die Torusachse nicht nur um die zentrale magnetische Achse, sondern auch um die Inselachse, einem so genannten "0-Punkt", um. Sie werden durch Separatrix-Flächen von dem Bereich der normalen Torusflächen getrennt.

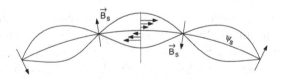

Abb. 7.18 Die Abbildung zeigt schematisch einen Ausschnitt der Umgebung einer niedrigrationalen Flussfläche im Schnitt senkrecht zu den Feldlinien. Beim Stellarator bilden sich hier so genannte "Inseln", in denen die Feldlinien beim Umlauf um den Torus um die Achse der Insel umlaufen. Die Inseln sind durch einen X-Punkt getrennt.

Im Allgemeinen treten derartige Inseln bei jedem rationalen t auf, sofern sie nicht durch eine besondere Formung der Felder für einzelne t-Werte unterdrückt werden. Wenn n_p und n_t kleine Primzahlen sind und die Verscherung gering ist, sind die Inseln groß. In der Abbildung 7.19 ist ein Ausschnitt eines

Poincaré-Plot solcher Felder mit Inseln gezeigt. Man beobachtet in der Umgebung des X-Punktes eine Ergodisierung der Feldlinien. In diesen Bereich füllen die Feldlinien "chaotisch" ein Volumen aus. Bereiche mit Inseln und Ergodisierung beeinträchtigen den Einschluss der Energie, da hier Wärme leicht parallel zu den Feldlinien transportiert wird, sodass in radialer Richtung praktisch ein Kurzschluss auftritt.

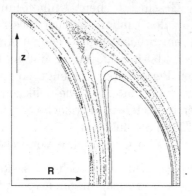

Abb. 7.19 Die Abbildung zeigt nummerisch berechnet und hoch aufgelöst den Poincaré-Plot [244] eines Stellaratorfeldes in der Umgebung der Flussfläche mit $t=4/5$. In der Umgebung des X-Punktes ist deutlich ein Bereich ergodischer Feldlinien zu erkennen.

Neben der Inselbildung und der Ergodisierung entsteht in nicht axialsymmetrischen Konfigurationen auf rationalen Flussflächen ein weiteres Problem. Geht t gegen null, divergieren die Ausgleichsströme parallel zum Magnetfeld. In Verallgemeinerung divergieren Parallelströme auch dann, wenn t gegen eine rationale Zahl geht, solange nicht die so genannte "Hamada-Bedingung" [101] erfüllt ist. Für jede Feldlinie dieser Flussfläche muss das folgende Linienintegral entlang der Feldlinie gleich sein ($\nabla p \neq 0$ angenommen; V: Volumen innerhalb der Flussfläche, n_t: Anzahl der toroidalen Umläufe; siehe auch Kap. 10.3):

$$\oint \frac{dl}{B} = \frac{n_t}{d\psi_t/dV} = const.$$

Durch die individuelle Geschichte beim Umlauf resonanter Feldlinien ist die Hamada-Bedingung im Allgemeinen nicht erfüllt, da das Intregral $\oint d\ell/B$ von der Phasenlage zu äußeren Störfeldern abhängt. Experimentell konnte gezeigt werden, dass der Einschluss im Stellarator in der Nähe von niedrig-rationalen t-Werten, bei denen sich große Inseln bilden können und die Hamada-Bedingung unter Umständen nicht erfüllt ist, tatsächlich schlecht ist [94]. Umgekehrt ist er bei t-Werten, die wenig von niedrig-rationalen Werten abweichen, besonders gut. Die Zahlentheorie zeigt, dass dort nur t-Werte mit hoch-rationalen Werten liegen. Die Felder werden im Stellarator deshalb im Allgemeinen so gewählt, dass niedrig-rationale t-Werte im Plasma nicht auftreten.

Auch in axialsymmetrischen Gleichgewichten können Störfelder auftreten, die die Symmetrie zerstören und zur Inselbildung führen. Dies wird in Kapitel 10.6 behandelt.

7.3.3 Analogie zur Mechanik periodischer Systeme

Die geometrischen Eigenschaften von Feldlinien im Torus haben eine weitgehende Analogie zur Mechanik von periodischen oder nahezu periodischen Systemen. Man kann z. B. die Bewegung eines Pendels mit der Frequenz ω_p durch die Markierung seiner Position in der Orts- und Impulsebene darstellen, indem man den Zustand zu festen Zeitabständen $\tau_b = 2\pi/\omega_b$ in der (q, p)- Ebene markiert (siehe Abb. 7.20, linke Hälfte). Diese Darstellung wird als Poincaré-Plot bezeichnet. Ist die Energie des Pendels so begrenzt, dass es vor Erreichen der maximalen Höhe umkehrt, liegen die Punkte auf in q und p begrenzten, geschlossenen Kurven.

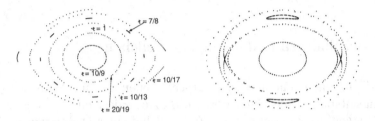

Abb. 7.20 Poincaré-Plot eines Pendels. Die "Beobachtungsfrequenz", mit der der Zustand des Pendels im Phasendiagramm markiert wird, ist mit $\omega_b \approx \omega_p$ so gewählt, dass man die Umgebung von $t=\omega_b/\omega_p=1$ erkennt.
In der rechten Hälfte wurde eine zeitlich variable Gravitationskonstante mit $g=g_0+g_1 cos(\omega_s)$ mit $\omega_s=\omega_b$ angenommen. Dies führt zur Inselbildung an der $t=1$-Fläche.

Ist dabei das Verhältnis ω_b/ω_p irrational, so bedecken die Punkte diese Bahnkurve schließlich vollständig, während bei einem rationalen Verhältnis nur endlich viele Punkte erscheinen. In der Analogie entspricht die Beobachtungsfrequenz ω_b dem toroidalen Umlauf und die Pendelfrequenz ω_p dem poloidalen Umlauf der Feldlinien. Entsprechend gilt $t=\omega_p/\omega_b$. Unterschiedliche Energien des Pendels entsprechen Flussflächen mit unterschiedlichen Radien.

Tritt im Pendel eine zusätzliche Störkraft mit einer weiteren Frequenz ω_s auf, so können sich, wie bei den Feldlinien im Torus, Inseln im Poincaré-Plot bilden (siehe Abb. 7.20, rechte Hälfte). In der Nähe der X-Punkte wird die Bewegung chaotisch. Das letztere entspricht Feldlinien, die einen Bereich ergodisch ausfüllen. Die hier nur grob skizzierte Analogie zwischen der Geometrie von Feldlinien und der Mechanik periodischer Systeme wird beispielsweise in [49] ausführlicher beschrieben.

8   Der Einschluss im Teilchenbild

8.1   Drift in axialsymmetrischen Magnetfeldern

8.1.1   Driftbahnen und gefangene Teilchen

Die Physik in einem magnetisch eingeschlossenen Plasma kann nur begrenzt im Flüssigkeitsbild beschrieben werden, da zumindest eine Voraussetzung für seine Gültigkeit stets verletzt wird. Z. B. ist bei einer Dichte von $n=10^{20}m^{-3}$ und einer Temperatur von $1keV$ die freie Weglänge $\lambda_f=10^2 m$ (Kap. 2.1.5) und bei $10keV$ bereits $10^4 m$ und damit sehr viel größer als der Krümmungsradius der Feldlinien. Wie in Kapitel 3.3 behandelt, führen geladene Teilchen neben der Bewegung entlang der Feldlinien eine Driftbewegung senkrecht zum Magnetfeld aus. Die Drift wird durch die Krümmung der Feldlinien, eine unterschiedliche Stärke des Magnetfeldes und eventuell durch elektrische Felder verursacht.

Die Teilchen entfernen sich auf einer "Driftbahn" von der magnetischen Ausgangsfläche, wobei zwei verschiedene Bahnformen auftreten. Läuft ein Teilchen von der Torusaußenseite auf die Torusinnenseite, so gelangt es in einen Bereich ansteigenden Magnetfeldes. Wegen der Erhaltung des magnetischen Momentes $M_g=W_\perp/B$ nimmt die senkrechte Komponente der kinetischen Energie auf Kosten der Parallelkomponente zu. Wie bei der Spiegelmaschine kehren Teilchen mit zu großem $v_\perp/v_\parallel$-Verhältnis an einem bestimmten Punkt um. Man nennt diese Teilchen, die auf der Außenseite des Torus hin und her pendeln, "gefangene Teilchen". Die so genannten "freien Teilchen" mit ausreichend großer Parallelgeschwindigkeit können dagegen poloidal umlaufen. Durch Stöße können Teilchen von der einen Gruppe in die andere überwechseln.

Die Grenze zwischen freien und gefangenen Teilchen wird durch die Teilchen definiert, die gerade auf der Torusinnenseite umkehren. Für die Grenze, gekennzeichnet durch den Index c, gilt wegen der Erhaltung von Energie und magnetischem Moment ($v_{\perp 0}$, $v_{\parallel 0}$: Geschwindigkeitskomponenten am Ort;

$B \approx B_\phi \propto R$; $B_{min} = B_0 R_0 / (R_0 + r)$; $B_{max} = B_0 R_0 / (R_0 - r)$; $A = R_0 / r$; $E_r = 0$):

$$\frac{v_{\perp 0}^2}{B_{min}} = \frac{v_{\perp 0}^2 + v_{\parallel 0}^2}{B_{max}} \quad \rightarrow \quad \left(\frac{v_{\parallel,0}^2}{v_{\perp,0}^2}\right)_c = \frac{B_{max}}{B_{min}} - 1,$$

$$\frac{B_{max}}{B_{min}} = 1 + \frac{2}{A - 1} \quad \rightarrow \quad \left(\frac{v_{\parallel 0}}{v_{\perp 0}}\right)_c = \sqrt{\frac{2}{A - 1}} \tag{8.1}$$

Die freien Teilchen bilden wie in der Spiegelmaschine einen Doppelkegel im Geschwindigkeitsraum. Nimmt man eine isotrope Verteilung wie die Maxwell-Verteilung an[1], so ist der Anteil der gefangenen Teilchen η_g auf der Torusaußenseite (V_{Ku}: Volumen der Kugel mit dem Radius $v \to \infty$; V_f: Volumen des Kugelsektors der freien Teilchen im Geschwindigkeitsraum):

$$\eta_g = \frac{V_{Ku} - 2V_f}{V_{Ku}} = \sqrt{\frac{2}{A + 1}} \tag{8.2}$$

In Richtung auf die magnetische Achse zu geht der Anteil der gefangenen Teilchen also gegen null. Die Drift $\vec{v}_D$ (siehe Kap. 3.6.2) führt die Teilchen von der Flussfläche weg:

$$\vec{v}_D = \left[\frac{M_g}{e_\pm B} \vec{t}_B \times \vec{\nabla} B + \frac{m v_\parallel^2}{e_\pm B} \vec{t}_B \times \left(\vec{t}_B \cdot \vec{\nabla}\right) \vec{t}_B + \frac{\vec{E} \times \vec{t}_B}{B} \right].$$

In Axialsymmetrie (Koordinaten siehe Abb. 7.5), mit $B \approx B_\phi \approx B_{\phi,0} R_0 / R$ und ohne ein elektrisches Feld führt das Einsetzen von $\vec{\nabla} B \approx -R_0 / R^2 B_{\phi,0} \vec{e}_R$ und M_g zusammen mit $\vec{t}_B \times \left(\vec{t}_B \cdot \vec{\nabla}\right) \vec{t}_B = \vec{e}_R \times \vec{t}_B / R$ (siehe Kap. 3.3.3) zu einer Driftgeschwindigkeit, die nur eine Z-Komponente hat:

$$\vec{v}_D = \frac{m \left(v_\parallel^2 + v_\perp^2 / 2\right)}{e_\pm B_{\phi,0} R_0} \vec{e}_R \times \vec{t}_B.$$

Ist der Querschnitt der Flussflächen kreisförmig, so bildet die Driftbahn der freien Teilchen in der Projektion auf den poloidalen Querschnitt näherungsweise ebenfalls einen gegenüber der Flussfläche verschobenen Kreis (Abb. 8.1). Betrachtet man ein gefangenes, positiv geladenes Teilchen, das sich außen startend parallel zum Plasmastrom und parallel zum gleichgerichteten toroidalen Feld bewegt, so läuft es in der Projektion zunächst nach unten und driftet nach innen zu kleineren r-Werten hin. Nach dem Vorzeichenwechsel von $v_\parallel$ driftet es zunächst weiter nach innen, um dann, nachdem es die Mittelebene durchlaufen hat, zur ursprünglichen Flussfläche zurückzukehren. Es gibt also

---

[1]Folgen die Teilchen auf der Torusaußenseite einer Maxwell-Verteilung, so gilt dies auch für die Torusinnenseite.

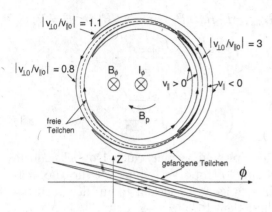

Abb. 8.1 Im oberen Teil werden Teilchenbahnen in der (R, Z)-Ebene gezeigt $(E_r=0,\ E_\phi=0;\ e\pm>0)$. Die Driftrichtung ist durch Pfeile gekennzeichnet. Wenn $|v_{\perp 0}/v_{\parallel 0}|$ einen kritischen Wert überschreitet, kehren die Teilchen im ansteigenden Feld um und bilden die so genannten Bananenbahnen.

Im unteren Teil ist eine solche Bahn in der (ϕ,Z)-Ebene gezeigt (geänderter Maßstab). Man erkennt, dass sich die gefangenen Teilchen durch das Poloidalfeld in ϕ-Richtung fortbewegen.

trotz der Drift in eine feste Z-Richtung keine resultierende Bewegung in Z-Richtung. Wegen der in der Projektion charakteristischen Form wird die Bahn eine "Bananenbahn" genannt.

Eine Umkehrung der Richtung des toroidalen Feldes ändert nichts an der Bananenform, die Bahn wird nur in umgekehrter Richtung durchlaufen. Startet dagegen ein positiv geladenes Teilchen entgegen dem Plasmastrom oder ein negatives parallel zu ihm, ist die Banane gegenüber der Flussfläche nach außen versetzt. Unter anderem spielt dieser Effekt eine Rolle bei der bereits diskutierten Heizung durch den Einschuss energiereicher, neutraler Teilchen (siehe Kap. 2.5.2). Eine Injektion entgegen dem Plasmastrom ("Counter-Injektion") führt zu einem erhöhten Verlust der schnellen Ionen und zur Aufladung des Plasmas.

Neben der Heizung durch Neutralinjektion verursachen die durch Ladungsaustausch und Ionisation entstehenden schnellen Ionen einen toroidalen Strom. Ohne Berücksichtigung toroidaler Effekte kompensieren die durch Reibung an die schnellen Ionen und den Ionenhintergrund gekoppelten Elektronen diesen Strom allerdings, solange man annimmt, dass die Z-Werte von Ionenstrahl und Ionenhintergrund gleich sind [162]. Berücksichtigt man allerdings, dass ein Teil der Elektronen gefangen ist, verbleibt ein Nettostrom.

In der (ϕ,Z)-Ebene erkennt man (Abb. 8.1, untere Figur), dass, verursacht durch das Poloidalfeld, die Umkehrpunkte der Bahn immer ein Stück in toroidaler Richtung vorrücken. Aus der Axialsymmetrie folgt, dass die 2. adiabatische Invariante J (siehe Kap. 3.6.3) nicht von ϕ abhängt. Die Bananen driften also in toroidaler Richtung. Die mittlere Geschwindigkeit lässt sich mit dem in Kapitel 3.6.3 angegebenen Verfahren bestimmen.

Wie in Kapitel 3.6.4 diskutiert, gilt in einer axialsymmetrischen Konfiguration für die ignorable Koordinate ϕ, dass der dazugehörige kanonische Impuls

$p_\phi^k = mRv_\phi + e_\pm RA_\phi$ erhalten bleibt. Hieraus lässt sich die Bananenbreite bestimmen. Zwischen dem poloidalen Flusses ψ und der toroidalen Komponente des Vektorpotentials A_ϕ besteht der einfache Zusammenhang[2] $\psi = 2\pi R A_\phi$. Auf diese Weise lässt sich der poloidale Fluss ψ ausdrücken durch

$$\psi = \frac{2\pi}{e_\pm}\left(p_\phi^k - mRv_\phi\right).$$

Ein gefangenes Teilchen hat seine maximale positive bzw. negative Geschwindigkeit v_ϕ jeweils in der Mittelebene außen. Die Flussdifferenz zwischen diesen beiden Punkten ist ($A \gg 1$; $2r_B$: Bananenbreite; $r_B/R_0 \ll 1$):

$$\delta\psi \approx 4\pi m/e_\pm \; R_0 |v_{\phi,0}|.$$

Mit dem Zusammenhang zwischen dem Fluss ψ und dem poloidalen Feld B_p erkennt man, dass die Versetzung endlich ist und r_B angegeben werden kann[3]:

$$\frac{d\psi}{dr} \approx 2\pi R_0 B_p(r) \qquad r_B \approx \left|\frac{mv_{\phi,0}}{e_\pm B_p(r)}\right| \qquad (8.3)$$

Die Bananenbreiten der Ionen sind gegenüber denen der Elektronen bei gleicher Energie um die Wurzel aus dem Masseverhältnis größer. Obwohl die Driftgeschwindigkeit im Wesentlichen vom Toroidalfeld bestimmt wird, ist r_B gerade der Gyroradius gebildet mit der Parallelgeschwindigkeit $v_{\phi,0}$ und dem Poloidalfeld, weil das Verhältnis von B_ϕ/B_p die Länge der Feldlinie bis zum Umkehrpunkt bestimmt. Eine maximale Bananenbreite $r_{B,max}$ zeigen die gerade noch gefangenen Teilchen, die auf der Torusinnenseite umkehren und damit die Bedingung (8.1) erfüllen ($v_0 = \sqrt{v_{\perp,0}^2 + v_{\parallel,0}^2}$):

$$r_{B,max} \approx \sqrt{\frac{2}{A+1}}\left|\frac{mv_0}{e_\pm B_p(r)}\right| \qquad (8.4)$$

Für die gerade freien Teilchen ist die Versetzung von der Flussfläche die Hälfte dieses Wertes.

Die bei der Fusion entstehenden α-Teilchen mit $3{,}54\,MeV$ Anfangsenergie entfernen sich relativ weit von der Flussfläche. Damit diese α-Teilchen noch im Inneren des Plasmas abgebremst werden und dort ihre Energie abgeben, kann man als Grenzwert für die gerade noch gefangenen Teilchen die doppelte Bananenbreite gleich dem Plasmaradius setzen. Daraus folgt bei einem Aspekt-

---

[2]Nach dem Stokesschen Integralsatz lässt sich das Flächenintegral in (7.2) wegen $\vec{B} = \vec{\nabla} \times \vec{A}$ in ein Linienintegral der Tangentialkomponente A_ϕ von $\vec{A}$ über die auf Abb.7.5 mit K bezeichnete Kreislinie verwandeln, woraus sich direkt $\psi = 2\pi R A_\phi$ ergibt.

[3]Bezieht man ein radiales elektrisches Feld in die Überlegungen ein, so kann bei ausreichender Größe des Feldes das Teilchen in der einen Bewegungsrichtung soviel Energie gewinnen, dass die Bahn nicht mehr räumlich begrenzt bleibt.

verhältnis von 3,5 ein minimaler Plasmastrom von $I_{\phi,min}=1{,}8{\cdot}10^6 A$. Diese Bedingung wird aus Gründen eines ausreichenden Energieeinschlusses (siehe Kap. 12.3.2) stets hinreichend gut erfüllt.

8.1.2   "Neoklassischer" Transport im Tokamak

Der radiale Transport von Teilchen, Impuls und Energie wird durch die toroidale Krümmung gegenüber den "klassischen" Werten in Zylindersymmetrie (siehe Kap. 6.6.1) modifiziert und wird zum Unterschied mit "neoklassisch" bezeichnet. Die Diskussion beschränkt sich hier auf den Teilchentransport.

Im stark stoßbehafteten Bereich, im so genannten "Pfirsch-Schlüter-Regime" [177], ist die Stoßfrequenz größer als die inverse Laufzeit der Teilchen von der Torusaußen- zur Torusinnenseite $\nu \gtrsim \nu_1 = v_{th}/(qR_0)$, sodass das Flüssigkeitsbild angewandt werden kann. Die mit der toroidalen Krümmung verbundenen Pfirsch-Schlüter-Ströme (siehe Kap. 7.1 und 7.2.4) werden durch ein elektrisches Feld parallel zur Torushauptachse getrieben. Zusammen mit dem magnetischen Toroidalfeld führt dies auf der Torusinnenseite zu einer Inwärtsdrift, umgekehrt auf der Torusaußenseite zu einer Auswärtsdrift. Wegen der größeren Oberfläche außen und der 1/B-Abhängigkeit der Drift überwiegt Letztere. Es entsteht, verglichen mit dem analogen Screw-Pinch, eine erhöhte radiale Drift.

Es muss zusätzlich berücksichtigt werden, dass der Wärmeausgleichsstrom (siehe ebenfalls Kap. 7.1 und Kap. 6.6.1) durch einen Temperaturgradienten in der Flussfläche getrieben wird und so das elektrische Feld modifiziert. Die über die Flussfläche gemittelte radiale Teilchenflussdichte $\Gamma_r = n\langle v_r \rangle = n v_r^{sp} + \Gamma_r^{ps}$ setzt sich aus dem Ausdruck für den Screw-Pinch (Formel 6.5 in Kap. 6.6.1) und dem Pfirsch-Schlüter-Term Γ_r^{ps} zusammen [41] ($T=T_i=T_e$, $Z=1$, $r_{g,e}=\sqrt{2T/m_e}/\omega_{g,e}$; τ_{ei} siehe 5.3.2):

$$\Gamma_r^{ps} = -2q^2 r_{g,e}^2 / \tau_{ei} n \left(0,66 \nabla_r n/n + 0,39 \nabla_r T/T\right).$$

Dieser zusätzliche radiale Transport wächst quadratisch mit steigendem q.

Jetzt soll umgekehrt der Bereich großer freier Weglänge betrachtet werden. Dieses so genannte "Bananen-Regime" wird vorläufig dadurch definiert, dass die Bananenbahn nahezu ungehindert durch Stöße durchlaufen wird und damit zwischen freien und gefangenen Teilchen zu unterscheiden ist. Setzt man zunächst das radiale elektrische Feld null, so entsteht, wie in Kapitel 6.6.2 diskutiert, allein durch die Überlagerung der Gyrationsbahnen die diamagnetische Gechwindigkeit $v_{dia}=\nabla_r p/(e_\pm n B)$ senkrecht zum Magnetfeld und zum Druckgradienten. Es ist zunächst naheliegend anzunehmen, dass wegen der Kleinheit des Winkels zwischen poloidaler und diamagnetischer Richtung die poloidale

Geschwindigkeit v_p gleich v_{dia} ist. Die folgende Überlegung zeigt jedoch, wie das Plasma diese poloidale Rotation "umgeht".

Es wird zunächst eine Teilchensorte ohne Wechselwirkung mit der anderen betrachtet. Nimmt man einen endlichen Dichtegradienten an, setzt weiterhin das elektrische Feld null und betrachtet zunächst nur die gefangenen Teilchen im Geschwindigkeitsraum [175], so ist eine Kurve $f\left(w_{\parallel}, w_{\perp}\right) = const$ unsymmetrisch in $w_{\parallel}$ (fette Linie in Abb. 8.2). Dies entsteht dadurch, dass wegen des Dichtegradienten mehr Teilchen in der einen als in der anderen Feldrichtung laufen. Wegen der geringeren Abweichung der freien Teilchen von der Flussfläche ist die Unsymmetrie bei den freien Teilchen geringer (Kurve 1). Ohne Stöße entstünde eine Unstetigkeit an der Grenze zwischen gefangenen und freien Teilchen. Stöße führen jedoch dazu, dass diese Unstetigkeit der Verteilungsfunktion abgebaut wird, und es entsteht tendenziell innerhalb einer Teilchensorte eine verschobene Maxwell-Verteilung (Kurve 2), bei der die gefangenen Teilchen in ihrer Verteilung nahezu unverändert bleiben.

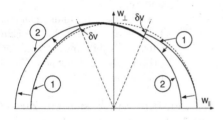

Abb. 8.2 $f=const$ Linien im Geschwindigkeitsraum (Torusaußenseite). Bei Vernachlässigung von Stößen würde durch einen Dichtegradienten an der Grenze zwischen gefangenen (fette Kurve) und freien Teilchen (Kurve 1) eine Unstetigkeit entstehen. Durch Stöße werden die freien Teilchen so beeinflusst, dass nahezu eine verschobene Maxwell-Verteilung entsteht (Kurve 2).

Die Änderungen der Verteilungsfunktion durch den Dichtegradienten δf_1 und durch die Verschiebung der Maxwell-Verteilung δf_2 sind (Maxwell-Verteilung: $f_m = const\, e^{-v_0^2/v_{th}^2}; v_0^2 = v_{\parallel}^2 + v_{\perp}^2$):

$$\delta f_1 = r_{B,max} \nabla_r n f_m(v_0) \qquad \delta f_2 = -\delta v_{\parallel} n \partial f_m(v_{\parallel}, v_{\perp})/\partial v_{\parallel}.$$

Die Unstetigkeit verschwindet, indem man $\delta f_1 = -\delta f_2$ setzt. Mit dem Ausdruck 8.1 für die Grenze zwischen freien und gefangenen Teilchen und 8.4 für die maximale Bananenbreite folgt dann für die Parallelgeschwindigkeit $\delta v_{\parallel}$:

$$\delta v_{\parallel} = T \nabla_r n / e n B_p.$$

Substituiert man den Dichtegradienten durch die diamagnetische Geschwindigkeit, so erkennt man, dass die aus v_{dia} und $v_{\parallel}$ resultierende poloidale Bewegung nahezu null wird und eine relativ große toroidale Geschwindigkeit entsteht:

$$\delta v_{\parallel} = v_{dia} B / B_p \quad \rightarrow \quad \delta v_p \approx \delta v_{\parallel} B_p/B - v_{dia} = 0 \qquad \delta v_{\phi} \approx \delta v_{\parallel}.$$

Die resultierende Bewegung in toroidaler Richtung kann man auch aus den Driftbahnen der gefangenen Teilchen in der (ϕ, R)-Ebene erkennen (Abb. 8.3, obere Hälfte). Gibt es einen Gradienten der Dichte in radialer Richtung, so bilanzieren sich lokal die Teilchen, die in positiver bzw. negativer ϕ-Richtung laufen, nicht. Analog zur Gyrobewegung, die, ohne dass sich die Teilchen bewegen müssen, den diamagnetischen Strom erzeugen (siehe Kap. 6.6.2), entsteht eine resultierende Geschwindigkeit in toroidaler Richtung.

Bei Einbeziehung eines Temperaturgradienten zeigt die quantitative Analyse, dass eine dämpfungsfreie poloidale Bewegung übrig bleibt.

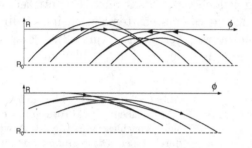

Abb. 8.3 Driftbahnen gefangener Teilchen werden in der (ϕ, R)-Ebene gezeigt. Eine resultierende v_ϕ-Geschwindigkeit (obere Abb.) kommt dadurch zu Stande, dass bei einem Dichtegradienten mehr gefangene Teilchen in der einen toroidalen Richtung laufen als in der anderen.
Durch das toroidale elektrische Feld entsteht der "Ware-Effekt" (untere Abbildung) [236]. Dabei driften die gefangenen Teilchen nach innen.

Ohne Wechselwirkung mit der anderen Teilchensorte würde sich ein Zustand ohne innere Reibung und damit ohne radiale Drift einstellen. Es bleibt jedoch die Reibung zwischen Ionen und Elektronen, da die diamagnetischen Geschwindigkeiten beider Teilchensorten entgegengesetzte Richtungen haben. Analog zum Screw-Pinch (siehe 6.6.1) entsteht eine ambipolare radiale Drift. Die quantitative Ableitung ergibt für die radiale Teilchenflussdichte $\Gamma_r = n\langle v_r \rangle$ im Bananen-Regime [195] ($Z=1; T=T_i=T_e; r_{g,e}=\sqrt{2T/m_e}/\omega_{ge}$):

$$\Gamma_r = -D_B n \left(2,24 \frac{\nabla_r n}{n} - 0,62 \frac{\nabla_r T}{T} \right) \qquad D_B = \frac{q^2 A^{3/2} r_{g,e}^2}{\tau_{ei}}.$$

Die Stoßfrequenz zwischen freien und gefangenen Teilchen ist wegen der Nachbarschaft im Geschwindigkeitsraum erhöht und man kann eine effektive Stoßfrequenz[4] $\nu_{eff} = \left(v_\perp/v_\parallel \right)_c^2 \nu = (A-1)\,\nu/2$ für die Wechselwirkung zwischen diesen Teilchensorten angeben.

---

[4]Man erhält für $A \gg 1$ näherungsweise den Diffusionskoeffizienten D_B, wenn man mit dieser Stoßfrequenz ν_{eff}, der Breite der maximalen Banane $r_{B,max}$ (Gleichung 8.4) und dem Anteil der gefangenen Teilchen η_g (8.2) die Diffusion als Random-Walk-Prozess $\eta_g r_{B,max}^2 \nu_{eff} = 3/\sqrt{2}\ D_B$ betrachtet (siehe auch Kap. 4.3.1).

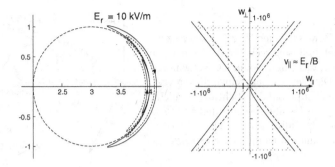

Abb. 8.4 Durch ein radiales elektrisches Feld werden die Bananenbahnen stark unsymmetrisch, je nachdem, ob sich die Teilchen parallel oder antiparallel zum Plasmastrom bewegen (linke Hälfte). Die Banane ist in der Richtung größer in der die kinetische Energie durch das elektrische Feld zunimmt.
Deshalb ist der Bereich der gefangenen Teilchen (rechte Hälfte) in der $(w_\parallel, w_\perp)$-Ebene nicht mehr symmetrisch zu $w_\parallel = 0$, wie im Fall ohne elektrisches Feld (gestrichelte Linien).

Jetzt soll das elektrische Feld in die Überlegungen mit einbezogen werden. Durch ein radiales elektrisches Feld werden die Bananenbahnen stark unsymmetrisch (siehe Abb. 8.4, linke Hälfte). Teilchen, die in der Richtung laufen, in der sie im elektrischen Feld Energie gewinnen, zeigen eine vergrößerte Banane, während bei Energieverlust die Banane verkleinert ist. Dies führt dazu, dass die Grenze zwischen freien und gefangenen Teilchen in der $(w_\perp/w_\parallel)$-Ebene nicht mehr zu $w_\parallel = 0$ symmetrisch ist (siehe Abb. 8.4, rechte Hälfte). Vernachlässigt man den Druckgradienten und beschränkt sich auf kleine elektrische Felder mit $E_r \ll v_{th,i} B_p$, so beträgt die mittlere Parallelgeschwindigkeit der gefangenen Teilchen näherungsweise[5] $v_{\phi,E} \approx E_r/B_p$ und die freien Teilchen werden durch Reibung auf dieselbe Parallelbewegung gebracht. Überlagert man elektrisches Feld und Druckgradient, so entsteht die Situation wie in Abbildung 8.5 dargestellt.

Da die $E \times B$-Bewegung der Ionen und Elektronen in dieser Näherung gleich ist, ändert das elektrische Feld wie beim Screw-Pinch nicht den radialen Transport. Im Gegensatz zum Screw-Pinch, bei dem E_r und $v_\parallel$ freie Parameter sind, besteht jetzt jedoch ein Zusammenhang zwischen ihnen und es gibt nur einen freien Parameter[6].

---

[5]Dies kann auch aus einer Koordinatentransformation in das rotierende System unter Vernachlässigung der Fliehkraft gefolgert werden.
[6]Dies gilt, solange nicht das toroidale Drehmoment und die Viskosität einer differenziellen Parallelströmung in die Diskussion mit einbezogen wird. Eine neoklassische Viskosität tritt erst in höherer Ordnung auf und ist klein. Die Viskosität wird gegenüber diesem Wert jedoch meist durch Turbulenz stark erhöht.

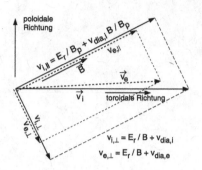

Abb. 8.5 Die Bewegung der Ionen (ausgezogene Linien) parallel und senkrecht zum Magnetfeld stellt sich so ein, dass die poloidale Geschwindigkeit null wird. Die Elektronengeschwindigkeit (gestrichelte Linien) in poloidaler Richtung ist nicht exakt null, da ihre Parallelgeschwindigkeit stark durch die Ionen beeinflusst wird. Die Differenz $v_{i,\perp} - v_{e,\perp}$ führt zum diamagnetischen Strom.

Für große radiale elektrische Felder $E_r \gtrsim v_{th,i} B_p$ kann der Bereich der gefangenen Teilchen (schraffiert in Abb. 8.4) aus dem Zentralbereich der Maxwell-Verteilung herausgeschoben werden. Da so nur noch wenige Teilchen gefangen sind, geht der radiale Teilchenfluss zurück.

Jetzt soll noch die Grenzfrequenz ν_2 des Bananen-Regimes genauer definiert werden. Dazu wird die effektive Stoßfrequenz ν_{eff} mit der Durchlauffrequenz der Banane ω_B gleichgesetzt:

$$\omega_B \approx \frac{v_\parallel}{qR_0} = \frac{v_{th}}{qR_0 A^{1/2}} = \nu_{eff} \quad \to \quad \nu_2 = \frac{2v_{th}}{qR_0 A^{1/2}(A+1)}.$$

Während im Bananen-Regime $\nu < \nu_2$ die Teilchendiffusion mit abnehmender Stoßfrequenz abnimmt, heben sich im Bereich mittlerer Stoßfrequenz $\nu_1 \gtrsim \nu \gtrsim \nu_2$ zwei Effekte gerade auf. Wenn die Stoßfrequenz fällt, wird die Driftbahn mehr und mehr durchlaufen, sodass die Versetzung pro Stoß wächst. In diesem so genannten "Plateau-Regime" ist die Diffusion von der Stoßfrequenz nahezu unabhängig [84]:

$$\Gamma_r = -1,74 \; \sqrt{\frac{m_e}{m_i}} D_p n \left(\frac{\nabla_r n}{n} + \frac{3}{2} \frac{\nabla_r T}{T} \right) \qquad D_p = \frac{q r_{g,i} T}{e B_\phi R_0}.$$

In der Abbildung 8.6 ist der normierte Diffusionskoeffizient D/D_p als Funktion einer dimensionslosen Stoßfrequenz ν/ν_1 aufgetragen[7]. Man erkennt, dass im Tokamak mit abnehmender Stoßfrequenz die neoklassische Teilchendiffusion stark zurückgeht. Das Gleiche gilt für Impuls-und Energietransport. Diese werden allerdings im Allgemeinen durch den turbulenten Transport übertroffen.

Neben der nahezu vollständigen Unterdrückung der poloidalen Geschwindigkeit führt die toroidale Geschwindigkeit v_ϕ zu einem toroidalen Strom. Da die

---

[7]Um mit dem Stellarator vergleichen zu können, wurde für den Tokamak das ungewöhnliche Aspektverhältnis von 20 gewählt. Die genaue Rechnung führt zu einer Abrundung der Kurve im Bereich von ν_1 und ν_2.

Geschwindigkeiten — bis auf eine etwa überlagerte $E \times B$-Bewegung — entgegengesetzt sind, wird dieser "Bootstrap-Strom" [30] von Ionen und Elektronen getragen. Er wird durch die schon diskutierte Reibung zwischen beiden Teilchensorten reduziert. Im Bananen-Regime ergibt sich der Bootstrap-Strom in niedrigster Ordnung in A^{-1} zu [177]:

$$j_{BS} = -2\pi r \sqrt{A} \left[2,44 \left(T_e + T_i\right) dn/d\psi + 0,69 n dT_e/d\psi - 0,42 n dT_i/d\psi\right].$$

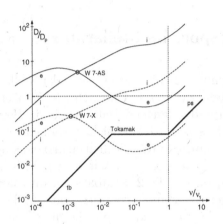

Abb. 8.6 Die Teilchendiffusion als Funktion der Stoßfrequenz ($T_i = T_e = const$; Wasserstoff).

Der Diffusionskoeffizient ist normiert durch den Wert für das Plateau-Regime D_p und die Stoßfrequenz durch ν_1. Im Tokamak nimmt der Diffusionskoeffizient mit fallender Stoßfrequenz monoton ab und hängt nicht vom radialen elektrischen Feld ab, solange dies nicht zu groß wird. Im Stellarator (W7-AS, W7-X) dagegen hängen Ionen- und Elektronentransport stark vom elektrischen Feld ab [153]. Bei gegebenem elektrischen Feld ergibt sich ambipolarer Transport nur für eine bestimmte Stoßfrequenz, die durch Kreise markiert ist (weitere Erläuterungen siehe Abschnitt 8.2).

Der Effekt eines Temperaturgradienten ist deutlich kleiner als der des Dichtegradienten. Je nach Verhältnis von T_e zu T_i kann sich sogar das Vorzeichen umkehren. Fällt der Druck nach außen ab, zeigt der Bootstrap-Strom im Allgemeinen in die Richtung des toroidalen Stromes der Gleichgewichtskonfiguration und vermindert so den zur Induktion des Stromes notwendigen Flusshub. Wie am Ende von Kapitel 7.2.6 erwähnt, können sich auch im Inneren einer Entladung "Transportbarrieren" bilden. Durch den guten Einschluss ist dort der Druckgradient besonders steil und damit der Bootstrap-Strom groß. In Kombination mit Verfahren, den Strom nicht induktiv durch Neutralteilcheninjektion oder elektromagnetische Wellen treiben zu können, ergibt sich so die Möglichkeit einer Tokamak-Entladung ohne zeitliche Begrenzung durch den Flusshub des OH-Transformators.

Ein Effekt, der die Teilchen in radialer Richtung verschiebt, entsteht durch das toroidale elektrische Feld E_ϕ, das den Plasmastrom treibt. Ionen, die auf der Driftbahn in Richtung von E_ϕ laufen, werden dort beschleunigt, während sie auf dem Rückweg abgebremst werden. Dadurch (Abb. 8.3, untere Hälfte) driftet das Ion länger zu kleinen r-Werten als umgekehrt. Man kann sich klarmachen, dass dieser "Ware-Effekt" [236] die Teilchen unabhängig von Richtung und Ladung nach innen verschiebt. Die freien Teilchen nehmen selbst nicht an der Bewegung nach innen teil. Da sie aber in der Richtung mit oder entgegen dem elektrischen Feld unterschiedliche Geschwindigkeiten haben, verstärken sie durch Reibung an den gefangenen Teilchen den Ware-Effekt etwa um einen Faktor 2. Mit einer Geschwindigkeit von $v_{W,r} \approx 2{,}4 A^{-1/2} E_\phi / B_\vartheta$ übertrifft dieser Effekt die Inwärtsdrift im Screw-Pinch von $v_{s,r} = -E_z B_\vartheta / B_\phi^2 \,\hat{=}\, (qA)^{-2} E_\phi / B_\vartheta$ (siehe Kap. 6.6.1) [195].

8.2   Driftbahnen und Transport im Stellarator

Geht man zur Betrachtung nicht axialsymmetrischer Felder wie in der Stellaratorkonfiguration über [82], ergeben sich entscheidende Unterschiede. Zunächst gibt es, wie im Tokamak, freie Teilchen und gefangene Teilchen, die in Bereichen geringeren Magnetfeldes eingeschlossen werden. Teilchen können dabei sowohl durch den toroidalen Spiegel als auch durch die helikalen Felder gefangen sein. Die Umkehrpunkte der gefangenen Teilchen driften, wie in Kapitel 3.6.3 diskutiert, entlang einer Bahn, für die die 2. adiabatische Invariante J näherungsweise konstant ist. Im Gegensatz zum Gyroradius und zur Bananenbahn sind diese Bahnkurven für Elektronen und Ionen allerdings gleich. Wegen fehlender Symmetrie liegt die Bahn der Umkehrpunkte nicht mehr wie im Tokamak auf ein und derselben Flussfläche. Die Bahn kann sich schließen und wird dann als "Superbanane" bezeichnet oder kann vollkommen aus dem Plasma herausführen (Beispiel siehe Abb. 8.7, linke Hälfte).

Abb. 8.7 In nicht axialsymmetrischen Konfigurationen driften die gefangenen Teilchen im Allgemeinen aus dem Plasma heraus (linke Hälfte). Allerdings kann durch geeignete Formung des Magnetfeldes wie im Stellarator W7-X erreicht werden, dass die Bahn sich schließt und nur wenig von der Flussfläche wegführt [220].
©IAEA Nuclear Fusion (Copyright in these materials is vested in the International Atomic Energy Agency, Vienna, Austria from which permission for republication must be obtained.)

Diskutiert man nun wieder den radialen Teilchentransport als Funktion der Stoßfrequenz, so bleibt er, solange die Banane noch nicht vollständig zwischen zwei Stößen durchlaufen wird, d. h. im Pfirsch-Schlüter-Bereich vergleichbar dem des Tokamaks. Für kleine Stoßfrequenzen dagegen, im Plateaubereich und vor allem im Bananen-Regime, entfernen sich die Teilchen zwischen den Stößen mit abnehmender Stoßfrequenz zunehmend von der Flussfläche. Daher nimmt die Teilchendiffusion mit fallender Stoßfrequenz im Gegensatz zum Tokamak zu.

Wird die Stoßfrequenz sehr klein und schließt sich die Superbanane nicht im Plasma, so ist der Vorgang gar kein eigentlicher Diffusionsprozess mehr. Bei großer freier Weglänge verlassen Teilchen ohne Stoß das Plasma. Man hat genau die umgekehrten Verhältnisse wie in einer Spiegelmaschine. Für Bereiche mit großem $v_\perp/v_\parallel$ bildet sich ein Verlustkegel in der Verteilungsfunktion aus. Zusätzlich wirkt sich negativ aus, dass die Diffusion im Geschwindigkeitsraum durch Kleinwinkelstöße erfolgt. Ein Verlustkegel wird nicht wie bei echten 90°-Stößen im Allgemeinen übersprungen, sondern "saugt" durch einen Diffusionsprozess die benachbarten Teilchen in sich hinein. Im Fusionsreaktor wird das Problem noch durch die Forderung an einen guten Einschluss der α-Teilchen verschärft, die trotz ihrer großen freien Weglänge ihre Energie an das Plasma abgeben müssen, bevor sie es verlassen.

Da die $J=const$-Bahnen für Ionen und Elektronen ebenso wie die Driftgeschwindigkeiten entlang dieser Bahn bei gleicher Temperatur gleich sind, die Elektronen jedoch eine höhere Stoßfrequenz haben, verlassen im Allgemeinen bevorzugt Ionen das Plasma (in der Abb. 8.6 im Bereich rechts von der durch einen Kreis markierten Stelle). Folglich lädt sich das Plasma stark negativ auf. Kommt das elektrische Feld in den Bereich $E \approx \nabla_r T/e$, geht der Anteil der gefangenen Teilchen zurück – wie im Zusammenhang mit der Abb. 8.4 in Abschnitt 8.1.2 diskutiert – und die $J=const$-Bahnen der Ionen schließen sich näherungsweise in poloidaler Richtung. Ihre radiale Geschwindigkeit wird dadurch auf die der Elektronen herabgedrückt. In der Abbildung 8.6 werden zwei Beispiele dazu gezeigt. Bei Vorgabe eines elektrischen Feldes schneiden sich die Diffusionskoeffizienten der Ionen und Elektronen (Kurven i und e) bei einer Stoßfrequenz, für die Ambipolarität herrscht. Radiales elektrisches Feld und die Geschwindigkeit parallel zum Magnetfeld sind also bei gegebener Stoßfrequenz festgelegt. Damit verbleibt im Stellarator im Gegensatz zur axialsymmetrischen Konfiguration kein freier Parameter.

Durch Variation des elektrischen Feldes erzeugt man aus der Menge der Schnittpunkte die Kurve des effektiven Diffusionskoeffizienten als Funktion der Stoßfrequenz.

Wegen der sich ergebenden großen neoklassischen Diffusion für Reaktorparameter erschien der Stellarator zunächst als kaum für den Reaktor geeignet. Es sind jedoch inzwischen Konfigurationen gefunden worden [93], bei denen der neoklassische Transport gegenüber dem ursprünglichen Stellarator deut-

Abb. 8.8 Die Abbildung zeigt Flussflächen der opti-
mierten Stellarator Konfiguration W7-X. (Blickrich-
tung parallel zur Hauptachse, die durch ein Kreuz
gekennzeichnet ist.) Da die Teilchen in Bereichen geringerer Krümmung gefangen sind, ist ihre radiale
Drift stark reduziert.

lich reduziert ist. Die gefangenen Teilchen sind in dieser Konfiguration in einem
wenig gekrümmten Torussegment gefangen (siehe Abb. 8.8), sodass ihre Drift
gering ist. Wie man in der Abbildung 8.6 erkennen kann (W7-X gegenüber
W7AS), wird die Diffusion gegenüber dem klassischen Stellarator um mehr als
eine Größenordnung reduziert[8].

Man erkennt aus der Abbildung 8.8, dass diese Magnetfeldkonfiguration neben
der Verbesserung des Einschlusses den M+S-Effekt ausnutzt (siehe Kap. 7.1).
Dadurch sind die Pfirsch-Schlüter-Ströme und die Schafranow-Verschiebung
reduziert und Gleichgewichte bei hohen β-Werten möglich.

---

[8]Ein Experiment "W7-X", dem dieses Konzept zugrundeliegt, wird zur Zeit im Max-Planck-
Institut für Plasmaphysik in Greifswald aufgebaut.

9 Wellen in homogenen Plasmen

9.1 Einleitung

Während in den vorangehenden Kapiteln räumlich begrenzte Plasmen behandelt wurden, sollen jetzt wieder homogene Plasmen betrachtet werden. Sie sollen z. B. durch eine kleine Kraft gegenüber dem zeitlich konstanten Gleichgewichtszustand gestört sein. Diese Störung kann ortsfest bleiben oder sich als Welle ausbreiten, sie kann gedämpft abklingen oder instabil anwachsen. Letzteres natürlich nur, wenn die Verteilung im Geschwindigkeitsraum keine Maxwell-Verteilung ist. Im anschließenden Kapitel wird die Diskussion auf inhomogene Plasmen erweitert, in denen das Potenzial für Instabilitäten wesentlich größer ist.

In einem neutralen Gas breiten sich Lichtwelle und Schallwelle aus. Existieren freie elektrische Ladungsträger und ist eventuell zusätzlich noch ein Magnetfeld überlagert, so werden diese Wellen modifiziert. Das elektrische Feld der Lichtwelle bewegt die Ladungsträger, wobei ihre Trennung das elektrische Feld ändert. Das Magnetfeld lenkt zusätzlich die Bewegung ab und führt zur räumlichen Anisotropie. Dadurch wird die Anzahl der Wellentypen vergrößert und es gibt unter Umständen einen Übergang von schnellen Wellen mit Phasengeschwindigkeiten vergleichbar oder größer als die Lichtgeschwindigkeit hin zu den akustischen Wellen.

Ein kurzer geschichtlicher Rückblick der Entwicklung des Verständnisses der Schwingungen und Wellen in Plasmen beginnt damit, dass Kennelly und Heaviside [103] bereits 1902 die Existenz einer leitfähigen "Ionosphäre" annahmen, die die beim atlantischen Funkverkehr beobachtete Reflexion sehr langwelliger elektromagnetischer Wellen erklären sollte. In den Jahren 1924 bis 1928 beobachtete Penning [179] die Streuung von Elektronenstrahlen an Plasmaschwingungen, während Langmuir und Tonks [228] die Theorie der elektrostatischen Wellen entwickelten. Alfvén begründete 1942 [14] die Theorie der MHD-Wellen und die stoßfreie Dämpfung von longitudinalen Plasmawellen wurde 1946 von Landau [141] beschrieben.

Heute werden insbesondere nicht lineare Effekte studiert, die zu einem turbulenten Zustand des Plasmas führen können. Plasmawellen spielen in Gebieten wie in der Astrophysik, der Atmosphärenforschung, der Gasentladungsphysik und bei der Entwicklung von Mikrowellenröhren eine große Rolle. In der Fusionsforschung wird durch Wellen das Plasma geheizt, und elektromagnetische Wellen werden zur Diagnostik eingesetzt. Viele der in der Plasmaphysik beobachteten Wellenphänomene finden sich modifiziert durch die Entartung des Elektronengases und die Gitterbindung der Ionen im Festkörper wieder.

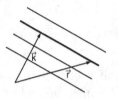

Abb. 9.1 Flächen konstanter Phase werden durch $\omega t - \vec{k}\cdot\vec{r} = const$ beschrieben ($\vec{k}$: Wellenvektor, $\vec{r}$: Ortsvektor, ω: Frequenz der Welle). Folglich ist die Phasengeschwindigkeit $v_p = \omega/k$.

Die Welle wird als eine kleine Störung des Gleichgewichtszustandes angesehen, sodass die Gleichungen linearisiert werden können. Eine Größe $\vec{A}=\vec{\bar{A}}+\vec{A}_1$ zerfällt dabei in eine Gleichgewichtsgröße $\vec{\bar{A}}$ und die Störung $\vec{A}_1$ mit $|A_1|\ll|\bar{A}|$. Zugleich beschränkt man sich auf periodische Vorgänge, indem man die Störgrößen in der Form $\vec{A}_1=\vec{\bar{A}}_1\ e^{i(\vec{k}\cdot\vec{r}-\omega t)}$ schreibt. Dieser Ansatz beschreibt eine ebene Welle mit der Kreisfrequenz $\omega=2\pi\nu$, die sich in Richtung des Wellenvektors $\vec{k}$ mit der Wellenlänge $\lambda=2\pi/k$ ausbreitet (vgl. Abb. 9.1). Bei Multiplikation von $\vec{A}_1$ mit $i=e^{i\pi/2}$ "hinkt" die Phase um $\pi/2$, also eine Viertelperiode nach. $\vec{A}_1$ kann z. B. das elektrische Feld beschreiben, wobei die eigentliche physikalische Größe der Imaginär- oder Realteil von $\vec{A}$ ist. Zeitliche und räumliche Ableitungen lassen sich algebraisch ausdrücken:

$$\partial/\partial t = -i\omega \qquad \vec{\nabla} = i\vec{k} \qquad \vec{\nabla}\cdot = i\vec{k}\cdot \qquad \vec{\nabla}\times = i\vec{k}\times \bullet \qquad (9.1)$$

Eine Welle heißt transversal, wenn der Vektor der Störgröße $\vec{E}_1$ senkrecht zu $\vec{k}$ ist, und longitudinal, falls er parallel zu $\vec{k}$ liegt. Ist ω reell, wird eine stabile Schwingung oder Welle beschrieben. Ist dagegen ω komplex, wächst je nach Vorzeichen des Imaginärteiles die Amplitude an oder die Welle ist gedämpft. Der Zusammenhang zwischen Frequenz ω und Wellenvektor $\vec{k}$, die "Dispersionsbeziehung", ist die Lösbarkeitsbedingung für das bei der Linearisierung entstehende Gleichungssystem. Für die Phasengeschwindigkeit gilt $\vec{v}_p=\vec{k}\omega/k^2$, und die Gruppengeschwindigkeit ist $\vec{v}_g=d\omega/d\vec{k}$.

Im Allgemeinen werden die Plasmawellen im Folgenden in der Näherung von idealen Zweiflüssigkeitsgleichungen behandelt. Dies bedeutet, dass, um auch schnelle Vorgänge beschreiben zu können, die Trägheit des Elektrons berücksichtigt wird und $n_{e,1} \neq n_{i,1}$ sein kann, andererseits jedoch die Viskosität und die Reibung zwischen Ionen und Elektronen in den Impulsgleichungen vernachlässigt werden (vgl. Diskussion in Kap. 5.3.1 und 5.4.1). Quasineutralität gilt nur für die Gleichgewichtsgrößen. Die Energiesätze werden als Adiabatengleichungen angesetzt, wobei für stoßarme Plasmen ohne Magnetfeld oder parallel zum Magnetfeld der Freiheitsgrad $f=1$ zu setzen ist.

Die Gültigkeit der vereinfachenden Gleichungen muss für jeden Wellentyp einzeln diskutiert werden. Teilweise ist es, wie z. B. für die Landau-Dämpfung, notwendig, die Probleme von vornherein kinetisch zu behandeln. Umgekehrt ist es für das Studium bestimmter Wellentypen möglich, die Flüssigkeitsgleichungen weiter zu vereinfachen. So können z. B. relativ kalte Plasmen durch die Annahme $\bar{T}=0$ beschrieben werden, während für langsame Wellen das Einflüssigkeitsbild ausreicht.

Es gibt grundsätzlich zwei Wege der weiteren Behandlung. Man kann mit $\vec{D} = \overset{\leftrightarrow}{\varepsilon} \cdot \vec{E}$ einen Dielektrizitätstensor einführen und aus der Determinante des entstehenden linearen Gleichungssystems die Dispersionsbeziehung als Lösbarkeitsbedingung erhalten. Hier werden dagegen wie im Vorangehenden die Ströme, die mit der Welle verbunden sind, explizit mitgenommen und die Maxwell-Gleichungen in Vakuumform angesetzt. Außerdem werden die Gleichungen nur soweit reduziert, dass die Bewegung der Teilchen in Wechselwirkung mit dem elektrischen Feld für die einzelnen Wellentypen erkennbar bleibt.

9.2 Linearisierung

Zur Ableitung der Plasmawellen müssen die Kontinuitäts-, die Bewegungs- und die Energiegleichungen für Ionen und Elektronen und die Maxwell-Gleichungen simultan gelöst werden. Im Folgenden werden die Gleichungen mit Beschränkung auf $Z=1$, $\vec{v}=0$, $\vec{E}=0$, und $\vec{B}=\bar{B}\vec{e}_z$ nach dem in Kapitel 7.2.3 erläutertem Rezept linearisiert, wobei die Maxwell-Gleichungen als lineare Gleichungen von vornherein in Gleichgewichts- und Störgrößen separieren. Als Beispiel wird die Linearisierung der Kontinuitätsgleichung $\partial n / \partial t = -\vec{\nabla} \cdot (n\vec{v})$ vorgerechnet:

$$\partial \left(\bar{n} + n_1 \right) / \partial t = -\vec{\nabla} \cdot \left(\bar{n}\vec{v} \right) - \vec{\nabla} \cdot (\bar{n}\vec{v}_1) - \vec{\nabla} \cdot \left(n_1 \vec{v} \right) - \vec{\nabla} \cdot (n_1 \vec{v}_1) ,$$

$$\bar{v} = 0 \quad \rightarrow \quad \partial n_1 / \partial t = -\bar{n}\vec{\nabla} \cdot \vec{v}_1 .$$

In den folgenden linearisierten Gleichungen werden die Störgrößen ohne den Index 1 geschrieben. Anschließend werden der Ansatz $\vec{A} = \vec{\bar{A}} e^{i\left(\omega t - \vec{k} \cdot \vec{r} \right)}$ eingesetzt und die algebraischen Ausdrücke (9.1) benutzt:

$$\vec{\nabla} \times \vec{B} = \mu_0 e \bar{n}_i (\vec{v}_i - \vec{v}_e) + \varepsilon_0 \mu_0 \partial \vec{E}/\partial t \qquad \qquad \nabla \times \vec{E} = -\partial \vec{B}/\partial t,$$

$$\frac{\partial n_i}{\partial t} = -\bar{n}_i \vec{\nabla} \cdot \vec{v}_i \qquad \qquad \frac{\partial n_e}{\partial t} = -\bar{n}_e \vec{\nabla} \cdot \vec{v}_e,$$

$$m_i \bar{n}_i \frac{\partial \vec{v}_i}{\partial t} = e \bar{n}_i (\vec{E} + \vec{v}_i \times \vec{B}) - \vec{\nabla} p_i,$$

$$m_e \bar{n}_e \frac{\partial \vec{v}_e}{\partial t} = -e \bar{n}_e (\vec{E} + \vec{v}_e \times \vec{B}) - \vec{\nabla} p_e,$$

$$p_i = \gamma_i \bar{T}_i n_i \qquad \qquad p_e = \gamma_e \bar{T}_e n_e \qquad \qquad \gamma = (f+2)/f.$$

Damit folgt als linearisiertes Gleichungssystem:

$$\vec{k} \times \vec{B} = -\mu_0 i e \bar{n}_e (\vec{v}_i - \vec{v}_e) - \omega \vec{E}/c_0^2 \tag{9.2}$$

$$\vec{k} \times \vec{E} = \omega \vec{B} \tag{9.3}$$

$$\omega n_i = \bar{n}_i \vec{k} \cdot \vec{v}_i \tag{9.4}$$

$$m_i \bar{n}_i \omega \vec{v}_i = i \bar{n}_i e (\vec{E} + \vec{v}_i \times \vec{B}) + \vec{k} p_i \tag{9.5}$$

$$p_i = \gamma_i \bar{T}_i n_i \tag{9.6}$$

Die Gleichungen 9.4 bis 9.6, müssen analog für Elektronen gebildet werden. Multiplikation von (9.3) mit $\cdot \vec{k}$ zeigt, dass $\vec{B}$ immer transversal ist. Die Gleichungen lassen sich weiter zusammenfassen, wenn man in (9.2) und (9.5) $\vec{B}$ aus (9.3), n_i (bzw. n_e) aus (9.4) und p_i (bzw. p_e) aus (9.6) substituiert. Die mittlere Dichte $\bar{n}_e$ wird durch die Plasmafrequenz ω_p ausgedrückt. Außerdem kann man zunächst rein formal Schallgeschwindigkeiten $c_{e,i}^2 \equiv \gamma_{e,i} \bar{T}_{e,i}/m_{e,i}$ einführen $(\omega_p = \sqrt{\bar{n}_e e^2/(\varepsilon_0 m_e)})$:

$$\vec{E}\left(\omega^2/c_0^2 - k^2\right) = -i m_e \omega \omega_p^2 (\vec{v}_i - \vec{v}_e) / \left(e c_0^2\right) - \vec{k}\left(\vec{k} \cdot \vec{E}\right) \tag{9.7}$$

$$\omega \vec{v}_i = i e (\vec{E} + \vec{v}_i \times \vec{B})/m_i + \vec{k}(\vec{k} \cdot \vec{v}_i) c_i^2/\omega \tag{9.8}$$

$$\omega \vec{v}_e = -i e (\vec{E} + \vec{v}_e \times \vec{B})/m_e + \vec{k}(\vec{k} \cdot \vec{v}_e) c_e^2/\omega \tag{9.9}$$

Setzt man aus (9.8) und (9.9) $\vec{v}_i$ und $\vec{v}_e$ in (9.7) ein, erhält man ein homogenes Gleichungssystem für die Komponenten des elektrischen Feldes. Die Lösbarkeitsbedingung ist die Dispersionsbeziehung $\omega(\vec{k})$. Die Gleichungen (9.7) bis (9.9) sollen jedoch im Folgenden beibehalten werden, um elektrische Felder und Geschwindigkeiten der verschiedenen Wellentypen erkennen zu können.

Dabei darf man nicht übersehen, dass sich der mittleren Geschwindigkeit der Welle $\vec{v}$ die thermische Geschwindigkeit der einzelnen Teilchen überlagert. Die Störgrößen Magnetfeld, Dichten und Drücke sind substituiert, lassen sich aber mit den vorangehenden Gleichungen leicht berechnen.

9.3   Wellen ohne stationäres Magnetfeld

9.3.1   Transversalwellen

Zunächst wird im Plasma ohne Magnetfeld die Transversalwelle untersucht, die der Lichtwelle entspricht. Dazu werden $\vec{k}=k\vec{e}_z$ und $E_z=0$ gesetzt (siehe Abb. 9.2, linke Hälfte). Bei dieser "schnellen Welle" kann $v_i=0$ angenommen werden. Wegen $\bar{B}=0$ ist jede Komponente von $\vec{E}$ nur mit der jeweiligen Komponente von $\vec{v}_e$ gekoppelt und $\vec{v}_e$ steht wie $\vec{E}$ senkrecht auf $\vec{k}$. Die Bewegung der Elektronen führt also zu keiner Ladungstrennung. Mit $\vec{E}=E_x\vec{e}_x$ folgt aus den Gleichungen 9.7 und 9.9 die Dispersionsbeziehung für die Lichtwelle in einem Plasma ohne Magnetfeld:

$$E_x(\omega^2/c_0^2 - k^2) = im_e\omega\omega_p^2 v_{e,x}/\left(ec_0^2\right) \qquad \omega v_{e,x} = -ieE_x/m_e,$$

$$\rightarrow \qquad \omega^2 = c_0^2 k^2 + \omega_p^2$$

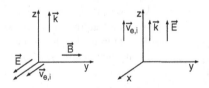

Abb. 9.2 Bei der Transversalwelle ohne stationäres Magnetfeld (linke Hälfte) sind $\vec{v}_e$ und $\vec{E}$ gleichgerichtet und stehen senkrecht auf $\vec{k}$, während bei der Longitudinalwelle (rechte Hälfte) alle Vektoren gleichgerichtet sind.

Die Abbildung 9.3 zeigt die Dispersionsbeziehung für verschiedene Dichten. Für $\omega_p=0$ d. h. $\bar{n}_e=0$ entsteht die Dispersionsbeziehung für das Vakuum. Eine reelle Lösung für k verlangt $\omega\geq\omega_p$. Lichtwellen können sich also im magnetfeldfreien Plasma nur ausbreiten, falls die Frequenz größer als die Plasmafrequenz ist.

Die Phasengeschwindigkeit ist für $\omega>\omega_p$ größer als die Vakuumlichtgeschwindigkeit und entsprechend der Brechungsindex $N_p=c_0/v_p$ kleiner 1:

$$v_p = \omega/k = c_0/\sqrt{1 - \omega_p^2/\omega^2} > c_0.$$

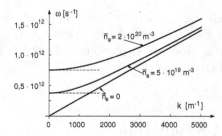

Abb. 9.3 Die Dispersionsbeziehung der Lichtwelle im Plasma ohne Magnetfeld zeigt für $\omega=\omega_p$ einen so genannten "Cut-off" (gestrichelte Linie). Transversalwellen mit $\omega<\omega_p$ werden am Plasma reflektiert.

Wie es sein muss, ist jedoch die Gruppengeschwindigkeit, mit der Information transportiert werden kann, kleiner als c_0:

$$v_g = d\omega/dk = c_0\sqrt{1 - \omega_p^2/\omega^2} < c_0.$$

Die Abhängigkeit der Phasengeschwindigkeit nur von der Dichte kann in einer interferometrischen Anordnung zur Dichtemessung ausgenutzt werden. Die obige Dispersionsbeziehung gilt dabei auch für eine Transversalwelle mit Magnetfeld, solange die Messfrequenz groß gegen die Gyrofrequenz der Elektronen ist (siehe Kapitel 9.4.2 und 9.4.3). Die Abbildung 9.4 zeigt die so bestimmte liniengemittelte Dichte $\bar{n}=\int n_e d\ell/L$ in einer Tokamakentladung als Funktion der Zeit (L: Weglänge im Plasma).

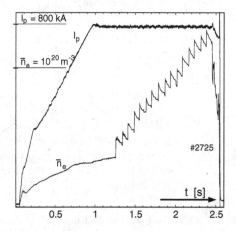

Abb. 9.4 Interferometrische Messung der Dichte in einer Tokamakentladung [87]. Als Lichtquelle dient ein DCN-Laser mit $\lambda=195\mu m$. Man erkennt plötzliche Dichteanstiege nach dem Einschuss von "Pellets" aus gefrorenem Wasserstoff [146]. Durch die hohe Geschwindigkeit (hier $500m/s$) können diese tief ins Plasma eindringen. Die Teilchen des Pellets verteilen sich innerhalb etwa einer Millisekunde über die Flussflächen und fließen langsam wieder aus dem Plasma hinaus.

Der so genannte "Cut-off" bei $\omega=\omega_p$ soll genauer betrachtet werden. Eine Plasmaoberfläche liege bei $z=0$ und für $z<0$ sei Vakuum. Für $z=0$ gilt:

$$E_x = \hat{E}_x e^{i\omega t} \qquad\qquad v_{e,x} = -\frac{e\hat{E}_x}{m_e\omega} e^{i(\omega t+\pi/2)}.$$

In dieser Beziehung ist $\omega=\omega_p$ in keiner Weise ausgezeichnet, insbesondere geht $v_{e,x}$ bei endlichem $\hat{E}_x$ nicht gegen unendlich. Es liegt also keine Resonanz vor.

Nähert man sich dem Cut-off von der Seite hoher Frequenzen, gelten:

$$k \Rightarrow 0 \qquad v_p \Rightarrow \infty \qquad v_g \Rightarrow 0.$$

Für $\omega < \omega_p$ wird k im Plasma imaginär. Die Welle kann nicht ins Plasma eindringen und klingt exponentiell mit konstanter Phase ab, wie in der Abbildung 9.5 dargestellt. Dabei ist die Eindringtiefe d:

$$d = 1/|k| = c_0/\sqrt{\omega_p^2 - \omega^2}.$$

Der Poynting-Vektor ist im Plasma im zeitlichen Mittel null, es gibt also keinen Nettoenergiefluss ins Plasma. Die Welle wird total reflektiert[1]. Für sehr niedrige Frequenzen $\omega \Rightarrow 0$ wird die Eindringtiefe die so genannte "Landau-Länge" $d_L = c_0/\omega_p$. Für die Ionosphäre ($n_e \approx 10^{12} m^{-3}$) folgt z. B. $d_L = 5m$, für ein typisches Fusionsplasma ($n_e \approx 10^{20} m^{-3}$) ist $d_L = 0{,}5mm$ und in einem Metall ($n_e \approx 10^{28} m^{-3}$) ergibt sich $d_L = 50nm$.

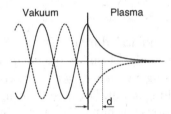

Abb. 9.5 Eine Lichtwelle mit $\omega < \omega_p$ kann sich im Plasma nicht ausbreiten. An einer Plasmaoberfläche wird sie reflektiert und fällt im Plasma mit $d = c_0 \left(\omega_p^2 - \omega^2\right)^{-1/2}$ exponentiell ab.

Berücksichtigt man eine endliche Leitfähigkeit[2] $\sigma_\parallel$, so wächst die Eindringtiefe für Frequenzen kleiner als die Stoßfrequenz ν wieder an: $d_{\omega<\nu} = \left(\mu_0 \sigma_\parallel \omega\right)^{-1/2}$. Dies ist die klassische Skintiefe für elektromagnetische Wellen. In diesem Fall fließt Energie zur Deckung der Reibungsverluste in das Plasma.

Obwohl die physikalischen Vorgänge in der Ionosphäre insgesamt komplex und auch zeitlich variabel sind, kann man sich mit einer Abschätzung ein grobes Bild von der Ausbreitung von Radiowellen verschaffen. Die maximale Elektronendichte beträgt am Tag in der Ionosphäre typisch $n_e \approx 5 \cdot 10^{11} m^{-3}$ entsprechend $\omega_p = 4 \cdot 10^7 s^{-1}$ oder einer korrespondierenden Wellenlänge von $\lambda \approx 50m$. Längere Wellenlängen werden an der Ionosphäre total reflektiert, haben aber wegen der Stöße der Elektronen mit zunehmender Wellenlänge eine größere Eindringtiefe d und damit stärkere Dämpfung. Wellen mit λ kleiner als $50m$

---

[1]Ist die Ausbreitungsbedingung nur in einer Schicht mit der Dicke $d_s \lesssim d$ verletzt, so kann die Welle durch diese Schicht hindurchtunneln und sich trotzdem im Plasma ausbreiten. Dies spielt z. B. bei der Heizung von Plasmen bei der Ionengyrofrequenz eine Rolle.

[2]Die Gleichung 9.9 muss in diesem Fall um einen Reibungsterm erweitert werden (siehe Kap 5.3). Analog zu obiger Ableitung folgt die Dispersionsbeziehung:

$$\omega \vec{v}_e = -ie\vec{E}/m_e - ie^2 \bar{n}_e \vec{v}_e / \left(m_e \sigma_\parallel\right) \qquad \left(\omega^2 - c_0^2 k^2\right)\left(1 + i\frac{e^2 \bar{n}_e}{m_e \sigma_\parallel \omega}\right) = \omega_p^2.$$

dringen in die Ionosphäre ein und können, falls die Absorption gering ist, in den Weltraum gelangen. Allerdings werden Wellen mit $\lambda \gtrsim 30m$ (Kurzwellen) bei schrägem Einfall ebenfalls am optisch dünneren Medium total reflektiert und haben wegen der geringen Dämpfung ideale Ausbreitungsbedingungen.

9.3.2 Longitudinalwellen

Mit den Ansätzen $\vec{B}=0$, $\vec{v}_{i,e}=v_{i,e}\vec{e}_z$, $\vec{E}=E_z\vec{e}_z$ und $\vec{k}=k\vec{e}_z$ (siehe Abb. 9.2, rechte Hälfte) für Longitudinalwellen werden die Gleichungen 9.7 bis 9.9 zu:

$$E_z = im_e\omega_p^2(v_{e,z} - v_{i,z})/(e\omega),$$

$$\omega v_{i,z} = ieE_z/m_i + k^2 v_{i,z}c_i^2/\omega \qquad \omega v_{e,z} = -ieE_z/m_e + k^2 v_{e,z}c_e^2/\omega.$$

Elimination von $v_{i,z}$ und $v_{e,z}$ liefert die Dispersionsbeziehung:

$$(k^2c_e^2 - \omega^2 + \omega_{pe}^2)(k^2c_i^2 - \omega^2 + \omega_{pi}^2) = \omega_{pe}^2\omega_{pi}^2.$$

In diesem Ausdruck ist die "Ionenplasmafrequenz" durch $\omega_{pi}\equiv\sqrt{\bar{n}_e e^2/(\varepsilon_0 m_i)}$ definiert. Zur Unterscheidung wird die normale Plasmafrequenz im Folgenden mit ω_{pe} bezeichnet. Da $\vec{k}\|\vec{v}_{e,i}$ und im Allgemeinen $v_{i,z}\neq v_{e,z}$ ist, treten bei Longitudinalwellen grundsätzlich Raumladungen auf. Daher spricht man auch von "elektrostatischen Wellen". Die Dispersionsgleichung hat zwei Lösungsäste (siehe Abb. 9.6), die im Folgenden diskutiert werden.

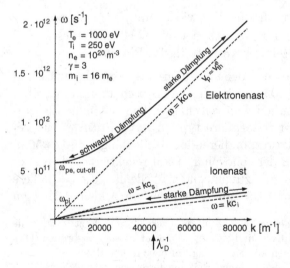

Abb. 9.6 Beispiel zur Dispersionsbeziehung der Longitudinalwellen ohne Magnetfeld. Man kann einen hochfrequenten Elektronenast und einen niederfrequenten Ionenast unterscheiden. Der qualitative Verlauf der Lösungsäste hängt vom Verhältnis der Frequenzen $\omega_{pe}, c_i/\lambda_D$ und c_e/λ_D ab. Das Verhältnis von Ion- zu Elektronenmasse wurde künstlich gleich $m_i/m_e=16$ gesetzt, um beide Lösungsäste gemeinsam darstellen zu können.

Im Grenzfall hoher Frequenz, also für $\omega^2 \gg \omega_{pi}^2$ und $\omega^2 \gg k^2 c_i^2$ wird die Dispersionsbeziehung zu:

$$\omega^2 = \omega_{pe}^2 + k^2 c_e^2.$$

In diesem "Elektronenast" schwingen die Elektronen gegen den ruhenden Ionenhintergrund. Phasen und Gruppengeschwindigkeit sind:

$$v_p = \sqrt{\frac{\omega_{pe}^2}{k^2} + c_e^2} \qquad \frac{d(\omega^2)}{d(k^2)} = \frac{\omega}{k}\frac{d\omega}{dk} = c_e^2 \quad \rightarrow \quad v_g = \frac{c_e^2}{v_p}.$$

Für kleine Wellenlängen, d. h. für $k^2 c_e^2 \gg \omega_{pe}^2$ gilt $v_p = v_g = c_e$, während für große Wellenlängen, d. h. für $k^2 c_e^2 \ll \omega_{pe}^2$ die Phasengeschwindigkeit gegen unendlich und die Gruppengeschwindigkeit gegen null geht. Es tritt also wie bei den Transversalwellen bei $\omega \Rightarrow \omega_{pe}$ ein "Cut-off" auf. Im kalten Plasma, d. h. für $c_e = 0$, ist die Gruppengeschwindigkeit stets null, es breitet sich keine Welle mehr aus und es bleibt die in Kapitel 1.3.1 behandelte Schwingung bei der Plasmafrequenz.

Bei niedriger Frequenz für $\omega^2 \ll \omega_{pe}^2$ und $\omega^2 \ll k^2 c_e^2$ entsteht als zweite Lösung der so genannte "Ionenast" mit der Dispersionsbeziehung:

$$\omega^2 = \frac{k^2 c_e^2}{k^2 c_e^2 + \omega_{pe}^2}\omega_{pi}^2 + k^2 c_i^2.$$

Sie wird für kleine Wellenlängen mit $k^2 c_e^2 \gg \omega_{pe}^2$ zu:

$$\omega^2 = \omega_{pi}^2 + k^2 c_i^2.$$

Für Ionenschwingungen großer Wellenlänge und/oder im relativ kalten Plasma folgt wegen $k^2 c_e^2 \ll \omega_{pe}^2$:

$$\omega = k c_s \qquad c_s \equiv \sqrt{c_e^2 m_e/m_i + c_i^2} = \sqrt{\left(\gamma_e \bar{T}_e + \gamma_i \bar{T}_i\right)/m_i}.$$

Dieser so genannte "Ionenschall" breitet sich mit der Geschwindigkeit $v_p = c_s$ aus. Dabei tritt keine wesentliche Raumladung auf. Sowohl der Elektronen- als auch der Ionendruck treiben die Ionen gegen ihre träge Masse zurück.

Der Charakter der Wellen in beiden Lösungsästen ändert sich, wie schon gezeigt, zwischen den Bereichen kleiner und großer Wellenlänge. Für den Übergangsbereich mit $\omega_{pe}^2 \approx k^2 c_e^2$ bzw. $\omega_{pi}^2 \approx k^2 c_i^2$ ist die Wellenlänge vergleichbar mit der Debye-Länge λ_D (siehe Abb. 9.6). Für große k ist die Wellenlänge λ kleiner als λ_D, folglich sind die Ionen und Elektronen entkoppelt, und die Phasengeschwindigkeiten c_e bzw. c_i sind thermisch bestimmt.

9.3.3 Longitudinalwellen im Teilchenbild, Quanteneffekte

Die Longitudinalwellen ohne Magnetfeld lassen sich mit dem Flüssigkeitsbild nur unvollständig beschreiben. Die Dispersionsbeziehung war unter der Annahme kleiner freier Weglänge wie bei einer Schallwelle in neutralen Gasen abgeleitet worden. Da im Allgemeinen in heißen Plasmen die freie Weglänge größer als die Wellenlänge ist, ist eine kinetische Beschreibung notwendig. Bei einem Plasma im thermischen Gleichgewicht wird ω komplex und es ergibt sich eine stoßfreie Dämpfung der elektrostatischen Longitudinalwelle, die zuerst von Landau untersucht wurde [141] und nach ihm "Landau-Dämpfung" heißt (siehe auch Kap. 9.6).

Die Wechselwirkung zwischen Teilchen und Welle konzentriert sich auf die Teilchen, deren Geschwindigkeit nahezu gleich der Phasengeschwindigkeit der Welle ist. Diese Wechselwirkung soll zunächst qualitativ erläutert werden. Dazu wird angenommen, dass die Amplitude der Welle so groß ist, dass Teilchen mit thermischer Energie durch das elektrische Feld der Welle stark beeinflusst werden.

Es wird eine Longitudinalwelle mit $\vec{k} = (0,0,k)$ betrachtet. Das E-Feld $\vec{E} = \left(0,0,\hat{E}_z sin\,(\omega t - kz)\right)$ bildet ein Potential, das im Minimum durch eine Parabel angenähert werden kann (siehe Abb. 9.7, linke Hälfte). Ist die Amplitude der Welle ausreichend groß, bleibt ein geladenes Teilchen, welches sich mit einer Geschwindigkeit $v_{z,0}$ nahezu gleich der Phasengeschwindigkeit $v_p = \omega/k$ bewegt, im Potenzialtopf gefangen und wird von der Welle mitgenommen. Das Teilchen mit der Ladung $e_\pm$ und der Masse m erfährt bei kleinen Abständen zum Potentialminimum eine Kraft K^*, die proportional zum Abstand ist und führt folglich eine harmonische Schwingung der Frequenz $\omega^* = \sqrt{e_\pm k\hat{E}_z/m}$ aus. Seine Geschwindigkeit wird durch das elektrische Feld zu $v_z^* = v_p + \delta v sin\omega^* t$ ($\delta v = v_{z,0} - v_p$) und seine über die Periode T gemittelte kinetische Energie ändert sich um δE_{kin}:

$$\delta E_{kin} = m/2 \left(\overline{v_z^*(t)^2}^T - v_{z,0}^2\right) = -m\left(v_p\delta v + \delta v^2/4\right) \approx -mv_p\delta v$$

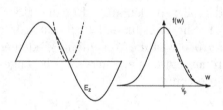

Abb. 9.7 Bei ausreichend großen Amplituden werden Teilchen mit einer Geschwindigkeit vergleichbar mit der Phasengeschwindigkeit v_p von einer Longitudinalwelle mitgenommen. Dabei werden langsamere Teilchen beschleunigt und schnellere abgebremst. Ist die Verteilungsfunktion im Bereich $w \approx v_p$ fallend, wird die Welle gedämpft, da es mehr langsame als schnelle Teilchen gibt.

Ein Teilchen ursprünglich schneller als die Welle mit $v_{z,0} > v_p$ verliert also Energie. Umgekehrt gewinnt es Energie, wenn es langsamer war. Betrachtet man nun eine Welle mit einer Phasengeschwindigkeit, die mit der thermischen Geschwindigkeit vergleichbar ist $v_{ph} \approx v_{th}$, dann gibt es mehr Teilchen mit $v_{z,0} < v_{ph}$

als solche mit $v_{z,0} > v_{ph}$. Folglich nehmen die Teilchen insgesamt Energie auf, während die Welle gedämpft wird. Die Verteilungsfunktion wird für $v_z \approx v_{ph}$ abgeflacht, wie es in der Abbildung 9.7, rechte Hälfte dargestellt ist.

Die kinetische Rechnung [112] liefert in linearisierter Näherung für den Elektronenast bei Vernachlässigung von Stößen für Real- und Imaginärteil:

$$Re(\omega) = \sqrt{\omega_{pe}^2 + 3k^2 \bar{T}_e/m_e},$$

$$Im(\omega) = -\sqrt{\frac{\pi}{8}} \frac{\omega_{pe}^4}{k^3 \left(\bar{T}_e/m_e\right)^{3/2}} exp\left[-\frac{Re(\omega)^2}{2k^2 \bar{T}_e/m_e}\right].$$

Der Realteil stimmt mit dem hydrodynamischen Wert überein, wenn man $f_e = 1$, also $\gamma_e = 3$ setzt. Der Ausdruck für den Imaginärteil ist nur für $k \lesssim 0,5\omega_{pe} / \sqrt{T_e/m_e}$ gültig. Die Dämpfung geht für $k \Rightarrow 0$ exponentiell gegen null.

Bei großen freien Weglängen werden alle Longitudinalwellen stark gedämpft, bei denen die thermische Geschwindigkeit vergleichbar mit der Phasengeschwindigkeit ist. Dies gilt im Elektronenast für $k > \lambda_D^{-1}$, also für Wellenlängen kürzer als die Debye-Länge. Dadurch wird der bereits in Kapitel 1.3.3 eingeführte Begriff der Kohärenzlänge für λ_D verdeutlicht (siehe dazu auch Kap. 2.6). Im Ionenast tritt starke Dämpfung sogar immer auf, ausgenommen der Sonderfall[3] $k < \lambda_D^{-1}$ und zugleich $T_e \gg T_i$.

Die Quanten der Longitudinalwelle im Elektronenast werden als "Plasmonen" bezeichnet. Sie haben allerdings nur eine Bedeutung, wenn $\hbar\omega$ vergleichbar oder größer als die thermische Energie wird. Setzt man in den Teil des Elektronenastes mit schwacher Dämpfung $\omega \approx \omega_{pe}$ und $\hbar\omega = T$ so folgt für die kritische Temperatur $T_{\hbar\omega_p}[eV] = 3,7 \cdot 10^{-14} \sqrt{n_e[m^{-3}]}$. Diese Grenze ist in der Abbildung 1.3 eingetragen. Man erkennt, dass Plasmonen nur in entarteten Plasmen und Festkörperplasmen eine Rolle spielen.

Während für $v_p \approx v_{th}$ und $\partial f/\partial v < 0$ eine Longitudinalwelle gedämpft wird, wird umgekehrt eine Welle angeregt, wenn ein nahezu monoenergetischer Strahl in ein Plasma eingeschossen wird. Es wird dann eine Longitudinalwelle mit einer Phasengeschwindigkeit etwas kleiner als die Strahlgeschwindigkeit erzeugt. Entsprechend erzeugt ein Elektronenstrahl in einer dünnen Metallfolie durch Wechselwirkung mit dem beweglichen Elektronen Plasmonen.

---

[3] Bei Stoßfreiheit kann im Ionenast für die Phasengeschwindigkeit $v_p = \sqrt{(T_e + 3T_i)/m_i}$ gesetzt werden. Dabei ist angenommen, dass die Elektronen isotherm sind (formal $\gamma_e = 1$, $f_e = \infty$), während die Ionen 1-dimensional komprimiert werden ($f_i = 1$). Im Falle $T_e \gg T_i$ gilt also $v_p = \sqrt{T_e/m_i} \gg v_{i,th} \approx \sqrt{3T_i/m_i}$. Diese Welle wird nicht gedämpft, da thermische und Phasengeschwindigkeit verschieden sind.

Die hier beschriebene Wechselwirkung zwischen Welle und Teilchen überträgt nicht nur Energie von der Welle auf die Teilchen des Plasmas, sondern auch einen Impuls. Damit ergibt sich die Möglichkeit durch von außen eingestrahlte elektromagnetische Wellen im Plasma Strom zu treiben. Dies ist besonders für den Tokamak eine wichtige Option, da die Begrenzung des induktiven Stromtriebs aufgehoben werden kann.

Senkrecht zum Magnetfeld eingestrahlte Wellen können durch die Gradienten von Dichte und Magnetfeld so umgelenkt werden, dass sie zu Longitudinalwellen werden. Sie geben dann durch Landau-Dämpfung Impuls und Energie an das Plasma ab.

9.4   Wellen mit stationärem Magnetfeld

Bei der Diskussion der Plasmawellen mit stationärem, homogenen Magnetfeld muss nicht nur nach der Ausrichtung des elektrischen Feldes relativ zum Wellenvektor, also nach transversal und longitudinal unterschieden werden, sondern auch nach der Lage des Wellenvektors relativ zur Richtung des stationären Magnetfeldes. Zwei Fälle sind vorab leicht zu behandeln. Sowohl bei der Longitudinalwelle parallel zum Magnetfeld $\left(\vec{E} \| \vec{B}, \vec{k} \| \vec{B} \right)$ als auch bei der Transversalwelle senkrecht zum Magnetfeld mit dem elektrischen Feld parallel zu diesem $\left(\vec{k} \perp \vec{B}, \vec{E} \| \vec{B} \right)$ hat das Magnetfeld keinen Einfluss. Es gelten also die Beziehungen aus den Abschnitten 9.3.2 und 9.3.1.

9.4.1   Wellen in "kalten Plasmen"

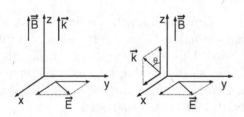

Abb. 9.8 Bei der Transversalwelle parallel zum Magnetfeld $\vec{k} \| \vec{B}$ liegt der $\vec{E}$-Vektor in der Ebene senkrecht zu $\vec{B}$ (linke Hälfte). Falls der Wellenvektor $\vec{k}$ nicht parallel $\vec{B}$ ist, kann nicht mehr nach longitudinal oder transversal unterschieden werden (rechte Hälfte).

Es ist auch einsichtig, dass bei einer Welle mit $\vec{E} \perp \vec{B}$, die sich schräg zum $\vec{B}$ ausbreitet, nicht mehr zwischen longitudinal und transversal unterschieden werden kann, da die Richtungen über die Lorentz-Kraft verkoppelt sind

(Abb. 9.8, rechte Hälfte). Man muss daher für das elektrische Feld und die Geschwindigkeiten die Ansätze $\vec{E}=E_x\vec{e}_x+E_y\vec{e}_y$ bzw. $\vec{v}_{e,i}=v_{e,i,x}\vec{e}_x+v_{e,i,y}\vec{e}_y$ machen. Da in diesem Fall die Dispersionsbeziehung relativ länglich wird, und da bei Longitudinalwellen das Flüssigkeitsbild sowieso nur eine begrenzte Gültigkeit hat, beschränkt sich die weitere Diskussion der Wellen mit stationärem Magnetfeld auf ein so genanntes "kaltes Plasma". Dies bedeutet, dass in den Gleichungen (9.8) und (9.9) c_i bzw. c_e vernachlässigt werden[4]. Unabhängig vom Wellenvektor lassen sie sich nach den Ionengeschwindigkeiten auflösen:

$$v_{i,x} = \frac{iE_x\omega - E_y\omega_{gi}}{\omega^2 - \omega_{gi}^2}\frac{e}{m_i} \qquad v_{i,y} = \frac{iE_y\omega + E_x\omega_{gi}}{\omega^2 - \omega_{gi}^2}\frac{e}{m_i} \qquad v_{i,z} = i\frac{E_z e}{\omega m_i}.$$

Die Elektronengeschwindigkeiten erhält man, indem m_i durch $-m_e$ und ω_{gi} durch $-\omega_{ge}$ ersetzt wird. Einsetzen der Geschwindigkeiten $\vec{v}_i$ und $\vec{v}_e$ in die Gleichung 9.7 liefert zusammen mit der Erweiterung auf Ausbreitung schräg zum Magnetfeld ($\vec{k}=k\left(sin\theta, 0, cos\theta\right), \vec{B} = \left(0, 0, \bar{B}\right), m_e \ll m_i$) ein homogenes Gleichungssystem in E_x, E_y, E_z:

$$C_{xx}E_x + C_{xy}E_y + C_{xz}E_z = 0 \tag{9.10}$$

$$C_{yx}E_x + C_{yy}E_y + C_{yz}E_z = 0 \tag{9.11}$$

$$C_{zx}E_x + C_{zy}E_y + C_{zz}E_z = 0 \tag{9.12}$$

$$C_{xx} = 1 - \left(\frac{1}{\omega^2 - \omega_{ge}^2} + \frac{m_e/m_i}{\omega^2 - \omega_{gi}^2}\right)\omega_{pe}^2 - \frac{c_0^2 k^2 cos\theta^2}{\omega^2},$$

$$C_{xy} = i\left(\frac{\omega_{ge}}{\omega\left(\omega^2 - \omega_{ge}^2\right)} - \frac{\omega_{gi}m_e/m_i}{\omega\left(\omega^2 - \omega_{gi}^2\right)}\right)\omega_{pe}^2,$$

$$C_{xz} = c_0^2 k^2 cos\theta sin\theta / \omega^2,$$

$$C_{yy} = 1 - \left(\frac{1}{\omega^2 - \omega_{ge}^2} + \frac{m_e/m_i}{\omega^2 - \omega_{gi}^2}\right)\omega_{pe}^2 - \frac{c_0^2 k^2}{\omega^2},$$

$$C_{zz} = 1 - \frac{\omega_{pe}^2}{\omega^2} - \frac{c_0^2 k^2 sin^2\theta}{\omega^2},$$

$$C_{yx} = -C_{xy} \qquad C_{yz} = C_{zy} = 0 \qquad C_{zx} = C_{xz}.$$

---

[4]Für die einzelnen Wellentypen und in Abhängigkeit von den Parametern ist zu prüfen, ob diese Annahme in Widerspruch zur Annahme der "Idealität" der zu Grunde gelegten Zweiflüssigkeitsgleichungen gerät.

Setzt man die Determinante des homogenen Gleichungssystems für $\vec{E}$ gleich null, dann erhält man die Dispersionsbeziehung für ein kaltes Plasma, die allerdings auch in dieser Näherung noch sehr länglich ist. Die Cut-off-Frequenzen sind mit $k=0$ unabhängig von der Richtung des Wellenvektors ($m_e \ll m_i$):

$$2\omega_{coL} = \omega_{gi} - \omega_{ge} + \sqrt{(\omega_{ge} + \omega_{gi})^2 + 4\omega_{pe}^2}$$

$$2\omega_{coR} = \omega_g + \sqrt{\omega_{ge}^2 + 4\omega_{pe}^2} \qquad \omega_{co\parallel} = \omega_{pe}$$

Bei den beiden ersten Frequenzen steht das elektrische Feld senkrecht zu $\vec{B}$ und dreht sich links herum (ω_{coL}, "Ionengyro-Cut-off") beziehungsweise rechts herum (ω_{coR}, "Elektronengyro-Cut-off"). Cut-offs bei $\omega_{co\parallel}$ mit einem E-Feld parallel zu $\vec{B}$ wurden bereits in den Abschnitten 9.3.1 und 9.3.2 abgeleitet.

Im Folgenden werden Wellen zunächst parallel zum Magnetfeld und dann senkrecht zum Feld behandelt. Anschließend werden in einer Übersicht Cut-offs und Resonanzen in einer einheitlichen Form dargestellt. Langsame Wellen, die so genannten Alfvén-Wellen, werden im Abschnitt 9.5 getrennt diskutiert, wobei dort eine endliche Temperatur wieder berücksichtigt wird.

9.4.2   Transversalwellen parallel zum Magnetfeld

Bei der Transversalwelle parallel zum Magnetfeld $\vec{k} \parallel \vec{B} = (0, 0, \bar{B})$ (siehe Abb. 9.8, linke Hälfte) spielen die Temperatur bzw. der Druck des Plasmas keine Rolle, da die $\vec{E}$- und $\vec{v}$-Vektoren senkrecht zu $\vec{k}$ liegen (siehe Gleichungen 9.7 bis 9.9). Wegen $\vec{k} \perp \vec{v_i}, \vec{v_e}$ fallen in den Gleichungen 9.8 und 9.9 c_i und c_e heraus, sodass das Folgende auch ohne Einschränkung für "heiße Plasmen" gilt.

Die Gleichungen 9.10 und 9.11 mit $\theta=0$, $E_z=0$ und den Lösungen $E_x=iE_y$ bzw. $E_x=-iE_y$ werden identisch. Unter Berücksichtigung von $\omega_{pi} \ll \omega_{pe}$ erhält man die Dispersionsbeziehung:

$$\frac{k^2 c_0^2}{\omega^2} = 1 - \frac{\omega_{pe}^2}{(\omega \mp \omega_{gi})(\omega \pm \omega_{ge})}.$$

Die jeweils oberen Vorzeichen entsprechen der Lösung $E_x=iE_y$. Diese "L-Welle" wird auch als "linkszirkular polarisiert" bezeichnet. Dies bedeutet, dass der Vektor $\vec{E}$ in einer Ebene senkrecht zu $\bar{B}$ mit konstantem Betrag in Richtung des stationären Magnetfeldes gesehen links herum rotiert[5]. Betrachtet

---

[5]Für diese Definition spielt es keine Rolle, ob $\vec{k}$ parallel oder antiparallel zu $\vec{B}$ ist.

man wieder den Zusammenhang zwischen elektrischem Feld und Geschwindigkeit, so gilt für die Ionengeschwindigkeit der L-Welle:

$$v_{i,x} = \frac{-\omega_{gi}}{\omega - \omega_{gi}} \frac{E_y}{\vec{B}} \qquad v_{i,y} = \frac{i\omega_{gi}}{\omega - \omega_{gi}} \frac{E_y}{\vec{B}}.$$

Wegen $v_{i,x}=iv_{i,y}$ dreht der Vektor $\vec{v}_i$ wie das elektrische Feld und eilt für $\omega>\omega_{gi}$ dem Feld $\vec{E}$ um $\pi/2$ voraus, während er für $\omega<\omega_{gi}$ um $\pi/2$ nacheilt. Im Gegensatz zum Cut-off (siehe Kap. 9.4.1) wird bei der Ionengyrofrequenz $\omega=\omega_{gi}$ – sofern, wie hier angenommen, relativistische Effekte und Reibung vernachlässigt werden – von den Ionen unbegrenzt Energie aufgenommen. Die Welle hat eine Resonanz. Bei jeder Resonanz wird der Wellenvektor k unendlich, d. h. die Wellenlänge null, während die Phasengeschwindigkeit v_p und die Gruppengeschwindigkeit v_g gegen null gehen. Umgekehrt bei der Lösung $E_x=-iE_y$ entsprechend den unteren Vorzeichen der Dispersionsbeziehung nehmen in der "R-Welle" die Elektronen Energie auf. Diese "rechtszirkulare" Welle hat eine Resonanz bei der Elektronengyrofrequenz.

In der Abbildung 9.9 ist ein Beispiel der Dispersionsbeziehung für Transversalwellen parallel zum Magnetfeld, wieder mit einem künstlichen m_i/m_e-Verhältnis gezeigt. Man erkennt, dass sich im Gegensatz zum magnetfeldfreien Plasma auch Wellen mit $\omega<\omega_p$ im Plasma ausbreiten können. Die zulässigen Frequenzbereiche sowohl der R- als auch der L-Mode werden allerdings durch einen Bereich getrennt, in dem sich die Wellen nicht ausbreiten können.

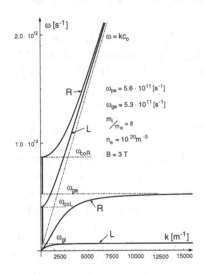

Abb. 9.9 Die Dispersionsbeziehung der Transversalwelle parallel zum Magnetfeld zeigt für die R- und die L-Welle jeweils einen nieder- und einen hochfrequenten Lösungsast. Während die hochfrequenten Äste für $k\Rightarrow0$ in Cut-offs enden, führen die niederfrequenten Äste für $k\Rightarrow\infty$ in Resonanzen. Der qualitative Verlauf der Lösungsäste hängt von den Verhältnissen ω_{pe}/ω_{ge} und m_e/m_i ab. Für $\omega\Rightarrow\infty$ entsteht die Vakuumlichtwelle und für $\omega\Rightarrow0$ die Scher-Alfvén-Welle (siehe Abb. 9.14).

Der "Faraday-Effekt", nämlich die unterschiedliche Phasengeschwindigkeit der rechts- und linkszirkularen Welle, kann zur Bestimmung des Magnetfeldes benutzt werden. Eine linear polarisierte Welle besteht aus einer links- und einer rechtszirkularen Welle[6], die unterschiedlich schnell laufen. Nach Durchgang durch das Plasma setzen sie sich wieder zu einer linear polarisierten Welle zusammen, die um einen Winkel $\delta\varphi$ gedreht ist (L: Länge des durchlaufenen Plasmas; $\omega \gg \omega_{ge} > \omega_{pe}$, $\vec{B}=const$ und $\bar{n}_e=const$ angenommen):

$$\delta\varphi = \frac{1}{2}\frac{\omega_{pe}^2\omega_{ge}}{\omega^2 c_0}L.$$

Die Dichte $\bar{n}_e$ muß separat bestimmt werden, um aus $\delta\varphi$ das Magnetfeld zu gewinnen. Da im Allgemeinen weder die Dichte noch das Magnetfeld konstant sind, entsteht in der Praxis ein komplexes Entfaltungsproblem.

Bei Transversalwellen $\vec{k}\|\vec{B}$ sehr hoher Frequenz $\omega \gg \omega_{ge}$ ist der Einfluss des Magnetfeldes zu vernachlässigen, sodass die L- und R-Welle beide gegen die Vakuumlösung $k^2 c_0^2 = \omega^2$ konvergieren. Für niedrige Frequenzen fallen beide Lösungsäste ebenfalls zusammen. Diese niederfrequente Welle wird gemeinsam mit der niederfrequenten Welle senkrecht zum Magnetfeld im Abschnitt 9.5 gesondert behandelt.

9.4.3   Wellen senkrecht zum Magnetfeld im "kalten Plasma"

Liegt bei Wellen senkrecht zum Magnetfeld das elektrische Feld parallel zum stationären Magnetfeld, wird die Welle als "ordentliche Welle" oder "O-Mode" bezeichnet. Sie hat, wie schon erwähnt, die gleiche Lösung wie die Transversalwelle ohne Magnetfeld: $\omega^2 = c_0^2 k^2 + \omega_p^2$.

Im Fall, dass das elektrische Feld senkrecht zum Magnetfeld steht, der "außerordentlichen Welle" oder "X-Mode", wird in den Gleichungen (9.10) bis (9.12) $\theta = \pi/2$ gesetzt. Die Dispersionsbeziehung, deren etwas längliche Ableitung hier übergangen wird, lautet dann:

$$\frac{k^2 c_0^2}{\omega^2} = \frac{\left(\omega^2 - \omega\omega_{ge} - \omega_{ge}\omega_{gi} - \omega_{pe}^2\right)\left(\omega^2 + \omega\omega_{ge} - \omega_{ge}\omega_{gi} - \omega_{pe}^2\right)}{\left(\omega^2 - \omega_{UH}^2\right)\left(\omega^2 - \omega_{OH}^2\right)}.$$

In der Abbildung 9.10 ist ein Beispiel für die Dispersionsbeziehung gezeigt. Es gibt 3 Lösungsäste mit 2 Resonanzen und 2 Cut-offs, wie sie bereits in Abschnitt 9.4.1 abgeleitet wurden. Für die Resonanzen bei der so genannten "unteren Hybridfrequenz" ω_{UH} und der "oberen Hybridfrequenz" ω_{OH} gilt:

$$\omega_{UH}^2 = \frac{\omega_{ge}\omega_{gi}\left(\omega_{ge}\omega_{gi} + \omega_{pe}^2\right)}{\omega_{ge}^2 + \omega_{pe}^2} \qquad\qquad \omega_{OH}^2 = \omega_{ge}^2 + \omega_{pe}^2.$$

Für $\omega_{pe} \gg \omega_{ge}$ gilt für die untere Hybridfrequenz $\omega_{UH} \approx \sqrt{\omega_{ge}\omega_{gi}}$. Bei dieser Resonanz führen Ionen und Elektronen eine durch das E-Feld verkoppelte Be-

---

[6]Die linear polarisierte Welle selbst ist also keine Lösung der Wellengleichungen.

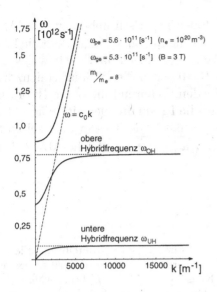

Abb. 9.10 Die Abbildung zeigt beispielhaft eine Dispersionsbeziehung der X-Mode, bei der sowohl der $\vec{k}$-Vektor als auch das elektrische Feld senkrecht zu $\vec{B}$ liegen. Man erkennt insgesamt 3 Lösungsäste mit 2 Resonanzen und 2 Cut-offs. Im Grenzfall hoher Frequenz geht die Dispersionsbeziehung in die der Vakuumlichtwelle über.

Das Massenverhältnis wurde wieder als $m_i/m_e = 8$ gewählt, um eine geeignete Darstellung zu erhalten.

wegung aus. Durch Einsetzen von ω_{UH} in die Gleichungen für die mittleren Geschwindigkeiten erhält man unter Berücksichtigung von 9.10 und 9.11 und für $\omega_{pe} \gg \omega_{ge}$ folgende Verhältnisse der Geschwindigkeiten:

$$v_{ix}/v_{iy} = i\sqrt{m_i/m_e} \qquad v_{ex}/v_{ey} = -i\sqrt{m_e/m_i} \qquad v_{ix}/v_{ex} = 1.$$

Während sich also die Ionen bei der unteren Hybridfrequenz im Wesentlichen in Richtung des $\vec{k}$-Vektors bewegen, erfolgt die Elektronenbewegung senkrecht dazu (siehe Abb. 9.11). Da $\omega_{g,e} \gg \omega_{UH} \gg \omega_{g,i}$ ist der mittleren Bewegung der Elektronen die Gyration überlagert.

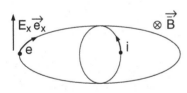

Abb. 9.11 Bei der unteren Hybridschwingung sind die mittleren Geschwindigkeiten der Ionen und Elektronen gleich der Überlagerung der $\vec{E} \times \vec{B}$-Drift $\vec{v}_D$ und der Polarisationsdrift $\vec{v}_p$ (siehe 3.6.2). Für das Verhältnis gilt $v_p/v_D = \omega_{UH}/\omega_g$, also für Ionen $v_{p,i}/v_D = \sqrt{m_i/m_e}$ und für Elektronen $v_{p,e}/v_D = \sqrt{m_e/m_i}$. Die Geschwindigkeiten in Richtung des elektrischen Feldes $E_x \vec{e}_x$ sind gleich.

Die Energie pendelt zwischen der kinetischen Energie der Elektronen in y-Richtung und der der Ionen in x-Richtung. Das E-Feld verkoppelt zwar die Bewegungen, enthält aber bei der Resonanz keine Feldenergie. Die untere Hybridschwingung breitet sich als Welle aus, wenn $T > 0$ oder $\omega < \omega_{UH}$ sind. Während $\vec{k}$ senkrecht zum Magnetfeld steht, ist die Gruppengeschwindigkeit schräg dazu.

Bei der oberen Hybridresonanz sind die Ionen praktisch unbewegt. Das Magnetfeld erhöht verglichen mit der Plasmaschwingung ohne Magnetfeld die Rückstellkraft und damit die Frequenz. Die Welle breitet sich für $T>0$ bzw. $\omega<\omega_{OH}$ aus. Obwohl die Frequenzbeziehung für $B\Rightarrow0$ gegen die Plasmafrequenz konvergiert, ist die Physik wesentlich verschieden. Während die obere Hybridfrequenz eine Resonanz des Plasmas ist, liegt die Plasmafrequenz im magnetfeldfreien Plasma bei einem Cut-off. Für das Verhältnis der Geschwindigkeiten bei der oberen Hybridresonanz gilt $v_{e,x}/v_{e,y}=i\sqrt{\omega_{ge}^2+\omega_{pe}^2}/\omega_{ge}$ (siehe Abb. 9.12).

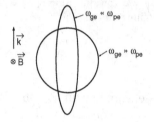

Abb. 9.12 Für $\omega_{ge}\gg\omega_{pe}$ beschreibt das Elektron bei der oberen Hybridresonanz näherungsweise eine Kreisbahn in der x,y-Ebene, während die Bahn für $\omega_{ge}\ll\omega_{pe}$ eine Ellipse mit der großen Achse in Ausbreitungsrichtung ist.

Für $\omega\Rightarrow0$ entsteht eine weitere Variante der Alfvén-Wellen, die ebenfalls in Abschnitt 9.5 behandelt wird.

9.4.4   Eine Übersicht

Zum Abschluss des schon im kalten Plasma relativ komplexen Bildes von Plasmawellen soll eine Übersicht gegeben werden. In der folgenden Tabelle sind die wichtigsten Ergebnisse der Ausbreitung von Wellen in Plasmen mit Magnetfeld zusammengefasst. Eine quantitative Übersicht aller Cut-offs und Resonanzen mit $\vec{k}\|\vec{B}$ und $\vec{k}\perp\vec{B}$ zeigt die Abbildung 9.13 [15]. Die Koordinate $\alpha=\omega_{pe}^2/\omega^2$ wächst proportional zur Plasmadichte, während die Koordinate $\beta=\omega_{ge}/\omega$ proportional zum stationären Magnetfeld ist. Um die Frequenzen mit einem realistischen Masseverhältnis von 1:1835 für Wasserstoff darstellen zu können, wurde eine doppelt-logarithmische Darstellung gewählt.

	$\vec{k}\|\vec{B}$	$\vec{k}\perp\vec{B}$
$\vec{E}\|\vec{B}$	$\stackrel{\wedge}{=}$ Longitudinalwelle ohne Magnetfeld: keine Resonanz, Landau-Dämpfung	$\stackrel{\wedge}{=}$ Transversalwelle ohne Magnetfeld: keine Resonanz
	Cut-off: ω_{pe}	
$\vec{E}\perp\vec{B}$	Transversalwelle mit Magnetfeld: Resonanzen bei: ω_{gi},ω_{ge}	gemischt longitudinal und transversal: Resonanzen bei: ω_{UH},ω_{OH}
	Cut-offs: siehe (9.4.1)	

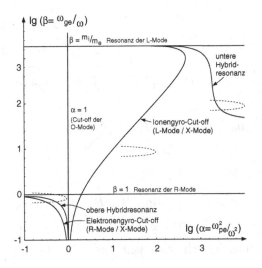

Abb. 9.13 Im modifizierten Allis-Diagramm [15] lassen sich im kalten Plasma alle Cut-offs und Resonanzen, die durch die Flüssigkeitsgleichungen beschrieben werden, in den Koordinaten $\alpha\equiv\omega_{pe}^2/\omega^2$ und $\beta\equiv\omega_{ge}/\omega$ darstellen. Es wurde hier eine doppelt-logarithmische Darstellung gewählt, um beim Masseverhältnis $m_i=1835m_e$ alle Frequenzen erkennen zu können. Weiterhin bietet diese Darstellung Vorteile bei der Diskussion der Wellenheizung (gestrichelte Kurven siehe Abschnitt 9.7).

9.5 Alfvén-Wellen

Bei niederfrequenten Wellen tritt keine wesentliche Ladungstrennung auf und der Verschiebungsstrom kann vernachlässigt werden. Daher lassen sie sich im idealen Einflüssigkeitsbild beschrieben (siehe Kap. 5.4.1). Dabei wird der Druck jetzt wieder als endlich angenommen und auch die Ausbreitung schräg zum Magnetfeld zugelassen. Zur Vorbereitung der Diskussion der Alfvén-Wellen inhomogener Plasmen in Kapitel 10.3 wird hier zunächst Inhomogenität zugelassen. Wieder mit $\bar{v}=0$ lauten diese Gleichungen linearisiert:

$$\partial\vec{B}/\partial t = \vec{\nabla}\times\left(\vec{v}\times\vec{B}\right) \tag{9.13}$$

$$\partial n/\partial t = -\vec{v}\cdot\vec{\nabla}\bar{n} - \bar{n}\vec{\nabla}\cdot\vec{v} \tag{9.14}$$

$$m_i \bar{n} \partial \vec{v}/\partial t = -\vec{\nabla} p + \left[\left(\vec{\nabla} \times \vec{B} \right) \times \vec{B} + \left(\vec{\nabla} \times \vec{B} \right) \times \vec{B} \right] / \mu_0 \qquad (9.15)$$

$$\partial p/\partial t = -\vec{v} \cdot \vec{\nabla} \bar{p} - \gamma \bar{p} \vec{\nabla} \cdot \vec{v} \qquad (9.16)$$

Der Gleichgewichtsdruck $\bar{p}$ ist mit dem Feld $\vec{B}$ durch die Gleichgewichtsbedingung verknüpft. Die Gleichung 9.14 benötigt man nur zur Bestimmung der Dichte und wird im Folgenden nicht berücksichtigt.

Hier in diesem Kapitel 9 mit der Beschränkung auf ein homogenes Plasma und mit dem Wellenansatz für die Störgrößen folgt:

$$\omega \vec{B} = -\vec{k} \times \left(\vec{v} \times \vec{B} \right),$$

$$m_i \bar{n} \omega \vec{v} = \vec{k} p - \left(\vec{k} \times \vec{B} \right) \times \vec{B}/\mu_0 \qquad \omega p = \gamma \bar{p} \vec{k} \cdot \vec{v}.$$

Substitution von $\vec{B}$ und p und die Ansätze $\vec{B} = \bar{B} \vec{e}_z$ und $\vec{k} = (k_x, 0, k_z)$ ergeben Gleichungen für die Komponenten von $\vec{v}$:

$$
\begin{aligned}
m_i \bar{n} v_x \omega^2 &= \left(k_x^2 + k_z^2 \right) v_x \bar{B}^2/\mu_0 + \left(k_x^2 v_x + k_x k_z v_z \right) \gamma \bar{p}, \\
m_i \bar{n} v_y \omega^2 &= k_z^2 v_y \bar{B}^2/\mu_0, \\
m_i \bar{n} v_z \omega^2 &= k_z \left(k_x v_x + k_z v_z \right) \gamma \bar{p}.
\end{aligned}
$$

Die y-Komponente liefert mit $v_y \neq 0$, $v_x = v_z = 0$, $B_y \neq 0$ und $B_x = B_z = 0$ zunächst eine Transversalwelle $\left(\vec{E} = -\vec{v} \times \vec{B} \right)$, die sich entlang des Magnetfeldes mit der "Alfvén-Geschwindigkeit" v_A als Phasengeschwindigkeit ausbreitet ($Z=1$; $\rho = m_i \bar{n}_e$: Massendichte):

$$v_p = v_A \equiv \sqrt{\frac{\bar{B}^2/\mu_0}{m_i \bar{n}_e}} = \sqrt{\frac{2p_B}{\rho}}.$$

Abb. 9.14 Bei der transversalen Alfvénwelle wirken die Feldlinien wie massebeladene Saiten. Durch die Krümmung der Feldlinien wird die Bewegung abgebremst. Das Magnetfeld nimmt die Masse bei der Bewegung mit.

Die Behandlung im 1-Flüssigkeitsbild ist natürlich nur korrekt, solange sich $v_A \ll c_0$ ergibt. Neben der Geschwindigkeit steht auch das Magnetfeld der Welle senkrecht zu $\vec{B}$ und $\vec{k}$ (siehe Abb. 9.14). Diese Alfvén-Welle kann auch durch die Wechselwirkung der bei einer Verbiegung der Feldlinien auftretenden Scherspannung (siehe Kap. 6.3) und des im Magnetfeld eingefrorenen Plasmas (siehe Kap. 5.4.2) verstanden werden. Sie wird deshalb auch als "Scher-Alfvén-Welle" bezeichnet.

Mit dem Ansatz $\vec{v}=(v_x, 0, v_z)$ ergeben sich zwei Lösungsäste $(c_s^2 \equiv \gamma \bar{p}/(m_i \bar{n})$; siehe auch 9.3.2; $k^2 = k_x^2 + k_z^2$):

$$2\omega_f^2/k^2 = c_s^2 + v_A^2 + \sqrt{\left(c_s^2 + v_A^2\right)^2 - 4c_s^2 v_A^2 k_z^2/k^2},$$

$$2\omega_s^2/k^2 = c_s^2 + v_A^2 - \sqrt{\left(c_s^2 + v_A^2\right)^2 - 4c_s^2 v_A^2 k_z^2/k^2}.$$

Die Welle mit der höheren Phasengeschwindigkeit $v_p^f = \omega_f/k$ wird als "Fast-Wave", die langsamere mit $v_p^s = \omega_s/k$ als "Slow-Wave" bezeichnet. Für $k_z \Rightarrow 0$ geht die Phasengeschwindigkeit der Slow-Wave gegen null, während sich für die schnellere Welle $v_p^f \Rightarrow \sqrt{c_s^2 + v_A^2}$ ergibt. Im letzteren Fall moduliert der Strom j_y das Magnetfeld, sodass Teilchen und Magnetfeld gemeinsam komprimiert werden (siehe Abb. 9.15). Diese Transversalwelle wird "Kompressions-Alfvén-Welle" oder "magneto-akustische Welle" genannt. Es gibt für diese Welle mit $\vec{v} \| \vec{k}$ keine stoßfreie Landau-Dämpfung, solange $r_{gi} \ll 1/k$ ist, da wegen des Magnetfeldes keine Phasenmischung in $\vec{k}$-Richtung auftreten kann.

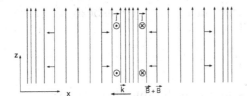

Abb. 9.15 Bei der Kompressions-Alfvén-Welle werden Plasma und Magnetfeld gemeinsam komprimiert.

Mit $k_x=0$ entstehen als Lösungen die schon bereits in Abschnitt 9.3.2 behandelte Longitudinalwelle mit $\vec{v}=v_z\vec{e}_z$ und $\omega/k=c_s$ und die oben diskutierte Alfvén-Scherwelle mit $\vec{v}=v_x\vec{e}_x$ und $\omega/k=v_A$.

Bei Ausbreitung schräg zum Magnetfeld kann ein Phänomen beobachtet werden, welches auch bei anderen Plasmawellen auftritt. Es zeigt sich nämlich, dass die Richtung der Gruppengeschwindigkeit $\vec{v}_g=d\omega/d\vec{k}$ stark von der Richtung der Phasengeschwindigkeit $\vec{v}_p=\omega/\vec{k}$ abweichen kann. In der Abb. 9.16 ist ein Beispiel gezeigt, bei der der Wellenvektor um 45° gegen das Magnetfeld geneigt ist. Während die Gruppengeschwindigkeit $\vec{v}_g^f$ der Fast-Wave nur wenig von der Richtung der Phasengeschwindigkeit abweicht, weicht die Gruppengeschwindigkeit $\vec{v}_g^s$ der Slow-Wave in ihrer Richtung stark von v_p^s ab. Ähnlich liegen die Verhältnisse bei Wellen in der Nähe der unteren Hybridresonanz.

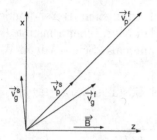

Abb. 9.16 Die Abbildung zeigt am Beispiel von Alfvén-Wellen, deren k-Vektor unter 45° zum Magnetfeld geneigt ist und für die $c_s{\approx}v_A$ gilt, dass die Richtungen von Phasengeschwindigkeit $\vec{v}_p$ und Gruppengeschwindigkeit $\vec{v}_g$ unterschiedlich sein können. Besonders deutlich ist der Effekt bei der Slow-Wave.

9.6 Teilchenresonanzen

In dem bisher verwendeten Flüssigkeitsbild konnten für $k{\Rightarrow}\infty$ Resonanzen bei den Gyrofrequenzen und den Hybridfrequenzen beobachtet werden. Es ist zu erwarten, dass bei diesen Frequenzen die Welle im Plasma absorbiert wird. Es ist jedoch notwendig, diesen Vorgang im Teilchenbild zu beschreiben, wobei die unterschiedliche Geschwindigkeit $\vec{w}$ der Teilchen zu beachten ist. Dazu wird in diesem Abschnitt bei Vernachlässigung von Stößen die Wechselwirkung eines Teilchens mit der Ladung $e_\pm$ und der Masse m am Ort $\vec{r}$ in einem stationären Magnetfeld $\vec{B}{=}\bar{B}\vec{e}_z$ mit einer Welle mit $\vec{k}{=}\left(k_\perp, 0, k_\parallel\right)$ und dem elektrischen Feld $\vec{E} = [E_{x0}\cos\left(\omega t - k_r\right), E_{y0}\sin\left(\omega t - k_r\right), E_{z0}\cos\left(\omega t - k_r - \psi_z\right)]$ mit $k_r = \vec{k}\cdot\vec{r}$ untersucht [149]. Dabei wird hier nicht beachtet, ob die Verhältnisse der lokalen Komponenten von $\hat{E}$ durch eine gültige Dispersionsbeziehung festgelegt werden. Für die Beschleunigung gilt

$$m\dot{\vec{w}} = e_\pm\left(\vec{E} + \vec{w}\times\vec{\bar{B}} + \vec{w}\times\vec{B}\right)$$

Der dritte Term in der Klammer beschreibt nach Multiplikation mit $e_\pm$ die Lorentzkraft des magnetischen Feldes der Welle. Für $w{\ll}c_0$ ist sie gegen den Einfluss des elektrischen Feldes zu vernachlässigen[7] entsteht und entfällt natürlich bei einer elektrostatischen Welle. Da der Term auch nicht die im Weiteren ermittelten Resonanzfrequenzen ändert, wird er im Folgenden weggelassen.

Solange die Geschwindigkeitsänderung pro Periode δw klein gegen w ist, kann für $\vec{r}$ die ungestörte Bahn im Magnetfeld $\vec{B}$ mit der Geschwindigkeit $\vec{w}_0$ angenommen werden (r_g: Gyrationsradius, ω_g: Gyrofrequenz, $s_e \equiv sign\ e_\pm$):

$$\varphi = \omega_g t + \varphi_0 \quad \vec{r} = \left(r_g sin\varphi, s_e r_g cos\varphi, w_\parallel t\right) \quad k_r = k_\perp r_g \sin\varphi + k_\parallel w_{\parallel 0} t.$$

---

[7]Dies gilt nicht für die ordentliche Welle bei der Gyrofrequenz. Hier erzeugt das Magnetfeld der Welle durch den Dopplereffekt ein oszillierendes elektrisches Gleichfeld parallel $\vec{B}$, welches die Teilchen beschleunigt.

Mit der folgenden Idendität wird das elektrische Feld am Ort der Bahnkurve durch eine Summe von Besselfunktionen J_n ausgedrückt:

$$\sin\left(\alpha - \xi \sin\beta\right) = \sum_{n=-\infty}^{\infty} J_n(\xi) \sin\left(\alpha - n\beta\right)$$

$$\vec{E} = \sum_{n=-\infty}^{\infty} J_n(k_\perp r_g) \left[E_{x0}\cos\gamma(t), E_{y0}\sin\gamma(t), E_{z0}\cos\left(\gamma(t) + \psi_z\right)\right]$$

$$\gamma(t) = \omega t - k_\| w_{\|0} t - n\varphi(t)$$

Damit ergeben sich die Beschleunigungen durch die Komponente n der Besselfunktion:

$$\dot{w}_{x,n} = e_\pm/m \left(E_{x,0} J_n(k_\perp r_g) \cos\gamma(t) - s_e \bar{B} w_{\perp 0}\sin\varphi\right)$$

$$\dot{w}_{y,n} = e_\pm/m \left(E_{y,0} J_n(k_\perp r_g) \sin\gamma(t) + \bar{B} w_{\perp 0}\cos\varphi\right)$$

$$\dot{w}_{z,n} = e_\pm/m \left(E_{z,0} J_n(k_\perp r_g)\right) \cos\left(\gamma(t) - \psi_z\right)$$

Im Allgemeinen entsteht eine oszillierende Bewegung, ohne dass sich die Geschwindigkeit nachhaltig ändert. Eine resultierende Senkrechtbeschleunigung setzt voraus, dass die Frequenz der Beschleunigung durch das elektrische Feld gleich der Gyrofrequenz ist. Dies führt in dem Summanden mit dem Index n zu einer Resonanzbedingung für die Senkrechtbewegung:

$$\omega = \omega_{\perp n} = (n+1)\,\omega_g + k_\| w_\|$$

Bei derselben Frequenz $\omega_{\perp n}$ wird der Summand mit dem Index $\ell = n+1$ Zeit unabhängig. Die konstante Kraft senkrecht zum Magnetfeld führt zu einer Drift.

Eine resultierende Beschleunigung parallel zu $\vec{B}$ führt analog zu:

$$\omega = \omega_{\|n} = n\omega_g + k_\| w_\|$$

Diese hier bestimmten Frequenzen $\omega_{\perp n}$ bzw. $\omega_{\|n}$ sollen im Gegensatz zur Resonanz der Welle im Flüssigkeitsbild als Teilchenresonanzen bezeichnet werden. Solche Resonanzen treten bei allen Harmonischen der Gyrofrequenz auf, ohne dass im Flüssigkeitsbild eine Resonanz der Welle vorliegt. Durch den Term $k_\| w_\|$ können sie durch den Dopplereffekt auch von den Harmonischen der Gyrofrequenz abweichen. Eine durch die Teilchenbewegung entstehende lokale Ladung wird in diesem Bild nicht beschrieben. Folglich ergeben sich nicht die Hybridfrequenzen.

Den Energiegewinn W im Resonanzfall während einer Gyration erhält man durch Skalarmultiplikation der Beschleunigung mit der Geschwindigkeit, Multiplikation mit m und Integration über eine Periode. Für die n. Komponenten der Senkrecht- und der Parallelgeschwindigkeit folgt:

$$W_s = e_{\pm}\pi J_n(k_{\perp}r_g)/\omega_g \, (E_{x0} - E_{y0}s_e)\, w_{\perp 0}\cos\left((1+n)\varphi_0\right),$$

$$W_p = 2e_{\pm}\pi J_n(k_{\perp}r_g)/\omega_g \, E_{z0}w_{\parallel 0}\cos\left(n\varphi_0 + \psi_z\right),$$

Die Energieänderung hängt also von den statistisch verteilten Anfangsbedingungen φ_0 und ψ_z ab und kann positiv oder negativ sein. Für $\varphi_0 = \pi/(2(1+n))$ und $\varphi_0 = 3\pi/(2(1+n))$ ist die Änderung der Senkrechtenergie W_s null, da das elektrische Feld senkrecht zur Gyrobewegung steht. Die genauere Rechnung zeigt jedoch [149], dass grundsätzlich durch den Effekt der "Phasensynchronisation" eine Beschleunigung auftreten kann.

Der Einfluss der Welle führt im Allgemeinen nur zu einer Diffusion im Phasenraum und im Mittel nicht zu einer Energieänderung. Ein Nettoenergieübertrag kommt dann zustande, wenn im Bereich der Resonanz die Verteilungsfunktion nicht konstant ist. Eine zu höheren Energien hin fallende Verteilungsfunktion erzeugt eine Dämpfung der Welle.

Für alle Besselfunktionen mit $n{\neq}0$ gilt $J_n(0){=}0$, sodass für $k_{\perp}r_g{\to}0$ bei der Senkrechtbewegung nur durch den Summanden mit $n{=}0$ und $\omega{=}\omega_{\perp 0}{=}\omega_g + k_{\parallel}w_{\parallel}$ eine Beschleunigung durch das elektrische Feld entsteht. Für die Anfangsgeschwindigkeit null, d. h. $r_g(t{=}0){=}0$, ist zwar die Voraussetzung dieser Ableitung $\delta w{\ll}w$ verletzt, trotzdem ergibt sich in diesem Fall dieselbe Beschleunigung, da $J_0'(0) = 0$ ist.

Bei der Parallelbewegung kann mit $n{=}0$, $\hat{E}_z{\neq}0$ bei der im Allgemeinen relativ niedrigen Frequenz $\omega_{\parallel 0}{=}k_{\parallel}w_{\parallel}$ die schon im Kapitel 9.3.3 diskutierte Landau-Dämpfung beobachtet werden. Interessant ist aber auch, dass bei $E_z{\neq}0$ für $n \geq 1$ bei $\omega{=}\omega_{\parallel n}$ eine Wechselwirkung zwischen Teilchen und Welle im Bereich der Gyrofrequenz und ihrer Oberwellen analog zur Landau-Dämpfung stattfindet.

Bei schrägen Einfall bilden sich Resonanzkurven aus, wie sie in der $(p_{\parallel}, p_{\perp})$-Ebene in der Abbildung 9.17 für ein Beispiel dargestellt sind. Dabei wurde hier die Einschränkung $w{\ll}c_0$ aufgegeben und die relativistische Änderung der Elektronenmasse berücksichtigt. In diesem Fall führt die Diffusion zu einer zu $p_{\parallel}{=}0$ unsymmetrischen Änderung der Verteilungsfunktion und damit zu einer endlichen mittleren Geschwindigkeit $v_{\parallel}{\neq}0$. Dies bedeutet, dass die Welle zu einem nicht induktiv getriebenen Strom führen kann.

Elektronen mit unterschiedlicher Geschwindigkeit haben verschiedene relativistische Massen. Deshalb verbreitert sich mit zunehmender Temperatur die räumliche Resonanzzone, wenn das Magnetfeld vom Ort abhängt. Für die ener-

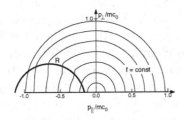

Abb. 9.17 Die Resonanz einer schräg eingestrahlten Welle erfolgt in der $(p_\parallel, p_\perp)$-Ebene entlang einer Kurve R mit $\omega_w = n\omega_g + k_\parallel w_\parallel$, wobei für die Gyrofrequenz ω_g die relativistische Korrektur zu berücksichtigen ist. Die Wechselwirkung mit der Welle führt zu einer zu $p_\parallel = 0$ unsymmetrischen Diffusion im Geschwindigkeitsraum. Gezeigt werden die Höhenlinien der entstehenden Verteilungsfunktion [176].

giereicheren Elektronen liegt die Resonanz weiter innen im Torus im Bereich höheren Magnetfeldes. Diese Verbreiterung verhindert im Fall $k_\parallel = 0$, dass die Welle durch den Resonanzbereich hindurchtunnelt. Zusätzlich erzeugt der Dopplereffekt für $k_\parallel \neq 0$ durch die thermische Verteilung der Parallelgeschwindigkeit eine Verbreiterung der Resonanzzone.

9.7 Wellenheizung und Stromtrieb

Plasmen können mit elektromagnetischen Wellen geheizt und es kann ein Strom im Plasma getrieben werden. Dabei erfolgt die Absorption im Frequenzbereich von Resonanzen, wie der Ionengyrofrequenz (ICRH, da im Englischen "Ion Cyclotron Resonant Heating"), der unteren Hybridfrequenz (LHRH) oder der Elektrongyrofrequenz (ECRH). Es können auch Vielfache dieser Frequenzen benutzt werden, wie im vorangehenden Abschnitt gezeigt wurde. Die Frequenzen liegen dann für fusionstypische Plasmen in den Bereichen 20...100 MHz, 2...10 GHz und 70...200 GHz. Vor allem für die höheren Frequenzen war es auch eine technische Herausforderung, leistungsstarke Senderöhren zu entwickeln. Inzwischen stehen diese aber für alle Frequenzbereiche zur Verfügung.

Auf der physikalischen Seite waren und sind vielfache Fragen zu klären: Wie sehen geeignete Antennen aus? Wie breitet sich die Welle im inhomogenen Plasma aus? Gibt es Resonanzen am Rand oder Cut-Offs, die das Eindringen in das zentrale Plasma verhindern? Ist die Absorption im Resonanzbereich ausreichend effektiv? Werden schnelle Teilchen erzeugt, die Instabilitäten verursachen oder das Plasma verlassen, bevor sie ihre Energie an das Plasma abgegeben haben? Nachdem ein weitgehendes Verständnis erreicht wurde, kann man heute Plasmen in allen drei genannten Frequenzbereichen erfolgreich heizen und Strom treiben.

Neben der lokalen Absorption einer Welle muss deren Ausbreitung im gesamten Plasma diskutiert werden. So dürfen z. B. auf dem Weg zur Resonanzstelle keine Cut-offs liegen. Wie in Abschnitt 9.4.4 diskutiert, hängen kritische Frequenzen in der Näherung des kalten Plasmas von Dichte und Magnetfeld ab. Beide Größen haben entlang des großen Radius in der Mittelebene eines Tokamaks bei Vorgabe eines Dichteprofils einen charakteristischen Verlauf. Die Abbildung 9.13 zeigt für verschiedene Frequenzen solche Kurven als punktierte Linien, die sich beim Durchgang durch das Plasma ergeben. Der obere Beginn der Kurven entspricht jeweils der Torusinnenseite. Ändert man die Frequenz der Welle, so verschiebt sich die Kurve entlang einer Geraden, bleibt aber invariant.

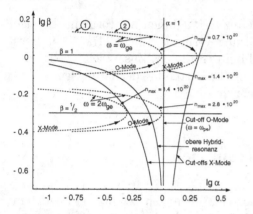

Abb. 9.18 Dieser Ausschnitt der Abbildung 9.13 zeigt den Bereich hoher Frequenzen. Für ECRH kommen für $k_\parallel=0$ die Teilchenresonanzen bei den Frequenzen im Bereich ω_{ge} und $2\omega_{ge}$ in Frage (s. Abschnitt 9.6). Der Weg durch das Plasma (gestrichelte Kurven) ist für O- und X-Mode mit verschiedenen maximalen Dichten gezeigt. Die Pfeile geben die Ausbreitungsrichtung an. ($\alpha=(\omega_{pe}/\omega_\mathrm{w})^2, \beta=\omega_{ge}/\omega_\mathrm{w}, \nu=70/140 GHz$).

Um den Weg einer Welle durch das Plasma bei der Elektrongyrofrequenz genauer zu diskutieren, wird in der Abbildung 9.18 der hochfrequente Teil der Abbildung 9.13 in einem vergrößerten Ausschnitt gezeigt. Der Weg der Welle durch das Plasma ist für 2 verschiedene Frequenzen 70 und 140 GHz, für die O- und die X-Mode und für verschiedene maximale Dichten gezeigt $\left(k_\parallel = 0\right)$. Die Pfeile geben die Ausbreitungsrichtungen an. Für die O-Mode ($\vec{E} \| \vec{B}$) bei $\omega \approx \omega_{ge}$ muss $\omega \leq \omega_{pe,max}$ sein, um nicht am Cut-off-Bereich anzustoßen. Das bedeutet in dem gewählten Beispiel eine maximale Dichte von $n_{max} \approx 0{,}7{\cdot}10^{20} m^{-3}$. Dabei kann die Welle von der Torusaußenseite (also im Diagramm von unten) eingestrahlt werden, ohne dass ein Cut-off oder eine Resonanz diese Welle behindert.

Benutzt man die X-Mode mit $\omega \approx \omega_{ge}$, kann die Dichte im Zentrum mit $n_{max} \approx 1{,}4{\cdot}10^{20} m^{-3}$ doppelt so hoch sein, da der Cut-off für die X-Mode im Diagramm weiter rechts liegt. Allerdings muss die Einstrahlung der Welle von der schwieriger zugänglichen Torusinnenseite erfolgen, da sie sonst am X-Mode-Cut-off der niedrigeren Dichte reflektiert wird.

Bei der 2. Harmonischen $\omega_\mathrm{w} \approx 2\omega_{ge}$ lassen sich mit der X-Mode die gleichen Dichten von $n_{max} \approx 1{,}4{\cdot}10^{20} \ m^{-3}$ erreichen, während die O-Mode zur höchsten zulässigen Dichte von $n_{max} \approx 2{,}8{\cdot}10^{20} m^{-3}$ führt. In beiden Fällen kann die Welle auch von der Torusaußenseite eingestrahlt werden. Wegen $J_{n\geq1}(0)=0$ und $k_\parallel = 0$ müssen $k_\perp$ und r_g endlich sein. Heizung bei einer Oberwelle setzt deshalb voraus, dass das Plasma bereits vorgeheizt ist, sodass ausreichend viele schnelle Teilchen vorhanden sind.

Neben der Heizung von Fusionsplasmen spielt die Heizung durch hochfrequente Wellen eine herausragende Rolle für technische Plasmen. Man kann die mittlere Abbremskraft in diesen stoßdominierten Plasmen durch die Stoßfrequenz der Elektronen ν_e ausdrücken. Zusammen mit dem Trägheitsterm, ohne Magnetfeld, in einem homogenen Plasma und bei einem periodischen elektrischen Feld lautet die Kraftbilanz der Elektronen (v_e: mittlere Geschwindigkeit der Elektronen $\ll v_{e,th}$):

$$-e\hat{E}e^{i\omega_w t} = m_e v_e \nu_e + m_e \dot{v}_e$$

Die Stromdichte $j=-en_e v_e$ ist folglich komplex. Multiplikation mit dem elektrischen Feld und Mittelung über eine Periode ergibt die Heizleistungsdichte P_H, die bei $\omega=\nu_e$ ein Maximum hat:

$$j = \frac{n_e e \hat{E}}{m_e}\left(\frac{\nu_e}{\nu_e^2 + \omega^2} - \frac{i\omega}{\nu_e^2 + \omega^2}\right)e^{i\omega t},$$

$$P_H = \langle Re(E)Re(j)\rangle^t = \frac{n_e e^2 \hat{E}^2}{2m_e}\frac{\nu_e}{\nu_e^2 + \omega^2}.$$

Bei Temperaturen im eV-Bereich müssen dabei die Stöße der Elektronen an Ionen und Neutralen berücksichtigt werden. Da die Elektronen zumeist schlecht eingeschlossen sind, kann man kein lokales Ionisationsgleichgewicht annehmen und auch bei hohen Elektronentemperaturen können die Stöße an den Neutralen überwiegen. Umgekehrt überwiegen unter Umständen die Coulomb-Stöße an den Ionen gerade bei tiefen Temperaturen. So ist beim H_2-Molekül für Elektronenenergien $E_e\lesssim4eV$ der Stoßquerschnitt $\sigma_{e\to H_2}[m^2] \approx 1,4 \cdot 10^{-19} \approx const$, während der Stoßquerschnitt für den Coulomb-Stoß $\sigma_{e\to i}[m^2]\approx(\lambda_f n_e)^{-1} \approx 10^{-16}\, T_e[eV]^{-2}$ (siehe 2.1.5) mit fallender Temperatur stark zunimmt und je nach Ionisationsgrad und Temperatur dominieren kann. Falls die Elektronen überwiegend an den Neutralen stoßen, kann man ν_e als unabhängig von n_e annehmen. Dann wächst die Heizleistungsdichte mit zunehmender Neutralgasdichte $n_0\propto\nu_e$ zunächst linear an, durchläuft für $\nu_e=\omega_w$ ein Maximum, um dann wieder abzufallen. Überwiegt der Ionenstoß ist wegen der Verformung der Verteilungsfunktion der Elektronen ν_e durch $(1,95\,\tau_{ei})^{-1}$ zu ersetzen (siehe 5.3.2 und 5.3.3).

Grundsätzlich geht die Heizleistung bei festgehaltener Feldstärke im Plasma mit wachsender Frequenz zurück. Zu niederen Frequenzen hin entsteht jedoch eine Begrenzung, solange man mit HF-Wellen heizt, deren Wellenlänge kleiner als die Gefäßdimensionen ist. Hier ist allerdings zu beachten, dass die Wellenlänge im Plasma in der Nähe einer Resonanz wesentlich kleiner als die Vakuumwellenlänge sein kann. Unterschreitet man diese Grenze, hat man es mit einer kapazitiven oder induktiven Einkopplung des elektrischen Feldes zu tun und andere Mechanismen begrenzen die Heizleistung [150].

Praktisch verwendet man meist die kommerziell weit verbreitete Frequenz von $\nu=2{,}45 GHz$. Ist das Plasma ausreichend stoßfrei, macht es Sinn, durch ein Magnetfeld mit $B_0=0{,}0875T$ eine Resonanzzone bei der Elektronengyrofrequenz festzulegen.

10 Wellen und Instabilitäten in inhomogenen Plasmen

10.1 Einleitung

Während im vorangehenden Kapitel kleine Störungen eines homogenen Plasmas behandelt wurden, soll dies jetzt für inhomogene Plasmen untersucht werden. Da das Kräftegleichgewicht $\vec{\nabla}p=\vec{j}\times\vec{B}$ kein thermodynamisches Gleichgewicht darstellt, muss man damit rechnen, dass Störungen instabil anwachsen können, und dass das Plasma nach einer turbulenten Phase in einen energieärmeren Zustand übergeht. Dabei kann der Einschluss vollständig zerstört werden, oder es können bei einem näherungsweise konstanten Turbulenzlevel ständig Teilchen und Energie aus dem eingeschlossenen Plasma herausfließen. Daneben existieren Wellen, die in einem homogenen Plasma nicht vorkommen.

In der Abbildung 10.1 ist die Situation zunächst in einem 2-dimensionalen Potenzial $U(x,y)$ dargestellt. Eine Punktmasse ist in diesem Potenzial nur dann stabil, wenn sowohl $\partial^2 U/\partial x^2 > 0$ als auch $\partial^2 U/\partial y^2 > 0$ gilt (Fall c). In allen anderen Fällen ist die Lage instabil. Falls beide zweite Ableitungen null sind, führt eine Verschiebung zu einem neuen Gleichgewicht und man bezeichnet die Situation als "marginal". Bei der Betrachtung einer Flüssigkeit oder eines Plasmas ist es einsichtig, dass die Dimensionalität des Stabilitätsproblems unendlich wird. Die möglichen Anfangsstörungen stellen einen unendlich dimensionalen Funktionenraum dar, und es ist zu prüfen, ob durch keine der Verschiebungen die kinetische Energie anwächst.

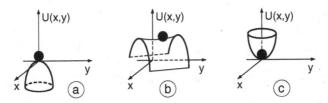

Abb. 10.1 Beispiele von instabilen (a,b) und stabilen (c) Lagen einer Punktmasse auf einer Fläche.

Es ist hier nicht möglich, Wellen und Instabilitäten in inhomogenen Plasmen auch nur annähernd vollständig zu behandeln. Die folgende Darstellung wird sich daher auf charakteristische Beispiele beschränken. Dabei wird die Beschreibung in dem Bild erfolgen, das dem Problem angemessen ist (siehe dazu Diskussion in Kap. 9.1). Für Instabilitäten im Rahmen der idealen MHD-Theorie wird ein grundsätzliches Verfahren angegeben.

10.2 Austauschinstabilität

10.2.1 Rayleigh-Taylor-Instabilität

Als relativ einfaches Beispiel soll zunächst die "Rayleigh-Taylor"- Instabilität einer Flüssigkeit im Gravitationsfeld behandelt werden. Sie wurde bereits Ende des 19. Jahrhunderts untersucht [188] [1]. Wird eine schwerere Flüssigkeit waagerecht über eine leichte Flüssigkeit geschichtet, so ist sie zwar im Gleichgewicht, jedoch wächst bei einer kleinen Störung der Grenzschicht diese Störung an. Diese Instabilität tritt z. B. in einer Flüssigkeit auf, wenn man sie von unten erhitzt und sie damit dort leichter wird. So kann man im Kochtopf die auf- und absteigenden Flüssigkeitselemente beobachten. In der Atmosphäre wird diese Instabilität durch die Sonne verursacht, die vor allem die Erdoberfläche erwärmt. Aufsteigende Elemente sind in der Atmosphäre häufig als die typischen Haufenwolken zu erkennen. In der Sonne selbst gibt es eine turbulente Zone, die so dicht unter der Oberfläche liegt, dass man die Turbulenzelemente als Körnigkeit der Sonnenoberfläche bei geeigneter Beobachtung erkennen kann.

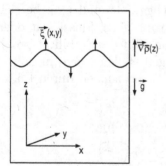

Abb. 10.2 Ist eine schwerere Flüssigkeit über eine leichtere geschichtet, entsteht die Rayleigh-Taylor-Instabilität.

Die so qualitativ beschriebene Instabilität soll hier als Modell für eine Plas-

---

[1]Die erste Beschreibung dieser Instabilität geht auf Rayleigh 1883 zurück. Sehr viel später hat Taylor statt der Schwerkraft die auch der Masse proportionale Trägheitskraft als Ursache der Instabilität diskutiert, ohne die Originalarbeit zu zitieren.

mainstabilität quantitativ behandelt werden. Es wird zunächst eine nicht leitfähige, inkompressible Flüssigkeit angenommen und die Viskosität vernachlässigt. Wie in Kapitel 9.2 werden die Größen in Gleichgewichtsgrößen, die durch einen Querstrich gekennzeichnet sind, und Störgrößen zerlegt. Im Gleichgewicht sollen die Massendichte $\bar{\rho}$ und der Druck $\bar{p}$ nur von der Koordinate entlang der Gravitationskraft $\vec{g}=-g\vec{e}_z$ abhängen und die Flüssigkeit im Gleichgewicht ruhen, sodass für das Gleichgewicht $\nabla_z\bar{p}(z)=-g\bar{\rho}(z)$ folgt. Für die Störgrößen ergeben die Inkompressibilität, die Kontinuitäts- und Bewegungsgleichung:

$$\vec{\nabla}\cdot\vec{v}=0 \qquad \partial\rho/\partial t = -\vec{v}\cdot\vec{\nabla}\bar{\rho},$$

$$\bar{\rho}\partial\vec{v}/\partial t = -\vec{\nabla}p + \vec{g}\rho.$$

Der Ansatz für eine beliebige Störgröße $a=\breve{a}(z)e^{\gamma t+ik_x x+ik_y y}$ wird analog zu dem Ansatz für Wellen (Kap. 9.1) gemacht, wobei allerdings hier zu berücksichtigen ist, dass die Lösung in z nicht periodisch ist. Ohne Beschränkung der Allgemeinheit kann $k_y=0$ gesetzt werden. Ein reelles γ führt zu einer gedämpften oder instabil anwachsenden Lösung, während ein imaginäres γ eine stabile Welle oder Schwingung beschreibt. Die Gleichungen für die Störgrößen lauten jetzt (' für $\partial/\partial z$):

$$ik_x\breve{v}_x + \breve{v}_z' = 0 \qquad \gamma\breve{\rho} + \breve{v}_z\bar{\rho}' = 0,$$

$$\bar{\rho}\gamma\breve{v}_x + ik_x\breve{p} = 0 \qquad \bar{\rho}\gamma\breve{v}_y = 0 \qquad \bar{\rho}\gamma\breve{v}_z + \breve{p}' + g\breve{\rho} = 0.$$

Substitution von $\breve{v}_x, \breve{\rho}$ und $\breve{p}$ ergibt eine Eigenwertgleichung für $\breve{v}_z$. Diese Differentialgleichung, die als "charakteristische Gleichung" bezeichnet wird, tritt an die Stelle der algebraischen Dispersionsbeziehung in Kapitel 9.2:

$$\breve{v}_z'' + \frac{\bar{\rho}'}{\bar{\rho}}\breve{v}_z' + k_x^2\left(\frac{g\bar{\rho}'}{\gamma^2\bar{\rho}} - 1\right)\breve{v}_z = 0 \qquad (10.1)$$

Im Allgemeinen ist diese Gleichung nur nummerisch lösbar. Bei Kenntnis von $\breve{v}_z$ ergibt sich $\breve{v}_x=i\breve{v}_z'/k_x$. Bei Annahme einer Dichteverteilung $\bar{\rho}=\bar{\rho}_0 e^{z/d}$ entsteht gerade die Differenzialgleichung der gedämpften, harmonischen Schwingung. Die folgende analytische Lösung gilt, solange der Radikant positiv ist:

$$\breve{v}_z = \breve{v}_{z,0}e^{-z/(2d)}sin\left(z\sqrt{\frac{gk_x^2}{d\gamma^2} - \frac{1}{4d^2} - k_x^2}\right).$$

Schließt man die Flüssigkeit zwischen zwei waagrechten Platten bei $z=0$ und $z=z_0$ ein, werden die zulässigen γ-Werte durch die Randbedingungen festgelegt. Aus $\breve{v}_z(0)=\breve{v}_z(z_0)=0$ und mit der Definition einer positiven Größe A_n folgen die sogenannten "Eigenwerte" $\gamma_n(n=1,2,...)$ und Eigenfunktionen:

$$A_n \equiv \left(\frac{n\pi}{z_0}\right)^2 + \frac{1}{4d^2} + k_x^2 > 0 \qquad \rightarrow \qquad \gamma_n^2 = \frac{gk_x^2}{dA_n}.$$

$$\check{v}_{z,n} = \check{v}_{z,0} e^{-z/(2d)} sin(n\pi z/z_0)$$

Die Zahl der Knoten von $\check{v}(z)$ im Lösungsgebiet ist $n-1$. Falls die Dichte nach oben ansteigt ($d>0$), ist der Eigenwert reell, die Situation also instabil. Die maximale Anwachsrate ergibt sich für $n = 0$ und $k_x \Rightarrow \infty$ zu $\gamma = \sqrt{g/d}$. Bei sehr kurzen Wellenlängen sind jedoch die Viskosität und die Oberflächenspannung zu berücksichtigen, sodass eine bestimmte Wellenzahl $k_{x,max}$ mit maximaler Anwachsrate existiert.

Analog zur Schichtung einer schweren Flüssigkeit über einer leichteren tritt eine Instabilität dann auf, wenn ein Plasma mit der Dichte $\bar{\rho}(z)$ durch ein Magnetfeld $\vec{B} = \bar{B}(z)\vec{e}_y$ gegen die Gravitationskraft $\vec{g} = -g\vec{e}_z$ gehalten wird. Eine solche Situation wurde in Kap 6.7 beschrieben. Da hier die Feldlinien gerade sind, setzt sich der kinetische Druck $\bar{p}$ und der Magnetfelddruck $p_B = \bar{B}^2/(2\mu_0)$ (siehe Kap. 6.3) mit der Gravitationskraft ins Gleichgewicht. Mit den Größen $\bar{p}(z)$ und $\bar{\rho}(z)$ ist damit auch das Gleichgewichtmagnetfeld $\bar{B}(z)$ gegeben (z_0: Obergrenze der Masseverteilung):

$$B_{y,0}(z) = \sqrt{2\mu_0 \int_z^{z_0} g\bar{\rho}(z)dz - \bar{p}(z)}$$

In den obigen linearisierten Gleichungen muss die Bewegungsgleichung um die Lorentzkraft erweitert werden:

$$\bar{\rho}\gamma\check{v}_z + \check{p}' + g\check{\rho} + (\check{B}_y\bar{B}_y' + \bar{B}_y'\check{B}_y)/\mu_0 = 0$$

Die instabilste Situation entsteht, wenn man annimmt, dass auch die gestörten Magnetfeldlinien mit $\vec{B} = (0, B_y(x,z), 0)$ und $k_y = 0$ gerade bleiben.

Beschränkt man sich auf die Klein-β-Näherung $p_B \gg p$, kann angenommen werden, dass die Störung inkompressibel ist. Dann lassen sich wieder wie oben $\check{v}_x$ aus $\vec{\nabla}\cdot\vec{v} = 0$, $\check{\rho}$ aus der Kontinuitätsgleichung und $\check{p}$ aus der x-Komponente der Bewegungsgleichung ausdrücken und in die z-Komponente der Bewegungsgleichung einsetzen. Es entsteht interessanter Weise dieselbe charakteristische Gleichung 10.1, in der Magnetfeld und Druck nicht vorkommen. Dies wird, wie schon in Kapitel 6.4 diskutiert, dadurch verursacht, dass in einem Gleichgewicht mit geraden Feldlinien die Vertauschung von Flussbündeln gemeinsam mit dem eingeschlossenen Plasma marginal ist.

Im Gegensatz zur magnetfeldfreien Flüssigkeit sind für nach oben ansteigende Dichte $\bar{\rho}$ allerdings nur Störungen mit $k_x \gg k_y$ instabil. Im anderen Fall stabilisiert die Verformung der Feldlinien. Auf Grund ihrer Form wird diese Instabilität "Flute"-Instabilität" oder auch "Austauschinstabilität" genannt.

Die Gravitationskraft, die in dem behandelten Beispiel die Instabilität treibt, kann durch andere, der Masse proportionale Kräfte ersetzt werden. Das kann die Zentrifugalkraft bei einem rotierenden Plasma sein, wie sie im rotierenden ϑ-Pinch beobachtet wurde (siehe Kap. 6.4) oder die Trägheitskraft. Bei einer schnellen ϑ-Pinch-Kompression (siehe Kap. 6.2) beobachtet man analog Flute-Instabilitäten, wie sie die Abbildung 10.3 zeigt. Instabilitäten, die bei einer schnellen Kompression auftreten, stellen ein großes Problem bei der Trägheitsfusion dar (vgl. Kap. 12.4). Im Weltraum treten Rayleigh-Taylor-Instabilitäten bei der Explosion einer Supernova auf.

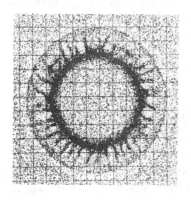

Abb. 10.3 Bei einer schnellen ϑ-Pinch-Kompression wurden Flute-Instabilitäten beobachtet [127]. Die Abbildung zeigt in einer Simulation [51] die entlang der z-Achse des ϑ-Pinches integrierte Liniendichte in der (r, ϑ)-Ebene.

10.2.2 Die Austauschinstabilität bei gekrümmtem Magnetfeld

Beim Magnetfeldeinschluss von Plasmen ist eine Krümmung der Magnetfeldlinien unvermeidlich. Die Auswirkung auf die Stabilität soll in Fortsetzung der Diskussion in Kapitel 6.4 zunächst weiter qualitativ diskutiert werden. Wird ein Plasmabereich mit einer ebenen Grenzfläche durch ein homogenes Magnetfeld begrenzt (Abb. 10.4, obere Darstellung), dann ist die Begrenzung gegen eine Vertauschung von Plasma und magnetfelderfülltem Bereich marginal stabil.

Ist die Plasmaoberfläche, wie z. B. im z-Pinch und wie in der mittleren Darstellung gezeigt, in Richtung auf das Plasma zu konkav gekrümmt, so gehört zu diesem Feld ein Strom senkrecht zur Zeichenebene wie angegeben. Bei einer Störung erfahren die stromnahen Teile einen erhöhten magnetischen Druck und die entfernteren einen erniedrigten Druck, sodass eine Störung anwächst. Ist dagegen die Plasmaoberfläche wie im unteren Beispiel gezeigt konkav gekrümmt, dann wird umgekehrt eine Störung rückgängig gemacht. Die Betrachtung im Bild einer Feldlinienspannung wie in Kapitel 6.3 führt zum selben Ergebnis.

Unabhängig von der Diskussion des Gleichgewichtes in den Kapiteln 3.5.3 und 7.1 kann hieraus gefolgert werden, dass die Feldlinien in einer axialsymmetrischen Konfiguration nicht rein toroidal sein dürfen, sondern spira-

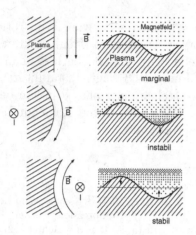

Abb. 10.4 Je nach Krümmung der Feldlinien ist die Grenzfläche von Plasma
und Magnetfeldbereich marginal, instabil oder stabil. Jeweils die linke Hälfte der Abbildungen zeigt einen Schnitt
in der Ebene der Feldlinien und des
Druckgradienten, während rechts ein
Schnitt senkrecht zum Magnetfeld gezeigt wird.

lig umlaufen müssen. Es gäbe sonst Feldlinien, die immer außen im Bereich
instabiler Krümmung verlaufen würden. Durch eine endliche Rotationstransformation werden Bereiche ungünstiger Krümmung außen mit denen günstiger
Krümmung innen im Torus verbunden, sodass unter Umständen Stabilität auftritt. Es folgt auch, dass t nicht zu groß bzw. q nicht zu klein sein darf, weil
sonst die poloidale Krümmung der Feldlinien überwiegt, und wie im z-Pinch
die Situation instabil wird.

Es soll jetzt ein Kriterium abgeleitet werden, das über den gesamten Verlauf der Feldlinie geeignet mittelt und angibt, ob die Bereiche konkaver oder
konvexer Krümmung überwiegen. In diesem Fall ist dieses ein hinreichendes
Kriterium. Wenn es erfüllt ist, ist das Plasma gegen die angenommene Störung
stabil. Ist das Kriterium nicht erfüllt, muss die Situation nicht instabil sein.
Umgekehrt ist es bei einem notwendigen Kriterium, das zwar eine Voraussetzung für Stabilität ist, aber diese nicht garantiert. Die folgende Ableitung ist
auf kleine β-Werte begrenzt und es wird angenommen, dass der magnetische
Fluss im Plasma eingefroren ist und die Verscherung null ist ($\partial q/\partial r = 0$).

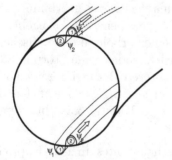

Abb. 10.5 Das Plasma ist gegen
die Vertauschung der Flussbündel
ψ_1 und ψ_2 stabil, wenn das entlang der Feldlinien harmonisch gemittelte Magnetfeld, bezogen auf die
Feldlinienlänge $\bar{B}/L$, nach außen ansteigt.

Zur Analyse der Stabilität wird die Änderung der Energie untersucht, die

durch die Störung verursacht wird. Nimmt durch die Störung die Summe aus
Magnetfeld- und Plasmaenergie ab, so wächst die kinetische Energie an und
die Störung nimmt zu. Die Störung soll darin bestehen, dass die Flussröhre
1 mit der Flussröhre 2 vertauscht wird (siehe Abb. 10.5), wobei Magnet-
fluss und Plasma gemeinsam vertauscht werden. Es wird weiter angenommen, dass q rational ist und sich deshalb beide Flussröhren nach n toroidalen
Umläufen schließen. Die angegebenen Integrale bedeuten immer Integration
über den gesamten Weg ℓ entlang der Feldlinien dividiert durch n. Es gilt
dann $\int_1 B d\ell = \int_2 B d\ell$, da die von Flussröhren auf einer Flussfläche umschlossenen poloidalen Ströme gleich sind. Das Magnetfeld in der Flussröhre lässt sich
durch den Fluss ψ ausdrücken ($S(\ell)$: Querschnittsfläche der Flussröhre):

$$\int B d\ell = \psi \int \frac{d\ell}{S} \quad \rightarrow \quad \psi_1 \int_1 \frac{d\ell}{S} = \psi_2 \int_2 \frac{d\ell}{S} \tag{10.2}$$

Die magnetische Energie E_M einer Flussröhre und ihre Variation δE_M bei
Vertauschung sind:

$$E_M = \frac{1}{2\mu_0} \int B^2 S d\ell = \frac{\psi^2}{2\mu_0} \int \frac{d\ell}{S},$$

$$2\mu_0 \delta E_M = \psi_1^2 \int_2 \frac{d\ell}{S} - \psi_1^2 \int_1 \frac{d\ell}{S} + \psi_2^2 \int_1 \frac{d\ell}{S} - \psi_2^2 \int_2 \frac{d\ell}{S}$$

$$= \left(\psi_1^2 - \psi_2^2 \right) \left(\int_2 \frac{d\ell}{S(\ell)} - \int_1 \frac{d\ell}{S(\ell)} \right).$$

Zusammen mit Beziehung (10.2) folgt:

$$2\mu_0 \delta E_M = \left(\psi_1^2 - \psi_2^2 \right) \frac{\psi_1 - \psi_2}{\psi_1} \int_2 \frac{d\ell}{S} = \frac{\psi_1 + \psi_2}{\psi_1} \left(\psi_1 - \psi_2 \right)^2 \int_2 \frac{d\ell}{S} \geq 0.$$

Dieses Ergebnis kann man vereinfachend so ausdrücken: "Das Magnetfeld ist
gegen Vertauschung stabil." Mit $\psi_1 = \psi_2$ also $\delta E_M = 0$ entsteht gerade die am
wenigsten stabile Störung. Dies wird für die folgende Diskussion angenommen,
sodass ein hinreichendes Kriterium für Stabilität entsteht. Für die Änderung
der Plasmaenergie E_p bei der Flussröhrenvertauschung wird ein adiabatisches
Modell angenommen (V_1, V_2: Volumen der Flussröhren):

$$E_p = 3/2 pV \qquad pV^{(f+2)/f} = \text{const} \qquad f = 3$$

$$\delta E_p = \frac{3}{2} \left[p_2 \left(\frac{V_2}{V_1} \right)^{5/3} V_1 - p_1 V_1 + p_1 \left(\frac{V_1}{V_2} \right)^{5/3} V_2 - p_2 V_2 \right].$$

Mit $p_2 = p_1 + \delta p$ und $V_2 = V_1 + \delta V$ kann wegen $\psi_1 = \psi_2$ nach $\delta p/p_1$ und $\delta V/V_1$ entwickelt werden. Es ergeben sich als Terme niedrigster Ordnung:

$$\delta E_p = \delta p \delta V + \frac{5}{3} p \frac{(\delta V)^2}{V}.$$

Da der zweite Term stets positiv ist, folgt als hinreichendes Kriterium für Stabilität die Ungleichung $\delta p \delta V > 0$. Dieses Kriterium lässt sich in eine Form bringen, die nur von der Topologie des Magnetfeldes abhängt. Dazu wird das Volumen einer Flussröhre V umgeformt:

$$V = \int S d\ell = \psi \int \frac{d\ell}{B} \quad \xrightarrow{\psi=const} \quad \delta p \; \delta \left(\int \frac{d\ell}{B} \right) > 0.$$

Falls der Druck, wie es üblich ist, nach außen abfällt, muss auch das Integral $\int d\ell/B$, welches bereits in Kapitel 7.3.2 als Flussflächengröße eingeführt wurde, in dieser Richtung abnehmen. Man kann hiermit leicht die oben gemachten Aussagen über Stabilität von konvexen bzw. konkaven Oberflächen verifizieren (siehe Abb. 10.4). Setzt man $B=B_0 r_0/r$, wobei r der Abstand von der Strombahn ist, so folgt $\int dl/B \propto r^2$. Das Integral wächst also quadratisch mit dem Abstand und in dieser Richtung muss der Druck zunehmen, damit das Stabilitätskriterium erfüllt ist.

Durch die Definition eines harmonisch gemittelten Magnetfeldes $\bar{B}$ kann man das Stabilitätskriterium weiter umformen [117] (L: Feldlinienlänge):

$$\bar{B} \equiv \int d\ell \Big/ \int \frac{d\ell}{B} = L \Big/ \int \frac{d\ell}{B} \quad \rightarrow \quad \frac{d(\bar{B}/L)}{dr} > 0.$$

Diese Mittelung führt dazu, dass Bereiche geringeren Magnetfeldes stärker gewichtet werden. Das so gemittelte Feld $\bar{B}$ bezogen auf die mittlere Feldlinienlänge L, die näherungsweise konstant ist, muss für Stabilität bei nach außen abfallendem Druck in dieser Richtung ansteigen. Eine nach diesem Kriterium stabile Konfiguration heißt deshalb auch "Minimum-B-Konfiguration".

10.3   Eigenwertproblem und Energieprinzip

Es soll hier ein notwendiges und hinreichendes Kriterium für die Stabilität eines Plasmas im Rahmen der idealen Einflüssigkeitsgleichungen abgeleitet werden, das wieder wie in Abschnitt 10.2.1 auf ein Eigenwertproblem führt. Dieses lässt sich äquivalent als Variationsprinzip ausdrücken. Ausgangspunkt sind die linearisierten Gleichungen 9.13, 9.15 und 9.16 aus Kapitel 9.5 mit den dort genannten Voraussetzungen. Es wird angenommen, dass das Gleichgewicht durch eine kleine Anfangsgeschwindigkeit $\vec{v}_1(\vec{r})$ zum Zeitpunkt $t=0$

gestört wird. Dies führt nach dem infinitesimalem Zeitschritt δt zu einer Ortsverschiebung $\vec{\xi} = \vec{v}(\vec{r})\delta t$ (siehe Abb. 10.6), mit der sich die Störungsgrößen $\vec{B}$ und p ausdrücken lassen:

$$\vec{B}(\vec{r}, \vec{\xi}) = \vec{\nabla} \times (\vec{\xi} \times \vec{B}) \qquad p(\vec{r}, \vec{\xi}) = -\vec{\xi} \cdot \vec{\nabla}\bar{p} - \gamma\bar{p}\,\vec{\nabla} \cdot \vec{\xi}.$$

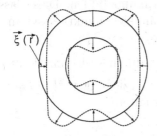

$\vec{\xi}\,(\vec{r})$

Abb. 10.6 Beispiel für ein Verschiebungsvektorfeld $\vec{\xi}(\vec{r})$, das eine Anfangsstörung beschreibt.

Einsetzen in die Bewegungsgleichung 9.15 ergibt als charakteristische Gleichung eine Differentialgleichung zweiter Ordnung. Das Funktional $F\{\vec{\xi}\}$ enthält nur Gleichgewichtsgrößen und keine zeitlichen Ableitungen von ξ und ist in ξ linear:

$$m_i \bar{n} \frac{\partial^2 \vec{\xi}}{\partial t^2} = \vec{F}\left\{\vec{\xi}\right\} \tag{10.3}$$

$$\vec{F}\{\vec{\xi}\} = \vec{\nabla}(\vec{\xi} \cdot \vec{\nabla}\bar{p} + \gamma\bar{p}\,\vec{\nabla} \cdot \vec{\xi}) + (\vec{\nabla} \times \vec{B}) \times \left[\vec{\nabla} \times (\vec{\xi} \times \vec{B})\right]/\mu_0$$

$$+ \left\{\vec{\nabla} \times \left[\vec{\nabla} \times (\vec{\xi} \times \vec{B})\right]\right\} \times \vec{B}/\mu_0.$$

Der Druck $\bar{p}$ kann durch die Gleichgewichtsbedingung substituiert werden. Die Gleichung 10.3 hat die Form einer Bewegungsgleichung einer Flüssigkeit, wenn man $\vec{F}$ als Kraftdichte interpretiert. Der Unterschied liegt allerdings darin, dass $\vec{F}$ nicht Funktion des Ortsvektors $\vec{r}$ sondern des Vektorfeldes $\vec{\xi}(\vec{r})$ ist. Die Kraftdichte ist also nicht einfach eine Funktion des Ortes, sondern eines ∞-dimensionalen Funktionenraumes. Setzt man $\vec{\xi}$ in der Zeit als Exponentialfunktion an, entsteht aus (10.3) ein Eigenwertproblem:

$$\vec{\xi}(\vec{r}, t) = \vec{\xi}(\vec{r})e^{\gamma t} \qquad \rightarrow \qquad m_i \bar{n} \gamma^2 \vec{\xi}(\vec{r}) = \vec{F}\left\{\vec{\xi}(\vec{r})\right\} \tag{10.4}$$

Lösungen bestehen aus einem Eigenwert γ_i und der dazugehörigen Eigenmode $\vec{\xi}_i(\vec{r})$. Da der Operator $\vec{F}$ selbstadjungiert[2] ist, ist γ_i^2 reell. Für $\gamma_i^2 > 0$ ist γ_i reell und die Lösung instabil. Beispiele werden im folgenden Abschnitt 10.4 behandelt. Die Lösung des Stabilitätsproblems besteht allgemein darin, ein

---

[2] Selbstadjungiert bedeutet $\int \vec{F}\left(\vec{\xi}_1\right) \cdot \vec{\xi}_2 d\vec{r} = \int \vec{\xi}_1 \cdot \vec{F}\left(\vec{\xi}_2\right) d\vec{r}$. Der längliche Beweis findet sich z. B. in [214].

vollständiges System von Eigenlösungen ($\vec{\xi}_i$) zu finden. Ist $\vec{X}_k(\vec{r})$ ein vollständiges Funktionssystem über dem Ortsraum, so lassen sich Eigenfunktionen mit $\vec{\xi}_i = \sum a_{ik}\vec{X}_k$ durch die Koeffizienten a_{ik} beschreiben[3].

In Abschnitt 10.5 werden Instabilitäten behandelt, die Pole im Gültigkeitsbereich haben und deren Eigenwerte ein Kontinuum bilden. Diese lassen sich nicht wie hier beschrieben durch ein vollständiges Funktionssytem stetiger Funktionen darstellen.

Analog zu einer Bewegungsgleichung kann man durch Multiplikation von (10.3) mit $\dot{\vec{\xi}}$ und, da $\vec{F}$ in $\vec{\xi}$ linear ist, mit Hilfe der Beziehung $\dot{\vec{\xi}} \cdot \partial\vec{F}/\partial t = \dot{\vec{\xi}} \cdot \vec{F}$ durch Integration über Volumen den Energiesatz erhalten:

$$\frac{\partial}{\partial t}\left(\underbrace{\int dV \frac{m_i\bar{n}}{2}\dot{\vec{\xi}}^2}_{\delta W_{kin}} - \underbrace{\frac{1}{2}\int dV\vec{\xi}\cdot\vec{F}\{\vec{\xi}\}}_{\delta W_{pot}}\right) = 0.$$

Jede Verschiebung $\vec{\xi}(\vec{r})$, bei der die potenzielle Energie abnimmt, führt zur Beschleunigung und damit zur Instabilität. Umgekehrt bedeutet Stabilität, dass für jede mögliche Verschiebung $\vec{\xi}(\vec{r})$ die potenzielle Energie anwachsen muss. Dies wird als Energieprinzip der idealen MHD bezeichnet. Eine ausführliche Darstellung findet sich z. B. in [78].

10.4   MHD-Stabilität zylindersymmetrischer Gleichgewichte

10.4.1   Die $m{=}0$-Mode in ϑ- und z-Pinch

In linearen, zylindersymmetrischen Gleichgewichten (siehe Kap. 6) kann für die Lösung der Eigenwertgleichung 10.3 mit $\vec{\xi} = \vec{\xi}(r)e^{i(m\vartheta - kz)}$ ein in ϑ und z periodischer Ansatz gemacht werden. Für $m{=}0$ und $k{\neq}0$ ist die Störung z.B. eine in z-Richtung periodische, bauchförmige Verformung, während für $m{\geq}1$ mit $\chi{=}\vartheta{-}kz/m$ eine zu $e^{im\chi}$ proportionale, helikale Störung entsteht. Für $m{=}1$ sind die Flussflächen schraubenförmig versetzt und für $m{=}2$ die Querschnitte elliptisch verformt. In der Eigenwertgleichung können die ϑ- und z-Komponenten des Vektors $\vec{\xi}$ substituiert werden, sodass eine gewöhnliche, ho-

---

[3]Zur Lösung des Eigenwertproblems siehe z. B. [129]

mogene Differentialgleichung 2. Ordnung entsteht:

$$c_0 \breve{\xi}_r(r) + c_1 \breve{\xi}'_r(r) + c_2 \breve{\xi}''_r(r) = 0 \tag{10.5}$$

Die länglichen Ausdrücke c_0 bis c_2 hängen vom Eigenwert γ und vom Radius r ab. Lösung der Gleichung 10.5 unter Berücksichtigung der Randbedingungen legt den Eigenwert und die Eigenfunktion fest, wie im Folgenden an zwei Beispielen gezeigt werden soll.

Als einfachstes Beispiel soll zunächst die $m=0$-Mode im ϑ-Pinch (siehe Kap. 6.2) mit $\beta \ll 1$, d. h. $B_z \approx B_{z,0} = const$ abgeleitet werden. Normiert man die Dichte und führt eine Alfvén-Geschwindigkeit $v_{A,0}$ (siehe Kap. 9.5) ein, so lautet die hier einfache charakteristische Gleichung:

$$\bar{n}(r) = \nu(r)\bar{n}_0 \qquad v_{A,0} \equiv \sqrt{B_{z,0}^2/(\mu_0 m_i \bar{n}_0)},$$

$$\left(1 + k^2 r^2 + r^2 \gamma^2 \nu(r)/v_{A,0}^2\right)\breve{\xi}_r(r) - r\breve{\xi}'_r(r) - r^2\breve{\xi}''_r(r) = 0.$$

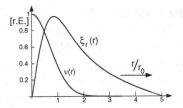

Abb. 10.7 Die Abbildung zeigt die Eigenfunktion der $m=0/k=0$-Mode im ϑ-Pinch für ein gaußförmiges Dichteprofil $\left(\nu(r) = e^{-r^2/r_0^2}, b = 5r_0\right)$. Der Eigenwert ist $\gamma_0 = 2{,}66i\, v_{A,0}/r_0$ und im Zentrum gilt $\xi_r \propto r$.

Nimmt man weiter an, dass das Plasma in einem unendlich leitfähigen Rohr mit $r=b$ eingeschlossen ist, dann ist dort die Verschiebung $\breve{\xi}_r(b)=0$. Aus Symmetriegründen folgt auch $\breve{\xi}_r(0)=0$. Da die Gleichung homogen ist, kann zusätzlich $\breve{\xi}'_r(b)$ vorgegeben werden. Die drei Randbedingungen legen bei Vorgabe von k den Eigenwert γ fest. Im Beispiel der Abbildung 10.7 sind für $k=0$ das Dichteprofil und die dazugehörige Eigenfunktion dargestellt. Die $m=0$-Mode beschreibt die Schwingung, die in einer ϑ-Pinch-Entladung am Ende der schnellen, nicht adiabatischen Kompression beobachtet wird. Ihr Eigenwert ist für beliebiges k imaginär, sodass die Mode stabil[4] ist.

Wie schon in Kap. 6.4 diskutiert, ist der z-Pinch gegen eine bauchförmige Störung, eine $m=0$-Mode mit $k \neq 0$, instabil. In der Tat ergibt sich in dem gewählten Beispiel mit $\gamma_0 = 0{,}011$ eine instabile Mode. Das Vektorfeld $\vec{\xi}(r,z)$ ist in der Abbildung 10.8 dargestellt.

---

[4]Die $(m=0,\ k \neq 0)$-Mode kann allerdings durch den bei der schnellen Kompression entstehenden anisotropen Druck instabil werden [125].

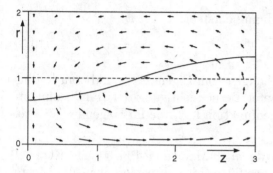

Abb. 10.8 Der Verschiebungsvektor $\vec{\xi}(r, z)$ einer instabilen Eigenmode mit $m=0$ und $k=1$ zeigt im z-Pinch die Würstchen-Instabilität ($j_z(r) = j_0 e^{-r^2}$, leitfähige Wand bei $r=2$). Dargestellt ist eine halbe Periode.

10.4.2 Screw-Pinch und Tokamak

Zur Vorbereitung der Diskussion des Tokamaks und zum Vergleich wird wieder zunächst der Screw-Pinch untersucht. Dabei wird bereits die Periodizität der Moden mit der Umfangslänge angenommen. Nur Moden, deren Wellenlänge ein ganzzahliger Bruchteil $1/n$ des Umfanges[5] des äquivalenten Tokamaks sind, sind zugelassen. Im untersuchten Beispiel ist das Stromprofil parabolisch $j_z \propto 1-(r/a)^2$ und der Plasmadruck mit $\beta_p=0{,}15$ klein. In der Abbildung 10.9 (ausgezogene Linien) sind die Anwachsraten verschiedener m-Moden als Funktion von $nq(a)$ gezeigt (q-Wert des äquivalenten Tokamaks, siehe Kap. 7.2.1). Sie können als Funktion von $nq(a)$ dargestellt werden, solange $R_0/n \gg a$ ist, da die Anwachsraten nur vom Verhältnis der Wellenlänge R_0/n und der Steigungslänge der helikalen Feldlinien abhängen. Die instabile $m=1$ Mode mit $nq(a)<1$ ist die bereits in den Kapiteln 6.5 und 7.2.1 diskutierte Kink-Mode. Man erkennt, dass mit wachsendem Längsfeld die instabilen Moden unterdrückt werden. Die Bezeichnung von q als Gütezahl ist hier also berechtigt. Für $q(a)=4$ und $\beta_p \ll 1$ als Beispiel gibt es keine instabilen Moden mehr, solange bei Stromprofilen der Form $j_z \propto (1 - (r/a)^2)^\nu$ gilt: $1 \leq \nu \leq 3$ [239].

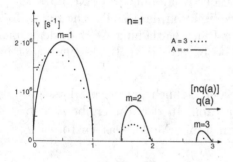

Abb. 10.9 Anwachsraten instabiler Moden im Screwpinch (durchgezogen) und im äquivalenten Tokamak ($A=3$; punktiert) werden als Funktion von $q(a)$ gezeigt ($\bar{j}_z \propto 1-(r/a)^2$, $\beta_p=0{,}15$). Während im Screw-Pinch die einzelnen Äste bestimmten m-Zahlen entsprechen, gilt dies im Torus nur näherungsweise. Mit wachsendem Sicherheitsfaktor nimmt die Anwachsrate ab. Außerdem erkennt man den stabilisierenden Effekt durch die toroidale Krümmung[7].

---

[5]In diesem Abschnitt ist n nicht die Dichte sondern die toroidale Modenzahl.

Biegt man den Screw-Pinch zum Torus, reduzieren sich die Anwachsraten (Abb. 10.9, punktierte Daten) und die Moden sind nicht mehr in ϑ-Richtung periodisch. Die Eigenfunktion hat also die Form $\vec{\xi} = \vec{\xi}(r, \vartheta)e^{-inz/R_0}$. Während in toroidal-axialsymmetrischen Konfigurationen die Zahl der Perioden in toroidaler Richtung $n = kR_0$ eine "gute" Quantenzahl bleibt, wird eine Eigenfunktion durch die Überlagerung mehrerer m-Zahlen beschrieben. Die Moden hängen auch nicht mehr alleine vom Produkt $nq(a)$ ab. Die Abbildung zeigt die Anwachsraten für $n = 1$ als Funktion von $q(a)$ (punktierte Kurven).

In Kapitel 10.2.2 waren Austauschinstabilitäten diskutiert worden, deren Wellenlänge parallel zum Magnetfeld groß gegen die Ausdehnung senkrecht dazu ist. Für $\beta \ll 1$ werden sie nahe der magnetischen Achse durch die Schafranow-Verschiebung stabilisiert. Weiter außen kommt die Stabilisierung durch den für den Tokamak typischen großen Shear $s = q'r/q$ hinzu, da das poloidale Feld nach außen abfällt (siehe z. B. Abbildung 6.6). Die Verscherung der Feldlinien unterdrückt den Austausch von Flussbündeln. Es gilt näherungsweise ein linearer Zusammenhang für den zulässigen Druckgradienten und dem Shear [78]:

$$\beta' R_0 \approx -0,6s/q^2.$$

In diesem Fall führt ein größerer q-Wert zu einer niedrigeren Druckgrenze, da bei großen q-Werten die Bereiche günstiger und ungünstiger Krümmung stärker entkoppelt sind. Bei großem Druckgradienten konzentriert sich die Mode auf den Torusaußenbereich mit ungünstiger Krümmung. Bei diesen so genannten "Ballooning-Moden" entscheidet der lokale Shear im Außenbereich über Stabilität. Durch die wachsende Schafranow-Verschiebung wird dort durch die Kompression des Poloidalfeldes der Shear geringer, geht durch null und steigt mit weiter wachsenden Druckgradienten wieder an [92]. Dies führt zu dem so genannten "2. stabilen Regime", in dem relativ große Druckgradienten aufrechterhalten werden können.

Um einen maximalen β-Wert zu erreichen, müssen Druck- und Stromprofile optimiert werden. Ausführliche theoretische Studien [238, 229] haben optimale Profile untersucht. Es zeigte sich, dass der maximale toroidale β-Wert in der Form des sogenannten Troyon-Limits $\beta_{t,max} = \beta_N I_t/(aB_t)$ dargestellt werden kann, wobei der dimensionslose, normierte Wert β_N von den Profilformen abhängt. Bei gegebenen (aB_t)-Werten lässt sich allerdings I_t nicht beliebig vergrößern, da $q(a)$ durch Instabilitäten nach unten begrenzt ist. Durch Wahl eines elliptischen Querschnitts kann jedoch das Verhältnis $I_t/(aB_t)$ bei gegebenem $q(a)$ vergrößert werden.

---

[7]Die Eigenwerte wurden freundlicherweise von Frau E. Schwarz, Frau E. Strumberger und Herrn P. Lauber mit Hilfe des Castor-Codes [130] berechnet.

Inzwischen wurden experimentelle Werte von $\beta_N \approx 3,5$ erreicht ([219], $\beta[\%]$, $I_t[MA]$, $a[m]$, $B_t[T]$). Da für diese Maximalwerte eine spezielle Experimentführung notwendig ist, wurde für den Experimentalreaktor ITER der konservativere Wert $\beta_N = 1,8$ gewählt.

10.5   Kontinuierliches Eigenspektrum

10.5.1   Alfvén-Wellen im ϑ-Pinch

Alfvén-Wellen wurden in Kapitel 9.5 in einem homogenen Plasma behandelt. Hier sollen sie ausgehend von der Eigenwertgleichung 10.4 (Kap. 10.3) im inhomogenen Medium untersucht werden. Dabei wird sich ergeben, dass das Eigenwertspektrum ein Kontinuum bilden kann. Als Modell dient zunächst die $m=1$-Störung im ϑ-Pinch. Das Magnetfeld $\vec{B}=B_{z,0}\vec{e}_z$ wird als homogen und der Magnetfelddruck als sehr groß gegen den kinetischen Druck angenommen. Die Gleichgewichtsdichte $\bar{n}(r)$ soll nach außen monoton abnehmen und bei $r=a$ eine unendlich leitfähige Wand das Plasma einschließen. Die Störung wird wie im vorangehenden Abschnitt periodisch in ϑ und z angesetzt. Mit diesen Annahmen ergibt sich aus der z-Komponente von (10.4), dass $\check{\xi}_z=0$ ist, während $\check{\xi}_\vartheta$ wieder wie in Kapitel 10.4.1 substituiert wird. Durch die Hilfsgröße $k_A(r)=\sqrt{-\gamma^2/v_A^2(r)}$ mit der lokalen Alfvén-Geschwindigkeit $v_A(r)=\sqrt{B_{z,0}^2/[\mu_0 m_i \bar{n}(r)]}$ lassen sich der Eigenwert γ und die Dichte $\bar{n}$ eliminieren, sodass die r-Komponente schließlich lautet:

$$C_0(r)\check{\xi}_r + C_1(r)\check{\xi}_r' + r\left(k^2 - k_A^2\right)\left(1 + k^2 r^2 - r^2 k_A^2\right)\check{\xi}_r'' = 0 \qquad (10.6)$$

$$C_0(r) = -k^4 r\left(3 + k^2 r^2\right) + 3k^2 r\left(2 + k^2 r^2\right)k_A^2 - 3\left(r + k^2 r^3\right)k_A^4 + r^3 k_A^6 + 2k_A k_A'$$

$$C_1(r) = k^2\left(3 + k^2 r^2\right) - \left(3 + 2k^2 r^2\right)k_A^2 + r^2 k_A^4 - 2r k_A k_A'$$

Da der Koeffizient von $\check{\xi}_r''$ für $k=k_A$ null wird, entsteht eine Singularität bei $r=r_s$ mit $k=k_A(r_s)$. Für $r \Rightarrow r_s$ gehen $\check{\xi}_r', \check{\xi}_r''$ und $\check{\xi}_\vartheta$ gegen unendlich, während $\check{\xi}_r$ endlich bleibt. Zur Lösung der Differenzialgleichung 10.6 werden zunächst $\check{\xi}_r(0)$ und $\check{\xi}_r'(0)$ als beliebige Randbedingungen gewählt und bis $r=r_s$ integriert. Am äußeren Rand muss $\check{\xi}_r(a)=0$ sein, während $\check{\xi}_r'(a)$ so zu wählen ist, dass bei Integration bis r_s derselbe $\check{\xi}_r$-Wert wie bei der Integration von $r=0$ aus entsteht. Wählt man als Beispiel $a=1$, $k_A^2=1-r^2$ und $k=3/4$, so liegt der resonante

Radius bei $r_s = 0,5$. Die Abbildung 10.10 zeigt für diesen Fall die Lösung von $\breve{\xi}_r(r)$ und $\breve{\xi}_\vartheta(r)$ (linke Hälfte) und die Eigenfunktion (rechte Hälfte).

Charakteristisch ist die starke räumliche Konzentration der r- und vor allem der ϑ-Komponente auf den Resonanzbereich $r \approx r_s$. In diesem Bereich ist diese stabile Eigenmode überwiegend eine azimutale Scherwelle, die sich entlang der Feldlinien ausbreitet. Durch die große Scherströmung bei $r \approx r_s$ entsteht eine viskose Dämpfung, die hier im idealen MHD-Bild nicht beschrieben wird.

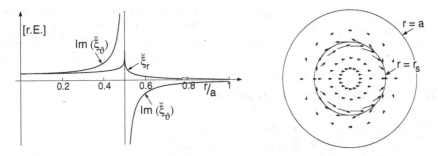

Abb. 10.10 Die Abbildung zeigt links die Störamplituden $\breve{\xi}_r$ und $Im\left(\breve{\xi}_\vartheta\right)$ als Funktion von r und rechts die Eigenfunktion in der (r, ϑ)-Ebene. Die Mode ist in der Nähe der resonanten Fläche eine azimutale Scherwelle, deren Amplitude gegen unendlich geht.

Im Allgemeinen lösen in einer zylindersymmetrischen Konfiguration bei vorgegebenen m- und k-Werten und festgehaltenen Randbedingungen nur diskrete Eigenwerte γ_i mit $i = 0, 1, \ldots$ die charakteristische Gleichung. Dabei entspricht i der Zahl der Nullstellen der Eigenfunktion $\breve{\xi}_r(r)$ im Intervall $a > r > 0$. Hier dagegen gibt es bei gegebenem m und k für ein Profil $\bar{n}(r)$ bzw. $v_A(r)$ in einem bestimmten Intervall ein Kontinuum von Eigenwerten γ. Bei Variation von γ verschiebt sich der Resonanzradius r_s entsprechend der Bedingung $-\gamma^2 = k^2 v_A(r_s)^2$, wobei die Intervallgrenzen durch den Maximalwert bzw. Minimalwert $v_A(r)$ festgelegt werden. Diese Moden werden als "Kontinuumsmoden" bezeichnet.

Bringt man an einem zylindrischen Plasma eine kurzzeitige, globale und periodische Störung mit $\lambda = 2\pi/k$ an, so entspricht dies in der Fourier-Zerlegung einer Überlagerung von Kontinuumsmoden mit unterschiedlicher Phasengeschwindigkeit $v_p = \omega/k = -i\gamma/k$ und unterschiedlichen Resonanzradien r_s. Dieses Wellenpaket von Kontinuumsmoden sollte deshalb durch Phasenmischung schnell zerfallen und so die Störung gedämpft werden [131]. Eine derartige Dämpfung wurde tatsächlich bei einer ϑ-Pinch-Kompression experimentell beobachtet [96] (siehe Abb. 10.11).

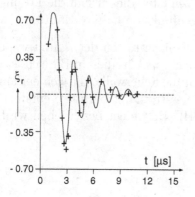

Abb. 10.11 In einer linearen Anordnung wurde eine helikale $l=1$-Konfiguration (vgl. Kap. 7.3.1) untersucht, wobei das Plasma durch eine schnelle Kompression in einem zylindersymmetrischen Gefäß erzeugt wurde [96]. Da das Plasma durch das schnell ansteigende Magnetfeld zunächst auf die Gefäßachse komprimiert wird, entspricht das komprimierte Plasma gegenüber dem Gleichgewicht einer globalen $m=1$-Störung. Zerlegt in Kontinuumseigenmoden ist diese Störung ein Wellenpaket, dessen Amplitude ξ_r durch Phasenmischung schnell zerfällt.

10.5.2 Alfvén-Wellen im Tokamak

Um das bisher Diskutierte auf eine Tokamak-Konfiguration zu erweitern, wird zunächst der periodische Screw-Pinch betrachtet. Die Periodizität verlangt, dass eine endliche Zahl n von Wellenlängen $\lambda=2\pi R_0/n$ auf den Umfang geht. Weitere toroidale Effekte sind hier noch vernachlässigt, sodass die Moden in poloidaler Richtung harmonisch bleiben. Mit $zR_0\phi$ (ϕ: toroidaler Winkel) kann man dann für die Störung $\hat{\xi}=\breve{\xi}sin(m\vartheta-n\phi)$ schreiben. Für $B_\vartheta\ll B_z$ und $r\ll\lambda$ können die Ergebnisse aus dem vorangehenden Abschnitt näherungsweise auf den Screw-Pinch übertragen werden, wobei jetzt ξ eine Störung der helikalen Feldlinien mit $\chi=\vartheta-\phi/q(r)=const$ ist. Substitution von ϑ im Störungsansatz ergibt $\hat{\xi}=\breve{\xi}sin[m\chi-(n-m/q)\phi]$. Folglich ist der Wellenvektor parallel zum Magnetfeld $|k_n|\approx|n-m/q|/R_0$. Für rationale q-Werte gibt es mit $m=-nq$ einen Schwingungszustand ohne Rückstellkraft ($k_\parallel=0$, $\gamma=0$), der als "Kink" bezeichnet wird. Man erkennt weiterhin, dass für $n\neq0$ die $|k_\parallel|$-Werte für $+m$ und $-m$ verschieden sind, wie es an einem Beispiel in der Abbildung 10.12 dargestellt ist. Dies wird dadurch verursacht, dass der Drehsinn der Feldlinienhelix und der Störung gleichsinnig bzw. entgegengesetzt sein kann.

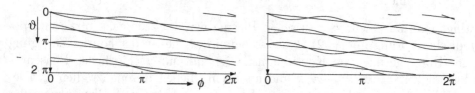

Abb. 10.12 Die Abbildung zeigt in einer abgewickelten Flussfläche mit $q=3.3$ die Scherkomponente von Alfvén-Wellen mit $n=2$ und $m=\pm1$. Man erkennt die unterschiedlichen Wellenlängen entlang der Feldlinien für $m=+1$ bzw. $m=-1$.

Bei Vorgabe eines Dichteprofils und der Magnetfelder lassen sich die Frequenzen $\omega = v_A(r)|n - m/q(r)|/R_0$ als Funktion des Radius ausrechnen. In der Abbildung 10.13 (linke Hälfte) sind für ein Beispiel die Frequenzen für Moden mit gleichen $n=1$ und verschiedenem m als Funktion des Radius aufgetragen. Man erkennt, dass bei bestimmten Frequenzen unterschiedliche Moden dieselbe Frequenz haben. Es tritt allerdings trotz gleicher Frequenz und toroidaler Modenzahl keine Koppelung auf, da die poloidalen Modenzahlen m verschieden sind.

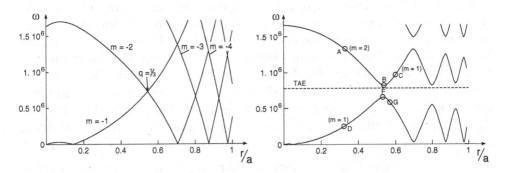

Abb. 10.13 Alfvén-Wellen besitzen ein kontinuierliches Spektrum. Die Abbildung zeigt Frequenzen als Funktion des Radius für verschiedene Moden mit gleichem $n=1$. Im Screw-Pinch (linke Hälfte) können Moden mit unterschiedlichen m-Werten gleiche Frequenz besitzen, wobei der q-Wert für den betreffenden Resonanzradius rational ist. Im Torus (rechts; $A=4$) entsteht an dieser Stelle eine globale Mode und die Frequenzbänder trennen sich[9]. Diese Moden bestehen aus der Überlagerung verschiedener m-Anteile, deren Anteil sich, wie die folgende Tabelle zeigt, entlang der Frequenzbänder ändert:

Werte in %	A	B	C	D	F	G
$m=1$	12,5%	49,0%	74,0%	100,0%	51,0%	25,0%
$m=2$	87,5	51,0	26,0	0,0%	49,0%	75,0%

Berücksichtigt man die toroidale Krümmung, ändert sich die Situation. Wie schon im Abschnitt 10.4.2 diskutiert, sind die Moden nicht mehr in poloidaler Richtung periodisch und zu jeder Welle gehört ein Spektrum von m-Zahlen. Folglich können Wellen mit gleicher Frequenz koppeln, solange n gleich ist. Falls der Querschnitt kreisförmig ist, entspricht die Störung durch die toroidale Krümmung näherungsweise einer $m=1$-Störung. Dadurch koppeln vor allem Moden, die sich in m um ± 1 unterscheiden. Die Abbildung 10.13 (rechte Hälfte) zeigt wieder ω als Funktion vom Radius für den vorhergehenden definierten Fall, allerdings mit Berücksichtigung der toroidalen Krümmung. Haben

---

[9]Die Rechnung wurde freundlicherweise von Herrn S. D. Pinches mit Hilfe des Castor-Codes [130] durchgeführt.

zwei Moden mit $m_1 = m_2 \pm 1$ an einem Radius r_s im korrespondierendem Screw-Pinch gleiche Frequenz, so ändert sich für beide Moden die Frequenz so wie bei gekoppelten Pendeln. Dabei verläuft $\omega(r)$ so, dass eine Lücke entsteht und die Mode entlang eines Lösungsastes mit überwiegenden m-Anteilen im Bereich $r < r_s$, kontinuierlich im Bereich $r > r_s$ in eine Mode mit überwiegend $(m \pm 1)$-Charakter übergeht. Die Zerlegung der Eigenfunktion nach m-Moden ist für die gekennzeichneten Punkte auf den zwei unteren Lösungsästen in der Tabelle in der Unterschrift zur Abbildung 10.13 zusammengestellt.

In der entstehenden Frequenzlücke entsteht eine Eigenmode mit diskreter Frequenz, eine so genannte "Gap-Mode". Da diese hier durch die toroidale Krümmung verursacht wird, wird sie als "**T**oroidal **A**lfvén **E**igenmode" (TAE) bezeichnet. Erstreckt sich die Frequenzlücke nur über einen Teil des Radius, so koppelt die Gap-Mode an den Grenzen an Kontinuumsmoden an und wird dadurch mehr oder weniger stark gedämpft. In Abhängigkeit von q- und Dichteprofil kann jedoch wie im gezeigten Beispiel eine Lücke entstehen, die sich über den ganzen Radius erstreckt. In diesem Fall erfolgt keine Dämpfung durch das Kontinuum.

Wie schon in Kapitel 9.3.3 diskutiert, können Wellen durch Teilchenstrahlen angeregt werden, wenn deren Geschwindigkeit mit der Phasengeschwindigkeit $v_p = \omega/k_\parallel$ übereinstimmt. Die Möglichkeit einer solchen Anregung ist vor allem durch die bei der Fusion entstehenden α-Teilchen mit einer Anfangsgeschwindigkeit von $v_\alpha = 1{,}3 \cdot 10^7 m/s$ gegeben. Dies entspricht der Alfvén-Geschwindigkeit von einem Deuteriumplasma mit einer Dichte von $10^{20} m^{-3}$ bei einem Magnetfeld von $6T$. Ohne Dämpfung durch die Kontinuumsmoden können deshalb α-Teilchen die an sich stabilen Gap-Moden soweit anregen, dass sie selbst durch die Magnetfeldstörung aus dem Plasma geworfen werden, bevor sie ihre Energie an das Plasma abgegeben haben [79] (siehe auch Kap. 12.3.2).

10.6 Resistive MHD-Instabilitäten

10.6.1 Ein qualitatives Bild

Zieht man die endliche elektrische Leitfähigkeit in die Überlegung mit ein, sollte die Anfälligkeit gegen Instabilität wachsen, da das Plasma im Magnetfeld nicht mehr eingefroren ist und die Bewegung mehr Freiheitsgrade erhält. Es erscheint aber zunächst als unwahrscheinlich, dass schnellanwachsende Instabilitäten entstehen können. Die im Kapitel 5.4.2 abgeschätzte Diffusionsskala führt bei hoher Leitfähigkeit nur für extrem kurzwellige Instabilitäten zu kurzen Diffusionszeitskalen. Nimmt man z. B. eine Temperatur von $10keV$ und eine charakteristische Länge von $L=0{,}1m$ an, so ergibt die dort angegebene Faustformel eine relativ große Diffusionszeit von $\tau_d \approx \mu_0 L^2 / \eta_\perp \approx 6s$.

Es gibt nun aber einen relativ subtilen Mechanismus, der die Anwachszeit wesentlich verkürzt, sodass resistive Instabilitäten eine große Rolle sowohl beim magnetischen Einschluss als auch in der Astrophysik spielen. Die resistive Instabilität ändert die Magnetfeldtopologie und führt beim toroidalen Einschluss zu einer Inselbildung wie sie in Kapitel 7.3.2 diskutiert wurde (siehe Abb. 7.18). Die folgende Diskussion der Inselbildung bleibt auf den Tokamak beschränkt. In der Umgebung der Referenzflussfläche ψ_s mit rationalem $q=n_t/n_p$ kann parallel zu den Feldlinien der Flussfläche ψ_s ein nahezu kraftfreier Strom fließen, der sich nach n_t Umläufen schließt. Ist dieser Strom in poloidaler Richtung mit der Periodenzahl m periodisch, erzeugt er ein nicht axialsymmetrisches Feld $\vec{B}_s$, das zusammen mit einem verscherten Gleichgewichtsfeld die Inselstruktur erzeugt.

Im Gegensatz zum Stellarator hat man es hier jedoch zunächst nicht mit einem Gleichgewichtszustand, sondern mit der dynamischen Entstehung einer solchen Insel zu tun. Dabei bewegt sich der helikale magnetische Fluss in unmittelbarer Umgebung des X-Punktes in die Insel hinein. Die geringe Ausdehnung des Bereiches, in dem dieses passiert, sorgt dafür, dass trotz guter Leitfähigkeit die Bildung einer Insel auf der Zeitskala von typisch $10ms$ möglich ist.

Eine Insel bildet sich nur, wenn der Zustand mit Insel eine geringere Energie als das axialsymmetrische Gleichgewicht besitzt. Da Feldlinien dabei aufgetrennt werden, spricht man von einer "Tearing"-Instabilität[10], und da sich Feldlinien neu verbinden, die vorher getrennt waren, auch von einem "Reconnection"-Phänomen.

Zunächst werden im Folgenden Ströme und Magnetfelder von stationären Inseln abgeleitet. Dann wird die Frage untersucht, ob es zur Inselbildung kommt. Schließlich wird auf die experimentelle Beobachtung eingegangen und eine erst in den letzten Jahren gefundene zusätzliche Ursache der Inselbildung kurz behandelt.

10.6.2 Fluss, Magnetfelder und Ströme einer Insel

Als Modell dient wieder der Screw-Pinch mit $\bar{B}_z \gg \bar{B}_\vartheta$ und kreisförmigem Querschnitt, der in Zylinderkoordinaten (r, ϑ, z) beschrieben wird [82] (siehe Kap. 7.2.3 und Abbildung 7.8). Die Störung wird als so langsam anwachsend angenommen, dass Trägheit vernachlässigt werden kann. Im Gegensatz zur Sta-

---

[10] "to tear" (englisch): zerreißen, aufreißen

bilitätstheorie im Rahmen idealer MHD-Theorie betrachtet man folglich eine Sequenz von Gleichgewichten. Außerdem sei außerhalb der Insel, die hier im Rahmen der linearisierten Näherung als unendlich dünn angesehen wird, die Leitfähigkeit unendlich. Rotorbildung der Gleichgewichtsgleichung 6.1 bei Berücksichtigung von $\vec{\nabla}\cdot\vec{B}=0$ und $\vec{\nabla}\cdot\vec{j}=0$ ergibt:

$$\vec{\nabla} \times \vec{\nabla}p = \vec{\nabla} \times (\vec{j} \times \vec{B}) = (\vec{B} \cdot \vec{\nabla})\vec{j} - (\vec{j} \cdot \vec{\nabla})\vec{B} = 0 \tag{10.7}$$

Die Größen setzen sich aus axialsymmetrischen Gleichgewichtsgrößen (im Folgenden mit Querstrich) und helikalsymmetrischen Störgrößen (ohne Index) zusammen:

$$\vec{\bar{j}} = (0,\bar{j}_\vartheta,\bar{j}_z) \qquad\qquad \vec{\bar{B}} = (0,\bar{B}_\vartheta,\bar{B}_z),$$

$$\vec{\breve{j}} = \vec{\breve{j}}(r)e^{i(m\vartheta-kz)}e^{\gamma t} \qquad\qquad \vec{\breve{B}} = \vec{\breve{B}}(r)e^{i(m\vartheta-kz)}e^{\gamma t}.$$

Für die Störgrößen sollen die Relationen $\breve{B}_z\ll\breve{B}_r,\breve{B}_\vartheta$ und $\breve{j}_r,\breve{j}_\vartheta\ll\breve{j}_z$ gelten. Außerdem soll $k\ll 1/a$ sein (a: Plasmaradius). In der Gleichung 10.7 ist die z-Komponente von führender Ordnung. Sie lautet linearisiert[11]:

$$im\breve{j}_z\bar{B}_\vartheta/r - ik\breve{j}_z\bar{B}_z + \breve{B}_r\partial\bar{j}_z/\partial r = 0.$$

Im Folgenden werden das Störmagnetfeld durch eine skalare Flussfunktion ψ_l (Fluss pro Länge in z-Richtung) ausgedrückt, die Periodizität im Torus mit $k=n/R_0$ und $z=R_0\phi$ berücksichtigt und das Längsfeld durch das poloidale Feld und $q(r)$ substituiert (R_0: großer Radius):

$$\psi_l = \breve{\psi}(r)e^{i(m\vartheta-n\phi)}e^{\gamma t} \qquad \vec{B} = \vec{\nabla}\psi_l \times \vec{e}_z \qquad \bar{B}_z(r) = \bar{B}_\vartheta(r)q(r)R_0/r,$$

$$\bar{B}_\vartheta(m - nq(r)) \underbrace{\left[\frac{1}{r}\frac{\partial}{\partial r}(r\frac{\partial\breve{\psi}}{\partial r}) - \frac{m^2}{r^2}\breve{\psi}\right]}_{=-\mu_0\breve{j}_z} -m\breve{\psi}\mu_0\frac{\partial\bar{j}_z}{\partial r} = 0 \tag{10.8}$$

Diese Differenzialgleichung ist für $r=r_s$ mit $q(r_s)=m/n$ singulär. Da man für r gegen null $\partial\bar{j}_z/\partial r=0$, $\bar{B}_\vartheta \propto r$ und $\partial q/\partial r=0$ annehmen muss, ist dort im Fall $q(0)\neq m/n$ die eckige Klammer null, sodass $\breve{\psi}\propto r^m$ folgt. Mit dieser Randbedingung löst man (10.8) analog zur Lösung von (10.6) in Abschnitt 10.5.1, wobei hier wegen $\breve{B}_r=im\breve{\psi}/r$ die Flussfunktion bei $r=r_s$ stetig sein muss. Die Abbildung 10.14 zeigt beispielhaft 2 Lösungen mit $q(r_s)=2$.

Mit der Kenntnis der Flussfunktion lässt sich die Stromdichte $\breve{j}_z$ berechnen. An der Resonanzfläche hat der Störstrom wie die zweite Ableitung von $\breve{\psi}$ eine Polstelle (Abb. 10.14, linke Hälfte, punktiert). Der Strom innerhalb der Resonanzfläche erzeugt die Insel, während der Strom außerhalb diese abschirmt.

---

[11]Zur Darstellung von 10.7 in Zylinderkoordinaten siehe Fußnote 2 in Kapitel 4.1.1.

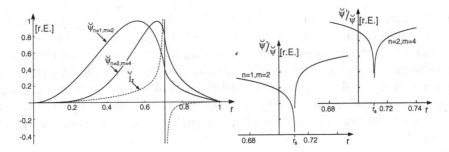

Abb. 10.14 Die linke Hälfte zeigt für $\bar{j}_z(r) \propto (1-(r/a)^2)$ und $q(a)=3$ die Flussfunktionen der Störung für $m=2/n=1$ und $m=4/n=2$. In beiden Fällen gilt für die Singularität $q(r_s)=2$. Man erkennt, dass sich die Störung bei höherem m mehr auf den Bereich $r=r_s$ konzentriert. Der Störstrom ist für den Fall $m=2/n=1$ ebenfalls gezeigt (punktiert). Rechts sind für beide Fälle die Funktionen $\breve{\psi}'/\breve{\psi}$ dargestellt, deren Sprung bei $r=r_s$ über die Stabilität entscheidet.

10.6.3 Das Stabilitätskriterium

Zur Ableitung eines Stabilitätskriteriums für die Tearing-Instabilität [82] werden die Störgrößen mit $\vec{A}=\vec{\breve{A}}e^{\gamma t}e^{i(m\vartheta-n\phi)}$ als zeitlich variabel angesetzt. Die zeitliche Änderung des Störmagnetfeldes erhält man aus dem Ohmschen Gesetz (siehe (5.6) in Kapitel 5.3.3), wobei hier Elektronendruckterm, Halleffekt und Thermokraft vernachlässigt werden und der Plasmawiderstand als konstanter Skalar angenommen wird:

$$\partial \vec{B}/\partial t = -\vec{\nabla} \times \vec{E} = \vec{\nabla} \times \left(\vec{v} \times \vec{B} - \eta \vec{j}\right).$$

Die Strömung $\vec{v}$ kann wegen des großen Gleichgewichtsfeldes als divergenzfrei angenommen und ihre z-Komponente vernachlässigt werden. Damit lässt sich v_ϑ substituieren. Da j_z bei $r=r_s$ eine Polstelle hat, können weiterhin j_r und j_ϑ vernachlässigt werden und die z-Komponente des Gleichgewichtsfeldes $\bar{B}_z$ kann wie im vorangehenden Abschnitt durch $\bar{B}_\vartheta$ ausgedrückt werden. Die r-Komponente obiger Gleichung lautet dann:

$$i\gamma r\breve{B}_r = (nq(r) - m)\,\bar{B}_\vartheta \breve{v}_r + m\eta \breve{j}_z.$$

$\breve{B}_r$ und $\breve{j}_z$ werden wieder durch die Flussfunktion $\breve{\psi}$ ausgedrückt, wobei $\breve{\psi}'' \gg \breve{\psi}/r^2$, $\breve{\psi}'/r$ in der Umgebung der resonanten Flussfläche gilt (' für $\partial/\partial r$):

$$\mu_o \breve{j}_z = \frac{m^2}{r^2}\breve{\psi} - \frac{1}{r}\frac{\partial}{\partial r}\left(\frac{r\partial \breve{\psi}}{\partial r}\right) \approx -\frac{\partial^2 \breve{\psi}}{\partial r^2},$$

$$\gamma\breve{\psi} = (1 - nq/m)\bar{B}_\vartheta \breve{v}_r + \eta/\mu_0\,\breve{\psi}'' \tag{10.9}$$

Mit der Annahme, dass η in einem heißen Plasma klein ist, können zwei räumliche Bereiche definiert werden, in denen die Gleichung 10.9 unterschiedlichen Charakter hat. Wie klein η auch immer ist, dominiert doch auf der rechten Seite der η-Term in einem kleinen Bereich $r_s-\delta_r<\text{r}<r_s+\delta_r$, da der $(1-nq/m)$-Term für $r\Rightarrow r_s$ gegen null geht. In dieser resistiven Schicht lässt sich eine Aussage über die Stabilität machen. Außerhalb der resistiven Schicht für $|r-r_s|\gg\delta_r$ kann umgekehrt der η-Term vernachlässigt und das Strömungsbild angegeben werden.

Aus der Beziehung für die resistive Schicht folgt, dass die Mode für $\partial^2\breve{\psi}/\partial r^2/\hat{\psi}$ >0 instabil ist. Die Integration dieses Ausdrucks über die resistive Schicht liefert wegen $\hat{\psi}\approx const$ einen Ausdruck Δ', der über die Stabilität entscheidet, und der aus den Größen außerhalb der resistiven Schicht bestimmt werden kann:

$$\Delta' = \int_{r_s-\delta_r}^{r_s+\delta_r} \frac{\partial^2\breve{\psi}(r)}{\partial r^2}/\breve{\psi}(r)dr \approx \left.\frac{\partial\breve{\psi}(r)}{\partial r}\right|_{r_s-\delta_r}^{r_s+\delta_r}\Big/\breve{\psi}(r_s).$$

In der Abb. 10.14 (rechte Hälfte) ist die Funktion $\breve{\psi}'/\breve{\psi}$ dargestellt. Man erkennt, dass Δ' im Fall $m=2/n=1$ positiv ist, die Insel also anwächst, während die Störung für $m=4/n=2$ stabil ist.

In der resistiven Schicht fließt ein Flächenstrom J_r, der aus dem Sprung in $\breve{\psi}'$ bestimmt werden kann:

$$J_r = -\frac{1}{\mu_0}\int_{r_s-\delta_r}^{r_s+\delta_r} \frac{\partial^2\breve{\psi}}{\partial r^2}dr = -\frac{1}{\mu_0}\left.\frac{\partial\breve{\psi}}{\partial r}\right|_{r_s-\delta_r}^{r_s+\delta_r} = -\frac{\Delta'}{\mu_0}\breve{\psi}(r_s) \qquad (10.10)$$

10.6.4 Die nicht lineare Insel und ihre Beobachtung

Bisher wurden die Störgrößen in linearisierter Näherung dargestellt. Um die Topologie des Magnetfeldes erkennen zu können, ist es jedoch notwendig, die Störung als endlich im Vergleich zum Gleichgewicht anzunehmen und den Gesamtfluss ψ_g gleich der Summe beider Anteile zu setzen. Dazu muss die Geometrie genauer betrachtet werden. Während der rein poloidale Gleichgewichtsfluss $\bar{\psi}$ ein Fluss ist, der durch die Fläche P in der Abbildung 10.15 durchgreift, geht der helikale Fluss $\bar{\psi}_\chi$ durch die helikale Fläche H.

Um die Gleichgewichts- und Störfelder zusammensetzen zu können, wird in ein helikales Koordinatensystem (r, χ, z) mit $\chi=\vartheta-\phi/q(r_s)$ transformiert (vgl. 7.3.1), in dem die Linien $\chi=const$ dieselbe Steigung wie die Feldlinien des Gleichgewichtsfeldes auf der resonanten Fläche haben. Für die χ-Komponenten von Gleichgewichtsmagnetfeld und Fluss $\bar{\psi}_{\chi,l}$ und den Gesamtfluss $\psi_{g,l}(r, \chi)$ gilt mit Entwicklung des $\bar{B}_\vartheta$-Feldes an der resonanten Fläche (Flüsse pro Länge in z-Richtung):

$$\bar{B}_\chi(r) = \bar{B}_\vartheta(r)\left[1 - q(r)/q(r_s)\right] \approx -\bar{B}_\vartheta(r_s)(r - r_s)q'(r_s)/q(r_s) \quad (10.11)$$

$$\bar{\psi}_{\chi,l}(r) = \int_0^r \bar{B}_\chi(\xi)d\xi \qquad \psi_{g,l}(r,\chi) = \bar{\psi}_{\chi,l}(r) + \breve{\psi}_l(r)Re(e^{im\chi}).$$

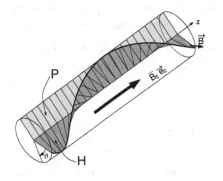

Abb. 10.15 Während der poloidale Fluss der Fluss ist, der durch die Fläche P durchgreift, ist dies für den helikalen Fluss die Fläche H.

Die Höhenlinien des Gesamtflusses $\psi_{g,l}(r,\chi)$ sind in der Abbildung 10.16 dargestellt. Man erkennt in diesem Beispiel die Doppelinsel auf der (q=2)-Fläche. In den helikalen Koordinaten hat der Gleichgewichtsfluss ein Extremum bei $r=r_s$ und das Magnetfeld ist dort nicht verschert. Dadurch ist es möglich, dass Fluss aus der Umgebung von $r=r_s$ durch den X-Punkt in die Insel gelangen kann.

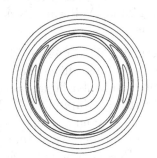

Abb. 10.16 In der Abbildung ist der Gesamtfluss $\psi_{g,l}(r,\chi)$ dargestellt. Man erkennt die Insel bei $r=r_s$ mit $q(r_s)$=2. Die X- und O-Punkte der Inselstruktur bilden eine Helix, die den ungestörten Feldlinien auf der resonanten Fläche folgt.

Aus der Konstanz des Gesamtflusses $\psi_{g,l}$ auf der Separatrix, die die Insel begrenzt, lässt sich ein Zusammenhang zwischen der Größe des Störflusses und der Inselbreite $2\delta_r$ ableiten. Dazu werden die Flüsse im X-Punkt und im Bauch der Insel gleichgesetzt, wobei angenommen wird, dass sich $\breve{\psi}_l$ über die Inselbreite wenig ändert ($\breve{\psi}_l(r_s + \delta_r)\approx\breve{\psi}_l(r_s)$):

$$\psi_{sep} = \psi_{g,l}(r_s + \delta_r, 0) = \psi_{g,l}(r_s, \pi/m)\,,$$

$$\breve{\psi}_l(r_s + \delta_r) + \bar{\psi}_{\chi,l}(r_s + \delta_r) = -\breve{\psi}_l(r_s) + \bar{\psi}_{\chi,l}(r_s)\,,$$

$$\bar{\psi}_{\chi,l}(r_s + \delta_r) = \bar{\psi}_{\chi,l}(r_s) - \bar{B}_\vartheta(r_s)q'(r_s)\delta_r^2/(2q(r_s))\,,$$

$$\rightarrow \qquad \delta_r = 2\sqrt{\frac{\breve{\psi}_l(r_s)q(r_s)}{q'(r_s)\bar{B}_\vartheta(r_s)}}.$$

Ist $\bar{B}_\vartheta$ positiv und wächst q nach außen an, wie es in einer Standard-Tokamak-Entladung der Fall ist, muss zur Inselbildung $\breve{\psi}_l > 0$ sein. Damit ist der Flächen-strom J_r nach Gleichung 10.7 negativ und dem Tokamakstrom entgegen ge-richtet. Bei gegebenem $\breve{\psi}$ nimmt die Breite mit wachsender Verscherung ab.

Die Geschwindigkeit, mit der die Inselbreite nicht linear wächst, kann abge-schätzt werden [199], indem man den Δ'-Wert auf dem inneren und äußeren Inselrand bildet, nach Gleichung (10.7) den Flächenstrom bestimmt und eine Stromdichte mit $\breve{\jmath}_z = J_r/(2\delta_r)$ abschätzt:

$$\Delta'(\delta_r) = \left(\frac{\partial \breve{\psi}}{\partial r}\Big/\breve{\psi}\right)\Bigg|_{r_s-\delta_r}^{r_s+\delta_r} \qquad\qquad \breve{\jmath}_z = \frac{J_r}{2\delta_r} = -\frac{\Delta'(\delta_r)\breve{\psi}}{2\mu_0\delta_r}.$$

Mit der Annahme wie in Abschnitt 10.6.3, dass in der Nähe der resonanten Fläche wegen $m\approx nq$ der Term $\vec{v}\times\vec{B}$ gegen den Term $\eta\vec{\jmath}$ vernachlässigt werden kann, und mit der Substitution von $\breve{\psi}$ durch δ_r folgt für die zeitliche Änderung der Inselbreite:

$$\partial\delta_r/\partial t = \eta_\parallel \Delta'(\delta_r)/(4\mu_0) \qquad\qquad\qquad (10.12)$$

Diese Gleichung wird als "Rutherford-Gleichung" bezeichnet. Die Insel wächst so lange an, bis $\Delta'(\delta_r)$ null wird. Näherungsweise nimmt Δ' linear mit δ_r ab [241], sodass es zu einer endlichen Inselbreite kommt.

Die mit den Inseln verbundenen Felder sind schwer direkt zu messen, da sie relativ klein sind und durch das Plasma außerhalb der Resonanzfläche überwie-gend abgeschirmt werden. Sie sind allerdings dadurch zu beobachten, dass das Plasma häufig vor allem in toroidaler Richtung rotiert (vgl. Kapitel 8.1.2). Die Störfelder induzieren dann in Spulen vor der Wand eine Spannung proportional zu $\partial B_\vartheta/\partial t$. Die Wechselwirkung der rotierenden Mode mit der Wand kann die Amplitude begrenzen und reduziert die Rotation des Plasmas. In dem Beispiel der Abbildung 10.17 geht das soweit, das die Rotation zum Halten kommt.

Durch die gute Wärmeleitung entlang der Feldlinien wird der Temperatur-gradient über den Bereich einer magnetischen Insel weitgehend abgebaut und so die thermische Isolation verringert. Dies gilt auch für den Bereich ergo-discher Feldlinien in der Nähe des X-Punktes (siehe Kap. 7.3.2). Durch die Wechselwirkung großer Inseln können sogar weite Radiussegmente ergodisiert werden, sodass hier die thermische Isolation verloren geht. Dieses leitet die schon in Kapitel 7.3.1 erwähnte Abbruchinstabilität ein (Review siehe [240]). Das Plasma kühlt sich dabei auf einer Zeitskala von typisch $10\mu s$ ab. Durch den vergrößerten elektrischen Widerstand werden durch den toroidalen Strom

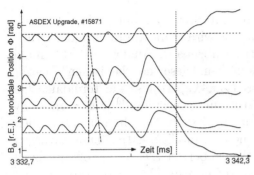

Abb. 10.17 Die $\partial B_\vartheta/\partial t$- Signale an verschiedenen toroidalen Positionen lassen eine $(n = 1)$-Mode erkennen. Die Phasenverschiebung (gestrichelte Linien) zeigt die Rotation der Insel. Die Wechselwirkung mit der Wand bremst das Plasma ab. Dabei wächst die Amplitude an. (Die Abbildung wurde freundlicherweise von Herrn Maraschek bearbeitet.)

große Spannungen induziert. Diese wiederum können zu Strömen in der mechanischen Struktur führen, die zusammen mit dem Toroidalfeld große Kräfte erzeugen. Dieser für den Tokamak im Gegensatz zum Stellarator charakteristische Nachteil verlangt, Entladungen möglichst in einem Parameterbereich zu betreiben, in dem diese Instabilitäten nicht auftreten.

Eine Besonderheit stellt die $(m{=}1/n{=}1)$-Mode auf der $(q{=}1)$-Fläche dar. Bei ihr ist die Insel topologisch genauso wie die Gleichgewichtskonfiguration ein Torus, der sich nach einem toroidalen Umlauf schließt. Dies hat einmal zur Folge, dass der Bereich zu größeren Radien hin nahezu vollständig abgeschirmt ist, und so mit magnetischen Sonden außerhalb des Plasmas nur schwach zu detektieren ist. Darüber hinaus kann ein Austausch besonderer Art stattfinden, indem die Insel wächst, der Bereich innerhalb der $(q{=}1)$-Fläche schrumpft und schließlich nur die Insel übrig bleibt, die jetzt wieder axialsymmetrisch ist. Dieser Vorgang wird als "Sägezahninstabilität" bezeichnet und läuft in typischen Tokamak-Entladungen regelmäßig ab (vgl. Kap. 3.2 und 7.2.1).

Der in Gleichung 10.7 abgeleitete Inselstrom J_r entsteht durch Kurzschluss des verscherten Gleichgewichtsfeldes. Es gibt daneben andere Ursachen, die auch zu einem Inselstrom führen können. Aus der Beziehung 10.7 muss dann Δ' mit der Summe aller Ströme bestimmt werden. Dies führt zur Verallgemeinerung der Rutherford-Gleichung 10.12. Es können so Tearing-Moden in Bereichen entstehen, die nach dem einfachen Δ'-Kriterium stabil sind. Eine Ursache ist z. B. die Abkühlung der Insel. Der Energietransport in die Insel hinein ist sehr begrenzt. Wird daher beispielsweise in der Randzone des Plasmas bei hohem Verunreinigungsgrad die Dichte erhöht, so führt die einsetzende starke Strahlung zur Abkühlung der Insel. Der erhöhte Widerstand unterdrückt dort den toroidalen Strom oder anders ausgedrückt, es überlagert sich ein entgegengesetzter Strom J_r. Die Insel wächst, es kann zu der oben beschriebenen Abbruchinstabilität kommen und so zu einem so genannten "Dichtelimit" der Entladung führen [224].

Eine weitere Ursache der Inselbildung hängt mit dem in Kapitel 8.1.2 diskutierten, nicht induktiv getriebenen Bootstrap-Strom zusammen [48]. Entsteht durch eine Tearing-Instabilität eine Insel, so wird in diesem Bereich der Druckgradient und damit der Bootstrap-Strom abgebaut. Analog zur Abkühlung kann es zu einem Anwachsen der Insel kommen. Diese "neoklassischen" Tearing-Moden setzen einen großen Anteil des Bootstrapstromes am toroidalen Gesamtstrom und damit große Temperatur- und Dichtegradienten voraus. Sie sind daher eine entscheidende Begrenzung des Druckes in Fusionsplasmen. Deshalb wird an Verfahren gearbeitet, diese Instabilität aktiv zu unterdrücken, indem z. B. im Inselbereich durch HF-Wellen bei der Elektrongyrofrequenz ein Strom parallel zum toroidalen Strom getrieben wird [249] (vgl. Kap. 9.7).

10.7 Driftwellen

10.7.1 Grundtyp der Driftwelle

Zum Abschluss dieses Kapitels über Instabilitäten wird ein Wellentyp in einem magnetisch eingeschlossenen Plasma betrachtet, dessen Eigenschaften vor allem durch den Gradienten des Drucks bestimmt werden. Da die Phasengeschwindigkeit dieser Wellen von der Größenordnung der diamagnetischen Driftgeschwindigkeit ist, werden sie als "Driftwellen" bezeichnet. Instabile Formen dieses Wellentyps werden für einen Teil des anomalen Transportes verantwortlich gemacht.

Es wird zunächst so weit vereinfacht, dass nur die Grundeigenschaften der Driftwelle erkennbar werden, wobei die gemachten Annahmen zu Gültigkeitsgrenzen des Ergebnisses führen. Es wird sich zeigen, dass die Vereinfachung zu einer stabilen Welle führt. Erst in einem verallgemeinerten physikalischen Bild kann dieser Wellentyp instabil werden.

Im Gleichgewicht soll die Dichte $\bar{n}=\bar{n}_i=\bar{n}_e$ eine so genannte Ortsfunktion sein, während die Temperaturen $\bar{T}_i$ und $\bar{T}_e$ als räumlich konstant angenommen werden. Dabei wird eine ebene Geometrie, eine so genannte "Slab-Geometrie", mit $\vec{B}=\bar{B}\vec{e}_z$ und $\vec{\nabla}\bar{n}=\bar{n}'\vec{e}_x$ betrachtet. Setzt man $\bar{B}=const$, folgt $\beta\ll 1$ und aus der Annahme $\bar{E}=0$ ergeben sich Ionen- und Elektronendrift zu $\vec{v}_i=\bar{n}'\bar{T}_i/\left(e\bar{n}\bar{B}\right)\vec{e}_y$ bzw. $\vec{v}_e=-v_{e,D}\vec{e}_y$ mit $v_{e,D}=\bar{n}'\bar{T}_e/\left(e\bar{n}\bar{B}\right)$ (siehe Kap. 6.6.1).

Die Störgrößen werden mit $a=\hat{a}(x)e^{i(\omega t-\vec{k}\cdot\vec{r})}$ und $\vec{k}=(0,k_y,k_z)$ angesetzt. Dabei wird wie bei den Austauschinstabilitäten (Kap. 10.2) $k_y\gg k_z$ angenommen. Auch für die Störgrößen soll Quasineutralität gelten ($\hat{n}=\hat{n}_e=\hat{n}_i$), und die Wärmeleitung der Elektronen parallel zum Magnetfeld so groß sein, dass $\hat{T}_e=0$

ist. Die Lorentz-Kraft des Störmagnetfeldes kann wegen $\beta \ll 1$ vernachlässigt werden. Die Bewegungsgleichung der Elektronen lautet dann (siehe Kap. 5.2):

$$m_e \bar{n} \partial \vec{v}_e / \partial t + \bar{T}_e \vec{\nabla} n + e\bar{n} \left(\vec{E} + \vec{v}_e \times \vec{B} \right) + m_e \bar{n} \nu_{ei} \vec{v}_e = 0 \qquad (10.13)$$

Unter Beschränkung auf langsame Vorgänge kann $\vec{E} = -\vec{\nabla}\Phi$ gesetzt werden. Bei Vernachlässigung des Trägheitstermes und der Stöße ($\nu_{ei}=0$) folgt aus der z-Komponente für das so genäherte Potenzial $\hat{\Phi}_d$:

$$k_z \bar{T}_e \hat{n} - e\bar{n} k_z \hat{\Phi}_d = 0 \qquad \rightarrow \qquad \Phi \approx \hat{\Phi}_d = \bar{T}_e \hat{n} / (e\bar{n}).$$

Dies entspricht in der hier linearisierten Form der am Ende von Kapitel 5.2 abgeleiteten Näherung, bei der die Elektronendichte eine Boltzmann-Verteilung im elektrischen Potenzial einnimmt. In dieser Näherung ist $\vec{v}_e$ gleich null.

Bei Vernachlässigung der Viskosität und der Reibung an den Elektronen und mit der Annahme, dass die Kompression in Magnetfeldrichtung nicht zu einer Temperaturerhöhung führt ($\hat{T}_i=0$), ist die Bewegungsgleichung der Ionen:

$$m_i \bar{n} \partial \vec{v}_i / \partial t + \bar{T}_i \vec{\nabla} n - e\bar{n} \left(\vec{E} + \vec{v}_i \times \vec{B} \right) = 0.$$

Nimmt man an, dass die abzuleitende Frequenz klein gegen die Ionengyrofrequenz ist, und setzt die Näherung Φ_d ein, folgt für die Komponenten der Ionengeschwindigkeit:

$$\hat{v}_{i,x} = \frac{i k_y \left(\bar{T}_i + \bar{T}_e \right)}{e\bar{n}\bar{B}} \hat{n} \qquad |\hat{v}_{i,y}| \ll |\hat{v}_{i,x}| \qquad \hat{v}_{i,z} = \frac{k_z \left(\bar{T}_i + \bar{T}_e \right)}{m_i \bar{n} \omega} \hat{n}.$$

Im Gegensatz zu den Elektronen, deren Bewegung nur in höherer Ordnung durch das Potenzial Φ_d erzeugt wird, ist die Ionengeschwindigkeit endlich. Für $\bar{T}_i=0$ ist $v_{i,x}$ gerade die ($E \times B$)-Drift. Einsetzen von $v_{i,x}$ und $\bar{v}_{i,y}$ in die Kontinuitätsgleichung der Ionen führt bei Annahme der Inkompressibilität zur Dispersionsbeziehung mit der Frequenz ω_d:

$$\partial n / \partial t + \vec{v}_i \cdot \vec{\nabla} \bar{n} + \vec{v}_i \cdot \vec{\nabla} n = 0 \qquad\qquad i\omega \hat{n} + \bar{n}' \hat{v}_{i,x} - i k_y \bar{v}_{i,y} \hat{n} = 0,$$

$$\omega = \omega_d = -\frac{\bar{n}' \bar{T}_e}{e\bar{n}\bar{B}} k_y = -v_{e,D} k_y.$$

Die Phasengeschwindigkeit ist also nach Richtung und Betrag gleich der Driftgeschwindigkeit der Elektronen. Diese Driftwelle ist in dieser Näherung stabil. Die Kontinuitätsgleichung der Elektronen $i\omega \hat{n} - i k_y \hat{n} \bar{n} v_{e,y}=0$ liefert mit den gemachten Annahmen die gleiche Dispersionsbeziehung. In der Abbildung 10.18 sind das elektrische Feld und die Komponenten der Ionengeschwindigkeiten dargestellt.

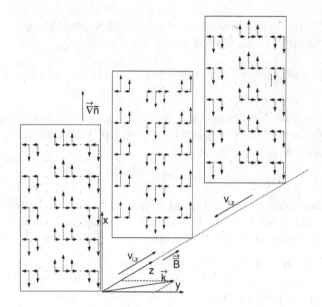

Abb. 10.18 Die Abbildung erläutert den Grundtyp der Driftwelle. In (x, y)-Ebenen werden jeweils das elektrische Feld (ausgezogen) und die Ionengeschwindigkeit (gestrichelt) gezeigt. Die Ionen werden in x-Richtung durch die $(E \times \bar{B})$- und die $(\nabla p_i \times \bar{B})$-Drift getrieben. Da diese Strömung wegen des Dichtegradienten in x-Richtung nicht divergenzfrei ist, entsteht zur Kompensation ein Fluss in z-Richtung.

10.7.2 Gültigkeitsgrenzen und Erweiterungen

Die Berechtigung der verschiedenen Vereinfachungen muss natürlich auf ihre Konsistenz überprüft werden. Dieses führt zu Gültigkeitsgrenzen der im vorangehenden Abschnitt abgeleiteten Dispersionsbeziehung. Werden die Grenzen überschritten, ist sie zu modifizieren. Im Folgenden werden beispielhaft sowohl Gültigkeitsgrenzen diskutiert als auch eine Erweiterung abgeleitet, die zu einer instabil anwachsenden Welle führt.

Die Annahme $\omega \ll \omega_{gi}$, d. h. die Vernachlässigung der Ionenträgheit für die Senkrechtbewegung bedeutet mit der Annahme $\bar{T}_e \approx \bar{T}_i$, dass der Ionengyroradius ausreichend klein sein muss ($\lambda_n = \bar{n}/\bar{n}'$: Abfalllänge der Dichte, $\lambda_y = 1/k_y$: Wellenlänge in y-Richtung):

$$r_{gi} \ll \sqrt{\lambda_n \lambda_y}.$$

Die Annahme der Inkompressibilität kompatibel mit $\hat{T}_i = 0$ führt zu zwei unterschiedlichen Bedingungen, da der Kompressionsanteil der Kontinuitätsgleichung der Ionen aus zwei Termen besteht:

$$\bar{n} \vec{\nabla} \cdot \vec{v}_i = -i\bar{n}k_y \hat{v}_{i,y} - i\bar{n}k_z \hat{v}_{i,z}.$$

Die Bedingungen werden durch Vergleich mit einem der führenden Terme gefunden, wobei man annimmt, dass das genäherte Ergebnis richtig ist. Wieder wird $\bar{T}_e \approx \bar{T}_i$ angenommen ($\lambda_z = 1/k_z$: Wellenlänge in z-Richtung):

$$\eta_y = \left| \frac{\bar{n} k_y \hat{v}_{i,y}}{\omega \hat{n}} \right| = \frac{2 k_y^2 \bar{T}_i}{e^2 \bar{B}^2} \ll 1 \qquad \rightarrow \qquad r_{gi} \ll \lambda_y,$$

$$\eta_z = \left| \frac{\bar{n} k_z \hat{v}_{i,z}}{\omega \hat{n}} \right| = \frac{2 e^2 \bar{B}^2 \bar{n}^2}{m_i \bar{n}' \bar{T}_i} \frac{k_z^2}{k_y^2} \ll 1 \qquad \rightarrow \qquad \frac{\lambda_n \lambda_y}{r_{gi} \lambda_z} \ll 1.$$

Da r_{gi} klein gegen λ_y sein muss, lässt sich die 2. Bedingung nur erfüllen, wenn die Wellenlänge in z-Richtung λ_z sehr groß ist.

Jetzt soll eine Erweiterung untersucht werden, die zu einer instabil anwachsenden Welle führt [163]. Berücksichtigt man die Elektron-Ion-Stöße in der Näherung $\omega_{ge} \gg \nu_{ei} \gg \omega$, ergeben sich aus der Bewegungsgleichung der Elektronen (10.13):

$$\hat{v}_{e,x} = \frac{i k_y \left(e \bar{n} \hat{\Phi} - \bar{T}_e \hat{n} \right)}{e \bar{n} \bar{B}} \qquad \hat{v}_{e,y} = 0 \qquad \hat{v}_{e,z} = - \frac{i k_z \left(e \bar{n} \hat{\Phi} - \bar{T}_e \hat{n} \right)}{m_e \bar{n} \nu_{ei}}.$$

Bei den Kontinuitätsgleichungen ist jetzt die Kompression zu berücksichtigen. Einsetzen der Geschwindigkeiten in die Elektronenkontinuitätsgleichung liefert einen Ausdruck für die Stördichte $\hat{n}_1$, wobei der Dichtegradient $\bar{n}'$ durch die Driftfrequenz ω_d ausgedrückt wurde:

$$\hat{n}_1 = \frac{e \bar{n} \hat{\Phi}}{\bar{T}_e} \frac{k_z^2 \bar{T}_e + i m_e \nu_{ei} \omega_d}{k_z^2 \bar{T}_e + i m_e \nu_{ei} \omega}.$$

Bei den Ionenbewegungsgleichungen kann der Impulsübertrag durch Elektronenstöße vernachlässigt werden. Weiter mit $\omega \ll \omega_{gi}$ bleiben die im vorangehenden Abschnitt angegebenen Ionengeschwindigkeitskomponenten ungeändert. Zur Vereinfachung wird allerdings angenommen, dass die Ionen kalt sind ($\bar{T}_i \ll \bar{T}_e$). Daher kann trotz der Berücksichtigung der Kompression weiter $\hat{T}_i = 0$ angenommen werden. Das Einsetzen der Geschwindigkeiten in die Ionenkontinuitätsgleichung liefert einen zweiten Ausdruck für die Stördichte:

$$\hat{n}_2 = \frac{e \bar{n} \hat{\Phi}}{m_i} \left(\frac{k_z^2}{\omega^2} - \frac{k_y^2}{\omega_{gi}^2} - \frac{\bar{n} k_y}{\bar{n} \omega_{gi} \omega} \right).$$

Substitution von $\bar{n}'$ und die weitere Annahme, dass die Kompression in y-Richtung die in z-Richtung überwiegt, ergibt:

$$\hat{n}_2 = \frac{e \bar{n} \hat{\Phi}}{\bar{T}_e} \left(\frac{\omega_d}{\omega} - \frac{\bar{T}_e k_y^2}{m_i \omega_{gi}^2} \right).$$

Das Gleichsetzen von $\hat{n}_1$ und $\hat{n}_2$ führt zur Dispersionsbeziehung ($c_{e1} \equiv \sqrt{\bar{T}_e / m_i}$):

$$1 - \frac{\omega_d}{\omega} + \frac{c_{e1}^2 k_y^2}{\omega_{gi}^2} + \frac{i k_y^2 \omega}{k_z^2 \omega_{gi} \omega_{ge}} \nu_{ei} = 0.$$

Setzt man im ν_{ei}-Term ω näherungsweise[12] $\omega \approx \omega_d$ folgt eine Frequenz, deren Imaginärteil endlich und negativ ist. Diese "dissipative" Driftwelle wächst also instabil an:

$$I_m(\omega) = -\frac{k_y^2 k_z^2 m_e m_i \nu_{ei} \omega_d^2 \omega_{gi}^2}{k_y^4 m_e^2 \nu_{ei}^2 \omega_d^2 + k_z^4 m_i^2 \left(c_{e1}^2 k_y^2 + \omega_{gi}^2\right)^2}.$$

Die Reibung zwischen Elektronen und Ionen war beim Grundtyp der Driftwelle vernachlässigt. Man sollte erwarten, dass die mit der Einführung der Reibung verbundene Dissipation die Driftwelle dämpft. Durch endliche Leitfähigkeit wird jedoch der Strom j_z, der das Potenzial Φ_d aufbaut, behindert. Das "nachhinkende" Potenzial facht die Welle an. Neben begrenzter Leitfähigkeit kann die Einstellung des Potenzials Φ auch dadurch verzögert werden, dass bei hoher Frequenz die Elektronenträgheit eine Rolle spielt. Die Driftwelle wird dann ebenfalls instabil. Insgesamt ergibt bereits die Driftwellentheorie auf der Basis der linearisierten Flüssigkeitsgleichungen ein relativ komplexes Bild. Es ist einsichtig, dass aber immer dann, wenn die Bewegung parallel zum Magnetfeld eine Rolle spielt, eine kinetische Behandlung notwendig ist. So kann auch die Landau-Dämpfung die Welle anfachen.

Einen wesentlichen weiteren Schritt stellt die nicht lineare Behandlung der Wellen dar. Es ist möglich, dass sich nicht linear ein relativ kleines Turbulenzniveau einstellt, oder aber dass Wellen im nicht linearen Bereich instabil anwachsen, die im Linearbereich stabil sind [209]. Heute vor allem durch die Entwicklung der Parallelcomputer besteht die Chance, die nummerische Beschreibung dieser Wellenphänomene soweit zu treiben, dass der turbulente Transport zumindest in Teilen verstanden werden kann.

---

[12]Dieser Schritt ist nicht völlig konsistent, da wegen $\nu_{ei} \gg \omega$ die Näherung $\omega \approx \omega_d$ schlecht ist. Die Dispersionsbeziehung lässt sich natürlich auch ohne Näherung lösen. Es ergibt sich ein sehr länglicher Ausdruck.

11 Der Plasmarand

11.1 Einführung

In diesem Kapitel werden die wichtigsten Effekte der Wechselwirkung zwischen einem Plasma und einer materiellen Wand behandelt. Besonders groß ist die Wechselwirkung in nicht magnetisch eingeschlossenen Niedrigtemperaturplasmen, da hier die Plasmateilchen teilweise ungehindert in Kontakt mit der Wand gelangen. Aber auch in magnetisch eingeschlossenen Plasmen kann der Einfluss durch die besonderen Eigenschaften der turbulenten Prozesse bis ins heiße Zentrum hineinreichen (siehe dazu das Ende von Kap. 7.2.1).

Die Plasma-Wand-Wechselwirkung hängt stark von den Energieflüssen und der Dichte ab. Bei niedrigen Energieflüssen und relativ hoher Dichte kann die Energie aus dem Plasma abgestrahlt werden. Vor der Wand bildet sich dann eine kältere Zone, in der das Plasma rekombiniert. Es wird in diesem Fall von einem neutralen oder teilionisierten Gas umgeben, wie das z. B. in Bogenentladungen senkrecht zur Bogenachse der Fall ist. Diffusion von geladenen Teilchen in den Außenbereich und von Neutralteilchen in das Zentrum spielen in dieser Situation eine große Rolle.

Bei höheren Leistungsflüssen bzw. bei geringerer Dichte reicht das Plasma dagegen bis zur Wand, wie das in Glimmentladungen oder im Allgemeinen in Fusionsplasmen der Fall ist. Geladene Teilchen werden dabei auf die Wand treffen und normalerweise als Neutrale zurückkehren. Obwohl miteinander verknüpft, kann man diese Wechselwirkungszone in folgende Bereiche einteilen:

- Bei der Wechselwirkung einzelner Teilchen mit der Wand laufen verschiedene Prozesse der Oberflächenphysik ab. Neben der Neutralisation können Teilchen sorbiert, desorbiert oder in dicken Schichten deponiert werden. Teilchen der Wand können herausgeschlagen und Sekundärelektronen ausgelöst werden. Die auftreffenden Teilchen können außerdem chemische Prozesse verursachen.
- Im Plasmarand bildet sich eine charakteristische Plasmarandschicht aus. Dies wird dadurch verursacht, dass die Elektronen das Plasma anfänglich schneller verlassen als die Ionen. Es baut sich folglich ein positives Plasma-

potenzial gegenüber der Wand auf. Die Bewegung der Teilchen in diesem Potenzial muss selbstkonsistent beschrieben werden.

• Im wandnahen Plasma laufen atomare Prozesse wie Ionisation der an der Wand neutralisierten Atome und Ladungsaustausch ab. Nicht vollionisierte Atome werden vor allem durch Elektronen angeregt und strahlen. Diese Prozesse wurden bereits in Kapitel 2 behandelt.

Besonders in Plasmen, die durch elektrische Entladungen erzeugt werden, fließen Ströme zwischen Wand und Plasma. Abhängig von der Stromdichte wird das wandnahe Plasma dadurch modifiziert. Eine hohe Stromdichte kann dazu führen, dass sich der Strom im "Kathodenfleck" konzentriert, in dem Elektronen thermisch emittiert werden.

Eine wesentliche Beeinflussung des Wandbereiches tritt beim magnetischen Einschluss durch das Magnetfeld auf. Dabei wird hier die heute allgemein favorisierte Divertorkonfiguration zu Grunde gelegt (siehe Kap. 7.2.6). Sie reduziert Verunreinigungsprobleme und führt zugleich zu einem besseren zentralen Einschluss. Es bildet sich eine charakteristische "Abschälschicht" aus, die außerhalb der Separatrix das eingeschlossene Plasma umschließt.

Im Folgenden werden Phänomene der Oberflächenphysik (11.2), die Plasmarandschicht (11.3) und die Abschälschicht (11.4) diskutiert.

11.2   Prozesse an der Wandoberfläche

11.2.1   Sorption und Desorption

Bereits bevor ein Plasma erzeugt wird, wird die Wand durch Sorption und Desorption neutraler Gase konditioniert. Im Bereich der Raumtemperatur können sich beim Lagern an Luft mehrere Atomlagen dicke Schichten bilden, die auch im Vakuum nicht ohne Erhitzen abgepumpt werden können.

Die Bedeutung der Oberflächenbelegung für eine Plasmaentladung soll durch eine Abschätzung verdeutlicht werden. Ein typisches Plasma in der Fusionsforschung, beispielsweise in dem Divertor-Tokamak ASDEX Upgrade [97], hat ein Volumen von $13m^3$ bei einer mittleren Dichte von $\bar{n}_i=5\cdot10^{19}m^{-3}$ Ionen pro Volumen. Das ergibt eine gesamte Ionenzahl von $N_i=6,5\cdot10^{20}$. Dies soll mit einer Oberflächenbelegung durch Wasser verglichen werden, da H_2O als Dipol besonders gut haftet. Berücksichtigt man nur die "glatte" Gefäßoberfläche von $F=72m^2$ – die wirkliche Oberfläche ist durch Einbauten wesentlich größer – und nimmt nur eine monomolekulare Belegung von H_2O mit einem Molekülabstand von 3Å an, so sind das $N_H=1,6\cdot10^{21}$ Wasserstoffatome. Man erkennt, dass eine zum Plasma vergleichbare oder größere Zahl von Wasserstoffatomen auf der Wand sitzt.

Während der Entladung kann durch Erhitzen der Wand Wasser freigesetzt werden und die Protonendichte ungewollt ansteigen. Zugleich erhöht der freigesetzte Sauerstoff stark die Strahlungsverluste, die vor allem zu Beginn einer Tokamakentladung eine dominierende Rolle spielen. Sie können, solange Sauerstoff noch nicht voll ionisiert ist, die noch durch den kleinen toroidalen Strom niedrige Heizleistung übertreffen. Die Entladung scheitert dann an der so genannten "Strahlungsbarriere". Bevor man eine Plasmaentladung startet, müssen daher die Oberflächen durch eine Kombination von Ausheizen, Glimmentladungen in Helium und gepulsten Entladungen mit toroidalem Strom gereinigt werden.

11.2.2 Zerstäubung von Wandmaterial

Es sollen hier Prozesse beim Auftreffen von Teilchen aus einem Plasma auf die Wand betrachtet werden. Diese Teilchen können durch Stöße an der Oberfläche reflektiert werden, oder aber mehrere Atomlagen tief in die Wand eindringen. Die einfallenden Teilchen verlieren beim Eindringen in das Material durch Stöße ihre Energie und bleiben überwiegend im Material stecken. Ein kleiner Teil wird umgelenkt, kehrt an die Oberfläche zurück und verlässt das Material wieder. Die durch den Beschuss implantierten Teilchen können anschließend langsam weiter diffundieren. Insbesondere bei höheren Temperaturen des Materials können sie in größere Tiefen vordringen.

Bei höheren Energien werden durch die einfallenden Teilchen auch Gitterbausteine aus ihrer Position herausgestoßen. Erfolgt dies in Richtung auf die Oberfläche zu, können sie das Material verlassen, sie werden "zerstäubt". Die Zerstäubung ist ein wichtiger Prozess, der die Haltbarkeit vom Material begrenzt, das dem Plasma ausgesetzt ist. Außerdem kann er zu unzulässig hohen Verunreinigungskonzentrationen im Plasma führen.

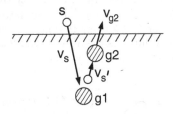

Abb. 11.1 Das eindringende Strahlatom der Masse m_s wird am Gitteratom $g1$ der Masse $m_g \gg m_s$ reflektiert und kann das Atom $g2$ an der Oberfläche aus dem Gitterverband herausschlagen.

Die untere Grenze der Projektilenergie, die noch zur Zerstäubung führt, lässt sich leicht abschätzen. In der Abbildung 11.1 ist der Fall dargestellt, der am effektivsten zu einem Herausschlagen eines Gitteratoms aus der Wand führt. Ein einfallendes Strahlteilchen — dies kann ein Ion des Plasmas oder ein durch Ladungsaustausch entstandenes energiereiches Neutralteilchen sein — mit der Masse m_s und der Energie $E_s = m_s v_s^2 / 2$ trifft zentral auf das Gitteratom $g1$ mit der Masse $m_g \gg m_s$. Das Strahlteilchen wird reflektiert, fliegt mit der Geschwindigkeit v_s' zurück, stößt ein zweites Gitteratom $g2$ und wird mit der Geschwindigkeit v_s'' wieder reflektiert. Vernachlässigt man wegen $m_g \gg m_s$ den Energieverlust beim ersten Stoß ($v_s' \approx -v_s$), so folgt aus Impuls- und Energiesatz für den zweiten Stoß die Energie E_{g2} von $g2$:

$$m_s v_s' = m_s v_s'' + m_g v_{g2} \qquad m_s v_s'^2 = m_s v_s''^2 + m_g v_{g2}^2,$$

$$\rightarrow \quad v_{g2} \approx -2 m_s / m_g \; v_s \qquad E_{g2} \approx 4 m_s / m_g \; E_s.$$

Falls die Energie E_{g2} größer als die Bindungsenergie U_0 ist, wird das Atom $g2$ aus seinem Gitterplatz herausgeschlagen und kann, falls es an der Oberfläche sitzt, den Festkörper verlassen. Die Bindungsenergien liegen im Bereich $4eV$ $\leq U_0 \leq 8eV$. Nimmt man $U_0 = 6eV$ als Näherungswert, so ergibt sich mit leichtem Wasserstoff für den Beschuss von Kohlenstoff ($A_r = 12$) $E_{H \rightarrow C}^* \approx 18eV$ und für Wolfram ($A_r \approx 180$) $E_{H \rightarrow W}^* \approx 270eV$ als Grenzenergie für Strahlatome, die gerade noch Gitteratome herausschlagen können.

Experimentell lassen sich Zerstäubungsraten nach Beschuss einer Probe mit Ionen einfach durch Wiegen bestimmen. Die Abbildung 11.2 zeigt Zerstäubungsraten für Deuteronen bei senkrechtem Einfall auf verschiedene Materialien. Man erkennt, dass die Zerstäubung relativ scharf einsetzt. Der Einsatzpunkt verschiebt sich, wie es der obigen Abschätzung entspricht, mit steigendem Z zu höheren Energien. Im Maximum der Zerstäubung steigen die Zerstäubungsraten auf Werte von 1 bis 10% an.

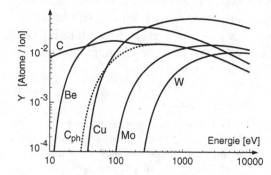

Abb. 11.2 Zerstäubungsausbeute Y verschiedener Elemente beim Beschuss mit Deuteriumionen als Funktion der Projektilenergie [68]. Bei Kohlenstoff treten bei niedrigen Energien zur physikalischen Zerstäubung (C_{ph}) chemische Prozesse hinzu (siehe Abschnitt 11.2.3).

Aus der relativ hohen Energie, die für die Zerstäubung schwerer Gitteratome notwendig ist, darf man allerdings nicht einfach schließen, dass die plasmaseitige Wand in einem Fusionsreaktor in jedem Fall aus einem schweren Material wie Wolfram bestehen müsse. Die Erosion ist zwar bei Hoch-Z-Material

geringer, dafür ist aber die Strahlung der Hoch-Z-Ionen als Verunreinigung
im Plasma auch bei hohen Temperaturen viel höher (siehe Kap. 2.3.2, 7.2.7
und 12.2.2). Trotzdem ist die Wahl des Targetplattenmaterials für ITER auf
Wolfram gefallen, da vor allem die Erosion von Grafit nicht akzeptabel ist [34].

Bei schweren Projektilen, insbesondere wenn sie aus dem Material der Wand
selbst stammen ("Selbstzerstäubung"), lässt sich natürlich das zu Anfang diskutierte vereinfachende Modell nicht mehr anwenden und es sind zur Simulation der Zerstäubung komplexe Modelle notwendig (siehe z. B. der "TRIM-
Code" [31]). In diesem Fall wächst die Zerstäubung bei Material mit höheren Z
auch bei relativ kleinen Energien drastisch an und kann hohe Werte erreichen.
So ist beispielsweise die maximale Selbstzerstäubung von Kohlenstoff etwa 30
mal größer als die durch Deuterium.

Während im Fusionsreaktor und bei vielen technischen Prozessen Erosion
durch Zerstäubung ein unerwünschter Effekt ist, nutzt man in der Mikroelek-
tronik diesen Effekt aus. So werden z. B. Siliziumoberflächen durch Zerstäubung
in geeigneter Form gestaltet, sodass dort die Elemente von integrierten Schaltungen untergebracht werden können. Im Gegensatz zu einer chemischen Ät-
zung mit Flüssigkeiten sind die Ränder beim Ätzen durch Zerstäubung sehr
steil. Dadurch lassen sich vor allem Kondensatoren als besonders kritische
Elemente in integrierten Schaltungen raumsparend unterbringen. Vor der zu
ätzenden Oberfläche wird z. B. durch eine Mikrowellenentladung ein Plasma
erzeugt, dessen Ionen die Oberfläche bombardieren. Die Energie der auftreffenden Ionen liegt dabei im Mittel über der thermischen Energie (vgl. Abschnitt 11.3.4) und kann durch Anlegen einer Spannung zwischen Plasma und
Wand optimiert werden.

11.2.3 Induzierte Sublimation und chemische Prozesse

Nach negativen Erfahrungen mit Hoch-Z-Materialien in Limitermaschinen (vgl.
7.2.6) hat sich Grafit als Material für die "erste Wand" in Fusionsexperimen-
ten in der Vergangenheit durchgesetzt. Während Kohlenstoff bei hohen Plas-
matemperaturen im Zentrum wenig strahlt, reduziert er die stark lokalisierte
Belastung der Targetplatten (siehe 11.4.3) durch Abstrahlung im Randbereich.
Er hat außerdem als Targetmaterial eine gute Wärmeleitung und bei lokaler
Überhitzung bleibt die Oberfläche durch Sublimation glatt, während sich auf
Metalloberflächen Tropfen bilden können.

Aber gerade die Erosion von Kohlenstoffoberflächen weist Besonderheiten auf.
Die physikalische Zerstäubung von Grafit steigt - im Gegensatz zu anderen
Materialien - als Funktion der Oberflächentemperatur oberhalb $1000 K$ steil
an (siehe Abb. 11.3 und [196]). Dieser Effekt wird als "induzierte Sublimati-

on" bezeichnet. Bei typisch $30eV$ übertragener Energie können die C-Atome auf Zwischengitterplätze mit wesentlich geringerer Bindungsenergie gelangen. Oberhalb einer Temperatur von $500K$ diffundieren diese C-Atome leicht entlang der Grafitkristallebenen und können, falls sie die Oberfläche erreichen, das Material verlassen. Experimentell ist die induzierte Sublimation daran erkennbar, dass im Gegensatz zur Zerstäubung die Atome mit thermischer Geschwindigkeit aus der Oberfläche austreten. Die Oberflächentemperatur der Targetplatten darf nicht zu groß sein, um die induzierte Sublimation zu begrenzen.

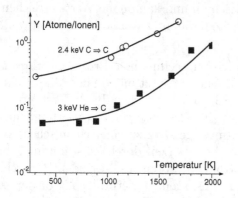

Abb. 11.3 Die Zerstäubungsausbeute Y von Grafit durch in diesem Fall Kohlenstoffionen ($50keV$) und Heliumionen ($3keV$) steigt mit zunehmender Temperatur der Oberfläche an [205].

Zusätzlich können chemische Prozesse die Erosion weiter erhöhen. Im Material abgebremste Strahlatome reagieren mit den Gitteratomen und verlassen, falls die Produkte flüchtig sind, zusammen mit dem Gittermaterial das Target. Wieder ist Grafit ein Vertreter für diese Prozesse, wenn er mit Wasserstoff oder Sauerstoff beschossen wird. Bei Wasserstoffbeschuss werden Kohlenwasserstoffe gebildet (siehe Abb. 11.4). Hierbei handelt es sich um einen komplexen Prozess, abhängig von mehreren Faktoren wie Einfallsenergie, Targettemperatur, Teilchenfluss und Oberflächenzustand [137, 234]. Die Ausbeute dieses chemischen Prozesses ist bereits näherungsweise in der Abbildung 11.2 der Zerstäubungsraten eingetragen. Man erkennt, dass durch diese Prozesse die starke Reduktion unterhalb einer Schwellenergie ausbleibt.

Die entstehenden Kohlenwasserstoffmoleküle können entfernt von ihrem Entstehungsort dissoziiert werden. Dies führt dort zu Abscheidungen in nicht stöchiometrisch festgelegter Form, den "a-C-H-Schichten" [113]. In Fusionsanlagen kann dies zu einem Problem werden, da so eventuell größere Mengen Tritium abgeschieden und gespeichert werden [17]. Diese Eigenschaft stellt die Eignung von Grafit als Material der ersten Wand im Fusionsreaktor in Frage. Ein größeres Problem in einem Fusionsreaktor, der eine ausreichende Standzeit haben muss, ist die Erosion des Kohlenstoffs. Für den Experimentalreaktor wird deshalb Wolfram als Targetplattenmaterial favorisiert [164].

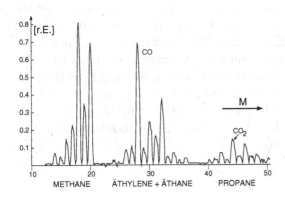

Die Erosion durch Beschuss mit Sauerstoff unter Bildung von Kohlenmonoxid ist praktisch unabhängig von der Einfallsenergie und hat Ausbeuten im Bereich von 1. Das heißt, dass pro einfallendem Sauerstoffion etwa ein Kohlenstoffatom austritt. So wird neben der Strahlung durch den Sauerstoff selbst die Strahlung weiter erhöht. Zusätzlich zur üblichen Wandkonditionierung wird deshalb, z. B. durch das Anbringen einer dünnen Borschicht auf den Wänden mittels einer Glimmentladung, Sauerstoff gegettert [233].

Auch beim Plasmaätzen spielen chemische Prozesse eine wichtige Rolle. So werden die nicht von einer Schutzschicht aus Fotolack belegten Teile einer Kupferschicht schnell von einem Chlorplasma unter Bildung von $CuCl_2$ abgetragen. Eine technisch ganz wichtige Rolle spielt das chemische Zerstäuben von Siliziumoberflächen durch Fluor unter Bildung von SiF_6. Die Schutzschicht kann wieder Fotolack oder SiO_2 sein. Bei Galliumarsenid führt die bevorzugte Bildung von flüchtigem AsH_3 zur Anreicherung von Gallium in der Oberfläche.

11.3 Die Plasmarandschicht

11.3.1 Charakteristische Längen

Es soll hier die Struktur der Schicht diskutiert werden, die sich am Rand eines Plasmas unmittelbar vor einer Wand einstellt. Dazu wird angenommen, dass ein Plasma ohne Magnetfeld oder entlang eines Magnetfeldes senkrecht zur Oberfläche auf eine leitfähige Wand strömt. Treffen Ionen auf die leitfähige Wand, werden sie überwiegend neutralisiert. Die zurückfliegenden Neutralen treten wieder in Wechselwirkung mit dem Plasma. Um einige charakteristische Längen in der Plasmarandschicht vergleichen zu können, wird als Beispiel vor der Wand ein Wasserstoffplasma mit einer Dichte von $n_e = n_i = 10^{19} m^{-3}$ und einer Temperatur $T_e = T_i = 10 eV$ angenommen. Die Neutralen kommen von der Wand mit unterschiedlichen Energien zurück: als thermische Teilchen ($E_0 \approx$ $0,1 eV$), als im wandnahen Plasma entstandene Franck-Condon-Atome (Kap. 2.4, $E_0 \approx 3 eV$) oder als reflektierte Teilchen ($E_0 \approx T_i$)[1]. Für das Folgende wird der erste Fall angenommen, was einer Geschwindigkeit von $v_0 \approx 2,5 \cdot 10^3 m/s$ entspricht. Für die Debye-Länge λ_D (siehe Kap. 1.3.3), die Ladungsaustauschlänge λ_{CX} (Kap. 2.5.1), die Ionisationslänge λ_{ion} (Kap. 2.3.3) eines Neutralteilchens und die freie Weglänge λ_{ee} für den Elektron-Elektron-Stoß (Kap. 2.1.5) gilt mit diesen Annahmen:

$$\lambda_D = \sqrt{\frac{\varepsilon_0 T_e}{n_e e^2}} \approx 10^{-5} \ m,$$

$$\lambda_{CX} = \frac{v_0}{\langle \sigma_{CX} g_{oi} \rangle n_i} \approx \frac{v_0}{5 \cdot 10^{-19} \cdot v_{i,th} n_i} \approx 0,01 m,$$

$$\lambda_{ion} = \frac{v_0}{\langle \sigma_{ion} v_e \rangle n_e} \approx \frac{v_0}{10^{-14} \cdot n_e} \approx 0,025 m,$$

$$\lambda_{ee} \approx 10^{16} T[eV]^2 / n \approx 0,1 m.$$

Die Debye-Länge ist die kleinste der relevanten Längen. Die freie Weglänge für Ladungsaustausch und die Ionisationslänge sind für die angenommene Temperatur deutlich größer und untereinander vergleichbar. Das gilt auch für die Dissoziationslänge bei $T_e \approx 10 eV$ [109]. Die Elektronenstoßlänge λ_{ee} ist bei $10 eV$ größer als diese Längen[2]. Daher kann man einen Abstand x_s von der Oberfläche mit $\lambda_D \ll x_s \ll \lambda_{CX} \approx \lambda_{ion} < \lambda_{ee}$ so wählen, dass für $x \lesssim x_s$ Stöße keine Rolle spielen und für $x \gtrsim x_s$ die Ladungstrennung zu vernachlässigen ist. Ohne Wechselwirkung untereinander oder mit den Neutralen strömen die geladenen Teilchen für $x \lesssim x_s$ frei aus dem Plasma aus und sind nur durch das elektrische Feld verkoppelt. Dieses wird sich so einstellen, dass die meisten Elektronen reflektiert und so ein Ausströmen mit ihrer thermischen Geschwindigkeit verhindert wird.

Man erkennt also eine klare Trennung von drei Schichten mit unterschiedlichen physikalischen Eigenschaften: der Debye-Schicht, der stoßfreien, quasineutralen Zwischenschicht mit $x \approx x_s$ und der Ionisationsschicht (siehe Abb. 11.5).

---

[1]Zur genaueren Festlegung dieses Wertes müssen die Beschleunigungen in der Ionisationsschicht und dem Plasmarandpotenzial berücksichtigt werden, die erst weiter unten diskutiert werden. Außerdem muss eine nicht ideale Reflexion berücksichtigt werden.

[2]Das Verhältnis $\lambda_{ion}/\lambda_{ee}$ kehrt sich mit fallender Temperatur allerdings schnell um, da λ_{ee} abnimmt und λ_{ion} zunimmt.

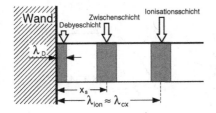

Abb. 11.5 Da in der Randschicht mit den hier gewählten Parametern die Debye-Länge sehr viel kleiner als die Längen für Ionisation und Ladungs-austausch ist, kann ein Abstand von der Wand x_s so gewählt werden, dass $\lambda_D \ll x_s \ll \lambda_{ion} \approx \lambda_{CX}$ gilt (Der Maßstab ist nicht linear.).

In einem kontinuierlichen Übergang ändert das Plasma vor der Wand seine durch Stöße thermalisierte Maxwell-Verteilung in eine gestörte Verteilung nahe der Wand. Die wesentliche Vereinfachung der im Folgenden diskutierten Verhältnisse in der Randschicht liegt darin, diesen Übergang diskontinuierlich anzunehmen. Für $x > x_s$ soll die Verteilung eine Maxwell-Verteilung sein, während für $x < x_s$ Stöße vollständig vernachlässigt werden.

11.3.2 Die Elektronen in der Randschicht

Da in der Debye-Schicht Elektronen und Ionen gebremst bzw. beschleunigt werden und Ladungstrennung auftritt, muss der Zusammenhang zwischen dem Potenzial Φ und den Dichten der Elektronen und Ionen kinetisch und mit Hilfe der Poisson-Gleichung beschrieben werden. Zunächst sollen die Elektronen behandelt werden. Für $x < x_s$ kann wegen $x_s \ll \lambda_{ee}$ die Verteilungsfunktion der Elektronen $f_e(x, w_x)$ als Lösung der Wlassow-Gleichung angegeben werden (siehe Kap. 4.2.2; w_x: Geschwindigkeitskomponenten der Elektronen senkrecht zur Wand). Jede Funktion der Konstanten $E_e = m_e w_x^2/2 - e\Phi(x)$ ist eine Lösung. Sie wird durch die Randbedingungen festgelegt, wobei die Verteilung der in das Gebiet hineinlaufenden Elektronen vorgegeben werden muss. Für $x = x_s$ und $w_x \leq 0$, also für Elektronen, die zur Wand fliegen, ist dies eine Maxwell-Verteilung. Andererseits für $x = 0$ direkt vor der Wand und $w_x > 0$, also in Richtung von der Wand weg, ist die Verteilungsfunktion null, da keine Elektronen an der Wand selbst reflektiert werden[3]. Eine Lösung, die diese Bedingung erfüllt, ist die folgende nicht stetige Funktion (Φ_w: Wandpotenzial, $T_e = \text{const}$):

$$f_e(x, w_x < w_x^\star) = \left(\frac{m_e}{2\pi T_e} \right)^{1/2} n_s exp \left[- \left(m_e w_x^2/2 - e\Phi(x) \right)/T_e \right],$$

$$f_e(x, w_x \geq w_x^\star) = 0 \qquad\qquad w_x^\star = \sqrt{\frac{2e}{m_e} \left(\Phi(x) - \Phi_w \right)}.$$

---

[3]Werden Sekundärelektronen erzeugt, muss diese Bedingung modifiziert werden.

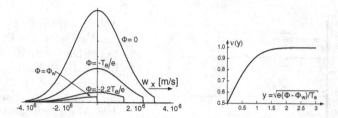

Abb. 11.6 Verteilungsfunktion der Elektronen für verschiedene Potenziale Φ (linke Hälfte). Direkt vor der Wand mit $\Phi=\Phi_w$ ist die Verteilung eine halbe Maxwell-Verteilung mit stark reduzierter Amplitude. Die Funktion $\nu(y)$ mit $y=\sqrt{e\left(\Phi-\Phi_w\right)/T_e}$ beschreibt die Korrektur der Elektronendichte gegenüber dem Boltzmann-Faktor $e^{e\Phi/T_e}$ (rechte Hälfte).

Dabei ist das Potenzial tief im Plasma $\Phi_p=\Phi(x>x_s)$ null gesetzt, das Wandpotenzial Φ_w also negativ. Die Abbildung 11.6 (linke Hälfte) zeigt Verteilungsfunktionen in verschiedenen Wandabständen, wobei das erst weiter unten berechnete Wandpotenzial als bekannt vorausgesetzt wurde. Für $x\gtrsim x_s$ ergibt sich nahezu eine Maxwell-Verteilung, da nur ein kleiner Schwanz für große positive w_x abgeschnitten wird. In Richtung auf die Wand zu fällt das Potenzial und $w_x^\star$ nimmt ab, sodass ein immer größerer Teil der Maxwell-Verteilung abgeschnitten wird. Zugleich wird auch die Amplitude der Verteilungsfunktion kleiner. Integration der Verteilungsfunktion über w_x ergibt die lokale Elektronendichte als Funktion von Φ, wobei die Größe ν zwischen $1/2$ und 1 liegt[4] (siehe Abb. 11.6, rechte Hälfte):

$$n_e(\Phi) = \underbrace{\left(\frac{1}{2} + \frac{1}{\sqrt{\pi}}\int_0^y e^{-t^2}dt\right)}_{=\nu(y)} e^{e\Phi/T_e}n_s \qquad y(\Phi) \equiv \sqrt{e\left(\Phi\Phi_w\right)/T_e}.$$

11.3.3 Die Ionen in der Randschicht, Bohm-Bedingung

Eine vollständige Lösung ist noch nicht gewonnen, da $\Phi(x)$ und insbesondere Φ_w noch nicht bekannt sind. Dazu muss noch die Ionendichte berechnet werden. In der Zwischenschicht $x\approx x_s$ gilt $n_i\approx n_e=n_s$, da hier die Ladungstrennung noch klein ist. Wenn man annimmt, dass kein Strom zwischen Wand und Plasma fließt, gilt auch $v_i\approx v_e=v_s$ (v_i, v_e: mittlere Geschwindigkeiten der Ionen bzw. Elektronen). Für die Ionen wird hier im Gegensatz zu den Elektronen vereinfachend angenommen, dass sie kalt sind ($T_{i,s}\approx 0$). Da Ionenwärmeleitung und Wärmeübertragung von den Elektronen keine Rolle spielen, folgt für die Ionen

---

[4]Im Flüssigkeitsbild gilt $n_e=n_s e^{e\Phi/T_e}$ (siehe Ende von Kap. 5.2). Die Größe ν stellt also eine Korrektur zu den Momentengleichungen dar. Eine solche ist zu erwarten, da hier T_e nicht die sich aus der Momentendefinition (siehe Kap. 5.1) ergebende lokale Temperatur ist.

in der Debye-Schicht aus dem Energiesatz und der Stationarität ($m_e \ll m_i$):

$$v_i^2 = v_s^2 - 2e\Phi/m_i \qquad\qquad n_i = \frac{n_s\, v_s}{\sqrt{v_s^2 - 2e\Phi/m_i}}.$$

Die Dichten n_e und n_i in die Poisson-Gleichung eingesetzt ergeben:

$$\varepsilon_0 \Phi''(x) = -en_s \left\{ \frac{v_s}{\sqrt{v_s^2 - 2e\Phi(x)/m_i}} - \nu\left[y\left(\Phi(x)\right)\right] e^{e\Phi(x)/T_e} \right\} \quad (11.1)$$

Für den Zwischenbereich $x \approx x_s$ ist $\nu \approx 1$ und die Ladungstrennung noch so klein ($e\Phi \ll T_e, m_i v_s^2$), dass Linearisierung erlaubt ist. Dies führt zu:

$$\Phi''(x) = \frac{e^2 n_s}{\varepsilon_0} \left(\frac{1}{T_e} - \frac{1}{m_i v_s^2} \right) \Phi(x).$$

Diese Differenzialgleichung der Form $\Phi'' = \alpha\Phi$ hat die Lösung $\Phi = \Phi_0 e^{\pm\sqrt{\alpha}x}$. Hier wird eine Lösung gesucht, die für $x \gtrsim x_s$ ein konstantes Potenzial ergibt und für $x < x_s$ zu einem monoton abnehmenden führt, also $\Phi = \Phi_0 e^{-\sqrt{\alpha}x}$. Folglich müssen α und also auch die Klammer im letzten Ausdruck positiv sein. Dies bedeutet, dass das Plasma mit einer Mindestgeschwindigkeit $v_s \geq \sqrt{T_e/m_i} = v_c$ strömt. Die kritische Geschwindigkeit v_c ist gerade die in Kapitel 9.3.2 definierte Ionenschallgeschwindigkeit für $T_i = 0$ und isothermische Elektronen ($\gamma_e = 1$). Diese so genannte "Bohm-Bedingung", die allerdings schon vor Bohm von Langmuir abgeleitet wurde [147], fordert also, dass das Plasma aus der Ionisationsschicht mit mindestens Schallgeschwindigkeit ausströmt[5].

Im Folgenden wird $v_s = v_c$ gesetzt. Eine vereinfachende Behandlung der Beschleunigung der Ionen in der Ionisationsschicht auf Schallgeschwindigkeit findet sich in Abschnitt 11.4.2.

11.3.4 Das Langmuir-Potenzial

Nach diesen Vorarbeiten kann jetzt das Potenzial in der Debye-Schicht berechnet werden. Da im stationären Fall die Flüsse der Elektronen in die Wand und durch die Zwischenschicht gleich sind, kann man daraus das Wandpotenzial, hier für Wasserstoff und $T_{i,s} = 0$ bzw. $T_{i,s} = T_e$, bestimmen ($f_e\,(x, w_x)$ siehe 11.3.2; kein Strom):

$$\int_{-\infty}^{0} w_x f_e(0, w_x) dw_x = n_s e^{e\Phi_w/T_e} \sqrt{\frac{T_e}{2\pi m_e}} = n_s v_c,$$

---

[5]Für $T_i > 0$ lautet die Bohm-Bedingung $\left[\int f_i(w_i)/w_i^2 dw_i\right]^{-1} \geq T_e/m_i$ [39]. Für $v_c \gg \sqrt{T_i/m_i}$ folgt hieraus $v_c = c_s(\gamma_i = 3, \gamma_e = 1)$, also gerade die Schallgeschwindigkeit für Ionen mit einem Freiheitsgrad und isothermen Elektronen.

$$e\Phi_w = T_e \ell n \left(\sqrt{\frac{2\pi m_e}{T_e}} v_c \right) \tag{11.2}$$

$$e\Phi_w(T_{i,s} = 0) = -2,84\, T_e \qquad\qquad e\Phi_w(T_{i,s} = T_e) = -2,15\, T_e.$$

Durch Lösen der Poisson-Gleichung 11.1 ohne Linearisierung erhält man den räumlichen Verlauf des Potenzials in der Debye-Schicht. Dazu wird die Gleichung in eine dimensionslose Form gebracht, wobei v_s durch v_c ersetzt wird:

$$\tilde{\Phi} \equiv e\Phi/T_e \qquad \tilde{\Phi}_w \equiv e\Phi_w/T_e \qquad \xi \equiv x/\lambda_D \qquad \epsilon \equiv T_i/T_e,$$

$$\frac{d^2\tilde{\Phi}(\xi)}{d\xi^2} = -\sqrt{\frac{\gamma_i\epsilon + \gamma_e}{\gamma_i\epsilon + \gamma_e - 2\tilde{\Phi}(\xi)}} + \nu\sqrt{\tilde{\Phi}(\xi) - \tilde{\Phi}_w}\, e^{\tilde{\Phi}(\xi)}.$$

Dabei gelten die Randbedingungen $\tilde{\Phi}(0){=}e\Phi_w/T_e$ und für $\xi{\gg}1$ muss $\tilde{\Phi}$ gegen null gehen. Die Differenzialgleichung wird durch ein Shootingverfahren gelöst, in dem $\tilde{\Phi}'(0)$ solange variiert wird, bis die Randbedingung für große ξ erfüllt wird[6]. Die Abbildung 11.7 zeigt den Potenzialverlauf für den Fall $T_i{=}T_e$ und $T_i{=}0$ mit $\gamma_i{=}3$ und $\gamma_e{=}1$. Da das Potenzial nur über wenige Debye-Längen wesentlich vom Plasmapotenzial abweicht, ist wegen $\lambda_D{\ll}x_s$ die Elektronenverteilungsfunktion in der Zwischenschicht eine Maxwell-Verteilung mit der Temperatur T_e und der Dichte n_s.

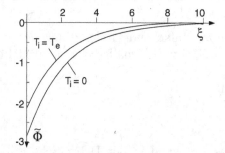

Abb. 11.7 Potenzialverlauf $\tilde{\Phi}{=}e\Phi/T_e$ als Funktion von $\xi{=}x/\lambda_D$ in der Debye-Schicht für $T_i{=}0$ und $T_i{=}T_e$. Das Potenzial in der Nähe der Wand weicht nur über wenige Debye-Längen vom Plasmapotenzial ab.

Das Wandpotenzial erhöht die Zerstäubung, da die Ionen in der Schicht beschleunigt werden und mit größerer Geschwindigkeit auf die Wand treffen. Dies gilt ganz besonders für mehrfach geladene Ionen.

Die Potenzialdifferenz über die Randschicht kann zu einem lokalisierten Durchbruch führen. Treten z. B. lokal aus einer Spitze der Wand Elektronen durch den Feldeffekt aus, so will sich lokal ein kleineres Debye-Potenzial einstellen

---

[6]In der hier benutzten Näherung bleibt die Verteilungsfunktion auch für $\Phi{=}0$ abgeschnitten (siehe Abb. 11.6), daher ist $\nu(\Phi{=}0)$ nicht exakt 1 und damit für $\Phi{=}0$ die zweite Ableitung Φ'' nicht exakt null. Die Lösung $\Phi(\xi)$ ist deshalb nur für $0{<}\xi{\lesssim}10$ brauchbar.

und als Folge fließt an dieser Stelle ein positiver Strom in die Oberfläche. Er schließt sich in der Umgebung durch einen Strom aus der Wand in das Plasma. Durch die lokale Erhitzung kann es zum Schmelzen des Materials kommen und, stabilisiert durch Thermoelektronen, ein Bogen entstehen. Dieses Phänomen wird "unipolarer Bogen" genannt (Reviews siehe [102, 27]).

11.3.5 Energieübertrag auf die Wand

Neben dem Randschichtpotenzial ist der Energieübertrag auf die Wand je Elektron-/Ionpaar eine wichtige Kenngröße der Randschicht. Die Energieflussdichte q_s parallel zu B in der Zwischenschicht setzt sich aus einem Elektronen- und einem Ionenteil zusammen (v_c siehe Abschnitt 11.3.3):

$$q_s = (\delta_{e,s} + \delta_{i,s}) T_{e,s} n_s v_c.$$

Der Wärmefluss der Elektronen folgt aus der Verteilungsfunktion $f_e(x, w_x)$ (siehe 11.3.2) durch Momentenbildung (siehe Kap. 5.1). Zunächst folgt mit dem Wandpotenzial Φ_w (11.2) die Energieflussdichte der Elektronen an der Wand $q_{e,w}$. Dabei müssen auch die Freiheitsgrade senkrecht zur Strömungsrichtung berücksichtigt werden:

$$q_{e,w} = \int_{-\infty}^{0} \left(m_e w_x^2/2 + T_e \right) w_x f_e(w_x) dw_x = 2 T_{e,s} n_s v_c.$$

Da die Elektronen auf dem Weg zur Wand durch das Potenzial Φ_w abgebremst werden, ergibt sich am Ort der Zwischenschicht ein größerer Wert:

$$\delta_{e,s} = 2 - e\Phi_w/T_{e,s}.$$

Unter der Annahme, dass die Ionen am Ort x_s durch eine um v_c verschobene Maxwell-Verteilung beschrieben werden können, kann analog der Ionenwärmefluss $q_{i,s}$ ausgerechnet werden:

$$q_{i,s} = \underbrace{\left(\frac{\gamma_i}{\gamma_i - 1} \epsilon + \frac{m_i v_c^2}{2 T_{e,s}} \right)}_{=\delta_{i,s}} T_{e,s} n_s v_c.$$

Der Gesamtfluss q_s mit $T_{i,s} = \epsilon T_{e,s}$ und der Annahme $\gamma_i = 5/3$ ergibt sich zu:

$$q_s = (\delta_{e,s} + \delta_{i,s}) n_s T_{e,s} \sqrt{(3\epsilon + 1) T_{e,s}/m_i} \qquad \delta_{i,s} = 4\epsilon + 1/2 \qquad (11.3)$$

Während δ_e und δ_i sich zwischen x_s und $x=0$ ändern, da die Elektronen abgebremst und die Ionen beschleunigt werden, bleibt die Summe $\delta = \delta_e + \delta_i$ erhalten. Es folgt für Wasserstoff mit $\epsilon = 1$, $\delta_{e,s} = 4.15$ und $\delta_{i,s} = 4,5$.

Bisher wurde angenommen, dass keine Sekundärelektronen entstehen. Werden
Sekundärelektronen gebildet [73], so vermindert sich das Randschichtpotenzial
Φ_w. Trotz der Reduktion von Φ_w wächst jedoch der Energieübertrag auf die
Wand, da der Zuwachs durch reemittierte Elektronen pro nettoabsorbiertes
Elektron überwiegt.

11.3.6 Die Langmuir-Sonde

Im Abschnitt 11.3.4 wurde das Plasmarandschichtpotenzial unter der Neben-
bedingung abgeleitet, dass kein Strom zwischen Plasma und Wand fließt. Man
kann die Fragestellung erweitern und nach dem Strom durch den Rand in
Abhängigkeit von der Potenzialdifferenz zwischen Wand und Plasma fragen.
Experimentell lassen sich aus diesem Zusammenhang Plasmadaten gewinnen.
Die geeignet gebaute Messeinrichtung wird als "Langmuir-Sonde" bezeichnet.

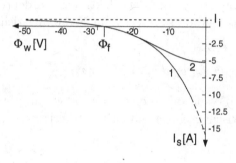

Abb. 11.8 Strom-Spannungs-
Charakteristik einer
Langmuir-Sonde. Bei stark
negativem Wandpotenzial ist
der Sondenstrom I_s gleich
dem Ionensättigungsstrom I_i,
während sich bei wachsendem
Potenzial, also abnehmender
Spannungsdifferenz zum
Plasma, der Elektronenstrom
I_e überlagert ($T_e=T_i=10eV$,
$F_s=10^{-5}m^2$, $n_s=2\cdot10^{19}m^{-3}$,
$m_i=m_{proton}$).

In der Abbildung 11.8 ist der Sondenstrom I_s, der sich aus dem Elektronenstrom I_e und dem Ionenstrom I_i zusammensetzt, als Funktion des Sonden-
potenzials Φ_w dargestellt, wobei das Plasmapotenzial weiterhin null gesetzt
wird. Bei stark negativem Potenzial $e\Phi_w\ll-T_{e,s}$ werden die Elektronen fast
vollständig reflektiert ($I_e\approx0$). Selbst bei großem negativen Wandpotenzial ist
der "Ionensättigungsstrom" I_i nahezu konstant, da das Plasma außerhalb der
Debye-Schicht neutral bleibt, und das elektrische Feld nicht in die Ionisationsschicht reicht, wo die Strömungsgeschwindigkeit $v_i\approx c_s$ festgelegt wird[7]. (F_s:
Sondenfläche, $\gamma_i=3$, $\gamma_e=1$, Strom in die Sonde positiv gesetzt):

$$I_i = en_s c_s F_s \qquad c_s = \sqrt{(3T_{i,s}+T_{e,s})/m_i}.$$

---

[7]Dies gilt nicht für ein positives Wandpotenzial, da dann die Voraussetzungen für die Bohm-
Bedingung verletzt sind.

Bei steigendem Sondenpotenzial überlagert sich der Elektronenstrom I_e, den man durch Integration von $eF_s w_x f_e(0, w)$ über w_x erhält (f_e siehe 11.3.2; Sekundärelektronen vernachlässigt):

$$I_e = -eF_s \int\limits_{-\infty}^{0} w_x f_e(0, w_x) dw_x = -\sqrt{\frac{T_{e,s}}{2\pi m_e}} e n_s F_s e^{\frac{e\Phi_w}{T_e}} \qquad (11.4)$$

Das Sondenpotenzial bei $I_s=0$ wird als "Floating-Potenzial" Φ_f bezeichnet. Für $\Phi_w \gg \Phi_f$, im so genannten "Elektronenast", steigt I_s, wie er sich aus dem vorangehenden Ausdruck ergibt, stark an (Abb. 11.8, Kurve 1). Um den tatsächlichen Strom zu erhalten, muss man allerdings den gesamten Stromkreis diskutieren, wie er schematisch in der Abbildung 11.9 dargestellt ist. Der Elektronenstrom I_e, der aus der Sonde in das Plasma fließt, muss ja an anderer Stelle als stark begrenzter Ionenstrom wieder vom Plasma ins Gefäß zurückfließen. Ohne Magnetfeld kann trotzdem der Elektronenstrom sehr groß werden, wenn die Fläche des leitfähigen Gefäßes groß ist (gestrichelte Strombahnen in Abb. 11.9). In diesem Fall verliert allerdings die Gleichung (11.4) ihre Gültigkeit, da die Annahmen über die Zwischenschicht in Abschnitt 11.3.2 nicht mehr zutreffen.

Im Falle eines gut leitfähigen Plasmas in einem Magnetfeld [100] kann die Fläche, über die der Ionenstrom fließt, vergleichbar der Sondenfläche werden (Kurve 2, in Abb. 11.8). Dann wird der Strom durch den Ionensättigungsstrom auf der Gegenseite begrenzt.

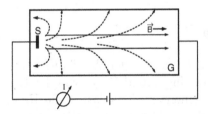

Abb. 11.9 Zur Ermittlung des Sondenstromes muss der gesamte Stromkreis über Langmuir-Sonde S und Gefäß G betrachtet werden. Ohne Magnetfeld ist die Fläche, über die der Strom ins Gefäß fließt, groß gegenüber der Sondenfläche (gestrichelt), während sie mit einem Magnetfeld senkrecht zur Sondenfläche (ausgezogen) im Allgemeinen vergleichbar wird.

Messtechnisch lässt sich die Langmuir-Kennlinie zur Bestimmung von Dichte und Temperatur ausnutzen. Die Elektronentemperatur wird durch Fit im Bereich $\Phi \approx \Phi_f$ bestimmt. Durch separate Überlegungen müssen das Verhältnis T_i/T_e und γ_i und γ_e festgelegt werden. Dann folgt aus dem Ionenstrom I_i die Plasmadichte vor der Sonde n_s.

Statt experimentell die Kennlinie z. B. durch Anlegen einer Sägezahnspannung aufzunehmen, benutzt man zur Vereinfachung häufig 3 Sonden, die in

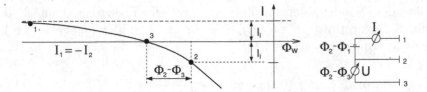

Abb. 11.10 In einer Tripelsonde werden drei Langmuirsonden in besonderer Weise untereinander verbunden.

geeigneter Form zu einer "Tripelsonde" verschaltet sind (siehe Abb. 11.10).
Die Tripelsonde ist vor allem dazu geeignet, schnelle Vorgänge wie z. B. die
ELM-Vorgänge (siehe Kap. 7.2.6) zu untersuchen. Die Sonde 3 wird nur hoch-
ohmig mit 2 verbunden, sodass sie auf dem Floating-Potenzial liegt. Zugleich
wird zwischen Sonde 1 und 2 eine so hohe Spannung angelegt, dass in Sonde
1 der Ionenstrom I_i fließt. Die Arbeitspunkte der 3 Sonden liegen damit fest.
Es gilt dann mit der Annahme $T_e = T_i$:

$$I_1 = I_i \qquad I_2 = I_i + I_e(\Phi_2) = -I_i \qquad I_3 = I_i + I_e(\Phi_3) = 0.$$

Einsetzen der Ausdrücke für I_i und I_e ergibt:

$$T_{e,s} = \frac{e(\Phi_2 - \Phi_3)}{\ln 2} \qquad n_s = \frac{I_i}{ec_s F_s} = \frac{I_i}{eF_s \sqrt{(3T_{i,s} + T_{e,s})/m_i}}.$$

11.4 Die Abschälschicht

11.4.1 Der "Hoch-Recycling-Fall"

Im Abschnitt 11.3 wurde die Zone unmittelbar vor der Wand diskutiert, in der
Ladungstrennung auftritt und die ohne Magnetfeldeffekte von der Dimension
der Debye-Länge λ_D ist. Jetzt soll in einem Fusionsplasma die Randschicht
in größeren Abständen von der Wand betrachtet werden. Dazu wird eine Divertorkonfiguration angenommen, wie sie in der Abbildung 7.12 dargestellt ist.
Energie und Plasma diffundieren aus dem zentralen Plasma über die Separatrix
und fließen hier parallel zu den Magnetfeldlinien auf die Targetplatten. Diese,
wie sich im Abschnitt 11.4.3 zeigen wird, schmale energieführende Schicht wird
als "Abschälschicht" oder "Scrape-off-Layer" (abgekürzt "SOL") bezeichnet.

Die Magnetfeldlinien treffen in einer Divertorkonfiguration aus zwei Gründen
schräg auf die Targetplatten auf. Einmal dominiert das toroidale Feld (siehe
Kap. 7.2.1), sodass sich die Feldlinien mit kleiner Steigung spiralförmig in die
Divertorkammer schrauben. Zur Reduktion der Leistungsdichte ist es zusätz-

lich notwendig, die Targetplatten schräg zu stellen. Ein schräges Magnetfeld ändert die in Abschnitt 11.3.1 abgeschätzten charakteristischen Längen, da beim Anströmen die Ionen auf ihrer Gyrationsbahn die Wand berühren und dort neutralisiert werden. An die Stelle der Debye-Länge tritt der Ionengyroradius $r_{g,i}$ gebildet mit der ionenakustischen Geschwindigkeit c_s [53]. Auch hier gilt im Allgemeinen, dass diese Breite klein gegen die Ionisationslänge ist.

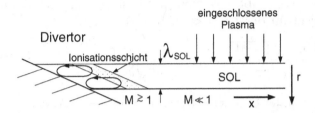

Abb. 11.11 Energie, die nach außen über die Separatrix diffundiert, fließt dort in der relativ schmalen "Abschälschicht" in den Divertor und auf die Targetplatten.

Da die Neutralen nicht den Feldlinien folgen, ist jetzt allerdings danach zu unterscheiden, ob λ_{ion} klein oder groß gegen die Dicke der SOL λ_{SOL} ist. Werden die an der Targetplatte entstehenden Neutralen in der SOL im relativ kleinen Abstand vor der Platte wieder ionisiert, bezeichnet man diese Situation als "Hoch-Recycling" (siehe Abb.11.11). Je nachdem, wie perfekt die Neutralen vor der Targetplatte ionisiert werden, ist der Teilchenfluss in diesem Fall vor der Targetplatte um ein Vielfaches größer als in der weiter entfernten Abschälschicht. Umgekehrt, wenn die Neutralen nicht in der Nähe der Targetplatte reionisiert werden, spricht man von "Niedrig-Recycling". Wegen seiner Bedeutung für den Fusionsreaktor und fusionsrelevante Experimente wird hier nur der Hoch-Recycling-Fall diskutiert.

Neben der Debye-Schicht, die hier nicht aufgelöst wird, kann man im Hoch-Recycling-Fall drei Zonen unterscheiden: den Bereich zwischen Wand und Ionisationsschicht mit $v \approx c_s$, die Ionisationsschicht, in der das Plasma beschleunigt wird, und den Bereich zwischen Ionisationsschicht und dem Rand des heißen Plasmas, in dem $v \ll c_s$ ist. Die beiden letztgenannten Bereiche sollen hier zunächst eindimensional, parallel zum Magnetfeld (x-Richtung) behandelt werden, indem die r-Abhängigkeit vernachlässigt wird. (Die r-Abhängigkeit wird in 11.4.3 diskutiert.)

In einem vereinfachenden Modell[8] kann man zeigen, dass die Teilchenquellen in der Ionisationsschicht die Strömung gegen die Schallgeschwindigkeit treiben und damit die Bohm-Bedingung erfüllen. Ausgangspunkt ist die Gleichung

---

[8]Realistischere Flüssigkeitsmodelle, die auch zu Überschalllösungen führen, werden in [53] diskutiert.

5.2 aus Kapitel 5.2, die ruhende Neutrale voraussetzt. Es werden Stationarität angenommen und äußere Kräfte null gesetzt. Zur Vereinfachung wird weiter in einem Einflüssigkeitsbild (Kap. 5.3) angenommen, dass die Elektronenwärmeleitung so groß und die Kopplung zwischen Ionen und Elektronen so gut ist, dass $T_i{=}T_e{=}T_d{=}const$ gilt. Mit der Einführung der Machzahl durch $M(x){\equiv}v(x)/v_c$ mit $v_c{=}\sqrt{2T_d/m_i}$ und der Normierung der Teilchenflussdichte durch $\Gamma^*{\equiv}\Gamma/(c_s n_0)$ ergibt sich dann als Lösung (n_0: Dichte am Beginn der Ionisationsschicht im Bereich $M{\ll}1$):

$$M = \frac{1 - \sqrt{1 - 4\Gamma^*}}{2\Gamma^*} \qquad p^* = \frac{p}{2n_0 T_d} = (1 + \sqrt{1 - 4\Gamma^{*2}})/2 \qquad (11.5)$$

Die Machzahl und der normierte Druck p^* sind in der Abbildung 11.12 dargestellt. Startet die Strömung mit $M{<}1$, so wird bei ausreichend großen Quellen bei $\Gamma^*{=}0,5$ Schallgeschwindigkeit erreicht.

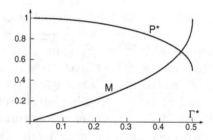

Abb. 11.12 Wächst in einer eindimensionalen Strömung die Teilchenflussdichte durch Ionisation, so nimmt die Geschwindigkeit zu und der Druck ab. Mit $T_e{=}T_i{=}const$ geht die Machzahl gegen 1 und der Druck halbiert sich, wenn die normierte Teilchenflussdichte 0,5 erreicht.

Jetzt soll die Temperaturverteilung entlang des Magnetfeldes im Unterschallbereich vor der Ionisationsschicht (siehe Abb. 11.11) bestimmt werden. In diesem Modell fließt Energie aus dem eingeschlossenen Plasma nicht verteilt über die Separatrixfläche, sondern nur lokal an einer Stelle in die SOL. Wegen der hier geringen Strömungsgeschwindigkeit wird sie nur durch Elektronenwärmeleitung in die Ionisationsschicht transportiert. Zur Berechnung des Temperaturverlaufs wird in der Wärmeleitungsgleichung der Koeffizient $\kappa_\parallel$ für den Fall $j_\parallel{=}0$ eingesetzt (siehe Kap. 5.3.4 und 5.3.6). Eine Querschnittsänderung des Flussflächenbündels entlang x durch Änderung der Magnetfeldstärke wird vernachlässigt ($Z{=}1$; $q_\parallel{<}0$ ist der Energiefluss parallel zu den Feldlinien; T_e in eV, sonst SI; $S(x)$: Quellen und Senken der Energie):

$$q_\parallel = -\frac{c_\parallel T_e^{5/2}}{ln\Lambda^{q,e}}\frac{dT_e}{dx} = -\frac{2c_\parallel}{7ln\Lambda}\frac{d(T_e^{7/2})}{dx},$$

$$c_\parallel = 0,76 \times 4,02 \cdot 10^4 = 3,1 \cdot 10^4 \qquad dq_\parallel/dx = S(x).$$

Vernachlässigt man Energiesenken durch Strahlung und Ladungsaustausch ($S=0$), so ergibt die Integration:

$$T_e(x) = \left[T_{e,d}^{7/2} - 7\ell n\Lambda\, q_\parallel x/(2c_\parallel)\right]^{2/7}.$$

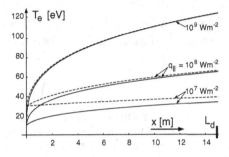

Abb. 11.13 Der Verlauf der Elektronentemperatur im Unterschallbereich der SOL wird für verschiedene Wärmeflussdichten $q_\parallel$ gezeigt. Außerdem sind zwei Divertortemperaturen $T_{e,d}$ angenommen ($T_{e,d}$=10eV durchgezogen, $T_{e,d}$=30eV gestrichelt). Zu Gültigkeitsgrenzen siehe Abbildung 11.15.

Die Abbildung 11.13 zeigt für drei Wärmeflussdichten $q_\parallel$ und zwei Divertortemperaturen $T_{e,d}$ ($\hat{=}$ Temperaturen in der Ionisationsschicht) die Elektronentemperatur $T_e(x)$ über die mittlere Länge zwischen Plasmarand und Divertor, die so genannte Verbindungslänge $L_d = \pi q(a)R_0$ (wie in Abb.7.12 wird nur ein Divertor angenommen). Wegen der starken Nichtlinearität der Wärmeleitung zeigt $T_e(x)$ bei niedrigen Werten eine typische Aufsteilung. Während bei niedrigem $q_\parallel$ ein Einfluss der Divertortemperatur zu sehen ist, bleibt bei hohen Wärmeflussdichten $T_e(x)$ bis auf die unmittelbare Nähe der Targetplatte nahezu unverändert. Mit $T_b^{7/2} \gg T_{e,d}^{7/2}$ folgt ein Zusammenhang zwischen T_b, $q_\parallel$ und L_d ($T_b \equiv T_e(L_d)$; in eV, sonst SI):

$$T_b = \left[-7\ell n\Lambda q_\parallel L_d/(2c_\parallel)\right]^{2/7} \tag{11.6}$$

11.4.2 Dichten und Gültigkeitsgrenzen

Nachdem im vorangehenden Abschnitt der Temperaturverlauf in der SOL abgeleitet wurde, sollen jetzt die Dichten im Divertor, d. h. in der Zwischenschicht mit $M \approx 1$ (Index s) und am Rand des heißen Plasmas (Index b) bestimmt werden. Ausgangspunkt sind die Wärmeflussdichte q_s (11.3), die Druckbilanz $n_s T_s = n_b T_b/2$ (11.5) und die Temperatur T_b (11.6). Dabei ist zu beachten, dass die Wärmeflussdichte $q_\parallel$ in der SOL gleich dem Wärmeübertrag auf die Wand q_s erhöht um die Ionisationsenergie U_{ion}^{eff} ist[9]. Vernachlässigt man in diesen Gleichungen die Abhängigkeit der Ionisationsenergie von Temperatur und Dichte und eliminiert T_b und n_s, ergibt sich die Plasmaranddichte als Funktion

---

[9]Die effektive Ionisationsenergie U_{ion}^{eff} ist wesentlich größer als die atomare Ionisationsenergie, wie in Kapitel 2.3.3 diskutiert.

der Divertortemperatur und der Wärmeflussdichte $(T_e=T_i=T; T$ in eV, sonst SI [139]):

$$n_b = \left(\frac{2c_\parallel}{7L_d \ell n\Lambda}\right)^{2/7} \frac{\sqrt{m_i T_s/e^3}}{U_{ion}^{eff} + \delta_s T_s} q_\parallel^{5/7}.$$

In der Abbildung 11.14 ist die Dichte am Plasmarand $n_b \equiv n(L_d)$ und die Dichte im Divertor n_s für zwei Leistungsflussdichten als Funktion der Divertortemperatur dargestellt.

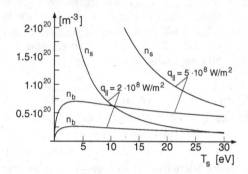

Abb. 11.14 Die Plasmaranddichte n_b und die Divertordichte n_s sind als Funktion der Divertortemperatur für zwei verschiedene Wärmeflussdichten dargestellt (Annahmen: Deuterium, $T_e=T_i$, $\ell n\Lambda=15$, $L_d=15m$, $U_{ion}^{eff}=30eV$, $\delta_s=8$). Zu Gültigkeitsgrenzen siehe Abbildung 11.16.

Mit steigender Wärmeflussdichte steigen die Dichten an. Mit fallender Divertortemperatur steigt aber vor allem die Dichte im Divertor steil an. Experimentell stellt man den Arbeitspunkt bei gegebenem Wärmefluss durch eine mehr oder weniger große Neutralgasdichte im Hauptraum ein.

Mit diesen Zusammenhängen zwischen den Dichten, den Temperaturen und der Wärmeflussdichte lassen sich wieder die Gültigkeitsgrenzen des benutzten Models diskutieren. Die Bestimmung des Temperaturverlaufs in der SOL (siehe 11.4.1) setzt voraus, dass die Gradientenlänge λ_T mindestens 45 mal die mittlere Weglänge der Elektronen λ_{ee} sein muss (siehe Kap. 5.3.4). Das Verhältnis $\eta_{qe}=45\lambda_{ee}/\lambda_T$ ist für ein Beispiel in der Abbildung 11.15 dargestellt (λ_{ee} mit T_b und n_s gebildet, $\lambda_T=L_d$ gesetzt). Die Voraussetzung wird erwartungsgemäß für höhere Temperaturen verletzt. Interessant ist, dass η_{qe} mit steigendem $q_\parallel$ abnimmt.

Die Ionisationslänge der von den Targetplatten kommenden Neutralen geht in mehrfacher Hinsicht in diese Analyse ein, wobei hier Franck-Condon-Neutrale von $3eV$ angenommen werden. Einmal setzt die Hoch-Recycling-Annahme $\eta_{ion}=\lambda_{ion}/\lambda_{SOL}\lesssim1$ voraus. Wegen der mit sinkender Temperatur zunehmender Ionisationslänge ist diese Voraussetzung für $T_s\lesssim5eV$ verletzt. In diesem Bereich nimmt zugleich die freie Weglänge der Elektronen stark ab, sodass auch $\lambda_{ee}\gg\lambda_{ion}$ nicht mehr gilt. Da im Gegensatz zur Ionisation die Raten für Ladungsaustausch nahezu unabhängig von der Temperatur sind (siehe

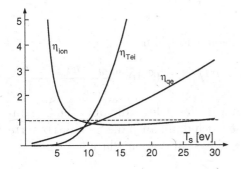

Abb. 11.15 Die im Text definierten Verhältnisse von Längen η_{qe}, η_{ion} und η_{Tei} sind als Funktion der Divertortemperatur T_s dargestellt. Für die Gültigkeit der im Vorangehenden gemachten Modellannahme in der SOL müssen diese Verhältnisse $\lesssim 1$ sein. Dies gilt nur für einen begrenzten Bereich $T_s \approx 10 eV (q_\| = 5 \cdot 10^8 W/m^2, \; \delta = 30;$ Annahmen sonst wie in Abb. 11.14).

Abb. 2.13), muss der Ladungsaustausch in diesem Bereich in der Impulsbilanz berücksichtigt werden.

Die Ionen kühlen sich in der Ionisationszone durch Expansion ab. Die Annahme $T_i = T_e$ setzt deshalb einen guten Wärmeübertrag von den Elektronen voraus, für die $T_e = const$ angenommen werden darf. Für diesen Fall ist die Zeitkonstante für den Übertrag $\tau_{Tei} = \tau_{ei} m_i / (2 m_e)$ (siehe Kap. 5.3.4), entsprechend einer Länge $\lambda_{Tei} = \tau_{Tei} c_s$. Beim Vergleich mit der Ionisationslänge muss die Neigung der Feldlinien gegen die Targetplatte um den Winkel α berücksichtigt werden: $\eta_{Tei} = \lambda_{Tei} sin\alpha / \lambda_{ion}$. Man erkennt in der Abbildung, dass nur in einem begrenzten Temperaturbereich um $10 eV$ alle drei diskutierten Verhältnisse um 1 oder kleiner sind. Dies ist allerdings gerade der Bereich relevanter Divertortemperaturen, indem die Zerstäubungsraten ausreichend klein sind.

11.4.3 Die Breite der SOL

Es soll jetzt die SOL in vereinfachender Weise 2-dimensional behandelt werden und so ihre Breite bestimmt werden [128]. Es wird dazu angenommen, dass die Konvektion senkrecht zum Magnetfeld vernachlässigt werden kann, die Abstrahlung in der SOL keine Rolle spielt und die senkrechte Diffusion im Bereich des eingeschlossenen Plasmas durch einen Diffusionskoeffizienten $\chi_\perp$ beschrieben werden kann. Der Wärmefluss parallel zum Magnetfeld wird wie in Abschnitt 11.4.1 berechnet. Die Divergenzfreiheit verknüpft diesen mit dem Wärmefluss senkrecht zum Magnetfeld. Mit der Annahme, dass der senkrechte Transport nicht von x abhängt, kann über x integriert und der Wärmefluss $q_\|$, der jetzt eine Funktion des Radius ist, durch die Temperatur T_b aus Gleichung (11.6) substituiert werden ($T_b \gg T_{e,d}$; Einheiten weiterhin SI, eV; $ln\Lambda = 13$; $q_\perp$: Energieflussdichte $\perp B$):

$$\vec{\nabla} \cdot \vec{q} = \frac{\partial q_\perp}{\partial r} + \frac{\partial q_\|}{\partial x} = 0 \qquad L_d \frac{\partial}{\partial r} \left(n \chi_\perp \frac{e \partial T_b}{\partial r} \right) = -q_\|(r),$$

$$q_{\parallel} = -672 \ T_b^{7/2}/L_d.$$

Mit der vereinfachenden Annahme $n\chi_{\perp}=const$ folgt für T_b[10]:

$$\frac{d^2 T_b}{dr^2} = \frac{672}{n\chi_{\perp}eL_d^2}T_b^{7/2} \qquad \rightarrow \qquad T_b(r) = 2,6\cdot10^{-9}\frac{L_d^{4/5}\,(n\chi_{\perp})^{2/5}}{(r+\lambda_T)^{4/5}}.$$

Die Abfalllänge λ_T wird durch die Leistung P_s festgelegt, die über die Separatrix bei $r=0$ in die SOL fließt. Damit lassen sich dann auch die Separatrixwerte $T_{b,s}$ und $q_{\parallel,s}$ angeben. (S: Oberfläche des eingeschlossenen Plasmas):

$$q_{\perp}(0) = P_s/S = -n\chi_{\perp}eT_b'(0),$$

$$\rightarrow \qquad \lambda_T = 5,4\cdot10^{-16}L_d^{4/9}n^{7/9}S^{5/9}\chi_{\perp}^{7/9}/P_s^{5/9},$$

$$T_{b,s} = 4230\frac{L_d^{4/9}P_s^{4/9}}{n^{2/9}S^{4/9}\chi_{\perp}^{2/9}} \qquad\qquad q_{\parallel,s} = 3,3\cdot10^{15}\frac{L_d^{5/9}P_s^{14/9}}{n^{7/9}S^{14/9}\chi_{\perp}^{7/9}}.$$

Mit der vereinfachenden Annahme für $q_{\parallel}(r) = -627T_b(r)^{7/2}/L_d$ durch $q_{\parallel}(r) = q_{\parallel,s}e^{-\alpha r}$ so ergibt sich mit $\alpha = 2,2/\lambda_T$ eine Halbwertsbreite des Wärmeflusses von $\lambda_q = 0,32\lambda_T$.

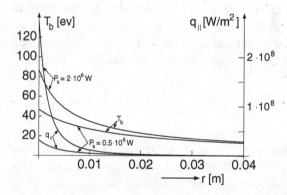

Abb. 11.16 Durch die große Wärmeleitung parallel zum Magnetfeld und die kleine senkrecht dazu ergibt sich eine kurze Abfalllänge der Temperatur $T_b(r)$ in der SOL. Der parallele Wärmefluss $q_{\parallel}(r)$ fällt noch steiler nach außen ab, (a=0,5m, b=0,8m, R_0=1,65m, $q(a)$=4, P_{sep}=0,5/2MW, $n\chi_{\perp}$=3·10^{19}).

Die Größen T_b und $q_{\parallel}$ sind in der Abbildung 11.16 für zwei Heizleistungen als Funktion von r dargestellt. Interessant ist, dass die Abfalllängen mit wachsender Heizleistung kleiner wird und entsprechend die Energieflussdichte $q_{\parallel,s}$ stark mit P_s anwächst.

Für eine Größenskalierung der Abfalllängen kann man $L_d\propto R$ und $S\propto R^2$ setzen. Mit $n\chi_{\perp} = const$ folgt $\lambda_T\propto R^{14/9}/P_S^{5/9}$. Nimmt man zusätzlich an, dass die Leistung, die über die Separatrix in die SOL fließt, proportional zum Volumen ist $P_S\propto R^3$ folgt $\lambda_T\propto\lambda_q\propto R^{-1/9}$, also praktisch eine Unabhängigkeit von

---

[10]Neuere experimentelle Untersuchungen zeigen, dass diese einfache Annahme präziser gefasst werden muss [71].

der Größe. Dieses Ergebnis stimmt grob mit experimentellen Daten überein [71] und stellt ein ernstes Problem für den Fusionsreaktor dar. Um eine Überlastung der Targetplatten des Divertors zu vermeiden, muss aus der Randzone des eingeschlossenen Plasmas und aus der SOL der größte Teil der Energie abgestrahlt werden [119].

Ein solcher Zustand der SOL, der als "detached" bezeichnet wird, kann man durch Zusatz von leichter Verunreinigung erreichen. Allerdings ist die Konzentration dieser Verunreinigung begrenzt, da sonst die Erosion von Wolfram als den favorisierten Kandidat für das Oberflächenmaterial zu groß wird. Dieses Thema ist in der letzten Zeit durch eine Reihe von Experimenten behandelt worden [243].

12 Fusion als Energiequelle

Neben der Behandlung der Grundlagen der Plasmaphysik konzentriert sich die Diskussion in den Kapiteln 6 bis 8 und teilweise in den Kapiteln 9 bis 11 auf den Einschluss heißer Plasmen, wie er für die Energiegewinnung durch Fusion mit Hilfe von Magnetfeldern in Frage kommt. Obwohl ein eigenständiges Interesse besteht, die damit zusammenhängenden physikalischen Fragen zu untersuchen, lässt sich insbesondere der experimentelle Aufwand als rein wissenschaftliche Aufgabe nur bedingt rechtfertigen.

Die aufwändige Erschließung der Energiequelle Fusion setzt voraus, dass der zukünftige Energiebedarf nur unvollständig oder in problematischer Art gedeckt werden kann, und dass die Fusion in Bezug auf die Verfügbarkeit der Ressourcen, die physikalische und technische Machbarkeit, die Ökonomie und nicht zuletzt die Sicherheit und Umweltverträglichkeit eine Alternative zu anderen Formen der Energieversorgung darstellt. Dieses letzte Kapitel wird sich deshalb in zusammenfassender Form diesen Fragen widmen und zunächst den Energiebedarf, die Energievorräte und Fragen der Umweltverträglichkeit der heutigen Versorgung diskutieren. Anschließend werden die Physik und Technik eines Fusionsreaktors mit magnetischem Einschluss und Sicherheitsfragen behandelt. Dieses hat eine besondere Aktualität, da inzwischen die physikalischen und technischen Grundlagen soweit erarbeitet wurden, dass ein Experimentalreaktor ITER detailliert entworfen werden konnte und die Entscheidung zu seinem Bau gefallen ist (siehe Abschnitt 12.3). Abschließend wird kurz die Trägheitsfusion als Alternative zum magnetischen Einschluss vorgestellt. Man muss aber betonen, dass die Entwicklung auf diesem Gebiet nicht soweit fortgeschritten ist, dass ein zu ITER vergleichbarer Reaktor in Angriff genommen werden kann.

12.1 Energieversorgung der Zukunft

12.1.1 Energiebedarf und Energievorräte

Die Abbildung 12.1 zeigt die Entwicklung des Weltenergieverbrauchs nach Primärenergieträgern [99]. (Begriffe wie "Energieverbrauch" werden im Abschnitt 12.1 wie in der Energiewirtschaft üblich und nicht im streng physikalischen Sinn benutzt.) Der Verbrauch ist zwischen 1880 und 1950 zunächst langsam und dann - seit 1950 - stark angestiegen. Nähert man den Anstieg des Gesamtverbrauchs seit 1950 linear an, so ergibt das $6,5 \cdot 10^{18} J/a$. Weiterhin erkennt man, dass nach wie vor etwa 85% des Verbrauchs durch fossile Brennstoffe gedeckt werden.

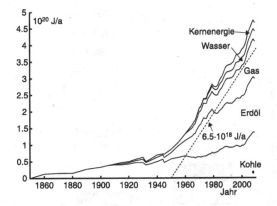

Abb. 12.1 Der Weltenergieverbrauch als Funktion der Zeit und nach Energiequellen [99]. Er wächst seit 1950 annähernd linear mit etwa $6,5 \cdot 10^{18} J/a$ und wird zu etwa 85% durch die Verbrennung fossiler Brennstoffe gedeckt. (Häufig findet man statt der Energieeinheit Joule Einheiten wie die "Steinkohleeinheit" $1 SKE = 2,93 \cdot 10^7 J$, die etwa dem Brennwert von $1 kg$ Steinkohle entspricht.)

In einer Vielzahl von Studien (siehe z. B. [168, 160]) wird der zukünftige Energieverbrauch analysiert. Insbesondere in Langzeitstudien über 50 Jahre und mehr führen allerdings die notwendigerweise zu treffenden Annahmen zu einer großen Unsicherheit der Aussagen. Neben technisch-ökonomischen Annahmen, wie z. B. die Kostenentwicklung der erneuerbaren Energien, sind es vor allem gesellschaftliche Annahmen, die eindeutige Zukunftsaussagen unmöglich machen. Ebenso lassen sich Fragen wie die Höhe der Akzeptanz der Fissionsenergie und der Besteuerung bestimmter Energiearten wohl kaum über größere Zeiträume vorhersagen. Hinzu kommen große nationale Unterschiede (wie die relativ solitär beschlossene Aufgabe der Fission als Energiequelle in Deutschland zeigt). Der Wert dieser Studien liegt also vor allem darin, die Auswirkungen bestimmter technischer, ökonomischer und soziologischer Annahmen auf Umfang und Art des Energieverbrauches zu analysieren.

Hier soll nur der Versuch gemacht werden, in elementarer Form ein "Referenzszenario" abzuleiten, um daraus einige Folgerungen zu ziehen, die natürlich nur unter den angenommenen Voraussetzungen gelten. Man könnte vermuten, dass der in der Abbildung 12.1 erkennbare Anstieg alsbald abflacht und der Energieverbrauch in einem Wechselspiel von effektiverer Nutzung der Energie und Steuerungsmaßnahmen zeitlich konstant wird. Um diese Möglichkeit zu diskutieren, ist es allerdings notwendig, den Verbrauch nicht global – wie in der Abbildung 12.1 – sondern aufgeteilt nach Ländern zu betrachten. In der Abbildung 12.2 ist der Energieverbrauch von 5 Ländern dargestellt. In den dargestellten Rechtecken ist jeweils nach rechts ihre Bevölkerungszahl und nach oben der Energieverbrauch pro Kopf und Jahr aufgetragen, sodass die Fläche den jährlichen Energieverbrauch pro Kopf und Jahr wiedergibt. Der Energieverbrauch ist für die Jahre 1976, 1985, 1993, 2000 und 2010 dargestellt, um so die zeitliche Entwicklung erkennen zu können.

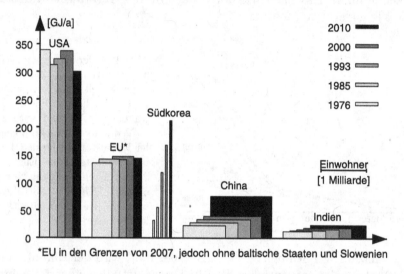

Abb. 12.2 Energieverbrauch pro Person und Jahr in 5 typischen Ländern. Dargestellt sind die Jahre 1976, 1985, 1993, 2000 und 2010 ([11] nach [5, 6]). Nach rechts ist die Bevölkerungszahl und nach oben der Energieverbrauch pro Kopf aufgetragen, sodass die Flächen den Energieverbrauch pro Land zeigen.

Die Entwicklung zeigt drei relevante Trends. Zunächst ändert sich der Energieverbrauch in den Ländern mit einem bereits hohen Niveau mit der Zeit nur wenig (USA und Europäische Union). Weiterhin erkennt man am Beispiel Indiens einen starken Zuwachs der Bevölkerung bei nur langsam wachsendem Pro-Kopf-Verbrauch. Die in der Mitte dargestellten Länder Südkorea und China zeigen dagegen eine starke Zunahme des Energieverbrauchs pro Kopf im Zeitverlauf. In Südkorea ist der Pro-Kopf-Verbrauch während des dargestellten Zeitraums von 34 Jahren sogar von einem sehr niedrigen Wert über das europäische Niveau hinaus angestiegen. Die starke Zunahme in China während der letzten 10 Jahre hat dagegen das halbe europäische Niveau erreicht.

Für ein Zukunftsszenario wird nun angenommen, dass Energiequellen nach Art und Umfang im Wesentlichen wie in den letzten Dekaden zur Verfügung stehen. Zusätzlich werden die bei der Diskussion der Abbildung 12.1 und 12.2 genannten Trends, die ja über einen sehr großen Zeitraum relativ invariant waren, in die Zukunft extrapoliert. Länder wie Indien aber vor allem Afrika (das in Abbildung 12.2 nicht aufgeführt wird) tragen vorläufig nur begrenzt zum Energieverbrauch bei. Hier wird in erster Linie das Bevölkerungswachstum dazu führen, dass der Energieverbrauch in Zukunft stark ansteigen wird. Der Bevölkerungszuwachs betrug weltweit seit 1965 relativ konstant etwa 80 Millionen Menschen pro Jahr [232]. Es wird allerdings erwartet, dass sich dieser Zuwachs in der näheren Zukunft abschwächt.

Die Grundannahme ist nun, dass im Laufe des Jahrhunderts Länder mit steigendem Wohlstand zur Gruppe der Länder mit hohem Energieverbrauch überwechseln. Der Energieanstieg setzt sich deshalb - dieser Annahme folgend - wie bisher fort. In den entwickelten Ländern muss wohl trotz einer effektiveren Nutzung der Energie und durch Steuerungsmaßnahmen erzwungene Einsparungen, mit einem näherungsweise konstanten Energieverbrauch gerechnet werden. Der daraus folgende Energieanstieg von etwa $6{,}5 \cdot 10^{18}\,J/a$ führt dazu, dass zu Ende des Jahrhunderts der Energieverbrauch knapp 2,3 mal größer sein wird als heute. Etwa 6,5 Milliarden Menschen hätten europäisches Niveau erreicht. Diese einfache Extrapolation liegt auch in dem Bereich, der durch detaillierte Studien abgedeckt wird (siehe z. B. [202]).

Energieträger	jährl. Verbrauch $[10^{20}\,J/a]$	Reserven $[10^{20}\,J]$	Ressourcen $[10^{20}\,J]$
Erdöl	1,69	70	66
Erdöl, nicht konventionell		20	88
Erdgas	1,26	72	117
Erdgas, nicht konventionell		1,7	103
Kohle	1,72	230	4300
Fission	0.31	395	5200

Tab. 12.1 Verbrauch, Reserven und Ressourcen der wichtigsten Energieträger (Verbrauch und Reserven fossiler Energien im Jahr 2012)[16]. Bei den fossilen Energieträgern wurde der Bruttoschätzwert ohne die Berücksichtigung von Wirkungsgraden zu Grunde gelegt.

In der Tabelle 12.1 sind Schätzungen der Weltenergievorräte zusammengestellt [16] [1]. Man erkennt, dass auch ein steigender Energieverbrauch über

---

[1]Als Reserven werden die Rohstoffe gezählt, deren Lagerstätten untersucht sind und die mit

einen längeren Zeitraum grundsätzlich durch fossile Brennstoffe gedeckt werden kann. Die so genannte "Reichweite" gleich den Reserven geteilt durch den jährlichen Verbrauch beträgt bei Erdöl und Erdgas heute mehr als $50a$. Sie ist beim Erdöl in den letzten Jahren von 41a auf 53a gestiegen. Dies geht auf die Exploration in der Tiefsee und die Ölsände zurück. Natürlich ist diese Steigerung letztendlich begrenzt.

Dem aus dem obigen skizzierten Szenario resultierenden Energiebedarf für den Rest des 21. Jahrhunderts von $7 \cdot 10^{22} J$ stehen heute bekannte Reserven von $8 \cdot 10^{22} J$ gegenüber, sodass grundsätzlich weiterhin fossile Brennstoffe den größten Anteil bei der Energieversorgung decken könnten. Dem steht allerdings die Erwärmung durch den wachsenden CO_2-Gehalt der Atmosphäre entgegen. Diesem Thema widmet sich der folgende Abschnitt.

Der grundsätzliche Rohstoff für die Fusionsenergie ist Lithium. Daneben sind, abhängig von der Konstruktion des Reaktors, Elemente wie Helium, Beryllium und Blei eventuell begrenzende Rohstoffe. Primär wird für die Fusion ^6Li benötigt. In geringerem Umfang auch ^7Li (siehe Abschnitt 12.2.1). In den letzten Jahren wird Lithium zunehmend für den Batteriebau benötigt. Diese Tendenz wird sich voraussichtlich fortsetzen. Zur Zeit werden weltweit intensiv Lagerstätten für Lithium untersucht (siehe z. B. [98], [18]). Allerdings müssen die bisherigen Daten noch als vorläufig gesehen werden. Auch das Recycling von Batterien wird diskutiert [43]. Grundsätzlich gibt es für Lithium als Rohstoff für die Fusion in Konkurrenz zu den Batterien zwei Lösungen. Im natürlichen Lithium ist ^7Li zu 92,5% enthalten. Da dieses Isotop für die Fusion nur im begrenzten Umfang benötigt wird, könnte eine Isotopentrennung und die Verwendung des schwereren Isotops für Batterien das Problem lösen. Daneben ist Lithium im Meerwasser zu 0,17 ppm gelöst. Diese Lithiummenge übertrifft die auf dem Land bekannten Reserven und Ressourcen etwa um den Faktor 10^4 [40] und stellt für heutige Verhältnisse eine praktisch unbegrenzte Ressource dar.

12.1.2 CO$_2$-Kreislauf und Klimaentwicklung

Bereits Ende des 19. Jahrhunderts hatte Arrhenius auf die Verstärkung des Treibhauseffektes durch atmosphärisches CO_2 hingewiesen [19]. Dieses Thema hat durch die zunehmende Verbrennung fossiler Stoffe und die damit verbundene Freisetzung von CO_2 besondere Aktualität erlangt. Da nur ein Teil dieses CO_2 in die Atmosphäre gelangt, muss der gesamte irdische CO_2- bzw. Koh-

---

bekannter Technologie zum heutigen Zeitpunkt wirtschaftlich erschlossen werden können. Ressourcen sind weitere erwartete Rohstoffquellen für die diese Einschränkungen nicht gelten.

lenstoffhaushalt betrachtet werden. Er wird durch Zyklen sehr unterschiedlicher Dauer bestimmt[2]. Während z. B. der CO_2-Gehalt auf der Nordhalbkugel durch den jährlichen Vegetationszyklus um etwa 2% schwankt, wurden auf der Zeitskala von 10^9a durch Bildung von Kalziumkarbonat auf dem Boden der flacheren Meere[3] große Mengen von CO_2 der Atmosphäre entzogen und durch die Kontinentaldrift in die Erdkruste gedrückt. Seit etwa $3 \cdot 10^8 a$ kommt die Ablagerung von fossilem Kohlenstoff hinzu. Ein Teil des unter die Erdkruste gedrückten Kohlenstoffs gelangt durch Vulkane wieder zurück in die Atmosphäre. Der hohe Anteil von CO_2 in der Atmosphäre der frühen Erde von ursprünglich vielleicht 3% wurde durch diese Prozesse stark reduziert. Er liegt seit etwa $10^6 a$ durch das Gleichgewicht dieser Prozesse im Bereich von 1,8 bis $3 \cdot 10^{-4}$. Der CO_2-Gehalt schwankt in dieser Bandbreite korreliert mit Phasen starker Vulkanaktivität und den Eiszeiten, in denen der CO_2-Gehalt am unteren Ende dieser Bandbreite lag.

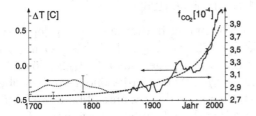

Abb. 12.3 CO_2-Gehalt der Atmosphäre f_{CO_2} (gestrichelt) und die Schwankung der mittleren Temperatur ΔT (punktiert und ausgezogen) als Funktion der Zeit (nach [8]).

Erst durch die Verbrennung eines Teils des fossilen Kohlenstoffs auf einer vergleichsweise sehr kurzen Zeitskala wurde die oben genannte Bandbreite mit einer Konzentration von heute $4 \cdot 10^{-4}$ deutlich überschritten und der CO_2-Gehalt der Atmosphäre steigt kontinuierlich weiter an (siehe Abb. 12.3).

Zur Diskussion der weiteren Entwicklung brauchen nur die Reservoire betrachtet zu werden, die mit Zeitkonstanten von maximal etwa $1000a$ am Kohlenstoffkreislauf teilnehmen. Ihre Kohlenstoffinventare und jährlichen Änderungen in der jüngeren Vergangenheit sind in der Tabelle 12.2 zusammengefasst.

Wie man sieht, ist die Kohlenstoffmenge, die in abbaubaren, fossilen Lagerstätten enthalten ist, groß gegen die Kohlenstoffmenge der Atmosphäre und das eher unbekannte Inventar der Landbiosphäre (Biomasse auf dem Land, Humus), jedoch klein gegen das der Weltmeere. Die Flüsse in diesem System zeigen, dass 60% des bei der Verbrennung fossiler Stoffe freiwerdenden Kohlenstoffs in die Atmosphäre gelangt. Die Aufteilung des Restes auf Weltmeer und Biosphäre kann aus dem Sauerstoffhaushalt geschlossen werden, da bei

---

[2]Eine Behandlung des Kohlenstoffkreislaufs findet sich z. B. in [204, 207].
[3]Durch erhöhten Druck und die geringere Temperatur ist in der Tiefe des Weltmeeres das Gleichgewicht so verschoben, dass sich Kalziumkarbonat auflöst.

Reservoir	Inventar [10^{15} kgC]	Nettofluss [10^{12} kgC/a]
Weltmeer	38	2,2 ± 0.5
Landbiosphäre	≈ 2	0,9 ± 0,6
Atmoshäre (2012)	0,77	4,1 ± 0,1
fossile Lager	≈ 14	- 7,2 ± 0,3

Tab. 12.2 Kohlenstoffmengen und Flüsse in verschiedenen Reservoiren. Die Werte für die Inventare der fossilen Lager ergeben sich aus der Summe der Reserven und Ressourcen (Tab. 12.1) unter Berücksichtigung des Kohlenstoffgehalts von Erdöl ($2,2 \cdot 10^{-8} kg/J$), Erdgas ($1,4 \cdot 10^{-8}$) und Kohle ($\approx 2,8 \cdot 10^{-8}$). Die Flüsse sind der durchschnittliche Jahreswert von 2000 bis 2005 [8].

der Bildung von Biomasse im Gegensatz zur Bindung von CO_2 im Weltmeer Sauerstoff freigesetzt wird ([207], Methode siehe [126]).

Wo wird in der Zukunft das durch Verbrennung freiwerdende CO_2 deponiert werden? Langfristig kommt als Senke von CO_2 vor allem das Weltmeer mit seiner großen Kapazität in Frage, in dem es sich vor allem als HCO_3^--Ion löst. Als Folge beobachtet man eine Abnahme des p_H-Wertes insbesondere in den oberen Schichten des Weltmeeres [8]. Letztlich kann der gesamte abbaubare fossile Kohlenstoff im Weltmeer deponiert werden. Dies kann allerdings nur auf einer langen Zeitskala passieren, die durch die Meeresströmungen[4] bestimmt wird. Man kann hier etwas vereinfachend ein Oberflächenwasser und ein Tiefenwasser unterscheiden. Das Oberflächenwasser erstreckt sich am Äquator auf eine Tiefe von $200m$ und an den Polen auf etwa $70m$. Es wird durch die globalen Winde, vor allem die Passatwinde und die Westwinddrift, auf einer Zeitskala von circa $6a$ durchmischt. Sein CO_2-Gehalt steht auf einer vergleichbaren Zeitskala im Gleichgewicht mit der Atmosphäre. Die Durchmischungszeit des Tiefenwassers ist mit etwa $400a$ dagegen wesentlich größer. Der Hauptantrieb ist die so genannte "thermohaline Zirkulation". Sie entsteht durch das Ausfrieren von Süßeis im Nordatlantik und im Südatlantik im Weddelmeer. Dabei bleibt kaltes und zugleich besonders salzhaltiges Wasser zurück, das wegen seiner hohen Dichte auf den Meeresboden absinkt.

Diesem durch Strömung verursachten Durchmischungsprozess ist der Transport von Kohlenstoff durch Absinken von abgestorbenen Lebewesen auf den Meeresboden überlagert. Bei einer Erhöhung des CO_2-Gehalts des Oberflächenwassers nimmt allerdings dieser Absinkprozess kaum zu, da er nicht durch den

---

[4]Diese relativ langsame Strömung kann vor allem durch das Verfolgen von Spurenelementen untersucht werden [204]. Dies sind Tritium und ^{14}C aus den zurückliegenden Explosionen von Wasserstoffbomben in der Atmosphäre und anthropogene Chlorkohlenwasserstoffe.

CO_2-Gehalt, sondern durch die Konzentration anderer Elemente im Meer wie Phosphor und Stickstoff begrenzt wird.

Die zweite heute offensichtlich wirksame CO_2-Senke, die Landbiosphäre, lässt sich nur mit sehr großen Unsicherheiten in die Zukunft extrapolieren und war auch in der Vergangenheit großen Schwankungen unterlegen. Es können in der Zukunft große Teile des bei der Verbrennung freiwerdenden CO_2 dort gebunden werden. Andererseits kann der CO_2-Anstieg der Atmosphäre durch eine Abgabe aus der Biosphäre noch verstärkt werden.

Trotz großer Unsicherheiten für eine Extrapolation in die Zukunft muss man davon ausgehen, dass die verstärkte Verbrennung von fossilem Kohlenstoff zu einem weiteren deutlichen Anstieg des CO_2-Gehaltes der Atmosphäre führen wird.

Der Treibhauseffekt kommt durch die unterschiedlichen Wellenlängen des eingestrahlten Sonnenlichts und der Abstrahlung der Erdoberfläche im Infraroten zustande. Die Sonnenstrahlung liegt entsprechend der effektiven Oberflächentemperatur der Sonne von $5770 K$ im Bereich des sichtbaren Lichts (siehe Abb.12.4), während die Wärmestrahlung der Erde bei der mittleren Temperatur der Erdoberfläche von etwa $288 K$ ein Maximum im Infraroten bei $\lambda \approx 10\mu$ hat. Da die Infrarotstrahlung im Gegensatz zur sichtbaren Strahlung durch Moleküle in der Atmosphäre stark absorbiert wird, ist die Temperatur der Erdoberfläche durch den Treibhauseffekt erhöht. Den Hauptanteil machen dabei H_2O und CO_2 aus. Weitere wirksame Absorptionsbanden im Infraroten entstehen durch CH_4, O_3 und andere Gase. Ohne diesen Treibhauseffekt wäre die Erdoberfläche mit $255 K$ wesentlich kälter [206] und pflanzliches und tierisches Leben würde sich wohl nicht entwickelt haben.

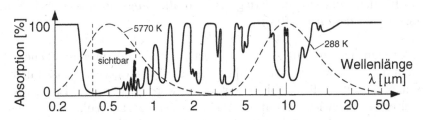

Abb. 12.4 Absorption der Atmosphäre: Während die Atmosphäre das sichtbare Licht der Sonne weitgehend ungehindert durchlässt, wird die Infrarotstrahlung der Erdoberfläche durch Moleküle wie H_2O, CO_2, CH_4, O_3 und andere Gase teilweise stark absorbiert (nach [178]). Durch diesen Treibhauseffekt wird die Temperatur der unteren Atmosphäre um ca. $30 K$ erhöht. Die gestrichelten Kurven geben die normierte Leistung pro Wellenlängeninterval des einfallenden Sonnenlichtes (Schwarzkörperstrahlung $5770 K$) und der Erdoberfläche ($288 K$) wieder.

Seit 1900 hat die mittlere Temperatur der Erdoberfläche parallel zum CO_2-

Anstieg um knapp $1,0K$ (siehe Abb.12.3) zugenommen, sodass ein Zusammenhang naheliegend erscheint. Allerdings erkennt man aus den Schwankungen des
Temperaturverlaufs auch, dass andere Ursachen überlagert sein müssen. Eine
Berücksichtigung der unterschiedlichen Einflüsse auf das Klima kann nur in
aufwändigen Modellrechnungen erfolgen[8]. Diese müssen neben dem Treibhauseffekt z. B. die Wolkenbildung durch Aerosole berücksichtigen, die aus
der Verbrennung oder aus Vulkanausbrüchen stammen. Vermehrte Wolkenbildung führt im Gegensatz zur Temperaturerhöhung durch den Anstieg der
Treibhausgase zu einer Abschirmung der Erdoberfläche gegen das Sonnenlicht
und so zu einer Abkühlung.

Daneben spielt die Änderung der Solarkonstanten (=Energieflussdichte der
Sonneneinstrahlung an der Oberkante der Erdatmosphäre) eine Rolle. Der Fusionsprozess im Inneren der Sonne (siehe Kap. 12.2.1) wird durch die solaren
Oszillationen mit Periodendauer von typisch 5 Minuten leicht moduliert [231].
Diese geringen Schwankungen des Fusionsprozesses haben wegen der großen
Energieeinschlusszeit (=thermischer Energieinhalt/Fusionsleistung) von etwa
$10^7 a$ keinen Einfluss auf den Energiefluss der Sonnenoberfläche. Dieser wird
nur durch die variablen Magnetfelder beeinflusst, die in der Turbulenzzone
entstehen. Die Solarkonstante wird erst seit 1980 ausreichend genau gemessen.
In diesem Zeitraum schwankt sie von $1370W/m^2$ etwa um $\pm 0,1\%$ mit dem
Zyklus der Sonnenaktivität. Diese Änderungen können nicht den langfristigen
Anstieg der Temperaturen erklären.

Die Klimamodelle können die Temperaturentwicklung des 20. Jahrhunderts
einigermaßen rekonstruieren. Sie zeigen den Treibhauseffekt als den Hauptver-
ursacher für den Temperaturanstieg. Es sind allerdings noch sehr viele Fragen
offen (siehe Diskussion in [108]).

Die Diskussion der zukünftigen Energieversorgung und ihrer möglichen Auswirkung auf die Umwelt hat trotz aller Unsicherheiten gezeigt, dass mit hoher
Wahrscheinlichkeit große Probleme entstehen werden, wenn die Energieversorgung weiterhin überwiegend auf fossilen Energieträgern beruht. Es ist deshalb
notwendig, verschiedene Alternativen vorzubereiten. Da wir heute Machbarkeit, Ökonomie, Umweltverträglichkeit und soziale Akzeptanz der Alternativen für die Zukunft nur begrenzt vorhersagen können, sollten Forschung und
Entwicklung möglichst breit erfolgen. Neben Optionen wie Energiesparen, der
Entwicklung der erneuerbaren Energien und der Weiterentwicklung der Kern-
spaltungsenergie sollte dies die Fusion einschließen. Die Fusion ist nicht nur
eine nahezu unerschöpfliche Energiequelle (siehe 12.1), sondern stellt, wie die
folgende Diskussion zeigt, voraussichtlich eine konkurrenzfähige Alternative
dar.

12.2 Energie aus Fusion

12.2.1 Fusionsreaktionen

Relativ bald, nachdem Einstein die Äquivalenz von Masse und Energie entdeckt hatte, wurde in der Fusion von Wasserstoff unter Masseverlust zu Helium die Energiequelle der Sonne gesehen [197]. In der Abbildung 12.5 ist die Kernmasse pro Nukleon als Funktion der Nukleonenzahl N_n dargestellt. Wie man sieht, kann Energie durch Fusion von Elementen, die leichter als Eisen sind, gewonnen werden. Der größte Gewinn von 7,07MeV je Nukleon entsteht durch den Fusionsprozess der Sonne, wo 4 Protonen im Endergebnis einen ^4He-Kern bilden, der wegen seiner abgeschlossenen Schale eine besonders hohe Bindungsenergie besitzt. Bei der Uranspaltung werden dagegen nur 0,85MeV pro Nukleon frei.

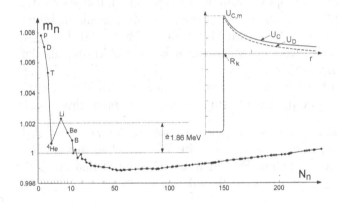

Abb. 12.5 Die Masse per Nukleon m_n von Atomkernen nimmt mit steigender Nukleonenzahl N_n zunächst ab, erreicht bei Eisen mit N_n=56 ein Minimum um dann langsam wieder anzusteigen. (Es wurde jeweils das häufigste Isotop ausgewählt). Rechts oben wird schematisch das Potenzial als Funktion des Abstandes zweier Atomkerne gezeigt (Erläuterung siehe Text).

Nach der Entdeckung des Tunneleffektes durch Gamow [85] wurden die Fusionsprozesse suksessiv im Detail verstanden [22, 44] und noch vor der Kernspaltung im Labor experimentell demonstriert [173]. Die potenzielle Energie U als Funktion des Abstandes zweier Atomkerne ist in der Abbildung 12.5 schematisch dargestellt (U_C: Coulomb Potential, U_D: abgeschirmtes Potential). Nur über eine kurze Distanz R_K dominieren die Kernkräfte, die bei der Annäherung leichter Kerne zu einem tiefen Potenzialtopf führen, wie es dem Massendefekt entspricht. Der Radius kann mit $R_K[m]=1,4 \cdot 10^{-15} \sqrt[3]{N_n} \pm 10\%$ für alle Kerne näherungsweise angegeben werden (siehe z. B. [237]). Dies entspricht dem Bild der wegen der kurzreichweitigen Kernkräfte dichtgepackten Nukleonen. Das Maximum der Coulomb-Energie $U_{C,m}$ lässt sich damit abschätzen (Z_1, Z_2: Ordnungszahlen der Stoßpartner, R_{K1}, R_{K2}: ihre Kernradien):

$$U_{C,m} \approx \frac{Z_1 Z_2 e^2}{4 \pi \varepsilon_0 (R_{K1} + R_{K2})} \tag{12.1}$$

Für den p-p-Stoß ergibt sich hieraus $U_{C,m}^{pp}$=0,48MeV[5]. Man kann sich leicht davon überzeugen, dass in einem thermischen Fusionsplasma von 20keV nur wenige Teilchen in der Maxwell-Verteilung mit der notwendigen Energie existieren, um dieses Maximum zu überwinden. Dies gilt besonders für die Sonne mit $T{\approx}1keV$. Erst mit der Berücksichtigung des Tunneleffektes ist Fusion in diesem Energiebereich möglich[6]. Für Energien W_s der Stoßpartner im Schwerpunktsystem mit $W_s{\ll}U_{C,m}$ kann der Stoßquerschnitt in den Gamow-Effekt, der das Durchtunneln beschreibt, und die Wahrscheinlichkeit für die eigentliche Fusion zerlegt werden [44]. Da die de-Broglie-Wellenlänge λ_{dB} in diesem Energiebereich größer als der Atomkernradius R_k ist, ist es sinnvoll, den Wirkungsquerschnitt mit $\lambda_{dB}^2{\propto}1/W_s$ zu normieren. (α=1/137: Feinstrukturkonstante; $v_s{=}\sqrt{2E_s/m_r}$; m_r reduzierte Masse; c_0: Vakuumlichtgeschwindigkeit):

$$\sigma_{FUS} = S(W_s)/W_s \quad e^{-2\pi\alpha Z_1 Z_2 c_0/v_s}.$$

In dieser Definition ist S, die "astrophysikalische S-Funktion", nur noch relativ schwach von W_s abhängig. Nur wenn sich ein resonanter Zwischenkern bildet (siehe unten), kommt es zu einer Variation bis zu einem Faktor 20. Dagegen ist der Exponentialfaktor stark von W_s abhängig, solange das Verhältnis der Geschwindigkeiten $2\pi\alpha Z_1 Z_2 c_0/v_s{\lesssim}1$ ist. Da sich dieser Bereich mit $(Z_1 Z_2)^2$ zu höheren Energien verschiebt, wird verständlich, warum z. B. das Wasserstoff- und das Heliumbrennen zwei wohlgetrennte Phasen der Sternentwicklung sind.

Es sollen jetzt die wichtigsten Fusionsreaktionen leichter Elemente aufgeführt werden. Die Fusionsprozesse in der Sonne laufen im Wesentlichen in zwei Reaktionsketten ab. Einmal verschmelzen Protonen in mehreren Stufen im Endeffekt zu Helium (D, ^3He usf. sind hier die Atomkerne):

---

[5]Die tatsächlichen Maxima $U_{C,m}$ können vor allem für leichte, schwach gebundene Kerne deutlich niedriger liegen. So ergibt sich nach (12.1) für den D-D-Stoß $U_{C,m}^{DD}$=0,38MeV, während der gemessene Wert 0,2MeV beträgt. Dies ändert aber nicht grundsätzlich die Situation.

[6]Der Tunneleffekt spielt auch eine wichtige Rolle bei der sogenannten "kalten Fusion" in Form der "Myonen-Fusion". Ersetzt man in einem Wasserstoffmolekül DT^+ das Elektron durch ein Myon $D\mu T^+$, so ist der Abstand der Wasserstoffisotope um das Masseverhältnis m_μ/m_e=207 verkleinert, sodass durch den Tunneleffekt innerhalb von etwa $10^{-12}s$ die Fusionsreaktion abläuft:

$$D\mu T^+ \rightarrow \ ^4He^{++} + n + \mu^- + 17,6MeV$$

Der hohe Energiebedarf um ein Myon zu erzeugen von 3GeV, die endliche Lebensdauer des Myons von $2{,}2{\cdot}10^{-6}s$, die Bildung von myonischen Heliumionen μHe^+ und andere Schwierigkeiten lassen es jedoch als unwahrscheinlich erscheinen, dass auf diesem Weg ökonomisch Energie erzeugt werden kann (Review siehe [182]).

$$
\begin{array}{lll}
2(p + p) & \rightarrow & 2(D + e^+ + \nu) \\
2(D + p) & \rightarrow & 2(^3\mathrm{He} + \gamma) \\
^3\mathrm{He} + \,^3\mathrm{He} & \rightarrow & ^4\mathrm{He} + 2p \\
\hline
4p & \rightarrow & ^4\mathrm{He} + 2e^+ + 2\nu + 2\gamma \quad + 26.7 \ \mathrm{MeV}
\end{array}
$$

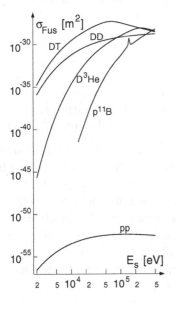

Abb. 12.6 Der Bethe-Weizsäcker-Zyklus setzt voraus, dass durch Fusion bereits Kohlenstoff entstand. Dieser Kohlenstoff erleichtert über einen katalytischen Prozess die Fusion von Protonen.

Zum anderen wird im "Bethe-Weizsäcker-Zyklus" die Fusion katalytisch durch Kohlenstoff, Stickstoff und Sauerstoff bewirkt [29], wie in der Abbildung 12.6 gezeigt wird. Diese drei Elemente sind zusammen mit 2% Masseanteil in der Sonne enthalten. Sie stammen aus älteren Sternen, bei denen der Fusionsprozess in einem späteren Stadium bei höherer Temperatur abgelaufen ist. Die folgende Tabelle zeigt wichtige andere Fusionsreaktionen:

$$
\begin{array}{lllll}
D + D & \rightarrow & ^3He & (0{,}817 MeV) & +\mathrm{n} \quad (2{,}45 MeV) \\
D + D & \rightarrow & T & (1{,}008 MeV) & +p \quad (3{,}02 MeV) \\
D + T & \rightarrow & ^4He & (3{,}52 MeV) & +n \quad (14{,}07 MeV) \\
D + ^3He & \rightarrow & ^4He & (3{,}67 MeV) & +\mathrm{p} \quad (14{,}68 MeV) \\
p + ^{11}B & \rightarrow & 3\,^4He & (3 \times 2{,}89 MeV) &
\end{array}
$$

Abb. 12.7 Wirkungsquerschnitte σ_{FUS} verschiedener Fusionsprozesse werden als Funktion der Schwerpunktsenergie W_s gezeigt [38, 47]. Bei der Fusion von Protonen zu Helium ist die hier dargestellte Reaktion $p + p \rightarrow D + e^+ + \nu$ die langsamste aus der Reaktionssequenz und begrenzt so den Prozess. Ihr Querschnitt ist gegenüber den D-D- und D-T-Reaktionen um bis zu 25 Größenordnungen kleiner, da wegen der Beteiligung von Leptonen die schwache Wechselwirkung die Reaktion bestimmt. Die D-T-, D-^3He- und p-^{11}B-Reaktionen zeigen wegen Resonanzen einen atypischen Verlauf.

In der Abbildung 12.7 sind die Fusionswirkungsquerschnitte σ_{Fus} von Wasserstoffisotopen und der p-^{11}B-Reaktion wiedergegeben. Zunächst erkennt man, wie sich der steile Anstieg von σ_{Fus} mit wachsendem Z zu höheren Energien verschiebt. Bei der Fusion von p über D und ^3He zu ^4He ist die p-p-Reaktion der begrenzende Prozess. Sie hat einen extrem kleinen Wirkungsquerschnitt, da Leptonen beteiligt sind und so die schwache Wechselwirkung die Reaktion bestimmt. Reaktionen ohne Beteiligung der schwachen Wechselwirkung haben einen bis nahezu 25 Größenordnungen größeren Wirkungsquerschnitt.

Bei den Fusionsreaktionen in der Sonne tritt eine weitere Besonderheit auf. Im Sonneninneren nähert sich die Zahl der Teilchen im Debye-Volumen eins an (vergleiche die Abb. 1.2 und 1.3). Die Abschirmung des Coulomb-Potenzials (gestrichelte Kurve in Abb. 12.5) erhöht daher deutlich den Gamow-Effekt. Beim Bethe-Weizsäcker-Zyklus wird dadurch wegen des höheren Z der Wirkungsquerschnitt bis zu 40% erhöht.

Praktisch kommt zur Energiegewinnung auf der Erde nur die D-T-Reaktion in Frage, die den höchsten Wirkungsquerschnitt bei relativ niedriger Temperatur besitzt. Nur hier ist der Plasmadruck mit den technisch realisierbaren Magnetfeldern und den erreichbaren β-Werten kompatibel. Die Reaktion läuft über die resonante Bildung eines ^5He-Zwischenkerns mit einem angeregten Zustand bei $50 keV$ [12]. Dieser Zustand hat den Spin 3/2 und entsteht nur, wenn die Spins von $D(1)$ und $T(1/2)$ parallel sind.

Da Tritium in der Natur praktisch nicht vorkommt, muss es in einem "Brutblanket" im Fusionsreaktor mit den bei der Fusion entstehenden Neutronen durch eine der beiden folgenden Reaktionen aus dem auf der Erde reichlich vorhandenem Lithium erbrütet werden:

$$n + {}^6Li \rightarrow {}^4He + T + 4,8 MeV,$$

$$n + {}^7Li \rightarrow {}^4He + T + n' - 2,5 MeV.$$

Die erste Reaktion liefert zusätzliche Energie, die zweite ein zusätzliches Neutron, mit dem durch die erste Reaktion ein weiteres Tritiumatom erbrütet werden kann. Im natürlichen Lithium ist ^6Li zu 7,5% und ^7Li zu 92,5% enthalten.

Die p-^{11}B-Reaktion ist interessant, weil die Partner nicht radioaktiv sind und nur geladene Fusionsprodukte entstehen, die im Magnetfeld eingeschlossen bleiben und nicht wie die Neutronen die Struktur des Reaktors durch Kernreaktionen aktivieren. Auch das entstehende Helium kann nicht weiter reagieren, sodass keine Fusionsprodukte entstehen, die ihrerseits wieder Neutronen erzeugen. Leider ist die Reaktionsrate nur bei sehr hohen Temperaturen ausreichend groß, sodass sie mit den heute technisch realisierbaren Magnetfeldern und den bekannten β-Grenzwerten nicht machbar erscheint. Die folgende Diskussion wird sich daher auf die D-T-Fusion beschränken.

12.2.2 Die Zündbedingung

Es stellt sich die Frage, ob die D-T-Fusion mit ihrem relativ großen Wirkungsquerschnitt nicht – ohne ein heißes thermisches Plasma einzuschließen – in einem Beschleuniger zur Energiegewinnung eingesetzt werden kann. Man könnte beispielsweise einen Strahl von Tritonen auf ein Target aus deuteriertem Kohlenwasserstoff schießen. Allerdings dominiert bei diesem Prozess der Coulomb-Stoß wie folgendes Beispiel zeigt. Tritonen werden bevorzugt durch Stöße an den Targetelektronen abgebremst (siehe Kap. 2.1.4) und für eine Tritonenenergie von $100keV$ sind die freien Weglängen[7] im Vergleich $\lambda_{Fus}[m]=2{,}9 \cdot 10^{27}/n[m^{-3}]$ und $\lambda_{Coulomb}[m]=1{,}86 \cdot 10^{22}/n[m^{-3}]$ $(n=n_e=n_D)$. Eine solche "Targetfusion" hat folglich einen viel zu geringen Wirkungsgrad.

Es bleibt nur die Möglichkeit, in einem heißen Plasma die Fusionspartner so gut einzuschließen, dass sie, bevor sie zur Fusion kommen, viele elastische Stöße erfahren können. Auch die entstehenden α-Teilchen müssen eingeschlossen sein, sodass sie ihre Energie von $E_\alpha=3{,}52MeV$ an das Plasma abgeben[8]. Man spricht dann etwas irreführend von "Zündung", wenn die α-Teilchen-Heizung die Plasmaverluste gerade deckt [190, 169, 186].

Die Bedingung für die Zündung lässt sich als eine Forderung an die Güte des Einschlusses formulieren. Es wird vereinfachend angenommen, dass die Deuteronen- gleich der Tritonendichte ist $(n_D=n_T)$, dass die Temperaturen der Ionen und Elektronen gleich sind $(T=T_e=T_i)$, und dass Dichten und Temperaturen über den Plasmaradius konstant sind. Die Verdünnung des Plasmas durch das bei der Verbrennung entstehende Helium mit der Dichte n_{He} wird berücksichtigt, ebenso die Volumenstrahlung wie die Bremsstrahlung P_{Br} (siehe Kap. 2.2) und Linienstrahlung P_Z einer Hoch-Z-Verunreinigung mit der Dichte n_Z (siehe Kap. 2.3.2). Mit P_T für die Verlustleistung durch den radialen Transport im Plasma lautet die Leistungsbilanz (P_V: gesamte Verlustleistung):

$$P_\alpha = P_V = P_{Br} + P_Z + P_T.$$

Die Heizleistung ist proportional der Reaktionsrate $\langle \sigma v \rangle_{DT}$, wobei diese durch Mittelung über die Verteilungsfunktion der Relativgeschwindigkeiten gebildet wird. Die Bremsstrahlung hängt von $Z_{eff}=\sum Z_i n_i / \sum n_i$, ab (siehe Kap. 2.2; n_i: Dichte der Ionen i, Z_i ihre Ionisationsstufe) und P_T kann durch eine Energieeinschlusszeit $\tau_E^* \equiv 3/2 n_g T V / P_T$ ausgedrückt werden (n_g: Gesamtteilchendichte, V: Plasmavolumen). Letztere weicht von der Definition von τ_E in Kapitel 7.2.1 ab, da hier Verluste durch Volumenstrahlung separat in der Leistungsbilanz

---

[7]In diesem Fall sind Impuls- und Energieabbremslängen vergleichbar.

[8]Die α-Teilchen geben ihre Energie überwiegend an die Elektronen ab. Da in einer Spiegelmaschine keine ausreichende Begrenzung der Elektronenenergieverluste erreicht wurde (siehe Kap. 3.5.1), schied sie als geeignete Konfiguration für den Fusionsreaktor aus.

berücksichtigt werden. Diese lautet so umgeformt und nach Teilen durch das
Volumen (C_{Br} und ℓ_Z siehe Kapitel 2.2 bzw. 2.3.2):

$$E_\alpha n_D^2 \langle \sigma v \rangle_{DT} = C_{Br}(T) Z_{eff} n_e^2 + \ell_Z(T) n_e n_Z + 3/2 n_g T / \tau_E^*.$$

Indem man die Verunreinigungsdichten auf die Elektronendichte bezieht, kann
man diese Zündbedingung wie folgt umschreiben (Zur Vereinfachung wird für
das Hoch-Z-Material nur eine Ionisationsstufe Z_i angenommen):

$$n_{He} = f_{He} n_e \qquad n_Z = f_Z n_e \qquad \rightarrow$$

$$2n_D = (1 - 2f_{He} - Z_i f_Z) n_e \qquad n_g = (2 - f_{He} - f_Z(Z_i - 1)) n_e,$$

$$n_e \tau_E^* = \frac{6T(2 - f_{He} - f_Z(Z_i - 1))}{E_\alpha (1 - 2f_{He} - Z_i f_Z)^2 \langle \sigma v \rangle_{DT} - 4(C_{Br} Z_{eff} + \ell_Z f_Z)}.$$

Das Produkt aus Elektronendichte und der Energieeinschlusszeit τ_E^* muss also
für Zündung gleich einer Funktion der Temperatur und der Konzentration
der Verunreinigungen sein. Setzt man die Verunreinigungsdichten null und
vernachlässigt die Bremsstrahlung, entsteht eine einfache Zündbedingung, die
in der Abbildung 12.8 dargestellt ist (fette Kurve).

$$n_e \tau_E^* = 12T/(E_\alpha \langle \sigma v \rangle_{DT}) \tag{12.2}$$

Das Minimum liegt bei $T=25{,}7keV$. Um den Plasmadruck zu begrenzen, legt
man den Arbeitspunkt zu Temperaturen etwas unterhalb dieses Minimums. In
diesem Bereich von $T \approx 15keV$ ist $\langle \sigma v \rangle$ näherungsweise proportional T^2, sodass
die Zündbedingung in das so genannte Fusionsprodukt umgewandelt werden
kann (gestrichelte Linie in Abb.12.8):

$$n_e \tau_E^* T = 2{,}8 \cdot 10^{21} keV\, s\, m^{-3}.$$

In der weiteren Diskussion sind die Konzepte von magnetischem Einschluss und
Trägheitseinschluss zu trennen. Das Produkt $n\tau_E^*$ lässt sich auf verschiedenen
Wegen realisieren. Beim magnetischen Einschluss, der im Folgenden ausführlicher diskutiert wird, ist die Dichte relativ klein, typisch $10^{20} m^{-3}$, während
τ_E^* einige Sekunden betragen muss. Die Alternative, der Trägheitseinschluss,
geht zu sehr kurzen Energieeinschlusszeiten und entsprechend hoher Dichte
und wird kurz in Abschnitt 12.4 behandelt.

In den dünnen Plasmen der magnetischen Fusion spielen Strahlungsverluste
eine Rolle in der Leistungsbilanz. Berücksichtigt man die Bremsstrahlung, vernachlässigt aber noch Verunreinigungen, so wird die Anforderung an $n_e \tau_E^*$ vor
allem bei niedrigeren Temperaturen erhöht (Abb.12.8, Kurve $\rho=0$). Unterhalb von $T=4{,}36keV$ ist keine Zündung mehr möglich, da die Bremsstrahlung
größer als die α-Teilchen-Heizung wird.

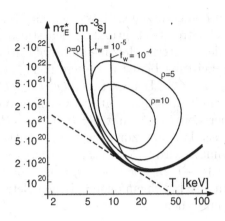

Abb. 12.8 Die Zündbedingung $n\tau_E^* = f(T)$ ist für verschiedene Fälle dargestellt. Ohne Verunreinigungen und ohne Berücksichtigung der Bremsstrahlung ergibt sich die fett eingezeichnete Kurve. Die Bremsstrahlung (Kurve $\rho=0$) erhöht die Anforderung an $n\tau_E^*$ vor allem bei niedrigen Temperaturen und $n\tau_E^*$ wird weiter erhöht durch die Linienstrahlung von Wolfram ($f_W = n_Z/n_e$). Die Berücksichtigung von Helium ($\rho \equiv \tau_{He}/\tau_E^* > 0$; τ_{He}: Einschlusszeit des Heliums) begrenzt die Zündung auch zu großen $n\tau_E^*$-Werten hin.

Nimmt man Wolfram als Wandmaterial an, so strahlt es auch als Verunreinigung im Plasma noch bei hohen Temperaturen (siehe Kap. 2.3.2, 7.2.7 und 11.2.3). Deshalb muss die Konzentration f_W sehr niedrig sein. Bereits bei einem Wert von $f_W = 10^{-4}$ ist der Zündbereich stark eingeschränkt, wie man ebenfalls in Abbildung 12.8 erkennen kann.

Als weitere Verunreinigung wird Helium diskutiert, das intrinsisch beim Verbrennungsprozess im Plasmazentrum entsteht und durch den überwiegend anomalen Teilchentransport nach außen gelangt. Da dieser näherungsweise dem Energietransport proportional ist, ist es sinnvoll, eine Heliumeinschlusszeit $\tau_{He} \equiv n_{He}/\dot{n}_{He} = \rho\tau_E^*$ einzuführen, mit der dann die Heliumdichte ausgedrückt werden kann [63, 189]. Das Gleichsetzen der Heliumproduktion $\dot{n}_{He}$ und der Heliumverluste ergibt eine Bestimmungsgleichung für f_{He} ($f_Z = 0$ angenommen):

$$\dot{n}_{He} = n_e^2(1 - 2f_{He})\langle\sigma v\rangle/4 = f_{He}n_e/(\rho\tau_E^*).$$

Helium verdünnt das Plasma und erhöht die Bremsstrahlung. Die Zündbedingung bildet jetzt eine geschlossene Kurve (siehe Abb. 12.8), wobei es auch eine Begrenzung zu großen $n\tau_E^*$-Werten hin gibt. Hier wird der Heliumeinschluss besser und damit wächst die Bremsstrahlung sowie die Verdünnung stark an. Der Fusionsreaktor verlangt einen Grenzwert von etwa $\rho=5$, der auch experimentell verifiziert wurde [37, 107].

Die Gyrostrahlung der Elektronen ist ein weiterer Verlustkanal. In einem D-T-Fusionsreaktor beträgt diese Verlustleistung etwa ein Drittel der Bremsstrahlung [36]. Sie würde jedoch bei Prozessen mit einer notwendig hohen Temperatur wie der p-^{11}B-Fusion (siehe Abbildung 12.7) eine sehr kritische Rolle spielen.

Wie schon in den Kapiteln 8.1.2 und 9.7 angesprochen, lässt sich ein Toka-makreaktor durch einen nicht induktiven Stromtrieb grundsätzlich stationär betreiben. Dies erfordert eine kontinuierliche, externe Heizung mit der Leistung P_H in der stationären Brennphase. Die Leistungsbilanz in diesem nicht mehr voll gezündeten Zustand lautet dann $P_\alpha + P_H = P_V$. Definiert man $Q \equiv P_{Fus}/P_H$, wobei $P_{Fus} = 5P_\alpha$ auch den Neutronenanteil berücksichtigt, setzt einen Wirkungsgrad für die Erzeugung elektrischer Leistung P_e mit $\eta_1 = P_e/(P_{Fus} + P_H)$ an und nimmt an, dass ein Anteil γ dieser Leistung zur Erzeugung der Heizleistung mit dem Wirkungsgrad η_2 benutzt wird ($P_H = \eta_2 \gamma P_e$), so lässt sich der minimale Q-Wert mit $Q_{min} = (\gamma \eta_1 \eta_2)^{-1} - 1$ angeben. Mit $\eta_1 = 0{,}4$, $\eta_2 = 0{,}8$ und $\gamma = 0{,}2$ folgt $Q_{min} \approx 15$. Man darf sich also bei einem ökonomischen Betrieb nicht zu sehr vom gezündeten Zustand entfernen.

12.3   Der Reaktor mit magnetischem Einschluss

Auf einer Konferenz in Genf [1] 1958 wurden die in Ost und West bis dahin überwiegend geheim durchgeführten Forschungsarbeiten auf dem Gebiet der magnetischen Fusion öffentlich vorgestellt. Seit dieser Zeit existiert eine weltweite Zusammenarbeit auf diesem Gebiet, die 1992 in den Beginn der gemeinsamen Planung eines Experimentalreaktors mündete. Inzwischen wurde zwischen den Partnern China, Europa-EU, Indien, Japan, Russland, Südkorea und USA der Bau beschlossen. Er soll in Cadarache in Südfrankreich errichtet werden. Eine aktuelle Beschreibung findet sich in.... Im Rahmen dieser Zusammenarbeit unter dem Namen ITER (**I**nternational **T**hermonuclear **E**xperimental **R**eactor oder auch lateinisch "der Weg") wurde inzwischen ein bis ins Detail durchkonstruierter Entwurf erarbeitet [7, 180, 212]. Die Grundlagen und Parameter eines solchen Reaktors sollen hier vorgestellt werden.

12.3.1 Ähnlichkeitsgesetze und Energieeinschlusszeit

Wie im vorangehenden Kapitel abgeleitet, muss für Zündung — bei gegebener Dichte und Temperatur — die Energieeinschlusszeit ausreichend groß sein. Da die quantitative Beschreibung der für den Energietransport verantwortlichen turbulenten Prozesse bisher nicht möglich ist, ist man auf eine Extrapolation der bisherigen empirischen Daten angewiesen.

Diese Extrapolation kann man auf eine besonders sichere Basis stellen, wenn es gelingt, "Ähnlichkeitsgesetze" abzuleiten. Hierfür liefert die Hydrodynamik ein klassisches Beispiel. Bei der Vernachlässigung von Effekten durch elektrische und magnetische Felder, bei Annahme von Inkompressibilität und mit einem konstanten Viskositätskoeffizienten entsteht aus der Bewegungsgleichung die Navier-Stokes-Gleichung (siehe Kap. 5.3.6), die im stationären Fall lautet ($\rho=n_i m_i$, n_i: Ionendichte, m_i: Ionenmasse):

$$\rho(\vec{v} \cdot \nabla)\vec{v} = -\nabla p + \zeta \Delta \vec{v}.$$

Man überführt diese Gleichung in eine dimensionslose Form, indem man die physikalischen Größen durch charakteristische Größen des Systems normiert. So kann z. B. L die Länge eines Rohres und τ die Zeit sein, die für das Durchströmen benötigt wird:

$$\vec{v}_\star \equiv \vec{v}\tau/L \qquad p_\star \equiv p\tau^2/(L^2\rho) \qquad \vec{\nabla}_\star \equiv L \cdot \vec{\nabla} \qquad \Delta_\star = L^2\Delta$$

$$(\vec{v}_\star \cdot \vec{\nabla}_\star)\vec{v}_\star = -\vec{\nabla}_\star p_\star + \Delta_\star \vec{v}_\star/Re \qquad\qquad Re \equiv \rho L^2/(\zeta\tau).$$

Die "Reynolds-Zahl" Re ist dimensionslos und wird aus den Größen L und τ, der Dichte ρ und der Viskosität ζ gebildet. Betrachtet man jetzt zwei geometrisch ähnliche Fälle, z. B. eine Kugel in einem langen Rohr, einmal größer, einmal kleiner (siehe Abb. 12.9), und wählt in beiden Fällen Re gleich, so ist in beiden Fällen dieselbe Differenzialgleichung mit denselben Randbedingungen − z. B. $\vec{v}=0$ an Oberflächen − zu lösen. Der im kleinen Modell gemessene Druckabfall kann daher auf den Druckabfall im größeren Versuch umgerechnet und damit vorhergesagt werden. Diese Überlegungen sind unabhängig davon, ob die Strömung laminar oder turbulent ist. Experimentell lässt sich bei gleichen relativen geometrischen Dimensionen eine kritische Reynolds-Zahl Re_c bestimmen, bei der die Strömung turbulent wird.

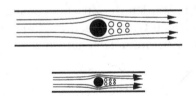

Abb. 12.9 In inkompressiblen, zähen Flüssigkeiten sind bei geometrischer Ähnlichkeit und gleicher Reynolds-Zahl alle physikalischen Größen aus Anordnungen unterschiedlicher Dimension übertragbar.

Zu beachten ist, dass das Ähnlichkeitsgesetz nur etwas aussagt, wenn geometrische Ähnlichkeit vorliegt und Re gleich ist. Es gibt z. B. keine Aussage darüber, wie sich die kritische Reynolds-Zahl Re_k ändert, wenn die Kugel relativ zum Radius des Rohres größer wird. Hier kann man nur Experimente mit verschiedenen relativen Radien durchführen und auf die gesuchten Verhältnisse interpolieren oder extrapolieren. Bei Extrapolation bleibt allerdings eine Unsicherheit. Würde man z. B. die Experimente nur mit $Re<Re_k$ durchführen, so ergäbe sich für den turbulenten Bereich bei Extrapolation ein falsches Ergebnis.

Wenn man das diskutierte Beispiel auf die Plasmaphysik übertragen will, muss man wie im Beispiel der Navier-Stokes-Gleichung geeignete vereinfachende Annahmen machen. Hier wird die Gültigkeit der Fokker-Planck-Gleichung (siehe Kap. 4.3.2) und der Maxwell-Gleichungen $\vec{\nabla}\times\vec{B}=\mu_0\vec{j}$ und $\partial\vec{B}/\partial t=-\vec{\nabla}\times\vec{E}$ angenommen und Neutralität des Plasmas $n_e=Zn_i$ gefordert. Damit werden Stoßprozesse auf Zweierstöße unter Berücksichtigung der Debye-Abschirmung begrenzt (vgl. Diskussion in Kap. 4.2.3) und die schwache Abhängigkeit von $\ell n\Lambda$ von n und T vernachlässigt (siehe Kap. 2.1.3). Die meisten Plasmawellen können in diesem vereinfachten Modell nicht mehr beschrieben werden. Dasselbe gilt für Strahlungsvorgänge und Stoßprozesse mit Neutralteilchen oder Fusionsstöße. Es ergeben sich dann 4 dimensionslose Größen [58], die üblicherweise wie folgt definiert werden:

$$\beta = p/p_B \qquad r_{g\star} = r_{g,i}/L \qquad \nu_\star = \nu L/v_{th} \qquad \mu = m_i/m_{proton}.$$

Es sind p der Plasmadruck, $p_B=B^2/(2\mu_0)$ der Magnetfelddruck, $r_{g,i}$ der Ionengyroradius, L eine Länge wie z. B. der große Torusradius R_0, ν die Stoßfrequenz für Coulomb-Stöße und m_i die mittlere Ionenmasse. Dabei kann wegen der geometrischen Ähnlichkeit irgendein Aufpunkt am relativ gleichen Ort oder ein Mittelwert für die Definition dieser Größen gewählt werden. Die Geometrie wird im Allgemeinen durch das Aspektverhältnis $A=R_0/a$, das Ellipsenverhältnis des Plasmaquerschnitts $\kappa=b/a$ und den Sicherheitsfaktor q (siehe Kap. 7.1) ausreichend genau beschrieben.

Hält man die Ionenmasse konstant, bleiben noch 4 experimentelle Parameter, nämlich die Größe L, das Magnetfeld B, die Temperatur T und die Dichte n, um 3 dimensionslose Größen $\beta, r_{g\star}$ und $\nu_\star$ einzustellen. Es gibt also grundsätzlich die Möglichkeit, den Fusionsreaktor in einem kleineren Modellexperiment zu simulieren. Um dies genauer zu untersuchen, werden die Zusammenhänge zwischen dimensionslosen und dimensionsbehafteten Größen nach B, T und n aufgelöst, wobei die dimensionslosen Größen als konstant angenommen werden ($v_{th}\propto T^{1/2}$):

$$\beta \propto nT/B^2 \qquad r_{g\star} \propto v_{th}/(LB) \qquad \nu_\star \propto T^{-3/2}nL/v_{th},$$

$$\rightarrow \quad B \propto L^{-5/4} \qquad T \propto L^{-1/2} \qquad n \propto L^{-2}.$$

Das Magnetfeld muss im kleineren Experiment also größer gewählt werden als im Reaktor selbst. Da aber, wie sich zeigen wird, das Magnetfeld im Reaktor so groß wie technisch machbar gewählt werden sollte, ist die Möglichkeit von Ähnlichkeitsexperimenten begrenzt. Dies führt vor allem zu einem Mangel in der Ähnlichkeit des dimensionslosen Gyroradius $r_{g\star}$ der kleineren Experimente gegenüber dem Reaktor. Es bleibt nur der Ausweg in Experimenten, die kleiner als der Fusionsreaktor sind, die Parameter so weit wie möglich zu variieren.

Man kann dann die Energieeinschlusszeit τ_E als Funktion der Experimentparameter darstellen und zu einem gezündeten Plasma hin extrapolieren.

Das empirische Skalierungsgesetz für die Energieeinschlusszeit τ_E, jetzt wieder mit der Definition $\tau_E = E_{Pl}/P_V$ (E_{Pl}: Plasmaenergie, P_V: Verlustleistung), ist im Folgenden wiedergegeben und in der Abb. 12.10 dargestellt [180]. Nach rechts sind die sich aus dem Gesetz ergebende Energieeinschlusszeit $\tau_{E,p}$ und nach oben der experimentelle Wert $\tau_{E,ex}$ aufgetragen. Man erkennt eine gute Beschreibung der Experimente durch die Fitformel über mehr als 2 Größenordnungen von τ_E. (I_ϕ[MA]: Plasmastrom, B_0[T]: toroidales Magnetfeld auf der Achse; $\bar{n}_{e,19}[10^{19}m^{-3}]$: mittlere Elektronendichte; P_V[MW]; R_0[m]):

$$\tau_{E,p}[s] = 0,056 I_\phi^{0,93} B_0^{0,15} \bar{n}_{e,19}^{0,41} P_V^{-0,69} R_0^{1,97} A^{-0,58} \kappa^{0,78} \mu^{0,19} \tag{12.3}$$

Man findet in (12.3) die bereits in Kapitel 7.2.1 diskutierte Degradation des Einschlusses mit wachsender Leistung P_V wieder. Die starke positive Abhängigkeit vom toroidalen Strom I_ϕ und die schwache vom Magnetfeld B_0 sind in dieser Darstellung etwas irreführend. Spaltet man den Sicherheitsfaktor q als geometrische Größe ab, bleibt eine Verbesserung der Einschlusszeit etwa proportional zum Magnetfeld. In der Abbildung 12.10 ist nach oben die für das Erreichen von $Q = P_{FUS}/P_H = 10$ (siehe 12.2.2, letzter Abschnitt) notwendige Energieeinschlusszeit in ITER von $\tau_E = 3,6s$ eingetragen. Der Erwartungswert stimmt mit diesem Wert überein [122, 180].

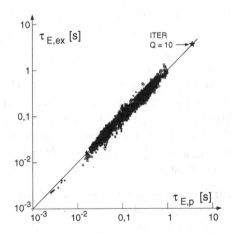

Abb. 12.10 Die Abbildung zeigt experimentelle Daten für die Energieeinschlusszeit $\tau_{E,ex}$ als Funktion der Fits (12.3) für $\tau_{E,p}$ [123]. Man erkennt eine gute Übereinstimmung über mehr als 2 Größenordnungen. Bei der Extrapolation zu ITER ist der für das Erreichen $Q=10$ notwendige Wert $\tau_E=3,6s$ nach oben aufgetragen. Man erkennt, dass dieser Wert mit dem vorgesagten Wert $\tau_{E,p}$ übereinstimmt [122].

Zum Abschluss soll das Skalierungsgesetz 12.3 in eine dimensionslose Form gebracht werden. Dazu ist es notwendig, auch die Energieeinschlusszeit zu normieren. Es ist üblich, dies durch die so genannte "Bohm-Zeit" $\tau_B = a^2 e B/T$ zu tun[9]. Der Ausdruck 12.3 kann in guter Näherung dimensionslos gemacht

---

[9]Die Skalierung $\tau_E \propto \tau_B$ entsteht als einzige Lösung, wenn man in dem vereinfachenden Plas-

werden[10] [180]:

$$\tau_{E,p}/\tau_B \propto r_{g\star}^{-0,7}\, \nu_{\star}^{-0,01}\, \beta^{-0,9}\, q^{-3}\, \kappa^{3,3}\, A^{-0,73}\, \mu^{0,96}.$$

Die Tatsache, dass τ_E/τ_B durch $r_{g\star}$, $\nu_\star$, β, μ und die geometrischen Verhältnisse ausgedrückt werden kann, lässt einen interessanten Schluss zu. Wie in Kapitel 7.2.1 (letzter Absatz) ausgeführt war, wird die Temperatur im Plasmainneren im hohen Maße durch den Rand bestimmt. So verbessert der Übergang in die H-Mode am Rand den Energieeinschluss auch im Inneren. Offensichtlich wird aber die Physik in diesem Randbereich noch nicht wesentlich durch die Wechselwirkung mit Neutralteilchen bestimmt, da sonst eine Darstellung in diesen dimensionslosen Größen nicht möglich sein sollte.

12.3.2 Parameter eines Experimentalreaktors

Es soll jetzt in stark vereinfachter Form die Mindestgröße eines gezündeten Fusionsreaktors bestimmt werden. Dazu werden die relativen geometrischen Größen A, κ und q für die folgende Betrachtung konstant gesetzt und τ_E gegenüber (12.3) angenähert. Wie in 12.2.2 werden die Plasmaparameter räumlich konstant gesetzt und es wird wie in 12.2.2 beschrieben $\langle\sigma v\rangle_{DT}\propto T^2$ gesetzt. Durch Gleichsetzen von Verlustleistung und α-Teilchen-Heizung erhält man dann die Skalierung der Größe L_m (Bezeichnungen wie in 12.2.2 und 12.3.1)

$$P_V \propto n_D T L^3/\tau_E \qquad \tau_E \propto I_\phi n_D^{1/3} P_V^{-2/3} L^2 \qquad I_\phi \propto B_0 L/q,$$

$$P_\alpha \propto n_D^2 T^2 L^3 \qquad \rightarrow \qquad L_m \propto T^{1/3} q/B_0.$$

Um einen möglichst kleinen Reaktor bauen zu können, wählt man − da der Sicherheitsfaktor q aus Stabilitätsgründen nach unten begrenzt ist (siehe Kap. 10.4.2) − das Magnetfeld möglichst groß und geht an die technischen Grenzen. Deshalb wurde in dem ITER-Entwurf Nb_3Sn mit einem maximal nutzbaren Feld von $12T$ als Supraleitermaterial gewählt, wobei das Achsenfeld B_0 wegen der toroidalen Krümmung wesentlich niedriger ist.

Um den Arbeitspunkt für die Temperatur festzulegen, muss die Abweichung von der Beziehung $\langle\sigma v\rangle_{DT}\propto T^2$ berücksichtigt werden (siehe 12.2.2). Der maximale Plasmadruck $p_m\propto n_D T\propto\beta_m B_0^2$ liegt mit der Festlegung des Magnetfeldes

---

mamodell über die bisher gemachten Annahmen hinaus weiter einschränkt [58]: stoßfrei, $\beta\ll1$, der Wärmefluss wird durch $q_\perp\propto\kappa\nabla T$ beschrieben. Diese Referenzgröße entspricht einer Diffusion als Random-Walk-Prozess, bei dem im Unterschied zur klassischen Diffusion der Zeitschritt durch die Gyrationsdauer und nicht durch die Stoßzeit bestimmt wird: $D_B\propto r_g^2\omega_g$ (vergleiche Ende von Kap. 6.6.2).
[10] $r_{g\star}$ und β sind hier auf das Toroidalfeld B_ϕ bezogen.

fest (β_m: Grenzwert für β). Die auf das Quadrat des Druckes p_m^2 normierte Fusionsleistung P_α^* hängt nur von der Temperatur ab:

$$P_\alpha^*(T) \propto \frac{P_\alpha}{p_m^2} \propto \frac{n_D^2 \langle \sigma v \rangle_{DT}}{n_D^2 T^2} \propto \frac{\langle \sigma v \rangle_{DT}}{T^2}.$$

Die Größe P_α^* hat ihr Maximum bei $13,5 keV$. Berücksichtigt man die Strahlung, so verschiebt sich das Maximum noch etwas zu höheren Temperaturen. Mit der Festlegung von T liegt über die β-Grenze auch n_D fest. Die Dichte darf einerseits nicht die Dichtegrenze für einen guten Einschluss in der H-Mode überschreiten (siehe Kap. 7.2.6). Andererseits muss die Dichte möglichst hoch sein, um das Problem des Übertrags der Energie auf die Wand lösen zu können.

Eine genauere Festlegung der Parameter eines Experimentalreaktors muss neben einer Optimierung der dimensionslosen geometrischen Größen A, κ und q auch technische Kriterien mit einbeziehen. So verlangt die notwendige Abschirmung supraleitender Spulen gegenüber dem Neutronenfluss eine nahezu absolut vorgegebene Dicke. Der Entwurf des Experimentalreaktors ITER [7, 164] ist das Ergebnis einer detaillierten Optimierung. Seine Referenzdaten sind die in der folgenden Tabelle wiedergegebenen. (zur Definition von β_N siehe Abschnitt 10.4.2). Die Abbildung 12.11 zeigt den poloidalen Querschnitt.

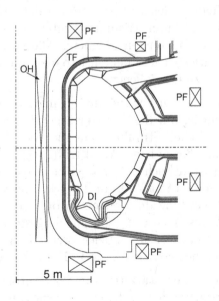

großer Radius R_0	6,2 m
kleiner Radius a	2,0 m
Elliptizität $\kappa = b/a$	1,7
Gütezahl q_{95}	3,0
Toroidalfeld B_0	5,3 T
Plasmastrom I_ϕ	15 MA
maximale Heizleistung P_H	73 MW
Fusionsleistung P_{Fus}	500 MW
Q	≥ 10
Pulslänge	≥ 500 s
β_N	1,8

Abb. 12.11 Die Abbildung zeigt den poloidalen Querschnitt von ITER [7] (DI: Divertor, TF: Toroidalfeldspulen, PF: Poloidalfeldspulen, OH: OH-Transformator). In der Tabelle sind seine wichtigsten Parameter zusammengestellt. (q_{95}: q-Wert der Flussfläche, die 95% des poloidalen Flusses einschließt.)

Wichtiges Untersuchungsziel eines solchen Reaktors ist auf der physikalischen Seite die Bestätigung, dass ein ausreichend guter Einschluss erreicht werden kann. Wie diskutiert, ist ja eine Extrapolation des turbulenten Transportes nicht mit letzter Sicherheit zuverlässig. Darüberhinaus gibt es eine spezifische physikalische Fragestellung, die nur bei dominierender α-Teilchen-Heizung untersucht werden kann. Wie in Kapitel 10.5.2 beschrieben, können die α-Teilchen Wellen anregen, die eventuell den Einschluss beeinflussen. Um dieses Untersuchungsziel sicherstellen zu können, wurde ITER für $Q=P_{FUS}/P_H=5P_{\alpha}/P_H \geq 10$ ausgelegt. Bei diesem Q-Wert übertrifft die α-Teilchen-Heizung die Fremdheizung mindestens um einen Faktor 2.

12.3.3 Technische Komponenten

Neben den physikalischen Untersuchungen in ITER sollen die technischen Komponenten eines Fusionsreaktors soweit möglich getestet werden. Dieses setzt voraus, dass die nächste Stufe nach ITER, ein Leistungsreaktor ("Demonstrationsreaktor", im Folgenden mit "DEMO" abgekürzt) konzeptionell soweit untersucht wird, dass sowohl die technischen Ziele von ITER als auch die eines Begleitprogramms definiert werden können (siehe z. B. [157, 59].

Die wichtigsten Komponenten eines Fusionsreaktors in der Reihenfolge von innen nach außen sind: der Divertor und die "erste Wand", die aus dem Schutzmaterial, das dem Plasma ausgesetzt ist, und einer Stützstruktur besteht, dahinter liegen der "Brutblanket", in dem zugleich die Neutronen den größten Teil ihrer Energie deponieren und aus Lithium Tritium erbrüten sowie eine Abschirmung für die anschließenden supraleitenden Magnete. Alle wichtigen Komponenten sollen ferngesteuert montierbar und demontierbar sein, um Reparaturen und Komponentenaustausch zu ermöglichen.

Die Energie der α-Teilchen, also 20% der Fusionsenergie, gelangt, nachdem sie zunächst im Plasma deponiert wurde, auf die Divertortargetplatten und vor allem in Form von elektromagnetischer Strahlung auf die erste Wand. Während die Strahlung relativ gleichmäßig auf die Wand trifft, wird im Divertor ein enger Bereich der Targetplatten hoch belastet (siehe Kap. 11.4.3) Die Oberflächen im Divertorbereich werden mit Wolfram bedeckt, um in diesen Bereichen mit hohem Wasserstoffrecycling die Erosion zu begrenzen. Die Targetplatten werden wahrscheinlich aus massiven Wolfram hergestellt. Die restlichen Wände im Hauptraum sollen mit Beryllium belegt werden. (Vergleiche hierzu die Diskussion der Plasmawandwechselwirkung in Kapitel 11.2.)

Sowohl in der ersten Wand, als auch in der Stützstruktur des Brutblankets erzeugen die Fusionsneutronen Materialschäden, indem sie Atome aus ihren Gitterplätzen stoßen. Diese Gitterdefekte gemessen in *dpa* ("displacements per atom") heilen überwiegend wieder aus. Nicht ausgeheilte Defekte können sich zu Versetzungen zusammenschließen, die zu einer Aufhärtung und Versprödung des Materials führen. Zusätzlich schwillt das Volumen an und unter

Belastung kann es zu einem "Kriechen" des Materials kommen. Beim Fusionsreaktor kommt allerdings eine weitere Materialschädigung hinzu, da die energiereichen Fusionsneutronen (n,α)- und (n,p)-Reaktionen ausführen können. Insbesondere das entstehende Helium gelangt auf Zwischengitterplätze, kann im Material wandern, Blasen bilden und so das Material zusätzlich schwächen. Da im Spaltreaktor die häufigste Neutronenenergie nur $0,6MeV$ beträgt und die relative Anzahl der Neutronen bei $8MeV$ schon auf $1/100$ abgefallen ist, können diese Effekte nur mit Fusionsneutronen untersucht werden. Deshalb wird für Materialuntersuchungen ein Beschleuniger geplant, in dem Fusionsneutronen erzeugt werden (IFMIF$\hat{=}$Intern. **F**usion **M**aterials **I**rradiation **F**acility). Diese Untersuchungen können parallel zu ITER durchgeführt werden, da für ITER selbst eine Materialschädigung durch Neutronen unkritisch ist ($\leq$1dpa).

Da die Wandbelastung in ITER begrenzt ist (Energiefluss der Neutronen $\approx 0,5MW/m^2$, Fluenz $\approx 0,3MWa/m^2$), kann dort austenitischer Stahl eingesetzt werden, bei dem die Materialschäden durch hochenergetische Neutronen relativ groß sind. Dagegen muss man in DEMO zu Materialien übergehen, die auch beim Beschuss mit Fusionsneutronen eine hohe Standfestigkeit haben. Hierzu werden ferritisch-martensitischem Stahl und Vanadiumlegierungen untersucht [70]. Die Technologie von ferritisch-martensitischen Stählen wie "EUROFER" ist weit entwickelt und verspricht auch im Fusionsreaktor eine ausreichende Standfestigkeit.

Die Stärke der ersten Wand darf wenige Zentimeter nicht überschreiten, einmal, um die thermomechanischen Spannungen zu begrenzen, zum anderen, um den Neutronenfluss im Brutblanket nicht zu stark abzuschwächen. Das Brutblanket soll das Plasma, soweit es geht, vollständig umgeben, damit jedes Neutron möglichst wieder ein Tritiumatom erbrütet. Trotzdem ist es im Allgemeinen notwendig, zusätzlich Neutronen zu erzeugen, damit die Brutrate etwas größer als eins wird[11]. Neben der Reaktion mit dem Isotop ^{7}Li (siehe 12.2.1) kann man durch $(n,2n)$-Reaktionen mit Beryllium oder Blei weitere Neutronen erzeugen.

Es werden vor allem zwei Konzepte für das Brutblanket verfolgt [157]. Im ersten Konzept ist das eigentliche Brutmaterial das $17Li83Pb$-Eutektikum [88], das oberhalb von $235C$ flüssig ist. Da es elektrisch leitfähig ist, kann es im Magnetfeld nur sehr langsam bewegt werden. Dies reicht aber aus, um ihm außerhalb des Blankets das Tritium zu entziehen. Das zweite Konzept sieht als Brutmaterial Kugeln aus Lithiumkeramik wie Li_4SiO_4 vor, die von Helium

---

[11]Im Gegensatz zum schnellen Brüter kann auch mit einer Brutrate wenig größer als eins schnell eine große Anzahl von Nachfolgereaktoren versorgt werden, da das Tritiuminventar eines Fusionsreaktors relativ zum Umsatz klein ist.

als Kühlmittel umspült werden [104]. Der Neutronenvervielfacher ist in diesem Fall Beryllium statt Blei im ersten Konzept.

Die Verwendung von Helium als Kühlmittel gestattet eine relativ höhere Temperatur ($\approx 500 C$) und damit einen höheren Wirkungsgrad bei der Umsetzung der Wärmeenergie in elektrische Energie. Helium hat außerdem den Vorteil, dass Tritium leicht aus dem Kühlmittel separiert werden kann. Von Nachteil ist, dass die weiter außenliegende Struktur bei diesem zweiten Konzept weniger gut gegen Neutronen abgeschirmt ist.

Wegen des schnell nach außen abfallenden Neutronenflusses ist es zweckmäßig, den Bereich, in dem die Neutronen ihre Energie deponieren, zweizuteilen. Wesentliche Brutraten werden nur etwa bis zu einer Tiefe von etwa $30 cm$ erzielt. Dies ist auch der Bereich, der eine so hohe Strahlenschädigung aufweist, dass er bei einem angenommenen Fluss von $2 MW/m^2$ in DEMO nach etwa 5 Jahren ausgetauscht werden muss.

Nach außen zu folgt auf das Brutblanket eine Abschirmung für Neutronen und durch Kernreaktionen entstandene γ-Strahlen. Der Energiefluss muss auf etwa $2 \cdot 10^2 W/m^2$ abgeschirmt werden, um die Supraleitung zu erhalten. Man stellt sich hier eine Stahlkonstruktion vor, die von Wasser als effektivem Neutronenmoderator durchflossen wird. Diese Gefäßstruktur kann zugleich das Vakuumgefäß und die erste Sicherheitsbarriere für das Tritium bilden.

Magnetfeldspulen müssen wegen der Pulslänge und auch aus Gründen der Energiebilanz Supraleiter sein. Sie besitzen kritische Grenzwerte für die Temperatur T_c und die Magnetfeldstärke B_c [135]. Die ebenfalls begrenzte Stromdichte j_c hängt von der Temperatur und vom Magnetfeld ab und fällt an den Grenzwerten $T=T_c$ und $B=B_c$ auf null ab. Technisch kommen die Supraleiter $NbTi$ (T_c=9,6K, B_c=14T) und Nb_3Sn (T_c=18K, B_c=24T) in Frage, wobei praktisch $NbTi$ bis 8T und Nb_3Sn bis 12T eingesetzt werden kann. Während die Poloidalfeldspulen in ITER aus $NbTi$ hergestellt werden können, müssen die Toroidalfeldspulen (siehe Diskussion in 12.3.2) und die Primärentwicklung des OH-Transformators wegen des knappen Platzes aus Nb_3Sn hergestellt werden. Inzwischen wurden solche Spulen gebaut und getestet [212].

Das Plasma soll in ITER durch Wellen bei der Ionen- und Elektronengyrofrequenz (siehe Kap. 9.7) und durch Neutralteilcheninjektion geheizt werden. Um bei großen Dimensionen ausreichend tief ins Plasma eindringen zu können, müssen für die Neutralteilchenheizung negative Ionenquellen benutzt werden (siehe Kap. 2.5.2).

12.3.4 Sicherheitsaspekte

Sicherheit im Zusammenhang mit dem Fusionsreaktor bedeutet vor allem Sicherheit gegenüber radiobiologischer Belastung. Ionisierende Strahlung entsteht durch den Zerfall des Tritiums und durch die von den Neutronen aktivierte Struktur. Eine Belastung der Allgemeinheit während des regulären Betriebs wird vor allem durch die Abgabe von gasförmigen Stoffen verursacht. Im Falle eines Unfalls können eventuell Gas, Staub und Verdampfungsprodukte entweichen. Auf einer längeren Zeitskala können Teile des radioaktiven Abfalls in die Atemluft oder die Nahrungskette gelangen.

Die prinzipiellen sicherheitsrelevanten Eigenschaften eines Fusionsreaktors folgen unmittelbar aus dem Grundkonzept:

- Tritium ist ein energiearmer β-Strahler ($E_\beta \leq 18,6 keV$) mit einer radiologischen Halbwertzeit von 12,3 Jahren. Tritium wird als tritiertes Wasser HTO und mit organischer Substanz in den menschlichen Körper aufgenommen. Der größte Anteil von 97% des Tritiums verlässt den Körper mit einer biologischen Halbwertzeit von 10 Tagen, während kleinere Teile bis zu einem Jahr im Körper bleiben. Gemittelt ergibt sich eine effektive biologische Halbwertzeit von etwa 11 Tagen.

- Tritium kann gut eingeschlossen werden, wie die Erfahrung an den Candu-Reaktoren in Canada zeigt, die als Schwerwasserreaktoren relativ viel Tritium erzeugen. Ein Transport von Tritium ist nur in der Startphase notwendig, da es während des Betriebs lokal aus dem Brutblanket gewonnen und wieder verbrannt wird.

- In jedem Fall entstehen im Fusionsreaktor keine der sehr langlebigen Transurane oder radioaktive Spaltprodukte wie ^{131}J, ^{137}Cs und ^{90}Sr. Die Aktivierung der Struktur kann außerdem durch die Auswahl der Materialien begrenzt werden. So wurden bei der Weiterentwicklung von EUROFER (siehe 12.3.3) die Bestandteile, die zu langlebigen Isotopen führen, stark reduziert [106]. Eine weitere Reduzierung würde sich durch den Einsatz von Vanadiumlegierungen oder SiC-SiC-Material ergeben [70].

- Eine Leistungsexkursion des Reaktors ist nicht möglich. Obwohl der Arbeitspunkt bei Plasmatemperaturen unterhalb des Minimums der $n\tau_E^*$-Kurve liegt (siehe Abb.12.8), ist er nicht thermisch instabil, da eine Erhöhung der Heizleistung zu einer Verringerung von τ_E führt (siehe Gleichung 12.3). Unabhängig davon würde das Plasma im Falle einer Temperaturerhöhung wegen des Druckanstieges nicht mehr im Gleichgewicht mit dem Magnetfeld sein, gegen die Wand laufen und so die Fusion zum Erlöschen bringen.

- Wenn durch einen Regelfehler der Plasmaeinschluss zerstört wird, ist es von Vorteil, dass die Energiedichte des Plasmas klein ist. Der Plasmadruck als Maß für die Energiedichte ist für typische Reaktordaten $n_e = 10^{20} m^{-3}$ und $T = 15 keV$

$p_R{=}2n_eT{=}4{,}8{\cdot}10^5\ Pa\ (\hat{=}4{,}8atm)$. Das Plasma kann daher äußerstenfalls nur dünne Schichten der Wandoberfläche aufschmelzen.

- Das sich im Plasma befindliche Tritium reicht nur für eine Brennzeit von maximal $100s$. Damit ist auch der nukleare Energieinhalt vergleichsweise sehr niedrig. Der größte Teil des Tritiuminventars eines Fusionskraftwerkes kann in sicheren Edelstahlbehältern als Metallhydrid gelagert werden.

- Ein Unfall analog zum Kernschmelzunfall im Spaltungsreaktor kann beim Fusionsreaktor ausgeschlossen werden. Im Gegensatz zum Spaltungsreaktor entsteht nach dem Abschalten Nachwärme durch den radioaktiven Zerfall nur im Strukturmaterial und nicht im Kernbrennstoff. Wegen des großen Volumens und der kurzen Abklingzeit können − auch beim Ausfall aller Kühlsysteme − keine größeren Teile schmelzen.

Mit der Ausarbeitung des ITER-Projektes wurde über diese allgemeinen Aussagen hinaus ein detailliertes Sicherheitskonzept ausgearbeitet [7]. Die radiologische Belastung im Normalbetrieb entsteht vor allem durch die Abgabe von Tritium. Hier sehen die "Project Guidelines" für ITER Maximalwerte von $1g$ Tritium als HT/a und $0{,}1g$ Tritium als HTO/a vor. Die maximale Strahlenbelastung der Öffentlichkeit soll weniger als 1% des natürlichen Wertes betragen.

Darüber hinaus wurden auf der Basis der Reaktorstudien die Sicherheitsfragen auch für den DEMO untersucht ("SEIF-Report" [59]). Die Reaktormodelle unterscheiden sich, wie in 12.3.3 diskutiert, durch das Strukturmaterial, das Brutmaterial, den Neutronenvervielfacher und die Kühlmittel. Die Sicherheitsanalysen von Reaktormodellen haben Rückwirkungen auf die Reaktorentwürfe selbst und die begleitenden technologischen Entwicklungen. Die Modelle lassen sich so optimieren und erlauben aus den Sicherheitsüberlegungen Designkriterien abzuleiten. Hier wird nur beispielhaft auf einige Ergebnisse der Sicherheitsstudien eingegangen.

Die Abbildung 12.12 zeigt für verschiedene Reaktormodelle den Verlauf der maximalen Temperatur einzelner Komponenten nach Abschalten des Fusionsprozesses. Dabei wurde der Ausfall aller Kühlkreisläufe angenommen und ein aktives Eingreifen ausgeschlossen. Nach 50 Tagen herrscht maximal eine Temperatur von $1150C$, die nicht zum Schmelzen von Komponenten ausreicht. Insgesamt ergibt die Analyse möglicher Unfälle, dass keine innere Energiequelle vorhanden ist, die den sicheren Einschluss zerstören kann. Die untersuchten hypothetischen Unfälle führen zur Belastung der Öffentlichkeit von maximal etwa $1mSv$. Dieser Wert liegt weit unterhalb der Grenzwerte für Schutz- und Gegenmaßnahmen wie z.B. einer Evakuierung.

Ein wesentlicher Teil der Analysen beschäftigt sich mit den radioaktiven Abfällen. Verglichen mit einem Spaltreaktor ist einerseits die Menge der Abfälle

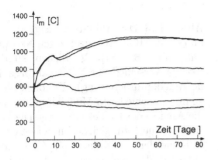

Abb. 12.12 Die radioaktive Nachwärme erzeugt bei Ausfall aller Kühlkreisläufe für zwei der Komponenten verschiedener Reaktormodelle nach 50 Tagen eine maximale Temperatur von 1150C, die nicht zum Schmelzen von Komponenten ausreicht [59].

wesentlich größer, da der Divertor und der plasmaseitige Teil des Brutblankets regelmäßig ausgetauscht werden müssen. Andererseits klingt die Radioaktivität dieser Abfälle deutlich schneller ab als die Abfälle des Spaltreaktors. Der SEIF-Report [59] gibt für Fusionsreaktoren mit einer Fusionsleitung von $3GW$ die Masse radioaktiver Abfälle an. Sie liegen je nach Modell zwischen 38.000t und 79.000t für die gesamte Betriebszeit. Nur ein sehr kleiner Anteil von wenigen Tonnen muss eventuell für einige Jahre aktiv gekühlt und dann permanent gelagert werden. Der größte Teil der Abfälle von 80% und mehr kann sogar nach kurzer Abklingzeit mit einem gewissem Aufwand rezykliert werden.

Eine potenzielle Belastung des Menschen durch Nahrungsaufnahme oder Einatmen wird durch die so genannte "Radiotoxizität" in einem standartisierten Verfahren ermittelt [3, 187]. In der Abbildung 12.13 sind die Werte der dominierenden Nahrungsaufnahme für die Abfälle verschiedener Typen von Spaltreaktoren, verschiedener Modelle von Fusionskraftwerken und für die Asche eines Kohlekraftwerks als Funktion der Zeit dargestellt. Die Werte sind so normiert, dass jeweils dieselbe Energie in der Lebensdauer des Kraftwerks erzeugt würde. Man erkennt, dass nach 50 bis 100 Jahren die Radiotoxizität der Abfälle von Fusionskraftwerken je nach Reaktortyp um 3 bis 4 Größenordnungen niedriger ist als die von Spaltreaktoren und sich auf der Zeitskala einiger hundert Jahre der von Kohlekraftwerken annähert.

12.4   Trägheitsfusion

Bei der Trägheitsfusion macht man die Dichte so groß, dass die Zeit des Einschlusses sehr kurz werden kann. Sie wird so kurz, dass es gar kein eigentlicher Einschluss mehr ist: τ_E wird gleich der Expansionszeit τ_x, mit der ein erhitztes Brennstoffkügelchen explodiert. Setzt man $\tau_x \approx R/(3c_s)$ (R: Radius, c_s Schallgeschwindigkeit) in die Zündbedingung (12.2) ein, entsteht eine Bedingung an das Produkt aus der Massendichte ρ mal dem Radius R, also eine Flächen-

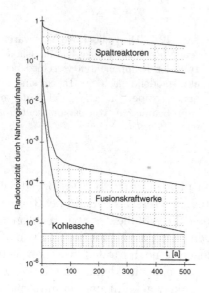

Abb. 12.13 Die Abbildung zeigt das Abklingen der Radiotoxizität durch Nahrungsaufnahme [3, 187]. Verglichen sind die
Abfälle verschiedener Spaltreaktoren (ohne Wiederaufbereitung), Fusionskraftwer-
ke mit verschiedenen Modellannahmen und
die Asche eines Kohlekraftwerks. Die Werte
sind normiert auf gleiche Energieerzeugung
während der Lebensdauer [59]. (Die Radioaktivität der Kohlenasche rührt von den
Isotopen ^{40}K, ^{232}Th, ^{235}U und ^{238}U her.)
Es darf nicht übersehen werden, dass die
potenzielle Belastung durch den radioaktiven Abfall geringer ist als durch die Abgabe radioaktiver Stoffe während des Betrie-
bes. Hier übertreffen die Kohlekraftwerke
den Spaltreaktor und auch zukünftige Fu-
sionskraftwerke um ein Vielfaches [210, 2].

dichte, als Funktion der Temperatur ($\rho = 5 m_{proton} n/2$):

$$n\tau_x = f(T) \qquad \rightarrow \qquad \rho R = g(T).$$

Im Bereich von 10 bis 30 keV gilt $g(T) = (0,32 \ldots 0,42)g/cm^2$ d.h. wenig abhängig
von der Temperatur.

Abgesehen von den Unterschieden in τ_E und n gibt es einen weiteren wichtigen Unterschied zur magnetischen Fusion. Während bei der Fusion mit magnetischem Einschluss die Pulslänge, in der der Fusionsprozess abläuft, immer
viel größer als τ_E ist, sind diese Zeiten bei der Inertialfusion gleich. Die Energiebilanz verlangt deshalb aus ökonomischen Gründen, dass ein wesentlicher
Teil des D-T-Gemisches bei der Explosion zur Fusion kommt. Fordert man
beispielsweise, dass 1/3 der D-T-Masse fusioniert, so wird die Forderung an
das Produkt wesentlich verschärft und es ergibt sich ein Mindestwert von
$(\rho R)_{min} = 3g/cm^2$ [151]. Um Schäden durch die Explosion zu vermeiden, muss
die Pelletmasse auf wenige Milligramm begrenzt werden. Da die Masse proportional zu ρR^3 ist, liegen damit ρ und R annähernd fest. Die Dichte muss
etwa $(200\text{-}400)g/cm^3$ betragen, also 1000-2000fach die Dichte von flüssigem
Deuterium-Tritium-Gemisch von $\rho = 0,21g/cm^3$.

Um die notwendige Kompression zu erzeugen, erhitzt man die Oberfläche einer Hohlkugel, wie es in der Abbildung 12.14 schematisch dargestellt ist. Der
"Ablator" an der Oberfläche, der z. B. aus Beryllium oder Kohlenwasserstof-
fen bestehen kann, verdampft und der Rückstoß beschleunigt die Hohlkugel
aus gefrorenem oder flüssigem DT-Gemisch zum Zentrum hin. Man spricht
von "Direct-Drive", wenn der primäre energiereiche Strahl unmittelbar auf

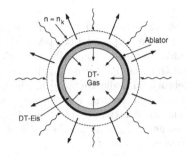

Abb. 12.14 Bei der Trägheitsfusion muss ein D-T-Gemisch sehr hoher Dichte erzeugt werden. Dazu wird ein außen liegender "Ablator" beispielsweise durch Laserlicht verdampft. Der Rückstoß komprimiert eine Hohlkugel aus D-T-Eis.

Die abgedampfte Materie verschiebt die Lichtabsorptionszone mit $n=n_k$ nach außen.

das Pellet trifft. Hierfür kommt vor allem Laserlicht in Frage. Beim "Indirect-Drive" wird dagegen der Primärstrahl an anderer Stelle absorbiert. Die erhitzte Materie erzeugt in einer Kammer aus Hoch-Z-Material Röntgen-Strahlung, die ihrerseits zum Abdampfen des Ablators führt (siehe Abb.12.15).

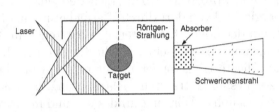

Abb. 12.15 Die Abbildung zeigt schematisch das Konzept des "Indirect-Drive". In der linken Hälfte wird das Konzept für Laserlicht und in der rechten Hälfte für Schwerionen dargestellt. In jedem Fall entsteht ein Strahlungsfeld mit einer Gleichgewichtstemperatur von etwa $250eV$, die zum Abdampfen des Ablators und zur Kompression des Targets führt.

Um Energie für die Kompression zu sparen, benutzt man das "Hot-Spot-Konzept". Dabei wird die für die Zündung notwendige Temperatur nur in einem kleinen Zentralbereich $r<R_s$ erreicht, in dem die Dichte relativ niedrig ist (siehe Abb.12.16). Außen im Bereich hoher Dichte ist die Temperatur niedriger, sodass der Druck annähernd konstant ist. Die Fusion zündet im Zentrum und brennt nach außen. Die Flächendichte des heißen Bereichs muss mindestens so groß sein, dass die α-Teilchen dort abgebremst werden. Sie ist mit $\rho R_s=(0,2...0,4)g/cm^2$ etwa um einen Faktor 10 niedriger als der ursprüngliche ρR-Wert. Der gezündete Zentralbereich hat dabei einen Radius von $R_s\approx50\mu m$.

Um eine ausreichend hohe Kompression zu erzielen, müssen eine Reihe von kritischen Bedingungen erfüllt werden. Vor allem muss die Kompression sehr präzise kugelsymmetrisch sein, um das hohe Kompressionsverhältnis zu erreichen. Eine beschleunigte Kugeloberfläche ist jedoch, wie in Kapitel 10.2.1 diskutiert, Rayleigh-Taylor-instabil. Die Bestrahlung muss deshalb innerhalb von etwa 1% homogen sein. Hier bietet der Indirekt-Drive Vorteile, da die

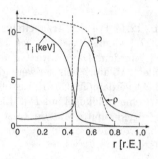

Abb. 12.16 Beim "Hot-Spot-Konzept" wird durch die Kompression einer Hohlkugel zunächst nur der Zentralbereich mit $r < R_s$ auf eine Temperatur im Bereich von $10 keV$ gebracht. Da die Dichte ρ in diesem Zentralbereich niedrig ist, ist der Druck p annähernd konstant. Die entstehenden α-Teilchen sorgen dafür, dass sich die Fusionszone ausweitet.

Röntgenstrahlung durch die Reflexion in der Absorptionskammer homogenisiert wird.

Für eine optimale Kompression muss der Laserpuls zeitlich mit seiner Leistung in Stufen ansteigen [151]. Das Laserlicht wird relativ weit außen im Bereich der kritischen Dichte n_k absorbiert, wo die Lichtfrequenz gleich der Plasmafrequenz ist. Die Energie wird von dort durch Wärmeleitung in die Ablationsfront transportiert. Wegen der hohen Lichtintensität entstehen in der Absorptionszone durch nichtlineare Prozesse sehr schnelle Elektronen, die Energie tief in den Bereich hoher Dichte transportieren. Dieser unerwünschte Effekt ist bei höheren Frequenzen des eingestrahlten Lichtes geringer. Deshalb scheidet der CO_2-Laser trotz seines hohen Wirkungsgrades aus und man arbeitet heute mit Neodym-Glas-Lasern und einer Frequenzverdreifachung ($\lambda = 0{,}35\ \mu m$).

Am "OMEGA"-Laser [218] wurde mit einer Laserlichtenergie von $30 kJ$ und einer Spitzenleistung von $33 TW$ eine Hohlkugel aus Deuteriumeis (Außenradius $0{,}9 mm$; Eisdicke $0{,}1 mm$) zur Kompression gebracht. Die Neutronenausbeute betrug $3 \cdot 10^{10}$ (10^{11}) und maximale Flächendichten von $\rho R_s = 7(14) mg/cm^2$ des heißen Zentrums und $\rho R \leq 38(40) mg/cm^2$ insgesamt wurden beobachtet. Die Zahlen in Klammern geben die Ergebnisse von ein-dimensionalen Code-Rechnungen wieder, die die Rayleigh-Taylor-Instabilitäten nicht berücksichtigen.

An der NIF-Anlage (**N**ational **I**gnition **F**acility) wurden mit der Methode des Indirect-Drive in einem D-T-Plasma eine Ionentemperatur von $3{,}5 keV$ erreicht [10]. Die Röntgenstrahlung in einem zylindrischen Hohlraum erreichte $300 keV$. Die erreichten Ionentemperaturen blieben allerdings deutlich unter den theoretischen Vorhersagen zurück [46].

Neben den physikalischen Fragen, die für das Erreichen der notwendigen großen Kompression gelöst werden müssen, stellt sich für die Trägheitsfusion der erreichbare Wirkungsgrad als zentrales Problem dar. Es ist ja notwendig, für jeden Entladungspuls die Energie für die Kompression neu aufzubringen. Die Wirkungsgrade der bisher verwendeten Laser von nur einigen Prozent führen zu keiner akzeptablen Lösung. Dioden-gepumpte Festkörperlaser mit Wirkungsgraden von $\eta \approx 10\%$ versprechen hier einen Ausweg und sind in der Entwicklung. Daneben könnte das Problem des Wirkungsgrades durch den Einsatz von Beschleunigern anstelle der Laser gelöst werden. Da Schwerionen eine große Abbremslänge besitzen, können sie nur in Verbindung mit dem Prinzip des Indirect Drive eingesetzt werden (siehe Abb.12.15, rechte Hälfte). Ein Konzept mit energiereichen Schwerionen wurde von einer deutschen Forschergruppe ausgearbeitet [4].

Einheiten, Bezeichnungen und Konstanten

In diesem Buch werden mit der Ausnahme für die Temperatur SI-Einheiten verwendet. In allgemeinen Ausdrücken wird die Temperatur in der Energie-einheit "Ws" angegeben, sodass der Boltzmannfaktor k_B entfällt, während in "Ingenieurformeln" die Temperatur in "eV" angegeben ist, wie in der Plasmaphysik üblich. Formal bedeutet dies, dass man $k=e$ setzt. Die Temperatur $1eV$ entspricht also $11.600\ K$.

Unter "e" wird stets der Betrag der Elementarladung verstanden, während die vorzeichenbehaftete Ladung mit einem Index wie z. B. $e_\pm$ bezeichnet wird. Letztere kann ein Vielfaches von e sein.

Unter der Abfalllänge einer Größe A wird $L_A=|\nabla A/A|$ verstanden. Bei einer Vektorgröße $\vec{A}$ wird mit $A=|\vec{A}|$ der positive Betrag bezeichnet, während $\vec{t}_A=\vec{A}/A$ der Tangenteneinheitsvektor ist. Der Einheitsvektor in Richtung einer Koordinate x ist $\vec{e}_x=\nabla x/|\nabla x|$.

Die Maxwell-Gleichungen werden ausschließlich in der Vakuumform benutzt, d. h. ε und μ werden 1 gesetzt. Diese Form ist in der Plasmaphysik im Allgemeinen die zweckmäßigere, da ε und μ im Gegensatz zum Festkörper im Plasma keine von den Feldern unabhängige Konstanten sind.

Es hat sich in der Plasmaphysik außerdem eingebürgert, $\vec{B}=\mu_0\vec{H}$ das Magnet-feld zu nennen.

Vakuumlichtgeschwindigkeit	c_0	$2{,}998{\cdot}10^8$	ms^{-1}
Elektrische Feldkonstante	ε_0	$8{,}854{\cdot}10^{-12}$	$AsV^{-1}m^{-1}$
Magnetische Feldkonstante	μ_0	$4\pi\cdot10^{-7}$	$VsA^{-1}m^{-1}$
Gravitationskonstante	G	$6{,}673{\cdot}10^{-11}$	$m^3kg^{-1}s^{-2}$
Planck-Konstante $h=2\pi\hbar$	h	$6{,}626{\cdot}10^{-34}$	AVs^2
Elementarladung	e	$1{,}602{\cdot}10^{-19}$	As
Ruhemasse des Elektrons	m_e	$9{,}109{\cdot}10^{-31}$	kg
Ruhemasse des Protons	m_p	$1{,}673{\cdot}10^{-27}$	kg
Boltzmann-Konstante	k	$1{,}381{\cdot}10^{-23}$	$AVsK^{-1}$

Literaturverzeichnis

[1] *2nd United Nations Conf. on Peaceful Uses of Atomic Energy 1958, Geneva, United Nations 1959*

[2] *Physik in unserer Zeit* **12** *(1981) 192*

[3] *ICRP Publication* **68** *(1995)*

[4] *GSI–2000–2–Rep. High Energy density in Matter produced by Heavy Ion Beams (2000)*

[5] *http://www.worldbank.com (2002)*

[6] *http://www.bpamoco.com (2002)*

[7] *ITER Technical Basis, Bd. 24 von ITER EDA Documentation Series. Vienna 2002*

[8] *IPCC. The Physical Basis 2007*

[9] *ITER Physics Basis. Nuclear Fusion (2007)*

[10] *Phys. of Plasmas* **19** *(2012)*

[11] *634, E. .: The Energy Challenge of the 21st Century, EUR 20 634 Luxembourg, Office for Official Publications of the European Communities (2003)*

[12] *Ajzenberg-Sclove, F.: Nucl. Phys.* **A490** *(1988) 1*

[13] *Alexandroff, P.; Hopf, H.: Topologie, Bd. I. Berlin: Springer Verlag 1935*

[14] *Alfvén, H.: Nature* **150** *(1942) 405*

[15] *Allis, W. P.; Buchsbaum, S. J.; Bers, A.: Waves in Anisotropic Plasmas. Cambridge: MIT Press 1963*

[16] *Anderleit, H.; et al.: DERA Energiestudie 2012. Bundesanstalt für Geowissenschaften und Rohstoffe (2012)*

[17] *Andrew, P.; et al.: J. Nucl. Materials* **266-269** *(1999) 153*

[18] *Angerer, G.; Marscheider-Weidemann; et al.: Fraunhofer ISI 2009*

[19] *Arrhenius, S.: Phil. Mag. Sci.* **5** *(1896) 237*

[20] *Artsimovich, L. A.: IAEA, Proc. Intern. Conf. Plasma, Bd. 1. Vienna 1969*

[21] *Asmussen, K.; et al.: Nucl. Fus.* **38** *(1998) 967*

[22] *Atkinson, R.; Houtermans, F. G.: Z. Physik* **54** *(1929) 656*

[23] *Balescu, R.: Transport Processes in Plasmas, Bd. I, Classical Transport Theory. Elsevier Science Publishers B.V. 1988*

[24] Beck, B. R.; Fajauss, J.: Phys. Rev. Lett. **68** (1992) 317

[25] Becker, W.; (ed.): Neutron Stars and Pulsars. Springer Verlag 2009

[26] Behn, R.; et al.: Phys. Rev. Lett. **62** (1989) 2833

[27] Behrisch, R.: Physics of Plasma-Wall Interactions in Controlled Fusion;
     D. E. Post and R. Behrisch ed. New York: Plenum Press 1986

[28] Bekefi, G.: Radiation Processes in Plasmas. New York: John Wiley and
     Sons, Inc. 1966

[29] Bethe, H. A.: Phys. Rev. **55** (1939) 434

[30] Bickerton, R. J.: Natural Phys. Sci. **229** (1971) 110

[31] Biersack, J.; Eckstein, W.: Appl. Phys. **A34** (1984) 73

[32] Blank, A. A.; Grad, H.; Weitzner, H.: Plasma Physics Contr. Nucl. Fus.
     Res. **II** (1969) 607

[33] Blümer, H.; et al.: Physikalische Blätter **56** (2000) 39

[34] Bolt, H.; et al.: Nucl.Mat. **66** (2004) 328–333

[35] Boltzmann, L.: Ann. Phys. **57** (1896) 773

[36] Bornatici, M.; et al.: Nucl. Fusion **23** (1983) 1153

[37] Bosch, H.-S.; et al.: Plasma Phys. Contr. Fusion **39** (1997) 1771

[38] Bosch, H. S.; Hale, G. M.: Nucl. Fus. **32** (1992) 611

[39] Boyd, R.; Thompson, I.: Proc. Roy. Soc. A **252** (1959) 102

[40] Bradshaw, A.; Hamacher, T.; Fischer, U.: Fus. Eng. Design **86** (2011)
     2770

[41] Braginskii, S. I.: Bd. 1.   Consultants Bureau, New York: Reviews of
     Plasma Physics 1965

[42] Brown, S.: Introduction to Electrical Discharges. New York: John Wiley
     & Sons 1966

[43] Buchert, M.; Jenseit, W.; et al.: Öko-Institut Freiburg 2011

[44] Burbidge, E. M.; et al.: Rev. Mod. Phys. **29** (1957) 547

[45] Burgess, A.: APJ **139** (1964) 776

[46] Candrall, D.: Memorandum for DOE (2012)

[47] Carlson, J.; et al.: Phys. Rev. C. **44** (1991) 619

[48] Carrera, R.; et al.: Phys. Fluids **29** (1986) 899

[49] Cary, J. R.; Littlejohn, R. G.: Ann. Phys. **151** (1983) 1

[50] Chapman, S.; Cowling, T.: The Mathematical Theory of Non-Uniform
     Gases. Cambridge: Cambridge University Press 1970

[51] Chodura, R.: private Mitteilung (1974)

[52] Chodura, R.: J. Comp. Phys. **41** (1981) 68

[53] Chodura, R.: Physics of Plasma-Wall Interactions in Controlled Fusion;
     D. E. Post and R. Behrisch ed. New York: Plenum Press 1986

[54] Chodura, R.; Pohl, F.: Pl. Phys. **13** (1971) 645

[55] Chodura, R.; Schlüter, A.; et al.: IEEE Trans. of Plasma Science **PS-9**
     (1981) 221

[56] Coensgen, F.; et al.: Phys. Rev. Lett. **44** (1980) 1132

[57] Connor, J. W.; Hastie, R. J.: Nucl. Fusion **15** (1975) 415

[58] Connor, J. W.; Taylor, J. B.: Nucl. Fusion **17** (1977) 1047

[59] Cook, I.; et al.: Safety and Environmental Impact of Fusion Report EUR. CCE-FU/FTC 8/5 (01)

[60] Coster, D.: private Mitteilung (2000)

[61] Davis, S.; et al.: Rev. Sci. Instruments **54** (1983) 315

[62] Debye, P.; Hueckel, E.: Physik. Z. **24** (1923) 185

[63] Dose, V.; Wolf, G. H.: Phys. Bl. **47** (1991) 217

[64] Dreicer, H.: Phys. Rev. **115** (1959) 238

[65] Driscoll, C.; et al.: Phys. Fluids **29** (1986) 2015

[66] Dux, R.; Girond, C.; et al.: J. Nucl. Materials **313-316** (2003) 1150

[67] Dux, R.; Janzer, A.; et al.: Nucl. Fusion **51** (2011) 1

[68] Eckstein, W.; Garcia-Rosales, C.; et al: IPP Report **9/82** (1993)

[69] Eddington, A. S.: Science **LII** (1920) 233

[70] Ehrlich, K.: Phil. Trans. R. Soc. Lond. A **357** (1999) 595

[71] Eich, T.; Leonard, A.; et al.: IAEA FEC 2012

[72] Einstein, A.: Annalen der Physik **17** (1905) 549

[73] Ertl, K.; Behrisch, R.: Physics of Plasma-Wall Interactions in Controlled Fusion; D. E. Post and R. Behrisch ed. New York: Plenum Press 1986

[74] Euler, L.: Novi Comentarii Acad. Sci. Petropolitanae **14** (1769) 270

[75] Fahrbach, H.; ASDEX Upgrade Team: private Mitteilung (2000)

[76] Finkelnburg, W.; Maecker, H.: Elektrische Bögen und thermisches Plasma, Bd. XXII von Handbuch der Physik. Berlin-Göttingen-Heidelberg: Springer Verlag 1956

[77] Flurscheim, C.: Power circuit breaker theory and design, Bd. 17 von IEE Monograph Series. England: Peter Peregrinus Ltd. 1982

[78] Freidberg, J.: Ideal Magnetohydrodynamics. NY: Plenum Press 1987

[79] Fu, G. Y.; van Dam J. W.: Phys. of Fluids **B1** (1989) 1949

[80] Fünfer, E.; et al.: Nucl. Fusion **15** (1975) 133

[81] Fünfer, E.; Kunze, H.: Phys. Lett. **5** (1963) 125

[82] Furth, H. P.; et al.: Phys. of Fluids **16** (1973) 1054

[83] Fussmann, G.: Nucl. Fus. **19** (1979) 327

[84] Galeev, A. A.: Soviet Physics JETP **32** (1971) 752

[85] Gamow: Z. Physik **51** (1928) 204

[86] Garbet, X.: Plasma Phys. Contr. Fusion (2004)

[87] Gehre, O.: Intern. J. of Infrared and Millimeter Waves **5** (1984) 369

[88] Giancarli, L.; et al.: Fus. Eng. & Design **49-50** (2000) 445

[89] Goldston, R.: Plasma Phys. Contr. Fus. **26** (1984) 87

[90] Grad, H.: Comment Pure Appl. Math **2** (1949) 331

[91] Grad, H.; Rubin, H.: Proc. Int. Conf. Peaceful Uses of Atomic Energy **31** (1958) 190

[92] Greene, J. M.; Chance, M. S.: Nucl. Fus. **21** (1981) 453

[93] Grieger, G.; et al.: Phys. Fluids **B4** (1992) 2081

[94] Grieger, G.; Renner, H.; et al.: Nucl. Fusion **25** (1985) 1231

[95] Griem, H.: Plasma Spectroscopy. New York: McGraw Hill 1964

[96] Großman, W.; Kaufmann, M.; Neuhauser, J.: Nucl. Fus. **13** (1973) 462

[97] Gruber, O.; et al.: Nucl. Fusion **39** (1999) 1321

[98] Gruber, P.; Medina, A.; et al.: J. Industrial Ecology 2011

[99] Grübler, A.: Technology and Global Change. Cambridge University Press 1998

[100] Günter, K.; Carlson, A.: Contr. Plasma Physics **34** (1994) 484

[101] Hamada, S.: Nucl. Fusion **2** (1962) 23

[102] Hantzsche, E.: Beitr. Plasmaphysik **20** (1980) 329

[103] Heaviside, O.: Ency. Brit. **10** (1902) 331

[104] Hermsmeyer, S.; et al.: FZK-Report **FZKA 6399** (1999)

[105] Hirshman, S.; Sigmar, D.: Nucl. Fus. **21** (1981) 1079

[106] Hishinuma, A.; et al.: J. Nucl. Materials **258-263** (1998) 193

[107] Hogan, J.: J. Nucl. Materials **241-243** (1997) 68

[108] Houghton, J. T.; et al.: Climate Change 2001: The Scientific Basis, Bd. I. Cambridge University Press 2001

[109] Howe, H. C. j.: J. Nucl. Materials **111+112** (1982) 424

[110] Hübner, K.: Einführung in die Plasmaphysik. Darmstadt: Wissenschaftliche Buchgesellschaft 1982

[111] Jackson: Klassische Elektrodynamik. Berlin: De Gruyter 1983

[112] Jackson, J. D.: Nucl. Energy C **1** (1960) 171

[113] Jacob, W.: Thin Solid Films **326** (1998) 1

[114] Janev, R.: Survey of atomic processes in edge plasmas J. Nucl.Mat. **121** (1984) 10

[115] Janev, R. K.; et al.: Springer Series on Atoms and Plasmas, Bd. 4 1987

[116] Johnson, L. C.: Astrophys. J. **174** (1972) 227

[117] Kadomtsev, B. B.: Reviews of Plasma Physics, Bd. 2. New York: Consultants Bureau 1965

[118] Kadota, K.; Otsuba, M.; Fujta, J.: Nucl. Fus. **20** (1980) 209

[119] Kallenbach, A.; et al.: Nucl. Fusion **52** (2012) 122003

[120] Kallenbach, A.; Neu, R.; et al.: Nucl. Fusion **34** (1994) 1557

[121] Kardaun, O. J.: IPP-Laborbericht **5/68** (1996)

[122] Kardaun, O. J.: Nuclear Fusion **42** (2002) 841

[123] Kardaun, O. J.; et al.: Proc. 18th Intern. Conf. Sorrento 2000 IAEA. Vienna 2000

[124] Kaufmann, M.: Proc. 3rd Top. Conf. on Pulsed High Beta Plasmas. Oxford: Suppl. J. Plasma Physics, Pergamon Press 1975

[125] Kaufmann, M.; et al.: Z. Physik **244** (1971) 99

[126] Keeling, R.; et al.: Nature **381** (1996) 218

[127] Keilhacker, M.; et al.: Phys. Rev. Lett. **32** (1974) 1044

[128] Keilhacker, M.; Lackner, K.; et al.: Physica Scripta **T2/2** (1982) 443

[129] Kerner, W.: J. Comp. Physics **85** (1989) 1

[130] Kerner, W.; et al.: J. Comp. Physics **142** (1998) 271

[131] Kieras; Tataronis, J.: Plasma Phys. **28** (1982) 395

[132] Kippenhahn, R.; Schlüter, A.: Z. Astrophysik **43** (1957) 36

[133] Kittel, C.: Einführung in die Festkörperphysik. München: Oldenbourg Verlag 1999

[134] Knoepfel, H.; Spong, D.: Nuclear Fusion **19** (1979) 785

[135] Komarek, P.: Hochstromanwendungen der Supraleitung. Stuttgart: Teubner 1995

[136] Kraus, W.; et al.: Proc. 16th Symp. on Fusion Technology **2** (1990) 1332

[137] Küppers, J.: Surface Science Reports **22** (1995) 249

[138] Lackner, K.: J. Geophys. Res. Space Phys. **75** (1970) 3180

[139] Lackner, K.; et al.: Plasma Phys. Contr. Fusion **26** (1984) 105

[140] Lamb, H.: Hydrodynamics. Cambridge: Cambridge University Press 1932

[141] Landau, L.: J. Phys. **10** (1946) 25

[142] Landau, L. D.; Lifschitz, E. M.: Lehrbuch der theor. Physik, Bd. I. Berlin: Akademie Verlag 1962

[143] Landau, L. D.; Lifschitz, E. M.: Lehrbuch der theor. Physik, Bd. II. 1963

[144] Landau, L. D.; Lifschitz, E. M.: Lehrbuch der theor. Physik, Bd. V. 1965

[145] Landau, L. D.; Lifschitz, E. M.: Lehrbuch der theor. Physik, Bd. III. 1965

[146] Lang, P. T.; et al.: Nucl. Fusion **36** (1996) 1531

[147] Langmuir, I.: Phys. Rev. **33** (1929) 954

[148] Laviron, C.; et al.: Plasma Phys. Contr. Fusion **38** (1996) 905

[149] Leuterer, F.; Kaufmann, M.: IPP-Report (2013)

[150] Lieberman, M. A.; Lichtenberg, A. J.: Principles of Plasma Discharges and Materials Processing. New York: John Wiley & Sons, Inc. 1994

[151] Lindl, J. D.: Inertial Confinement Fusion. New York: Springer 1998

[152] Littlejohn, R.: J. Plasma Phys. **29** (1983) 111

[153] Lotz, W.; Nührenberg, J.: Phys. Fluids **31** (1988) 2984

[154] Luciani, J. F.; et al.: Phys. Rev. Lett. **51** (1983) 1664

[155] Lüst, R.; Schlüter, A.: Z. Naturforschung **12a** (1957) 850

[156] Maecker, H.; Steinberger, S.: Z. angew. Physik **23** (1967) 456

[157] Maisonnier, D.; et al.: Proc. 3rd IAEA TCM on SSO Magnetic Fusion Devices 2002

[158] Mast, F.; et al.: Rev. Sci. Instruments **62** (1991) 744

[159] Mertens, V.; ASDEX Upgrade Team: private Mitteilung (1999)

[160] Metz, B.; et al.: Climate Change 2001: Mitigation, Bd. III. Cambridge University Press 2001

[161] Meyer, F.; Schmidt, H.: Z. Naturforschung **13a** (1958) 1005

[162] Mikkelsen, D. R.; Singer, C. E.: Nuclear Technology/Fusion **4** (1983) 237

[163] Moisev, S. S.; Sagdeev, R. Z.: Sov. Phys. JETP **17** (1963) 515

[164] Motojima, D.: Fus. Eng. IAEA **OV-1-2** (2012)

[165] Mourier, G.: Archiv für Elektronik und Übertragungstechnik **34** (1980) 473

[166] Mukhovatov, V. S.; Schafranow, V. D.: Rev. Paper Nucl. Fusion **11** (1971) 605

[167] Nairne, E.: Phil. Trans. Roy. Soc. **64** (1774) 79

[168] Nakićenović, N.; et al.: Global Energy Perspectives. Cambridge University Press 1998

[169] Neu, R.; Dux, R.; et al.: Fus. Eng. Design **65** (2003) 367

[170] Neuhauser, J.: Nucl. Fus. **17** (1977) 3

[171] Neuhauser, J.: Private Mitteilung (2000)

[172] Northrop, T.: The Adiabatic Motion of Charged Particles. New York: Interscience 1963

[173] Oliphant, M.; Rutherford, E.: Proc. Roy. Soc. A **141** (1933) 259

[174] Peacock, N. J.; et al.: Nature **224** (1969) 488

[175] Peeters, A.: IPP-Report (in Vorbereitung) ()

[176] Peeters, A.: Private Mitteilung ()

[177] Peeters, A.: Plasma Physics Contr. Fusion **42** (2000) B231

[178] Peixoto, J. P.; Oort, A. H.: Physics of Climate. New York: AIP 1992

[179] Penning, F. M.: Physica **6** (1926) 241

[180] Perkins, R.; Mukhovatov, V.; et al. (ed.): Nucl. Fus. **39** (1999) 2137

[181] Perry, M.; et al.: Optics Lett. **24** (1999) 160

[182] Petitjean, C.: Proc. 15th Symp. on Fusion Techn. (1988) 255

[183] Pfirsch, D.; Schlüter, A.; et al.: MPI-Report **PA/7/62** (1962)

[184] Post, W.; et al.: Nuclear Data Tables **20** (1977) 397

[185] Pütterich, T.; Dux, R.; et al.: J. Nucl. Materials **415** (2011) 334

[186] Pütterich, T.; Neu, R.; et al.: Nuclear Fusion **50** (2010)

[187] Raeder, J.: ITER Generic Site Safety Report, Bd. V. G84 RI 401-7-06R1.0

[188] Rayleigh, J. W.: Proc. London Math. Soc. **XIV** (1883) 170

[189] Reiter, D.; et al.: Nucl. Fus. **30** (1990) 2141

[190] Reiter, D.; Wolf, G.; Kerr, H.: Nuclear Fusion **30** (1990) 2141

[191] Roberts, K. V.; Taylor, J. B.: Phys. Rev. Lett. **8** (1962) 197

[192] Röhr, H.; et al.: Nucl. Fus. **22** (1982) 1099

[193] Röpke, G.; Redmer, R.: Phys. Rev. A **39** (1989) 907

[194] Rosenbluth, M. N.; et al.: Phys. Rev. **107** (1957) 1

[195] Rosenbluth, M. N.; Hinton, F. L.: Phys. Fluids **15** (1972) 116

[196] Roth, J.: Physics of Plasma-Wall Interactions in Controlled Fusion; D. E. Post and R. Behrisch ed. New York: Plenum Press 1986

[197] Rutherford, E.: Nature **112** (1923) 409

[198] Rutherford, E.: Proc. Royal Society (1923)

[199] Rutherford, P. H.: Phys. Fluids **16** (1973) 1903

[200] Ryter, F.; et al.: PRL **86** (2001) 2325

[201] Saha, M.: Ionization in the Solar Chromosphere. Phil. Mag. **40** (1920)

[202] Scenarios, N. P.: IEA 2012a

[203] Schafranow, V. D.: Soviet Phys. JETP **6** (1958) 545

[204] Schlesinger, W. H.: Biogeochemistry 2. Ausgabe. San Diego: Academic Press 1997

[205] Schmid, K.: private Mitteilung (2001)

[206] Schönwiese, C.-D.: Klima im Wandel. Stuttgart: Deutsche Verlags-Anstalt 1992

[207] Schulze, D.: Lehrbuch der Pflanzenökologie. Heidelberg: Spektrum-Verlag

[208] Schwabl: Quantenmechanik. Heidelberg: Springer-Verlag 1998

[209] Scott, B.: Phys. Rev. Lett. **65** (1990) 3289

[210] SEIF-Report: EUR(01)-CCE-FU/FTC 8/5 ()

[211] Shafranow, V. D.: Reviews of Plasma Physics, Bd. 2. New York: Consultans Bureau 1966

[212] Shimomura, Y.; et al. (ed.): Fus. Eng. Design **55** (2001) 97

[213] Sommerfeld, A.: Ann. Phys. **11** (1931) 257

[214] Spatschek: Theoretische Plasmaphysik. Stuttgart: Teubner Verlag 1990

[215] Speth, E.: Physik in unserer Zeit **22** (1991) 119

[216] Speth, E.; et al.: Nucl. Fus. **46** (2006) 220

[217] Spitzer jr., L.: Phys. Fluids **1** (1958) 253

[218] Stöckel, C.; et al.: Quarterly Rep. UR LLE, Bd. 90

[219] Strait, E.: Phys. of Plasmas **1** (1994) 1415

[220] Strumberger, E.: Deposition patterns of fast ions on plasma facing components in W7-X. Nucl. Fusion **40** (2000) 1697

[221] Summers, H.: Atomic Data and Analysis Structure User Manual. JET Report. Abingdon, Oxfordshire, GB: JET Joint Undertaking 1996

[222] Summers, H.: Atomic Data and Analysis Structure Users Manual. 2. Aufl. Glasgow: University of Strathclyde 1999

[223] Suttrop, W.; Eich, T.; et al.: PRL **106** (2011) 225004

[224] Suttrop, W.; et al.: Nucl. Fusion **37** (1997) 119

[225] Suvorov, E. V.; et al.: Plasma Physics Contr. Fusion **37** (1995) 1207

[226] Taylor, T. S.: Plasma Phys. Contr. Fusion **39** (1997) B47

[227] Teller, E.; Quinn, W.; Siemon, R. E.: Fusion, Bd. 1B. New York: Academic Press 1981

[228] Tonks, L.; Langmuir, I.: Phys. Rev. **33** (1929) 195

[229] Troyon, F.; Gruber, R.; et al.: Plasma Phys. Contr. Fus. **26** (1984) 208

[230] Trubnikov, B. A.: Reviews of Plasma Physics, Bd. 1. New York: Consultants Bureau 1965

[231] Turck-Chieze; et al.: Phys. Rep. **230** (1993) 57

[232] UN: World Population Prospects the 2010 Revision

[233] Veprek, S.; et al.: J. Nucl. Mat. **162-164** (1989) 724

[234] Vietzke, E.; Haasz, A. A.: Hofer, w. o. and roth, j. ed. Aufl. San Diego: Academic Press 1996

[235] Wagner, F.: Phys. Rev. Lett. **49** (1982) 1408

[236] Ware: Phys. Rev. Lett. **25** (1970) 15

[237] Weizel: Lehrbuch theor. Phys., Bd. II. Berlin: Springer Verlag 1958

[238] Wesson, J.; Sykes, A.: Nucl. Fusion **25** (1985) 85

[239] Wesson, J. A.: Nucl. Fusion **18** (1978) 87

[240] Wesson, J. A.; et al.: Nucl. Fusion **29** (1989) 641

[241] White, R. B.; Monticello, D. A.: Phys. Fluids **20** (1977) 800

[242] Wiesemann, K.: Einführung in die Gaselektronik. Stuttgart: Teubner Verlag 1976

[243] Wischmeier, M.; Groth, M.; et.al: Nucl.Mat. **415** (2011) 523

[244] Wobig, H.: IPP-Report **III 258** (2000)

[245] Wolf, R.; et al.: Plasma Phys. Contr. Fusion (2001)

[246] Wu, T.-Y.: Kinetic Equations of Gases and Plasmas. Reading: Addison-Wesley Publishing Comp. 1966

[247] Zare, R.: Chem. Phys. **40** (1964) 1934

[248] Zehrfeld, H. P.: 25th EPS Conf. on Controlled Fusion **22C** (1998)

[249] Zohm, H.; et al.: Phys. of Plasmas **8** (2001) 2009

Sachverzeichnis